KB105635

# 활생

**Feral**

FERAL

: REWILDING THE LAND, THE SEA AND HUMAN LIFE

by George Monbiot

# 활생
## Feral

조지 몽비오

김산하 옮김

위고

마지막으로 숲이나 공원에 가본 것이 언제인가? 그리고 거기서 무엇을(누구를) 만나게 될지 모른다고 느낀 것이 언제인가? 만약 그 답이 "꽤 오래되었다"라면 당신만 그런 것이 아닐 것이다. 몽비오는 상상력이 가득한 대담한 책 『활생』에서 고도로 발전된 사회에서 사는 우리 모두를 괴롭히는 21세기 상황을 새로운 용어로 정의했다. 바로 "생태적 권태"이다. 그가 내리는 처방은 이렇다. 인간이 다른 종들을 모두 몰아내고 자신의 영토로 만들어버린 이 땅에 핵심종들을 광범위하게 재도입할 것. 믿기 어렵고 무모해 보이는가? 그렇지 않다. 몽비오는 이미 깜짝 놀랄 만한 동물 종의 목록을 만들었고, 이 목록이 자신의 조국 영국과 얼마나 잘 맞을지 조사를 마쳤다. 무스와 스라소니에서 하마와 검은코뿔소에 이르기까지 『활생』은 독자들로 하여금 조금 더 야생의 자연, 좀 더 원초적이고 덜 숨 막히는 세상을 꿈꾸게 한다. 그곳에서 우리는 우리 자신의 동물적 본성을 다시금 깨닫게 될 것이다. ─ 오리온 북 어워드 심사평

『활생』은 우리 시대의 계시록이다. 우리가 지금의 방식을 정말 시급하게 바꾸지 않으면 두 가지 일을 저지르게 될 것이라고 우리에게 분명히 경고한다. 하나는 생명 파괴라는 궁극적인 범죄이고, 다른 하나는 그 과정에서 우리가 스스로를 교수형에 처하는 일이다. 지금 『활생』을 읽고 바로 행동하지 않으면 말이다. ─ 팔리 모왓(『울지 않는 늑대』, 『살육의 바다』의 저자)

몽비오는 독자로 하여금 활생에 대해서 좀 더 깊이 생각해보도록 이끈다. 이 책의 전반에 걸쳐 흐르는, 활생에 대한 서정적이면서도 도발적인 이야기들은 우리의 감각을 자극하고, 자연과 연결되고자 하는 내면의 충동을 일깨운다. 몽비오는 당신을 감정의 롤러코스터에 태울 것이다. 야생의 삶이 처한 암울한 곤경에 대해 이야기할 때는 우리를 절망의 구렁텅이로 밀어 넣지만 얼마나 많은 악화된 상황들이 반전되었는지 이야기할 때는 희망의 절정에 당신을 올려놓을 것이다. 사적인 기록이자 생태 복원 입문서인 이 책은 활생의 개념을 대중화했다. 아울러 야생동물 관리자, 토지 소유자, 정책입안자, 일반 대중들의 자연에 대한 인식을 새롭게 바꾸고, 우리의 삶에서 자연이 가지는 자리에 대해 질문을 던지게 했다. ─ 『사이언스』

풍부한 관찰과 경험으로 응축된 자신의 삶 자체를 통해 몽비오는 우리에

게 생명이 얼마나 놀라운 복원 능력을 지니고 있는지를 다양한 이야기로 들려준다. 광란으로 치닫는 파괴를 중단할 것을 촉구하고 나아가 한껏 고양된 목표를 제시한다. 그것은 곧 자연과 우리 삶에 내재된 야생성의 복원이다. — 데이비드 스즈키(환경운동가)

이보다 더 엄격하게 조사하고, 우아하게 이야기하고, 무엇보다 시기적절할 수 없다. 우리에게는 우리 자신과 아이들을 위해 이와 같은 원대한 생각이 필요하다. 늑대와 고래를 복원하는 것은 모리스 센닥의 표현으로 말하자면 "한바탕 소동"을 시작하는 일이다. — 『선데이 텔레그라프』

몽비오는 진정한 기자이다. 그는 무언가를 쓸 수 있고, 무언가를 지지한다. 그로 인해 그는 어떤 누구보다 가장 멀리 나아갔다. 현안에 밝은 이 독특한 책—4분의 3은 신나는 환경 선언이고 4분의 1은 중년의 위기를 담고 있는—에는 추천할 이유가 무척 많다. 압도적으로 훌륭하고 갓 건져올린 싱싱한 이야기들이 가득하다. 매우 흥미로운 만큼 곱씹고 생각할 거리 또한 많다. — 『스펙테이터』

이 놀라운 책에서 기자이자 환경운동가인 조지 몽비오는 '선동적인 아이디어'가 실행으로 옮겨지는 프로젝트들을 탐사한다. 결과는 놀랍다. 『활생』에서 가장 인상적인 것은 생태적인 문제에 맞설 건설적인 해결책을 찾는 데 초점이 맞춰져 있다는 것이다. — 『선데이 타임스』

몽비오의 책은 많은 이야기와 사실들로 가득 차 있다. 하지만 가장 오래 기억되는 특징은 더 큰 세상에 대한 묘사이다. 그곳의 풍경과 생명체에 대한 놀랍도록 생생한, 그 향이 진동하는 듯한 묘사는 놀랍고 꿈속 같다. 마치 한 편의 영화와 같다. — 『타이』(캐나다 온라인 독립잡지)

『활생』은 우리의 풍경이 품고 있는 역사와 가능성에 대해 진정으로 마음을 열게 해주었다. 밀실공포증을 불러일으키는 단일재배와 무기력함에서 이제 막 풀려난 우리 내면의 진정한 욕구를 반영한다. 곧은 직선을 끝없이 펴져나가는 가지로 쪼개기. 부재중인 관리자로부터 우리의 땅을 해방시키기. 풍경과 우리 자신을 재야생화시키기. 내가 지금까지 읽어본 책 중에 가장 긍정적이고 대담한 환경 책이다. 세상을 변화시키기 위해서는 더 나은 세상을 볼 수 있어야 한다. 나는 조지가 그것을 보여줬다고 생각한다.
— 톰 요크(밴드 '라디오헤드'의 메인보컬이자 작곡가)

몽비오는 조심스럽게 단계를 거쳐 눈부시게 야심찬 결론으로 논쟁을 밀고 나가는 선견지명이 있는 논객의 자질을 지니고 있다. 양들에 의해 끊임없이 자행되는 생태학적인 공포와 여러 자연보전 단체들에 의한 강탈과 이에 대한 비뚤어진 옹호에 대한 설명은 설득적일 뿐만 아니라 강렬하게 마음에 와 닿는다. 그는 명석할 뿐만 아니라 이해하기 쉬운 형식으로 통계적인 자료들을 제시하고 고대사의 증거들을 반박할 수 없게 능숙하게 배치한다… 몽비오의 매력적인 동시에 끈질긴 주장은 불운한 토끼를 구슬리는 담비와 같은 최면적인 효과를 발휘한다. 당신은 곧 이것이 모두 엄청난 생각이라는 데에 멍하니 동의하고 있는 자신을 발견하게 될 것이다.
— 『뉴 스테이츠맨』

지대한 영향을 미칠, 눈을 뗄 수 없을 만큼 전복적인 이 책을 읽는 순간 당신은 예전과 같은 방식으로 풍경을 바라볼 수 없을 것이다.
— 『아이리시 타임스』

『활생』은 소로의 『월든』으로 대변되는, 자연에 묻혀 사는 이야기라는 오래된 전통에 맞닿아 있다. 또한 적어도 어떤 점에서는 중년의 위기에 대한 회고록이다. 하지만 『활생』은 이런 설명으로는 부족할 만큼 독창적이고 동시에 막강한 영향력을 갖고 있다. 그에 따르면 늑대는 "우리 마음이 필요로 하는 괴물"이다. 그리고 우리에게는 몽비오가 바로 그렇다. — 『인디펜던트』

군림하려는 인간의 욕망이 억제된 생태계로 복원하자는 몽비오의 비전에는 졸렬한 구석이 하나도 없다. 그의 이런 비전은 자신을 둘러싼 경관에 대한 환멸이 점점 커지면서 만들어졌다. 몽비오가 옹호하는 방식의 활생은 공허하지 않은, 실체가 있는 그 어떤 것을 위한 매력적인 제안이자, 희망에 찬 은유일 것이다. — 『가디언』

일러두기

- 인명과 지명을 비롯한 고유명사의 외국어 표기는 '국립국어원 외래어표기법'을 따랐다. 단, 외래어표기법 표기세칙에 포함되어 있지 않은 외국어는 현지 발음에 따라 표기했다.
- 단행본, 잡지, 신문은 『 』, 논문은 「 」, 영화, 연극 등은 〈 〉로 표기했다.
- 본문의 각주는 저자 주와 옮긴이 주가 함께 있으며 옮긴이 주는 괄호 안에 '옮긴이'라고 표기했다.

# 서문

이방인으로서 고도로 발달한 아름다운 나라가 야만인들에 의해 초토화되는 장면을 목도하는 것은 가히 충격적인 일이다. 그런데 더 충격적인 것은 이 야만인이 어느 타국의 군대가 아니라 그 나라가 선출한 자국의 정부일 때이다. 전 세계가 손 놓고 쳐다보는 동안 한때 자유와 문화를 숭상하던 한 나라가 어느새 무자비한 산유국으로 뒤바뀐다. 그동안 수많은 개발도상국을 나락에 빠뜨린 기름의 저주는 이제 견고함과 평화로움의 상징으로 여겨지던 곳까지 그 마수를 뻗치고 있는 것이다.

물론 캐나다에서도 징조가 전혀 없지는 않았다. 따지고 보면 환경과 관련해 세계에서 가장 강력하고 대표적인 일화 두 가지를 제공한 곳이기도 하니까 말이다. 아주 나쁜 일화 한 가지와 대체적으로 좋은 일화 한 가지.

먼저, 북대서양 대구 어장의 몰락 과정을 보면 마치 생태계 파괴의 쌍두마차인 탐욕과 기만의 근대사를 압축해놓은 것만 같다. 어장의 관리는 사전예방의 원칙과 정반대인 천우신조의 원칙에 근거해서 이루어졌다. 어떤 정책이 재앙을 일으키지 않을 확률이 1퍼센트만 되어도 바로 채택해서 밀고 나가는, 일종의 '묻지 마' 원리에 충실했던 것이다. 생선 고갈에 대한 책임은 외국인과 물개에게 뒤집어씌워졌고, 어장에 악영향을 끼칠 것이 너무나 당연한 캐나다 어선과 정부의 활동은 묵과되었다. 수산과학은 조작되었으며, 그나마 발표되는 연구 결과도 무시받거나 비난받았다.[1] 어획이 급감하는 와중에도 정부는 더 큰 어선의 출항과 새로운 수산 가공설비를 허가했다. 어장이 상업적으로 회생 불가능해지고서야 일시 중지 조치가 내려졌다. 정부와 수산업계는 오랜 고민과 토론 끝에 이제 있지도 않은 물고기를 그만 잡기로 하는 어려운 결정을 내렸다.

물고기의 활발한 번식을 통해 어장을 회복시킬 수 있는 방법, 가령 그랜드뱅크스 지역의 상당 부분을 어획이 전면 금지되는 영구적 해양보호구역으로 지정하는 등의 조치는 아직까지 시도조차 되지 않고 있다. 일부 구역에서 수산 활동을 전면 중단하면 비록 전체 어획 면적은 줄어들지만 오히려 이러한 구역으로 인해 전체 어획량은 증가한다는 사실이 전 세계의 수많은 사례에서 증명되었다. 그러나 캐나다 정부는 과학과 이성의 어두운 마수로부터 자기 나라를 지키는 데 여전히 혈안이 되어 있다.

또 다른 일화인 클레이오쿼트 사운드Clayoquot Sound 사태 또한 북대서양 대구 어장 일화와 비슷하게 시작되었다. 캐나다 정부가 그 지역의 찬란한 생태계를 마음대로 다룰 권리를 기업에 덜컥 넘겨버린 것이었다. 자신의 자유와 생명을 잃을 각오로 자연을 위해 싸운 원주민들과 활동가들의 연대가 없었다면 하마터면 이 숲은 어장의 전철을 밟을 뻔했다. 1994년에 연대는 승리했다. 적어도 한동안은. 경찰의 폭압과 사법적 탄압에 맞섰던 그들의 용기는 전 세계의 비폭력 직접행동 운동에 큰 영향을 주었다.

이것이 캐나다의 두 얼굴이다. 탐욕적이고 파괴적이며 아름다움을 무시하는 얼굴, 그리고 용감하고 이타적이며 장기적인 안목을 가진 또 다른 얼굴. 이 두 얼굴 중 무엇이 오늘날 더 우세해졌는지는 말할 필요도 없다. 지금 캐나다는 세 번째 환경 일화로 지구촌을 들썩이게 만들고 있기 때문이다. 고도로 발달한 다양성의 경제를 가졌던 이른바 선진국이 어느 단일 기초자원, 그것도 인류에게 알려진 가장 더러운 원자재에 대한 의존도를 점점 높이며 스스로를 후퇴시키는 전례 없는 이야기로 말이다.

타르샌드tar sand는 먼저 앨버타를, 그다음엔 나라 전체의 정치를 오염시켰다. 이 사례는 그랜드뱅크스의 이야기를 거의 답습하다시피 한다. 과학은 탐욕을 충족시키기 위해 동원되거나 무시되었고, 또다시 '묻지 마' 원칙이 광범위하게 적용되어 법이 새로 제정되고 공공성은 심히 침해되었다. 캐나다 정부가 타르샌드 기업의 이익을 위해 모든 캐나다인의 공공재에 감행한 공격은 파괴적 힘이 전국을 휩쓸도록 허가하고 부추겼다.

타르를 새로운 시장에 공급하기 위해 만들어진 송유관들은 이미 이 유독성 슬러지와 함께 잘못된 정보를 함께 실어 나르고 있었다. 가령 한 회사는 송유관의 북측 관문 건설 계약을 따내려는 과정에서 대중에게 공개한 사업 모식도에서 유조선이 더글러스 해협까지 운항하는 경로상에 있는 섬의 약 1천 제곱킬로미터를 삭제해버렸다.[2] 이는 해당 사업이 브리티시컬럼비아의 위태로운 해안 생태계에 끼치는 영향이 적고 충돌과 같은 사고 확률도 낮아 보이게 하는 효과를 낳았다. 이는 동시에 매우 상징적이다. '자연이 방해가 되면 그냥 지우면 된다.'

정부와 업계가 북대서양 대구 어장의 몰락을 물개 탓으로 돌렸던 것처럼, 그들은 삼림지대 순록의 감소를 자연 포식자 탓으로 돌렸다. 이른바 앨버타 순록 위원회가 이 동물종의 감소 원인을 파악하기 위해 소집되었다. 마침 이 위원회는 페트로캐나다, 셸, BP, 코노코필립스, 코크인더스트리, 트랜스 캐나다 파이프라인스, 앨버타-태평양 삼림산업, 제지회사 다이쇼와 마루베니 등 자연환경 보호를 위해서라면 둘째가라면 서러운 곳들의 총 집결체였다.[3] 그들이 보기에 송유관과 도로는 순록의 서식지 파편화와 하등의 관계가 있을 수 없고, 석유 굴착과 벌채가 원시림의 파괴와 절대로 무관해야 했기에 순록의 감소 원인은 오리무중이었다.

그러나 서로 머리를 맞댄 결과 그들은 마침내 수수께끼를 풀어냈다. 문제는 당연히 늑대였다. 늑대와 순록은 수천 년 동안 함께 살았으며 늑대가 순록을 잡아먹는 일은 매우 드문데도 불구하고[4] 갑자기 늑대가 순록의 생존을 위협하는 가장 큰 요인으로 떠올랐다. 마치 1980년대에 물개가 갑자기 대구의 숙적으로 지목된 것처럼 말이다. 위원회는 문제의 원인을 정부에 설명했고, 정부는 더 많은 늑대를 독극물이나 총으로 죽이는 것으로 화답했다. 물론 모두 자연환경을 보호하기 위한 미명으로 말이다.

하지만 그랜드뱅크스 정치의 부활은 클레이오쿼트 사운드의 정신 또한 되살리고 있다. 최근에 급부상한 '더 이상의 방관은 없다Idle no more' 운동은 전 세계에서 가장 고무적인 시도 중 하나라고 나는 생각한다. 이는 캐나다의 다른 얼굴이 비록 무자비하게 짓밟혔더라도 아직 죽지 않았음을 보여준다. 지구의 자연과 자신들의 생존을 지키기 위해 이 움직임에 앞장서는 원주민들은 캐나다 정부가 모든 국민의 뜻을 대변해주지 않는다는 사실을 전 세계에 증명하고 있다.

그렇긴 해도 여전히 사우디 앨버타의 왕자들이 연방 정치판을 휘어잡고, 파괴적 사익을 대변하는 로비스트에 수난당하는 지방정부들이 에드먼턴과 오타와의 사례를 보며 결국 굴복하는 상황에서 캐나다는 급속하게 변하고 있다. 변화는 여기저기서 관찰된다. 삼림 벌채로 인한 브리티시컬럼비아 산악 순록의 급격한 감소에서,[5] 프레이저강의 붉은연어 서식지를 파괴한 여어 양식장에서, 거의 밀종에 이른 세이지 뇌조에서, 심각한 위협에 처한 대표적인 종[6, 7] ─ 북극곰, 회색곰,

서부 울버린, 벨루가, 악상어 등 — 조차 멸종위기종 보호법에 등재하기를 거부하는 행위에서, 북부 한대림의 보존 실패에서, 북극 근해 시추권의 공개 경매와 기름 유출 사고에 관한 규제 완화에서.[8]

새로운 환경평가법안의 제정과 기존의 가항수원보호법안 철폐는 이 파괴의 잔치가 이제 막 시작되었음을 알린다. 자연의 아름다움을 존중하고 생태계의 원리를 이해하는 사람들에겐 지금의 상황이 마치 외세의 침략 아래 사는 느낌일 것이다. 동시에 너무나 창피하게 느껴질 것이다. 이제 캐나다는 과거 나이지리아나 콩고와 같은 나라와 연관되었던 인상을 풍기는, 이른바 불량국가가 되고 있다. 캐나다 친구들 중 외국에 여행할 때 일부러 성조기를 가방에 붙이고 다니는 이들이 있을 정도다.

그래서 야생의 자연을 급속히 없애고 있는 나라에서 야생의 재생을 이야기하는 책을 출판한다는 것이 이상하게 느껴진다. 하지만 이 책이 몇 가지 측면에서 캐나다와 관련될 수 있다고 믿는다. 첫째는, 가령 생태계를 안전하게 해체시키기란 불가능하다는 것을 보여주는 대단히 흥미로운 최신 생태학적 연구 결과를 전달하고자 한다는 것이다. 얼핏 봐서는 연결되지 않는 것으로 보이는 종이라도 사라지고 나면 종종 다른 종과 생태계에 심각한 영향을 끼친다. 늑대나 물개와 같은 포식자를 억지로 죽이면, 역설적이게도 그 살상 행위가 살리고자 했던 먹이 생물과 생태계에 오히려 악영향을 미치기도 한다.

둘째는 이 책이 캐나다의 미래가 과연 어떠할지에 대한 경고를 제공한다는 것이다. 지구 곳곳의 정교하고 신비로운 생태계들이 유럽에서 흔히 보이는 것과 같은 거의 사막 수준의 환경으로 급속히 대체되고 있다. 영국은 한때 가졌던 것을 완전히 잊은 채 민둥산과 텅 빈 생태계를 자연스럽게 여긴다. 어떤 이들은 대상이 불분명한 갈망 또는 생태적 권태에 시달린다.

하지만 28년 동안의 환경 및 사회 운동 그리고 언론 활동에서 반복해서 깨달은 가장 중요한 것은, 정치적 투쟁 속에서 사람들의 사기를 진작하기 위해서는 긍정적인 비전이 필요하다는 사실이다. 무엇에 맞서 싸우는지 아는 것만으로는 불충분하다. 무엇을 위해 싸우는지도 알아야 한다. 1온스의 희망은 1톤의 절망보다 강력하다. 이 책에서 의도한 긍정적인 환경주의는 더 나은 곳을 만드는 비전을 만들기 위한 것이다. 우리의 정부들이 덜 좋은 방향으로 가는 것을 막기 위해 우리 마음속에 품어야 할 더 좋은 비전 말이다.

내가 여기 내놓는 제안들은 최종의 해답이 아니다. 저마다 다른 곳에서 다르게 발전해나가야 할 것이다. 그러나 이 책이 지구의 생명계에서 우리가 차지하는 위치와 자연과 맺는 관계에 대해서 새롭게 생각하는 계기가 된다면 나는 무척 기쁠 것이다. 그것이 캐나다만큼 절실한 곳은 아마 없으리라.

# 차례

## '활생'에 대하여

이 책의 핵심어인 'rewilding'에 대한 번역어로 역자는 '활생活生'이라는 단어를 사용하고자 한다. 'rewilding'을 직역하면 '재야생화再野生化'로 옮기는 것이 일반적이겠지만, 단어의 길이가 길고 마치 어떤 특정 상태로 정확히 복귀하는 것을 의미하는 측면이 있다. 야생의 자연은 언제나 역동적으로 변화하고 있기에 특정 상태를 목표로 한다는 것 자체는 비현실적이고 자연의 과정에 반反하는 개념일 수 있다. 이보다는 저자 조지 몽비오의 정의처럼 과거의 어떤 특정 시기나 특정 생태계로의 복귀가 아니라, 자연이 알아서 제 갈 길을 갈 수 있도록 허락하고 도와주고 지켜본다는 의미가 훨씬 더 정확하리라고 생각된다. 이에 따라 어딘가로 되돌아가는 의미의 '재야생화'가 아니라 생명체들의 삶이 추동하는 집합적 의사결정이 도달하는 새로운 야생 상태를 지칭하는 의미에서 '활생'이라는 단어가 더 적합하다는 것이 역자의 판단이다.

'활생'은 아직 사전적으로 자리 잡은 단어도 아니고 역자가 고안한 것도 아니다. 이것은 2011년에 개관한 '문화공간 숨도'에서 기획·추진된 생태 프로젝트의 이름에서 그대로 따온 것이다. '활생'은 단순히 생명을 죽이지 않는 불살생不殺生이나 놔주는 방생放生에서 그치는 것이 아니라 그 생명체의 역량을 활발히 소생케 해야 한다는 의미를 담아 당시 숨도 원장이었던 김규칠 이사장이 이름 붙였다. '활생'의 일환으로 환경운동가 제인 구달 박사의 초청 강연 〈꿀벌, 도시의 생명을 잇다〉(2012), 습지의 중요성을 대중적으로 풀어낸 〈축축한 살롱〉(2016) 등 다양한 활동을 선보인 바 있다.(참고: www.kbpf.org/134223/134223/)

# 소란한 여름

*이제 나는 일어나 갈 것이다*
*밤에도 낮에도 물가의 찰랑임이 들리므로*
*길가에 섰을 때에도, 또는 회색 보도에서도,*
*가슴 깊숙한 곳에서 들린다.*

윌리엄 버틀러 예이츠, 「이니스프리 호수 섬」

수풀을 들출 때마다 나타났다. 풀 밑에서 웅크리고 있는 하얀 쉼표. 하나를 주웠다. 아담한 머리와 작은 다리가 있었다. 피부가 너무 팽팽하게 당겨져 있어 마디가 터질 듯해 보였다. 꼬리 쪽에는 푸른 줄의 내장이 비쳤다. 이른 여름에 떼 지어 나타나는 왕풍뎅이의 애벌레인 것 같았다. 잠시 꿈틀거리는 모습을 보다가 입에 집어넣었다.

혀에 닿자마자 두 가지 감각이 총알처럼 나를 쐈다. 첫 번째는 맛이었다. 달콤하고 크림처럼 부드럽고 살짝 훈제된 듯한 맛이, 알프스 버터 같았다. 두 번째는 기억이었다. 왜 먹어도 좋다고 생각했는지 나는 깨달았다. 목덜미를 두들기는 진눈깨비를 맞으며 나는 그렇게 어떤 기억에 집중한 채로 정원에 서 있었다.

조금 지나서야 나는 내가 어디에 있는지 알아차렸다. 머리 위로 푸른색 방수천이 바람에 나부꼈다. 펌프가 돌아가는 소리로 봐서 너무 오래 잤던 모양이다. 해먹 아래로 다리를 내리고 앉아 밝은 빛에 눈을 껌뻑이며 쑥대밭이 된 땅을 쳐다보았다. 일꾼들은 벌써 허리까지 차는 물에 들어가 자갈 강둑을 향해 고압호스로 물을 뿌리고 있었다. 간밤에 총소리가 났지만 시체는 보이지 않았다.

지난 몇 주간의 일이 한꺼번에 떠올랐다. 마카랑의 비행장을 소유한 연쇄살인범 제Zé가 무장한 부하들을 데리고 바에 들어가 한바탕하더니, 좀 이따가 가슴에 사과만 한 구멍이 난 남자가 끌려 나오던 것이 기억났다. 10년 동안 아마존을 걸어서 페루와 볼리비아의 광산까지 도달하고서 다시 2,000마일의 숲을 통과해 여기까지 온 브라질 북동부 출신의 메스티소인 조앙이 떠올랐다. 그는 내게 말했다. "내가 평생 죽인 사람은 고작 세 명. 셋 다 죽이지 않으면 안 됐다. 하지만 여기에서는 한 달만 있어도 벌써 그만큼은 죽여야 할 거다."

기이하게 부풀어오른 자신의 종아리를 내게 보여준 남자를 떠올렸다. 가까이서 보니 살 속에 노란색의 긴 구더기들이 득실거리고 있었다. 또 문맹에 가까운 소유주의 가장 큰 광산을 관리하는 어떤 교수의 잘 다듬어진 검은 수염, 금테 안경, 수도승 같은 품새가 기억났다. 여기 오기 전에는 혼도니아대학의 총장이었다고 했다.

하지만 그중 가장 인상 깊은 사람은 광부들이 빠뻬옹이라 부르는 남자였다. 금발의 근육질에 아스테릭스 수염이 난 그는 가난과 토지 강탈로 여기까지 내몰린 작고 검은 사람들의 틈바구니 속에서 유난히 눈에 띄었다. 사장과 무역업자, 포주와 비행장 소유주를 제외하고 이 생지옥에 자발적으로 찾아온 몇 안 되는 사람 중 하나였다. 프랑스인으로, 골드러시에 가담하기 전에는 브라질 남부에서 농업기술자로 일했다. 지금은 아무것도 얻지 못한 채 가장 가까운 마을로부터 수백 킬로미터 떨어진 호라이마의 숲에서 남들처럼 지독한 극빈함에 갇혀 지내고 있었다. 안정과 편의를 내던지고 극심한 불안정을 택해 낭떠러지 끝에서 몸을 던진 그런 사람이었다. 그가 뭔가를 얻고서 건강하게 산 채로 이곳을 떠날 확률은 매우 낮았다. 그러나 그의 선택이 잘못되었다고 생각하지는 않았다.

나는 이를 닦고 나서 수첩을 들고 질척거리는 자갈밭으로 걸어 나갔다. 날은 더워지고 숲을 채우던 고함과 요란법석은 잦아들고 있었다. 벌써 3주 전의 일이다. 나와 협력하는 캐나다 여성 바버라가 보아비스타 공항에서 경찰 저지선을 뚫고 우리를 광산으로 가는 비행기에 밀어 넣다시피 태워준 지가. 사실 몇 개월이 지난 느낌이다. 우리는 광부들이 숲의 핏줄을 뜯어내는 것을 지켜보았다. 강변의 퇴적층에 금이 깔려 있다는 것이다. 그들이 그 지역의 토착민인 야노마미족을 상대로 일방적으로 벌인 전쟁의 증거를, 그리고 그 침입으로 인한 지역사회의 물리적이고도 문화적인 붕괴를 목격했다. 우리는 매일 밤 숲에서 울려 퍼지는 총소리를 들었다. 광부들을 노리는 노상강도의 횡포와 도둑이 총살당하는 소리, 운 좋게 금을 찾은 이들끼리 다투는 소리였다. 골드러시가 시작된 이래 6개월 동안 4만 명의 광부 중 1,700명이 총에 맞아 죽었다. 야노마미족의 15퍼센트는 질병으로 사망했다.

사태가 알려지고 국제적인 스캔들로 비화되자 새로 들어선 브라질 정부는 광산을 폐쇄하고 광부들을 야노마미족의 땅 곳곳으로 흩어서 쫓아냈다. 광부들은 거기서 기다리고 있으면 국제적 관심이 사그라들 때쯤 광산을 다시 차지하긴 식은 죽 먹기라는 것을 알고 있었다. 연방 경찰은 모든 공급선을 차단했다. 며칠 동안 비행장에는 단 한 대의 비행기도 착륙하지 않았다. 광부들은 마지막 남은 디젤을 사용해 이동 준비를 했다. 강제 퇴거가 시행되기 전에 무기를 압수하러 경찰이 오기로 되어 있어서 다들 총을 비닐에 싸서 땅에 묻느라 아침 내내 숲을 오가고 있었다. 나는 상황을 지켜보려고 남았지만 경찰은 오지 않았다. 그런데 참, 바버라는? 대체 어디에 있는 거지?

전날 산에 있는 야노마미 마을에 갔다 저녁에 돌아온다면서 떠난 후 그녀는 보이지 않았다. 나는 광산 주변의 판자촌과 술집을 돌며, 채취장 바닥에 있는 사람들에게까지 수소문했지만 아무것도 건지지 못했다. 광부들과 언쟁이 붙었을 때 토착민들을 옹호했던 파울로라는 기계공과 함께 나는 바버라를 찾으러 계곡으로 향했다. 강물은 광산에서 흘려보낸 점토로 주황색이었다. 파헤쳐진 구덩이들, 쓰레기 더미와 베어진 나무들로 곳곳이 초토화되어 있었다. 주니어 블레페라는 광맥에서 일하던 광부 몇 명이 바버라가 전날 그곳을 지나갔지만 돌아오지 않았다고 알려줬다. 눈에 멍이 들고 술에 전 얼굴을 한 어떤 남자가 마을의 위치를 안다며 안내를 해주겠다고 나섰다. 우리는 함께 산을 향해 뛰었다.

컴컴한 숲에 들어서자마자 만 하루가 된 바버라의 운동화 자국 위에 야노마미족의 맨발 자국이 찍힌 것이 눈에 띄기 시작했다. 나는 바닥을 보고 걸었지만 파울로는 이따금씩 멈추며 외쳤다. "저 물을 봐, 저 나무를 봐. 정말 아름답지 않아?" 나는 멈춰 서서 잠시 바라보곤 했다. 이끼와 착생식물의 무게를 이기지 못하고 맑은 물에 가지를 늘어뜨린 나무들, 빛살 사이를 오가는 물잠자리들.

우리는 바버라의 발자국을 따라 진흙 위를 미끄러지며 달렸다. 정오쯤 되자 경사가 심해졌고 숨은 가빠왔다. 이윽고 서광이 비쳤다. 산꼭대기에 가까워지고 있었다. 정상 너머 계곡에서 최소한의 옷차림을 한 여인들이 바나나 숲 사이로 과일 바구니를 나르는 모습이 보였다. 산은 침묵을 지키며 점잖이 비켜섰다. 우리는 나무 뒤에 몇 분간 숨었다가 계곡 아래로 걸어 내려가 포르투갈어로 우리는 친구라고 외치며 다가갔다. 그들은 가만히 서서 우리가 가까워 오는 것을 지켜보았다. 내가 손을 내밀자 그들은 수줍게 미소 지으며 악수에 응했다.

"백인 여자, 혹시 백인 여자를 보았나요?" 나는 바버라의 키와 긴 머리를 손짓으로 흉내 내며 물었다.

그들은 웃으며 그들 뒤로 펼쳐진 경사면의 숲을 가리켰다. 우리는 또다시 달리기 시작했다. 산을 넘어 다음 계곡으로. 뿌리에 걸려 넘어지고 나무에 머리를 박으며 겨우겨우 계곡 아래에 도착했다. 모퉁이를 돌아 발을 멈췄다.

흐르는 개울 옆 빈터에 사람들이 앉거나 무릎을 꿇고 있었다. 스테인드글라스처럼 수풀을 통과한 빛에 그들의 피부가 꿀색으로 윤기 있게 빛났다. 여자들은 귀에 깃털을, 코와 볼에 마른 잔디의 줄기를 꽂은 채, 살쾡이의 점무늬와 줄무늬를 몸에 그리고 있었다. 둘러앉은 사람들의 한중간에 마치 어두운 숲속에서 자체 발광하는 꽃 한 송이처럼 바버라가 있었다.

그녀는 고개를 돌리며 미소 지었다. "때맞춰 오다니, 잘됐네요."

야노마미족 젊은이들의 안내를 따라 우리는 그들의 말로 카, 즉 야자나무 잎으로 인 지붕이 거의 땅에까지 닿는 초가집으로 된 부족회관에 도착했다. 모두 거의 알몸이라 나도 셔츠와 신발을 벗고 앉았다. 아이들은 나를 보며 키득거리다가 내가 쳐다보면 얼굴을 감췄다. 그들은 내 겨드랑이 털을 잡아당겼다. 야노마미족에겐 없는 것이었다. 누군가가 초록잎 한 다발을 내밀었다. 한번 빨아보니 배고픔이 순식간에 달아났다.

젊은 남자 한 명이 군중에서 걸어 나오더니 내게 도와달라는 시늉을 했다. 이 부족회관을 증축하려는데 나더러 지붕 위로 올라가 광부들에게서 얻은 방수천을 고정해달라는 것이었다. 나는 그의 지시에 따라 지붕 위에서 구멍을 고치느라 몇 시간을 보냈다. 작업을 마친 뒤 바버라에게 저 사람은 왜 저렇게 권위적이냐고 물었다.

"여기 추장이거든요."

"겨우 열여덟 살인데요?"

그녀는 주위를 둘러보았다.

"더 나이 많은 남자들은 이미 죽었거나 죽어가고 있는걸요."

말로카 안에 걸린 해먹은 환자로 가득 차 있었다. 내가 열병이 난 소년 옆에 앉자, 노령의 여인 두 명이 바나나잎으로 된 병풍을 박차고 나오더니 눈을 감고 허리를 구부린 채로 고함을 지르며 막대기로 땅을 그었다. 옆으로 비켜설 새도 없이 나는 발목을 가격당했다. 여인들은 소리를 지르고 막대기를 휘갈기며 해먹 주변을 쿵쾅거렸다.

의식은 하루 종일 계속되었다. 나중에 알고 보니 원래 야노마미족에 여자 치료자란 거의 있을 수 없는 일이었다. 남자가 워낙 적어졌기에 가능한 일이었다. 노령의 여인은 십대 소녀가 누운 해먹으로 나를 데려가서 무엇을 해야 하는지를 가르쳐주었다. 그녀의 몸에서 뭔가를 건져내어 말로카 바깥으로 던져버리는 동작을 취하며 발을 쿵쾅거리고 소리를 질러야 했다. 두 명의 여인에게 떠밀려 나는 더 빨리 춤추고 더 크게 소리 지르며 해먹 주위를 뛰어다녔다. 끝내 거의 기절할 정도로 녹초가 되었다.

강에서 몸을 씻고 겨우 기운을 차리고 나니 여자들이 음식을 바나나잎 위에 올려 가져왔다. 구운 플랜테인, 버섯 그리고 꿈틀거리는 곤충의 애벌레였다. 내 손은 잎사귀 위에서 머뭇거렸다. "어서 들어." 그들이 손짓했다. 나는 애벌레를 집어 입에 넣었다.

삽에 기댄 채 땅을 바라보았다. 웨일스로 돌아온 지 얼마 되지 않았던 그해 12월, 나는 삶이 얼마나 보잘것없는 것인지 새삼스럽게 깨달았다. 정확히 기억은 안 나지만, 나는 식기세척기에 식기를 채우는 일 정도에 골몰하며 지내고 있는 나 자신을 문득 발견했다.

약 20년 전에 직접 목격했던 호라이마의 침략은 내가 증오하는 모든 것을 나타낸다. 광부들은 사업가와 부패한 정부 관료에 의해 자신들의 터전인 브라질 동북부로부터 쫓겨난 뒤 고난과 절박함에 떠밀려 스스로 광산까지 찾아들었다. 그리고 그 모든 것을 조직한 자들, 활주로를 짓고 기계를 살 자본을 가진 자들은 탐욕으로 인해 살인과 파괴까지 서슴지 않았다. 그때 만약 브라질 정부가 바뀌지 않았더라면, 광부들이 수개월간의 점거 끝에 야노마미의 땅에서 쫓겨나지 않았더라면, 야노마미족은 아메리카의 다른 부족과 동일한 숙명, 즉 멸종의 길을 걸었을 것이다. 정부도 이를 알고 있었다. 집단학살이 목표는 아니었다. 그저 실행하기로 한 정책에 따르는 불가피한, 유감스러운 부대효과였을 뿐이었다.

그런데 금광에서 지내며 침략의 공포를 직접 경험하면서도 나는 내가 증오하는 것에 이끌렸다. 광산은 우리가 흔히 쓰는 표현이 전복되는 곳이었다. 소위 부자 나라에서는 금을 암호화해서 거래하고 고도의 전문화를 꾀한 나머지 우리의 기본적인 신체 기능이 상실되고 있다. 광산에서 금은 금이었고 그것을 얻기 위해 광부들은 손에 흙을 잔뜩 묻혔다. 갈등이 일어나면 법적 제도를 이용하거나 텔레비전 스튜디오의 소파에 앉아 얘기하며 푸는 대신 숲에서 총질로 해결했다. 지금까지의 그리고 앞으로 벌어질 나의 삶에 비해 더 거칠고, 날것이고, 사로잡는 힘이 있었다.

영국의 소설가 제임스 밸러드J.G. Ballard는 말했다. "도시의 근교는 폭력을 꿈꾼다. 자상한 쇼핑몰의 보호 아래, 나른한 빌라 속에 잠든 채, 더 격정적인 세계로 나를 깨워줄 악몽을 차분히 기다린다."[1] 우리는 모험과 위기를 슬기롭게 극복하기 위해 진화한 두려움, 용기, 공격성을 여전히 가지고 있고 지금도 때때로 이를 작동시킬 필요성을 느낀다. 하지만 우리의 승화된 현대적 삶은 궁핍해진 공포를 대체하기 위해 인공적인 위기를 발명한다. 우리 본성의 결과가 타인에게 해가 될까 두려운 나머지 그저 온순하게 사는 데 집중한다. "그래서 양심은 우리 모두를 겁쟁이로 만든다."[2]

지난 두 세기 동안의 사회사는 언어, 피부색, 종교 및 문화가 다른 사람일지라도 우리와 비슷한 욕구와 필요성을 느낀다는 사실의 발견으로 특정된다. 대중매체 덕택에 그동안 권리가 박탈되었던 이들이 스스로 목소리를 내면서 우리가 내리는 결정이 그들에게 어떠한 영향을 미치는지 우리에게 직접 설명하는 상황이 되었고, 그 결과 점점 더 늘어나는 타인에 대한 고려는 우리의 운신의 폭을 제한한다. 그 어떤 행동도 환경에 여파를 주지 않을 수 없다는 것을 우리는 잘 안다. 기술의 발전은 우리의 삶을 증강시키고 자연을 좌지우지할 힘을 주었지만 더 이상 이를 마음대로 사용할 수는 없다. 무엇을 하든 조심스럽고 조신하고 세심하게 다른 이들을 생각해야 한다. 내일이 없는 듯 살던 시대는 지났다.

여러 나라에서 이러한 제한을 받아들이길 거부하는 사람들의 강력한 움직임이 일어났고, 그것은 더욱 거세지고 있다. 그들은 세금, 건강과 안전을 위한 법률, 사업에 대한 통제, 흡연과 과속과 총기의 규제, 그리고 무엇보다 환경적 제한에 결사적으로 저항한다. 야노마미족의 땅을 침략하기로 도모한 사람들처럼, 그들은 타인을 존중하는 마음을 공략한다. 그들은 상대가 누구든 코에다 주먹을 날릴 수 있어야 한다고 주장한다. 마치 그것이 인간의 권리인 양 말이다.

나는 그들과 함께할 생각이 없다. 나는 제한과 절제, 그리고 승화가 깃든 삶의 필요성을 받아들인다. 그러나 웨일스의 어느 흐린 날, 나는 그동안 살아온 대로 계속 살아갈 수는 없다고 깨달았다. 계속 앉아서 글을 쓰고, 딸과 집을 돌보며, 건강을 위해 달리고, 보이지 않는 것을 쫓으며, 계절의 일부가 되지 못한 채 그 순환만을 지켜보는 삶을 더는 할 수 없었다. 영혼의 삶으로부터 너무 멀어진 것이다.

부고에서 볼 수 없는
자비로운 거미에 의해 쳐진 기억 속에도

변호인이 찍어준 인장 밑에도
우리의 빈방에도 없는 것[3]


　나는 생태적인 권태에 시달리고 있었다.

　나는 진화적 시간에 대한 로망이 없다. 나는 이미 수렵채
집민의 평균수명보다 오래 살았다. 농업, 위생, 백신, 항생제,
수술 그리고 시력검사가 없었다면 이미 죽은 지 오래였을 것
이다. 근시에 투박한 석기를 든 나와 성난 황소가 싸우면 어
떻게 될지 결과를 예상하기란 어렵지 않다.

　과거 생태계에 대한 연구에 의하면 인간이 새로운 곳에 당
도할 때마다, 제아무리 기술 수준이 낮고 수가 적더라도, 특
히 대형 동물을 비롯해서 그곳의 야생동물을 거의 초토화시
켰다고 한다. 인간에게 자비란 없었으며, 인간이 자연과 조화
롭게 사는 황금시대 따위도 없었다. 과거의 문명으로 돌아가
고 싶은 것은 아니다.

　진정성을 찾는 것도 아니었다. 내게 진정성은 그다지 유용
하거나 의미 있는 개념이 아니다. 설령 그런 게 있다 하더라
도, 그 정의상 노력한다 해도 이미 도달할 수 없는 무엇이다.
나는 지금까지의 삶보다 더 풍부하고 진실한 삶을 향한 나의
갈망을 충족시키고 싶을 뿐이었다. 하지만 그러기 위해서는
당장 내동댕이칠 수 없는 현실의 삶과 이 충동을 조화시켜야
했다. 아이 기르기, 대출이자 갚기, 타인의 권리 존중하기, 자
연 파괴 안 하기 등등. 그러던 중 익숙지 않은 단어 하나를 발
견하고서야 비로소 내가 무엇을 찾는지 이해하기 시작했다.

너무나 어리지만 너무나 많은 의미를 가진 단어! 2011년에 '활생rewilding'이라는 단어가 사전에 등재될 때부터[4] 많은 논란이 일었다. 처음에는 포획된 동물을 다시 자연에 풀어주는 의미로 쓰였다. 곧 어떤 서식지에서 절멸됐던 동식물 종의 재도입을 지칭하는 것에까지 정의가 확장되었다. 어떤 사람들은 특정 종을 복귀시키는 것만이 아니라 생태계 전체, 즉 야생을 복원하는 의미로 이 단어를 사용하기 시작했다. 다음으로 무정부 원시주의자들은 이를 인간의 삶에 적용하면서 인간과 문화의 야생화를 제안했다. 그러나 내가 관심 있는 활생의 정의는 두 가지로, 위의 것들과는 좀 다르다.

먼저, 자연생태계의 활생에서 내가 주목하는 바는 이전의 특정 상태를 복원하는 것이 아니라 생태적 원리가 작동하도록 허용한다는 데 있다. 내 조국인 영국을 비롯해 많은 나라에서 벌어지는 보전 운동은, 의도는 좋지만 생태계 시스템을 하나의 시간대에 정지시켜놓으려는 듯한 방향으로 전개되었다. 한 공간에서 동식물이 떠나지 못하게, 또는 그곳에 원래 살지 않았다면 아예 들어오지 못하도록 막으려는 시도로 말이다. 그들은 자연을 마치 정원 가꾸듯 관리하려 한다. 그들이 보전하려는 히스 관목림, 이탄지대, 대습원, 거친 초지대와 같은 생태계는 보통 반복적인 벌채로 인해 형성된 것으로, 빨리 자라는 낮은 덤불로 뒤덮여 있다. 환경단체들은 이러한 경관을 칭송하며 식생이 다시 삼림으로 돌아가지 않도록 양, 소, 말을 방목해 열심히 풀을 뜯게끔 한다. 마치 아마존의 환경단체들이 밀림보다는 농장을 보호하겠다는 격이다.

활생은 자연이란 단순히 종의 집합이 아니며, 종과 종 간 그리고 주변 환경과 맺는 변화무쌍한 관계로 이뤄졌음을 바탕에 둔다. 생태계를 마치 절인 음식을 병에 보관하듯이 시간 정지 상태로 유지하려는 것은 실제 자연과 별로 관계가 없는 무언가를 보호하는 격이라는 것을 이해하는 데서 출발한다. 이러한 관점은 최근에 발표된 주목할 만한 과학 연구 결과를 반영한다.

지난 수십 년에 걸쳐 생태학자들은 영양단계 캐스케이드*가 자연계에 광범위하게 존재한다는 사실을 발견했다. 이러한 반응은 먹이사슬의 맨 꼭대기에 있는 동물들에서 시작되어 맨 밑에까지 도달한다. 포식자와 대형 초식동물은 그들이 사는 공간을 완전히 바꿔놓을 수 있다. 그뿐만이 아니라 토양의 속성, 강의 흐름, 바다의 화학적 조성, 심지어는 대기의 성분까지 변모시키기도 한다. 자연은 우리가 상상한 것보다 훨씬 신비롭고 정교한 원리에 따라 움직인다는 사실을 연구 결과들은 말해준다. 생태계의 작동원리에 대한 우리의 이해를 변화시키고 기존의 자연보전관에 근본적인 문제를 제기하며, 대형 포식자와 없어진 종들을 재도입하는 것의 중요성을 강력하게 지지하는 증거를 제시한다.

이 책을 쓰기 위해 조사를 하면서 나는 비전과 철학을 겸비한 삼림관리원 애덤 소로굿 덕분에 한 논문에서 잠깐 언급

---

* trophic cascades. 영양단계가 위에서 아래로 폭포처럼 내려오는 효과를 지칭한다(옮긴이).

되고 만 어떤 도발적인 생각과 맞닥뜨리게 되었다.[5] 이 논의가 생태계가 어떻게 작동하고 과연 어디까지가 자연적인 것으로 인식되는지를 제대로 판단하는 데 기여하기를 바란다. 그 논문에는 유럽의 많은 나무와 관목이 코끼리의 공격에 대항하기 위해 진화했다는 주장이 담겨 있었다. 오늘날 아시아 코끼리와 친척관계인 곧은 상아를 가진 코끼리는 진화적인 시각에서 보면 아주 잠깐에 불과한 약 4만 년 전까지만 해도[6] 유럽에 남아 있었는데, 인간의 사냥으로 멸종했을 가능성이 크다. 풍부한 정황 증거로 보았을 때 그 당시 코끼리는 유럽의 온대 지역에 광범위하게 분포했을 것으로 보인다. 우리의 생태계가 코끼리에 적응된 생태계인 것이다.

그렇긴 해도 과거에 존재했던 지형이나 생태계를 재창조하거나 원시적 자연을 재구성하고픈 의지는 없다. 나에게 활생이란 자연을 통제하려는 마음을 버리고 자연이 스스로 제 갈 길을 찾도록 놔두는 것이다. (자생의 자연이 감당할 수 없는 외래종을 인위적으로 없애는 소수의 경우를 포함해) 없어진 동식물을 재도입하고, 울타리를 해체하고, 배수로를 차단하는 일 정도를 제외하곤 원칙적으로 한 발 물러서는 것이다. 바다에서는 상업적 어획과 기타 착취적 행위를 금지하는 것을 말한다. 그렇게 함으로써 탄생하는 생태계는 야생이라기보다는 자발적으로 생성된다*는 표현이 맞을 것이다. 인간의 관리가 아니라 자체적인 원리로 돌아가는 체계이다. 활생은 목표 지점이나 '올바른' 생태계 또는 '올바른' 종의 조합이라는 개념을 두지 않는다. 관목림이나 목초지, 밀림이나 산호초를 만들려고 노력하지 않는다. 자연이 알아서 결정하게끔 한다.

지금과 같이 변화한 기후와 고갈된 토양 환경에서 활생을 통해 탄생하는 생태계는 과거에 있었던 것과는 다를 수밖에 없을 것이다. 어떤 방향으로 진화할지는 예측 불가능하다. 그것이 바로 이 일을 흥미진진하게 만든다. 기존의 보전이 과거를 쳐다본다면, 활생은 미래를 바라본다.

영국과 북유럽처럼 황폐화된 곳에서 벌어지는 육지와 바다의 활생은, 그곳에 사는 사람들이 한 번 보려고 지구 반 바퀴를 돌아 찾아가는 풍부하고 흥미진진한 생태계를 바로 곁에 만들어낼 수 있을 것이다. 누구나 볼 수 있는 멋진 야생의 자연을 선사하는 것이 나의 꿈 중 하나이다.

활생에서 내가 흥미롭다고 여기는 두 번째 정의는 인간 삶의 활생이다. 어떤 원시주의자들은 문명과 야생이 갈등관계라고 주장하지만, 내가 추구하는 활생은 문명을 벗어던지는 것을 요구하지 않는다. 나는 우리가 선택하기에 따라 진보한 기술의 혜택을 누리면서 동시에 더욱 풍요롭고 모험적인 삶도 누릴 수 있다고 믿는다. 활생은 문명을 버리는 것이 아니라 오히려 발전시킨다. 인간을 덜 사랑하는 것이 아니라, 자연을 더 사랑하는 것이다.[8]

---

* 'self-willed'라는 용어는 제이 핸스포드 베스트Jay Hansford Vest가 처음 제창했다.[7] 이후 마크 피셔Mark Fisher 박사가 발전시켰는데 이 책은 그의 저술에 많은 영향을 받았다.

높은 식량 생산량을 자랑하는 정교한 경제체제를 버린다면 그 결과는 엄청난 재앙을 가져올 것이다. 가령 농장이 생기기 전의 영국은 최대 5,000명 정도가 먹고살 수 있는 섬나라였다.[9] 만약 이만큼의 사람들이 서로 균등한 거리를 두고 분포했다면 1인당 약 54제곱킬로미터의 면적을 차지했을 것이다. 이는 오늘날 인구 24만 명이 사는 사우샘프턴보다 살짝 더 큰 규모이다.[10] 그 면적 안에서 수렵과 채집으로 유지되는 사람의 수가 최대 그 정도였던 것으로 보인다(그럼에도 불구하고 중석기시대의 인류는 대형 동물의 상당수를 없애 버렸다). 내가 만나본 원시주의자 중 일부의 생각을 따른다면 먼저 인류 대부분을 없애는 절차가 필요할 것이다.

같은 이유로 이미 생산에 할애된 땅을 비싼 돈을 들여 다시 야생으로 되돌릴 필요는 없다고 본다. 그보다는 국민의 혈세 투입이 없다면 농업이 지속되지도 않을 만큼 생산성이 낮은 고위도 지방에서 시행하는 것이 낫다. 유럽을 포함하여 지구 곳곳에서 재원 부족으로 생활에 필수적인 서비스에 필요한 예산도 삭감하는 마당에 지금과 같은 수준의 농장 보조금은 분명히 지속될 수 없다. 보조금 없이 그런 곳의 농업이 어떻게 지속될 수 있을지 불분명하다. 좋든 싫든 농업은 산기슭에서 점점 사라질 것이다.

어떤 사람들은 활생이란 인간이 자연으로부터 물러나는 것이라고 본다. 나는 관계의 재설정이라고 본다. 나는 늑대, 스라소니, 울버린, 비버, 곰, 말코손바닥사슴, 들소 그리고 먼 미래 언젠가는 코끼리와 기타 종을 자연에 다시 불러들였으면 한다. 동시에 인간 또한 자연에 들여올 수 있으면 한다. 다른 말로 하면, 나는 활생이 사람들로 하여금 자연과 새로운 관계를 맺고 그것을 즐기도록 해주는 기회의 확대라고 생각한다.

이 책에서 나는 더 이상 영위하지 않을 우리의 삶과 잊혀진 우리의 능력을 제한하는 조건들을 검토해보고자 한다. 나에게 주어진 조건에서 스스로 어떻게 나의 삶을 활생시키고 생태적 권태로부터 탈출하려고 했는지 설명했다. 좀 더 야생에 가까운 삶에 대한 욕구를 가진 사람이 분명 나뿐은 아닐 것이다. 이러한 결핍이 우리로 하여금 보다 거칠고 예측 불가능한 생태계에 대한 수많은 사람들의 욕구가 완전히 봉쇄된 집단적 착각 속에서 살게끔 했다고 생각한다.

만약 당신이 스스로의 삶에 만족한다면, 삶이 이미 충분히 다채롭고 재미있으며 오리들에게 먹이 주는 정도 이상으로 자연과 가까워지고 싶은 마음이 없다면, 이 책은 당신과 맞지 않을 것이다. 하지만 만약 나처럼 나를 둘러싼 삶의 벽을 긁어대며 좀 더 넓은 세상으로 나가는 길을 찾고자 한다면 이 책에서 공명하는 무언가를 발견할지도 모른다. 나는 이 세상과 생태계에서 우리가 어디에 위치해 있고 그와 어떻게 관계를 맺는지를 새롭게 보고자 한다.

그러기 위해서 나는 긍정적인 환경주의를 추구한다. 지난 세기부터 이번 세기에 이르기까지 인류가 지구의 생명을 대한 방식은 파괴와 오염으로 일관된다. 환경주의자들은 이러한 만행에 맞서기 위해 무엇을 하지 말아야 하는지를 강조해

왔다. 파괴하거나, 오염시키거나, 낭비하는 행위의 자유는 제한되어야 한다고 주장해왔다. 비록 합당한 이유가 있는 주장들이지만 그 대가로 사람들에게 선사한 것은 별로 없다. 그저 소비를 줄이고, 여행을 삼가고, 잔디를 밟지 말고, 방종 대신 절제를 하며 살라고 외쳤다. 그들은 과거의 자유를 대체하는 새로운 자유를 제공하지 않았기에 금욕주의자나 분위기를 망치는 세력으로 치부되어왔다. 환경을 이야기할 때 그동안은 무엇에 대항하는지를 분명히 밝히는 데 집중해왔다면, 이제는 무엇을 위하는지를 설명할 수 있어야 한다.

『활생』은 웨일스, 스코틀랜드, 슬로베니아, 폴란드, 동아프리카, 북아메리카, 브라질 등의 지역에서 일어난 좋고 나쁜 사례를 들어, 다른 생명을 해치거나 생명계를 손상시키지 않으면서 동시에 사람들의 삶의 지평을 제한하기보다 오히려 확장하는 환경주의를 제시한다. 억압하고자 했던 것에 대해 새로운 자유를 제안한다. 자체의 뜻대로 존재하는 광대한 육지와 바다, 한때 없어졌던 동물들이 돌아와 자유롭게 군림하는 세상을 예견한다.

가장 중요한 것은 희망을 말한다는 것이다. 활생이 이미 위협에 직면한 서식지나 종에 대한 보호 활동을 대체하는 것이어서는 안 되지만, 활생을 통해 생태적인 변화가 언제나 같은 방향을 향할 필요는 없다는 점을 이야기하고자 한다. 20세기의 환경운동은 침묵의 봄을 예견했다. 지구 생명의 파괴가 한동안 계속될 것이 거의 확실시되었다. 활생은 소란한 여름의 희망을 이야기한다. 적어도 세계의 일부에서는 파괴적 힘이 생성의 힘으로 변모한 희망 말이다.

다른 비전과 마찬가지로 활생 또한 지속적으로 검토와 논의를 거쳐야 한다. 땅을 밟고 일하는 자들 모두의 동의와 열의가 확보되었을 때에만 실행되어야 한다. 절대로 강탈이나 축출의 도구로 전락해서는 안 된다. 이 책의 한 장은 강제로 땅을 야생으로 복원시킴으로써 인간에게 일어난 비극의 사례를 다루는 데 할애했다. 역설적이게도 활생은 추상적인 의미의 자연이 아니라 사람들이 사는 세상을 더욱 풍요롭게 하기 위한 것이 되어야 한다.

이 책을 위해 조사하는 과정은 매우 흥미로운 모험이었다. 그동안 내가 탐구해온 주제 중 가장 신비로운 것이었다. 나는 야생의 공간을 찾아 나섰고 그곳에서 야생의 동물과 인간을 만났다. 생물학, 고고학, 역사학, 지리학 등의 분야를 걸쳐 내가 접해본 것 중 가장 심금을 울리는 연구 결과를 얻었다. 그 덕택에 나의 삶에도 깊은 변화가 일어났다. 어떤 때는 내가 아는 세상 반대편으로 걸어 나가는 느낌이 들기도 했다. 문앞에 놓인 생태계와 보다 긴밀하게 교류하고, 그토록 되살리고 싶은 어떤 길들여지지 않은 영혼을 발견하고픈 마음으로 천천히 이야기를 시작하겠다. 좀 더 속도를 내고 싶은 독자는 홀홀 넘겨 앞으로 나아가도 좋다. 당신이 어디에 가든, 우리는 만날 것이다.

*나는 다시 바다로 내려가야 한다.*
*달리는 파도의 부름은 야생의 부름*
*거절할 수 없다.*

존 메이스필드, 「바다 열병」

오래된 기찻길이 다리 위를 지나가는 강변에서 배에 짐을 실었다. 개암나무로 만든 릴을 달고 금속 미끼를 매단 주황색 낚싯줄을 감았다. 좌석 양옆의 밧줄걸이에 물 한 병과 나무막대기를 묶고 노를 가죽끈으로 고정시켰다. 매놓지 않은 물건은 필시 잃어버리게 되니 만반의 준비를 한다. 구명조끼 주머니에는 여분의 미끼, 낚시도래와 봉돌, 초콜릿, 칼, 그리고 혹시 벌레에 쏘일 경우를 대비해 라이터를 챙겼다.

흙탕물에 발을 담갔다. 장화 속으로 물이 들어와 양말을 흠뻑 적셨다. 덕분에 온종일 발이 따뜻할 것이다. 배를 더 깊은 곳으로 밀고 올라탄 다음 하류를 향해 출발했다. 도요새 두 마리가 강변에서 먹이를 찾느라 바빴다. 백조 한 가족이 물살을 거슬러 강을 올라가느라 힘쓰고 있었다. 곧 첫 번째 굽이를 지나 유속이 빠른 얕은 지점에 이르렀다. 하얀 파도를 일으키며 바위를 넘다가 바위 사이에 부딪혀 물보라를 뿌렸다. 생생한 자유를 느끼면서 나는 물살에 배를 튕겨가며 급류를 빠르게 통과했다. 이윽고 강이 해변과 만나는 완만한 곳에 이르렀다. 배를 실어 나를 만한 깊이의 물길에 들어서자 나는 덮쳐오는 첫 파도 속으로 미끄러져 나갔다. 파도가 연달아 일며 뱃머리를 때렸고 배를 힘껏 위로 밀어 올렸다가 수면에 철썩하며 내동댕이쳤다. 물에 잠겼다 떴다 물마루에 부딪히며 열심히 노를 저은 끝에 나는 파도를 통과해 물결이 잔잔한 곳으로 나갔다.

고개를 돌려 방금 지나온 해안가의 모습을 기억해두고 바다로 향했다. 물결은 적당히 일렁이며 하얀 거품을 만들어냈다. 부싯돌처럼 깎인 파도의 정수리는 햇빛을 받아 빛났다. 풀마갈매기 하나가 수면 가까이 내려와 반 바퀴를 돌더니 다시 날아올랐다.

낚싯줄을 물에 던지고 릴을 발 옆으로 받치고 낚싯줄을 무릎 바로 아래에 오도록 다리 위에 걸쳤다. 노를 저으며 봉돌이 바닷속 산호초에 끌리는 것을 느꼈다. 간혹 줄이 팽팽해져서 건져 올리면 분홍색 해초나 미역 같은 것이 나왔는데, 어떤 것은 길이가 무려 4미터에 이르렀다. 육지로부터 약 1킬로미터가 안 된 지점에서 나는 보라색 해파리 떼를 만났다. 마치 물에 뜬 기름얼룩처럼 보였다. 희끗희끗한 물의 표면 같다가도 종종 바람이 불면 고무처럼 보이는 해파리의 두툼한 몸피가 수면 위로 드러났다. 내가 탄 배 밑에만 수천 마리가 있었다. 어떤 해파리는 촉수에 가시세포가 나 있었다. 씨가 박힌 형상을 한 이 해파리들은 마치 터진 무화과 같았다.

산호초 저편에서는 게잡이 어부가 일과를 하고 있었다. 통발을 건져 올려 미끼를 채워 넣은 다음 다시 줄에 묶어 띄우며 부표 사이로 천천히 배를 몰았다. 게잡이 어선의 미끼와 경유의 냄새는 수백 미터 떨어진 곳에서도 맡을 수 있었다. 어부는 육지로 돌아갔고 나 혼자만 남았다.

산호초의 끝에 다다르자 물결이 높아졌다. 낚싯줄은 내 피부에 달린 안테나처럼 감각의 연장선이 되어 떨면서 물살을 갈랐다. 때때로 릴이 휙 당겨지거나 줄이 무릎 위로 팽팽해졌지만 멈춰서 확인해보면 줄을 당겼던 파도가 이내 지나가고 모두 제자리로 돌아왔다. 이미 뭍에서 1.5킬로미터 이상 떨어졌지만 나는 아직 목표한 것을 찾지 못했다. 찾았다고 생각하고 다가가면 그것은 언제나 좀 더 먼 바다에 있었다.

얼간이새 한 마리가 옆을 지나쳤다. 공중 위로 살짝 오르더니 날개를 접고 화살처럼 물속으로 첨벙 뛰어들었다. 수면에 앉아 방금 잡은 먹이를 삼키더니 곧 다시 잠수했다. 나도 쫓아 힘을 내봤지만 낚싯줄은 여전히 힘없이 처져 있었다. 하늘이 어두워지고 바람이 서세어지더니 이내 비가 내리기 시작했다. 아직 마르지 않아 흔들리는 젤리 속에 있는 것만 같았다.

　서쪽 바다를 향해 세 시간 동안 노를 저었다. 육지는 올리브색 자국, 남쪽의 해안 마을은 엷은 줄이 되었다. 물결은 크게 일었고 비는 새똥처럼 내 얼굴을 때렸다. 벌써 육지로부터 거의 10킬로미터 거리, 예전에 왔을 때보다 더 멀리 와버렸다. 하지만 아직도 그것을 찾질 못했다.

　수평선에 시커먼 새의 무리가 보였다. 새들이 물고기를 찾았다고 확신하고 나는 전력 질주를 시작했다. 새들은 사라졌다 파도 위로 다시 나타났다. 가까이 가서 보니 슴새였다. 약 쉰 마리가 솟구쳐 올라 돌고 다시 바다에 내려앉았다. 몇 마리가 무리에서 떨어져 나와 내 위를 맴돌았다. 검은 날개가 파도에 닿을 듯했다. 얼마나 가까이 있었는지 눈의 반짝임을 볼 수 있을 정도였다. 새들은 먹이를 먹지 않았다. 그냥 나를 보았다. 육지를 떠나온 이래 조금씩 생긴 약간의 외로움이 삽시간에 사라졌다.

　새들은 수면에 다시 앉았고 나도 약간 떨어져서 멈췄다. 부서지는 파도와 배의 완충 고무줄 사이로 옅은 고음을 내며 부는 바람 외에는 아무 소리도 나지 않았다. 새들은 침묵했다.


　바다에 갈 때마다 나는 이와 같은 곳을 찾는다. 땅에서는 찾을 수 없는 평화를 느끼게 해주는 곳이다. 어떤 사람은 산에서, 사막에서, 또는 명상으로 마음을 비워서 이런 곳에 도달한다. 하지만 내 공간은 여기였다. 언제나 다르지만 언제나 동일하게 느껴지는 이곳. 갈 때마다 육지에서 조금씩 더 멀어

46

지는 곳이었다. 손등엔 소금꽃이 피었고 손가락은 그을리고 주름이 졌다. 바람은 내 마음을 요동치게 했고 물은 나를 뒤흔들었다. 바다와 새 그리고 바람 외에는 아무것도 존재하지 않았다. 내 마음은 텅 비었다.

나는 노를 내려놓고 새들을 바라보았다. 그들은 나와의 거리를 지키며 물 위를 걸었다. 비를 동반한 돌풍이 이마를 때렸다. 더 높아진 파도는 배를 들어 방향을 돌렸다. 배가 바람을 맞받도록 종종 노로 배의 방향을 돌려야 했다. 떨어지는 빗방울은 파도의 표면에 작은 돌기를 만들어냈다. 여기가 나의 성소였다. 안전한 내 물의 요람, 앎으로부터 해방된 나의 장소.

얼마 후 나는 해안가와 평행인 남쪽으로 움직였다. 노를 저어 어느 정도 나아가다 멈추고 바람에 나를 맡겼다. 그대로 있어도 육지까지 갔겠지만 추워지기 시작해 다시 노를 저었다. 너무 지쳐서 바람이 뒤에서 밀어주는데도 바닷물이 험난하고 뻑뻑하게 느껴졌다.

해안가에서 약 5킬로미터 떨어진 곳에서 부리를 물에 처박다가 일어나 깃털을 터는 두 마리의 갈색 바다오리를 지나쳤다. 옆을 지나자 새들은 꼼짝하지 않은 채 머리를 치켜들고 눈 한구석으로 나를 관찰했다. 그때 무릎을 날카롭게 죄듯 당기는 익숙한 감각이 느껴졌다. 두 손으로 번갈아 줄을 잡아당겨 끌어올렸다. 팽팽한 낚싯줄에서 전기가 튀는 소리가 들리는 듯했다. 목표물이 배에 가까워지자 미친 듯이 날뛰었다. 시퍼런 물속에서 순간 흰색이 번쩍이더니, 물고기가 배 위로 끌어올려졌다. 그것은 갑판 위로 몸을 이리저리 뒤치더니 부르르 떨면서 플라스틱에 부딪쳤다. 나는 물고기의 머리를 땄다.

고등어의 등은 물과 같은 깊은 에메랄드색이었다. 검은 줄무늬는 등 위를 휘감으며 머리로 이어졌다. 희고 편편한 배는 가느다란 몸체를 따라 제비 모양으로 갈라진 꼬리로 이어졌다. 눈은 차가운 칠흑의 원반이었다. 나와 같은 포식자, 냉혈악마, 오리온의 제자.

좀 더 가서 낚싯줄에서 약한 움직임을 느꼈다. 당겼지만 아무것도 없었다. 다시 당기려 했더니 줄 아래에서 누군가 힘껏 잡아챘다. 방금 전에 당겼던 무언가가 미끼를 보더니 다시 당긴 것이었다. 이번에는 느낌이 달랐다. 더 무겁고 묵직했다. 번뜩이는 흰색에서 세 마리의 물고기가 덤비고 있는 것을 알았다. 배로 끌어올려 그것들이 몸부림을 치는 동안 줄이 엉키지 않도록 조심했다. 잠깐만 한눈을 팔았다간 20분 동안 풀어야 할 정도로 줄이 엉키기 십상이다. 물고기를 안전하게 보관해놓고 잡은 곳으로 돌아갔다. 주변을 돌았지만 물고기 떼는 보이지 않았다.

초콜릿을 먹고 다시 전진했다. 잠깐 해가 비추자 바다는 방금 주조한 납색으로 변했다. 다시 먹구름이 일고 비가 내렸다.

해안으로부터 약 1.5킬로미터 떨어진 곳에서 작은 물고기 떼를 발견하고 고등어 여섯 마리 정도를 낚았다. 그러다가 해파리 떼를 만났는데 너무 많아 물이 거의 안 보일 정도였다. 배 아래에서 바다를 향해 줄지어 움직이고 있었다. 고등어는 두세 마리가 간헐적으로 잡혔다. 이 포식자들이 이렇게 줄지어 나타나는 이유는 아마 물결 때문일 것이다. 배와 물결이 만나 생긴 역조 때문에 플랑크톤과 해파리가 잠시 줄지어 있게 되었고, 이어서 고등어가 따라온 것이다.

나는 해파리들이 거품처럼 유영하는 모습을 바라보았다. 어느 순간 흐름이 끊겼다. 잠시 물속이 텅 비더니 저편에서 유령처럼 공포스러운 형상을 한 해파리가 창백한 몸을 나부끼며 그다음 행렬을 이끌었다. 그게 하얀 비닐봉지라는 것을 깨닫는 데는 조금 시간이 걸렸다. 물속에서 낙하산처럼 펼쳐진 해파리 왕의 뒤를 이은 해파리 백성들의 긴 행차였다.

그들의 행렬을 이리저리 끊어가며 나는 함께 떠내려갔다. 노를 저을 때마다 해파리가 낚싯줄을 건드렸고 나는 그때마다 멈춰서 대체 어떤 생명체가 저 우울한 심연에서 신호를 보내는지 확인해보았다. 매번 허탕이었다.

올해 고등어 수가 왜 그토록 줄었는지와 같은 사안에 대해서는 묻는 사람의 수만큼 의견도 가지각색이다. 어떤 동네 어부는 공신력 있는 정보인 양 고등어 개체수 감소가 아일랜드 영해에서 조업을 하는 거대한 어망선 때문이라고 내게 알려주었다. 그 배는 어망이 아니라 진공흡입관을 가지고 고등어는 물론 무엇이든 다 삼켜서 동물 사료나 비료로 만든다는 것이었다. 매일 500톤 분량의 고등어 어획을 환경부로부터 허가받고 유럽위원회로부터 1,300만 파운드의 보조금을 받았다고도 말했다. 확인해보니 바다는 환경부의 관할이 아니며, 진공흡입관은 육지에서 어망에 걸린 물고기를 빼내는 용도

로 사용되었고, 아일랜드 영해에서 조업 중인 어선 중 어분魚
粉 조업을 하거나 그와 같은 규모로 어획량을 허가받은 경우
는 없다는 것을 알게 되었다. 이런 제반 사항만 제외하고는
아주 그럴듯한 얘기였다.

어떤 이들은 올해 유난히 많아졌다면서(실제 데이터는 전
혀 달랐다) 돌고래를 탓했고, 또 어떤 이들은 물고기 떼를 흩
뜨려놨다며 5월 말부터 부쩍 심해진 북서풍에 탓을 돌렸다.
몇몇은 스코틀랜드의 못된 어부들이 대거 저지른 불법조업
을 손가락질했다(고등어와 청어를 지정된 어획량보다 6,300
만 파운드 초과해서 잡았다는 것이다[1]). 유럽연합, 노르웨이,
아이슬란드, 페로제도 등이 각국의 어획량을 제대로 정하는
데 실패해서 이제 물고기 떼가 겨울철에 북상해버렸다고 하
는 이들도 있었다.[2] 칸타브리아해에서 할당 어획량의 2배를
초과한 스페인 선단의 과도한 조업도 지적되었다.[3]

카디건만에 오는 물고기들이 다른 바다에서 남획당하는
것과 같은 개체군인지 나는 모른다. 어쨌든 오늘날 그곳에서
는 고등어를 시간당 100~200마리 잡아 올릴 수 있는데 훨씬
거대했던 과거의 물고기 떼에 비하면 그 규모가 초라하기 짝
이 없다. 지역 어부들의 기억이 미치는 그리 멀지 않은 과거
에도 물고기 떼 행렬이 무려 5킬로미터에 이르렀다고 한다.[4]
지금은 운이 좋아 봤자 100미터에 불과하다. 유럽연합은 아
일랜드 영해의 고등어 어장이 '생물학적으로 안정된 범위
내'에 있다고 분류하지만,[5] 이는 고등어가 처한 실제 상황이
라기보다는 우리가 바라는 건강한 개체군에 대한 희망사항

을 표현하는 것에 가깝다.

낚싯줄이 다시 당겨졌고 나는 작은 갈색 물고기를 건져 올렸다. 갈색 물고기는 이쪽 연안에서 매우 조심스럽게 다루어진다. 어쩌면 영국 해역에서 가장 위험한 동물로 알려진 종일지도 모르기 때문이다.

카디건만을 처음 여행했을 때 이 물고기를 처음으로 한 마리 잡았다. 내가 잡으려던 고등어는 낚싯바늘에 걸리면 이리저리 마구 펄떡거렸다. 그런데 얘들은 가만히 머리만 흔들었다. 낚싯줄 위까지 진동이 느껴졌다. 수면으로 끌어올리자 길이 약 45센티미터로 흰색과 갈색 점이 섞인 생기 없는 모습이 드러났다.

물 밖으로 낚아채자 몸부림을 치기 시작했다. 다른 손으로 물고기를 잡으려는 순간 대뇌기저핵 깊숙이 파묻힌 어떤 태곳적 경계신호가 작동했다. 얼른 배 바닥에 내동댕이치고 그것이 요동치는 것을 바라보았다. 나는 영국 해역에 있는 모든 종을 알고 있다고 생각했는데 그런 건 처음이었다. 보라색과 녹색이 아른거리는 몸체를 따라 지느러미가 길게 달려 있었다. 옆구리에는 뱀 무늬가 있고 튀어나온 눈 밑으로 입꼬리가 위로 말린 커다란 입이 있었다. 순간 언젠가 한 책자에서 본 듯한 이름이 떠올랐다.

그 녀석은 보통 간조 때 모래에 숨어서 바닷가에 놀러 온 어린이들을 괴롭히는 작은 유형이 아니었다. 나중에 알고 보니 성인도 울고불고하게 민드는 '큰 위버Greater Weever'라는 종이었다. 둘 다 등지느러미에 세 개 그리고 양쪽 아가미덮개에 하나씩 독가시가 나 있다. 여기에 찔려서 생기는 고통은 당장 조치하지 않으면 며칠 이상 지속된다. 어떤 동네 여자는 갑판에 한 마리가 있는 줄 모르고 그 위에 앉았다가 6주 동안 휠체어 신세를 졌다고 한다. 내가 만난 어떤 남자는 가시에 찔려 6개월 동안 왼손을 움직이지도 못했다. 이 물고기로 인해 사망에 이른 경우는 흔치 않으나, 의약품도 없이 혼자 카약을 타다 당하면 아마 무사히 뭍으로 돌아오긴 어려울 것이다. 극심한 고통과 충격으로 노 젓는 것도 불가능해진다.

나는 배 밖으로 떨어질 뻔한 걸 간신히 추스르며 겨우 녀석을 바늘에서 빼냈다. 그 이후로 나는 언제나 막대기를 들고 다닌다. 위버가 잡히면 카약 벽에다 대고 아주 세게 때린다. 육질이 희고 단단해서 생선 스튜나 카레에 그만이다. 낚시꾼들이 배를 빌려서 지중해 낚시를 한다면 자기가 잡은 물고기 중 위버만 빼고 다 가져갈 수 있다. 위버는 선원들이 차지한다.

지난해에 나는 고등어보다 위버를 더 많이 잡았다. 배에서 가시에 찔린 적은 한 번도 없었다. 그런데 어느 날 여자 친구와 함께 해변에 돌아와 불을 피우고 물고기 살을 바르던 중 손이 미끄러져 엄지가 가시에 찔려버렸다. 마치 엄지를 작업대에 올려놓고 망치로 있는 힘껏 내리친 느낌이었다. 고통으로 몸이 부르르 떨리다가 이내 아무것도 느낄 수 없는 얼얼함이 팔 전체에서 시작해 어깨와 가슴까지 퍼지는 것을 느끼며 나는 패닉 상태에 빠졌다. 머릿속에 빨간불이 켜졌지만 동시에 몽롱해져가고 있었다. 위버에 찔리면 최대한 빨리 뜨거운 물에 담가야 한다. 해변에는 뜨거운 물이 없었다. 그런데 물

자체는 해독을 할 리가 없다. 피부는 방수니까. 열이 답이다. 독이 열에 약한 것이다. 수단은 중요치 않다. 열이 어디에 있는가? 나는 눈을 부릅뜬 채 황급히 주변을 둘러보았다. 불이 보였다.

엉거주춤 팔을 감싸고 모래 위를 내달려 불 속으로 엄지를 밀어 넣었다. 여자 친구는 내가 정신이 돌기라도 한 듯 쳐다보았다. 그런데 믿을 수 없을 정도로 효과적이었다. 채 1분도 되지 않아 고통은 사그라들기 시작했다. 워낙 불 가까이에 엄지를 대다 보니 거의 불에 탈 지경이었지만 뜨거움 따위는 독으로 인한 고통에 비할 바가 아니었다. 점차 얼얼함이 줄어들면서 나는 가시에 찔리기 전의 상태로 돌아올 수 있었다.

그러나 지금 잡힌 녀석은 위버가 아니었다. 각진 이마와 뾰족한 입, 금빛이 깃든 적갈색 무늬의 몸에 스페인 부채 같은 강렬한 붉은색 지느러미에는 옥색 점이 있었다. 턱 밑에는 바다 밑에서 먹이를 찾을 때 쓰는 긴 손가락 같은 것이 나 있었다. 성댓과에 속하는 이 물고기를 앞에서 보면 부리 같은 주둥이 양옆으로 눈이 달린 게 꼭 거위를 닮았다. 옆에서 보면 관상어처럼 예뻤다. 다시 놓아주자 물속으로 빨려 들어갔다.

파도는 저편의 자갈 해변에 부서지고 있었다. 나는 여전히 낚싯줄을 바닷속에 드리운 채 무거운 팔과 떨리는 다리를 이끌고 산호의 북쪽 끝을 향했다. 낚싯줄을 감고 바늘을 챙겨 낚싯대를 들었다. 곧 염분의 경계를 건넜다. 얇고 깔끔한 흰색의 거품 띠였다. 한쪽의 물은 맑은 녹색이었고 다른 쪽의 물은 흐린 갈색이었다. 강에서 흘러나온 물이 바다에 퍼지고 있었다. 변화는 무슨 모식도처럼 불연속적이고 선명했다.

나는 파도 사이로 나아갔다. 파도는 강어귀의 바위에 가서 부서졌다. 파도가 배를 뒤집을 것처럼 후미를 들었다 놓았다. 물살에 휩쓸려 배가 빙그르 돌더니 바위에 선미를 부딪쳤다. 노를 거꾸로 저어 파도 사이를 뒤로 미끄러져 나갔다. 결국 파도를 벗어나 어구 안쪽으로 배를 밀어 넣을 수 있었다.

만조가 되면서 강의 급류가 느려진 덕분에 강의 곡류를 따라 조금씩 올라올 수 있었다. 배 밑으로 작은 넙치들이 쏜살같이 지나쳤다. 몇백 미터를 지나자 강바닥이 상승하면서 물살이 세졌다. 노를 저으며 버텨보았지만 이내 배는 멈추고 말았다. 나는 노를 바위 사이에 끼우고 배 밖으로 나왔다. 그러나 순간 피로를 이기지 못하고 미끄러져 머리부터 물에 빠져버렸다. 내 발목을 노 고정끈에 끼운 채 배는 하류로 흘러 내려갔다. 끈을 잡으려고 몸부림을 쳤다. 얼굴이 잠기기 직전에 발을 빼내고 바로 배를 잡으러 잠수했다. 배를 돌려 상류로 걸어 올라갈 때쯤에는 너무 지쳐 간신히 앞으로 나아갈 수 있었다.

기찻길이 지나는 다리 너머의 잔잔한 물에 이르러 나는 선미를 잡아 뭍에다 밀어 올리고 물고기가 갑판의 개구부로 미끄러지도록 배를 흔들었다. 물고기의 등은 짙은 바다색이었고 배는 번쩍거리는 분홍색 무지갯빛을 띠며 노을 속에서 연하게 빛났다.

나는 차에서 도마와 칼을 꺼냈다. 고등어 한 마리의 살을 발라 안쪽의 반투명 뼈를 드러냈다. 그러고는 칼끝으로 꼬리를 고정시키고 다른 칼로 비늘을 긁어냈다. 육질에서 생고기 맛이 났다. 두 마리 더 살을 발라 먹었다. 잠시 강변에 앉아 숭어가 뛰어오르는 것을 지켜보았다. 까마귀들이 녹슨 다리에 잠시 내려앉았다가 나를 발견하고는 다시 날아올랐다. 나는 나머지 물고기들의 내장을 손질했다. 많이 잡은 날은 아니었다. 하지만 그해 여름 처음으로 소모한 에너지보다 얻어낸 에너지가 많은 날이었다.

*세상의 젊음을 자연은 서둘렀네,*

*더 빨리 익었고 더 오래갔네.*

존 던, 「진보하는 영혼」

그 일은 나의 친구 리치 타셀이 걸어온 전화로 시작되었다.

"보여주고 싶은 게 있어. 얼마나 빨리 올 수 있나?"

"해변에 있는데, 한 시간 정도?"

"그래 좋아."

잠수복을 차에 던져놓고 강어귀를 둘러 출발했다. 거의 못본 게 없는 리치가 보여주고 싶은 거라면 분명 가치가 있었다.

길옆의 습지에서 개개비가 울었다. 제비가 휙 날아 내려왔다가 양 떼 머리 위로 사라졌다. 불현듯 빅토리아시대를 떠올리게 하는 꿀과 장뇌 향이 나는 도금양의 냄새가 공기에 떠 있었다. 리치가 쌍안경을 빌려줬다. 우리는 기다렸다.

"저기다!"

그 정도 거리에서 비전문가인 나의 시선으로 보았을 땐 말똥가리나 줄무늬노랑발갈매기로 보였다. 그러나 어쩐지 어색한 박자의 날갯짓으로 솟아오르는 모습에서 나는 두 가지를 발견했다. 첫째, 새 아래 펄럭이는 뭔가가 있었다. 둘째, 색이 갈매기치고는 너무 짙었고 말똥가리치고는 너무 연했다. 무엇인지 깨닫는 데는 얼마간의 시간이 걸렸다.

"자전거 탄 예수님이다!"*

"내 말이."

"보고도 믿을 수가 없다."

"사흘 동안 저러고 있어. 저들이 여기 머물기로 결정한다면, 17세기 이후 처음 있는 일이야."

새는 우리 쪽으로 오고 있었다. 길에서 7미터쯤 떨어진 데까지 이르자 방향을 틀어 옆으로 날아갔다. 커다란 넙치를 물고 있었다. 몇십 미터를 더 날아가 어떤 울타리 기둥에 내려앉고서 물고기를 뜯기 시작했다.

리치는 간접적인 원인 제공자였다. 스코틀랜드에서 1954년부터 번식하던 물수리들이 이곳 해안선을 따라 아프리카로 이동하는 중간중간에 강이나 어귀에서 쉬어 갈 것을 그는 알

---

* "Jesus Christ on a bike!". "Jesus Christ!(맙소사!)"의 유머러스한 표현이다(옮긴이).

고 있었다. 어린 개체들이 새 영역을 찾아 나서리라는 것도 알았다. 리치는 이 계곡의 자기 소유 땅에서 가장 높은 가문 비나무를 골라 꼭대기를 자르고 15미터 높이에다 망루 같은 나무판을 설치했다. 그 위에 나뭇가지를 올려놓고 새똥처럼 보이기 위해 흰 페인트도 뿌렸다. 물수리가 이사 오도록 모든 장치를 동원한 것이다.

계곡 반대편 어귀의 오두막에서 살고 있던 한 명의 자연 관찰자가 그 과정을 전부 지켜보았다. 머지않아 그는 이 지역 동물단체로 하여금 비슷한 망루를 만들게 하는 데 성공했다. 기찻길 옆에 전신주를 하나 세우고 합판 한 장을 꼭대기에 달았다.

"사실 게임도 안 되는데 말이야."

리치는 말했다.

"숲 깊숙한 한가운데서 만 전체를 굽어보는 나무 아니면 기찻길 옆에 훤히 드러난 전봇대 중에 고르는 거니까. 그런데 이놈의 자식이 저쪽 걸 고르지 뭐야. 뭐 그렇다고 내가 질투하는 건 전혀 아니고."

나는 거의 듣는 둥 마는 둥 했다. 방금 본 게 무엇이었는지 아직도 실감이 나지 않았다. 심장이 뛰었다. 야생에 대한 갈망이 샘솟았다. 어렸을 때 툭하면 꾸었던, 둥둥 떠서 계단 위를 떠내려가던 꿈과 같은 종류의 느낌이었다. 최근 몇 년간 딱 한 번, 정확히 말하면 물수리를 보기 딱 한 달 전에 느꼈던 기분이었다.

남들에 비해 현저하게 모자란 나의 생존 본능을 보여주기라도 하듯이 나는 푸쉬케이로드 마을의 해변에서 카약을 타고 3미터가 넘는 파도 속으로 돌진했다. 파도를 통과하면서 배는 뒤집혔고 그 과정에서 내 머리는 자갈밭에 내동댕이쳐졌다. 기절하지 않은 게 다행이었다. 나는 또다시 시도했다. 이번에는 파도를 통과해서 노를 저어 바다로 나아갔다. 이후 물고기를 몇 마리 잡고서 육지로 돌아오는 길이었다. 파도가 높게 일면서 배 여기저기를 어지럽게 때리고 있었다. 해변에서 약 70미터 거리에서 나는 머뭇거렸다. 파도가 집어 던지는 자갈 탓에 바닷물이 갈색으로 흐려진 모습이 멀리서도 보였다. 파도가 방조제에 부딪혀 부서지는 소리가 들렸다. 두려움이 차가운 물처럼 피부 위를 훑고 지나갔다. 다른 길을 찾으려 해변을 둘러보았지만 아무것도 보이지 않았다.

순간 뒤에서 등골이 오싹해지는 쉿소리가 났다. 엄청난 크기의 파도가 머리 위로 솟아올라 덮칠 태세였다. 나는 고개를 숙이고 곧 있을 충격에 대비해 노를 꽉 쥐었다. 아무 일도 일어나지 않았다. 뒤를 돌아보았다. 규칙적인 파도가 멀리서 굴러오고 있었지만 해변과 이 정도 거리에서는 문제될 게 없었다. 대체 어떻게 된 영문인지 알아보려고 황급히 주변을 둘러보았다. 원인은 배 옆의 물에서 발견되었다. 긁히고 상처 난 구부러진 회색 지느러미의 끝이 내 노 바로 아래의 물을 가르고 있었다. 무엇인지 알아채고 나서는 충격으로 공포에 사로잡혀 패닉 상태가 될 뻔했다. 마치 공격을 당하기라도 한 것처럼 좌우를 힐끔 살폈다.

그러자 기가 막힌 일이 일어났다. 후미에서 아까와 다른 소리가 났다. 첨벙하고 빠르게 헤엄치는 소리. 몸을 돌리자 엄청난 크기의 수컷 돌고래가 내 머리 위로 날아오르듯 뛰어올랐다. 나와 눈을 맞춘 채 돌고래는 내 옆을 지나갔다. 다시 물에 들어가기 전까지 우리는 서로에게서 시선을 떼지 않았다. 돌고래가 사라진 곳을 뚫어지게 쳐다보았다. 다시 보이길 빌었지만 나타나지 않았다. 나는 고개를 돌려 해변 쪽을 바라보았다. 더는 두렵지 않았다. 오히려 가슴이 터질 것 같은 환희를 느꼈다. 그리고 그 환희는 순간적으로 나의 머리를 또렷하게 일깨웠다. 출렁이는 파도 사이로 지금껏 눈치채지 못한 걸 보았다. 파도의 힘이 만나 상쇄된 곳에 비교적 잔잔한 구간이 있었다.

파도를 가로질러 해변에서 20미터쯤에 이르자 배를 파도가 치는 방향으로 틀어 잔잔한 구간으로 향했다. 파도가 부서지면서 몇 초에 걸쳐 나타났다 다시 새 파도에 휩싸여 사라지곤 했다. 파도가 내는 굉음과 더불어 바닷물에 의해 내동댕이쳐지는 자갈이 수류탄 터지듯 사방에 세차게 부딪히는 소리가 들려왔다. 노를 물에 꽂고 앞으로 돌진했다. 큰 파도 하나가 지나가길 잠시 기다렸다가 물길이 열린 틈을 타 냅다 뛰어들었다. 목표한 구간을 통과하자마자 나는 카약이 벽에 부딪히기 전에 배에서 뛰쳐나가 콘크리트 제방에 매달렸다. 충돌로 낚싯대는 산산조각이 났다. 돌고래가 내 목숨을 구했다고 하면 다소 과장이겠지만, 그 덕에 정신을 가다듬지 않았다면 아마 바다에서 그대로 생을 마감했으리.

나는 그 소리를 1년 만에 두 번이나 들었다. 나를 고양시키는 야생의 그 고음을. 성인이 되고 난 뒤 줄곧 겪었던 감각의 가뭄, 나이와 함께 약해지는 청력처럼 으레 찾아오는 것으로 여겼던 그 가뭄 끝에 찾아온 것이다.

그날 밤 리치와 맥주를 한 잔 마시고 어두워지는 산 위로 첫 별이 뜨는 모습을 오랫동안 지켜보는데 갑자기 여태껏 생각해보지 않았던 한 가지가 떠올랐다. 넙치는 바다 밑바닥에 산다. 물수리는 수면의 먹잇감을 잡는다. 앞뒤가 맞지 않았다.

그다음 주에 시간이 나자마자 나는 배를 끌고 만으로 향했다. 물수리를 다시 보고 싶었지만 동시에 물고기들이 뭘 하는지도 알아보고 싶었다. 물수리는 보이지 않았다. 그러나 한두 시간 가량 모래사장을 이리저리 찔러본 끝에 나는 질문에 대한 답을 얻을 수 있었다. 넙치가 너무 많아서 켜켜이 겹쳐 있는 장소를 발견한 것이다. 겨우 30센티미터 깊이에 발을 담갔는데도 넙치들이 모래를 입으로 뿜어대며 유유히 움직이는 게 느껴졌다.

그날 밤 내내 나는 창고를 뒤졌다. 상자를 뒤지고 페인트통, 화분, 돌, 화석, 곡물 주머니 등을 골라냈다. 찾을 수 있다는 희망을 거의 다 잃어갈 즈음, 어렸을 때 쓰레기장에서 건져 올렸던 병 무더기의 밑에서 마침내 발견했다. 녹과 기름때가 묻은 누런 신문지로 싼 작고 납작한 뭉치였다. 겉에 다음과 같이 쓰여 있었다.

A reunião aconteceu na Secretar-

(회의가 벌어진 곳은-)

-plicou o comandante de Polícia Fe-

(-경찰국장 페가 신청했다-)

-ará, no próximo dia II de Junho, d-

(-오는 6월 2일에-)


　뭉치를 열자 신문지가 손에서 바스러지며 내가 찾던 소중한 물체가 손바닥에 툭 하고 떨어졌다. 18년 전 술리몽스강 옆 시장에서 산 뒤로 처음 만져 II 보는 것이었다. 아름답게 마무리된 수제품이었는데 겨우 1파운드 정도 들었다.

　친구 집 정원에 있는 개암나무에서 너무 자라난 가지를 쳐내 3미터가 넘는 장대를 마련했다. 창고에서 찾아낸 무기를 튼튼한 줄로 장대에 묶고 뾰족한 끝을 돌에다 갈아봤다. 사실 거의 불필요한 일이었다. 삼지창은 여전히 매우 날카로웠다. 삼지창의 기둥은 끈이 잘 감기도록 거칠고 네모났지만 점점 가늘어지면서 끝이 둥글게 마감되어 있었다. 각 끝엔 네 개의 가시가 사방으로 나 있었다. 세상에서 가장 큰 물고기에 속하는 아라파이마를 찔러 잡기 위해 고안된 도구였지만 나의 목표물은 그보다 작은 것이었다.

　물가로 되돌아오기까지 2주의 시간이 흘렀다. 노를 저어 넙치 떼를 발견했던 곳으로 가보았다. 그러나 끝없이 움직이는 만의 모랫바닥에는 '곳'이라는 지점 따위는 없다. 쫓던 냄새를 잃어버린 개처럼 주변을 배회하다 배를 정박시키고 물로 걸어 들어가 주변의 물기를 싣샅이 뒤셨다. 카약이 다가가면 빙그르 돌아 도망가는 은빛 숭어 외에는 아무것도 보지 못했다. 넙치들의 모임은 모래에 덮여 사라져버렸다.

물수리를 처음 본 지 3년이 지난 지금 나는 다시 시도하기로 마음먹었다. 해변에서 잔잔한 소리가 실려 왔다. 아이스크림 파는 차, 승용차 몇 대, 썰물로 남은 모래톱 사이의 얕은 물에서 첨벙대며 노는 아이들. 차 너머로 멋진 장면이 연출되었다. 렌즈가 번쩍이는 스키 고글을 쓰고 무릎을 담요로 덮은 꼬부랑 할머니가 전동 휠체어를 최고 속력으로 몰고 있었다. 바퀴에서 모래가 튀어 올랐다. 작은 원을 그리며 빠르게 회전하다가 차들이 낸 바퀴 자국을 따라 앞으로 돌진했다. 아직 가슴이 뛰는 사람이 저기 하나 있었다.

강어귀를 바라보았다. 완전 썰물이었다. 바다라면 그나마 얕은 물이라도 남아 있겠지만 만에서는 그것도 없었다. 조수 간만의 순환 동안 물은 온갖 방향으로 흐른다. 두 개의 큰 흐름과 여기에 다양한 방식으로 이어진 작은 흐름들의 망이 있고 사이사이에 모래가 있다. 태양은 드레퍼스네드Drefursennadd의 물가를 비추었다. 항구에 정박한 배들은 목욕용 장난감처럼 선명하게 반짝였다. 맑은 날씨는 만의 중간 정도까지만 세력권을 유지했다. 그 너머 산맥은 은빛 비의 장막이 뒤덮고 있었다. 드레퍼스네드는 15킬로미터 정도 내륙에 위치해서 강우량이 라넬위드Llanaelwyd의 절반밖에 되지 않는다. 또 라넬위드는 북쪽으로 8킬로미터 떨어진 므슈흐Mwrllwch에 비해 비가 절반만 온다.

나는 창을 배 옆에 묶고, 닻을 올리고, 선미의 밧줄걸이에 방수 주머니를 묶고, 구명조끼 주머니에 칼, 메모장, 폴라로 이드 사진기, 낚싯줄을 챙겨 아직도 얕은 물이 흐르는 곳에 카약을 끌고 나갔다.

이 실개천은 아직 활동이 한창이었다. 망둥이가 박격포처럼 작은 연기를 내뿜으며 발사되었다. 새끼 넙치들이 꼬리로 진흙을 치면서 고사포 공격 같은 모래 자취를 남기고 갔다. 중무장한 게 부대가 집게를 휘두르며 옆으로 지나갔다. 곧 배를 띄울 만큼 물이 깊어졌고 나는 상류를 향해 출발했다.

사방이 고요했다. 카약 좌우로 갈리는 물이 강어귀의 가장자리에 있는 숭어들을 놀랬다. 숭어들은 반원을 그리며 배회하다 소용돌이를 일으키며 사라졌다. 꼬마물떼새가 이상한 소리로 재잘거리며 해안가를 서성이다 낫 모양의 날개를 펼치며 내 앞으로 활공했다. 해초 썩는 냄새와 함께 갯벌 특유의 소리가 감지되었다. 수백만 마리의 작은 생물이 은신처에서 꼼지락거리면서 내는 미세한 소리 말이다. 모래톱에는 최근에 난 홍수에 떠내려온 뿌리와 나뭇가지의 잔해가 쌓여 있었다.

빨간 벽돌색의 번식깃을 단 붉은가슴도요 하나가 모래 위를 뛰어다니며 머리를 이리저리 담갔다가 긴 휘파람소리를 내며 날아갔다. 수면에 떨어져 발버둥치는 호박벌은 바코드와 같은 잔물결을 일으키고 있었다. 소리를 시각화한 것이다. 나는 노 젓기를 멈추고 강 상류의 미로 속으로 미끄러져 들어갔다.

만의 안쪽으로 이동하며 물을 맛보았다. 짠맛이면 막다른 골목을 향하고 있다는 뜻이고, 맑거나 중간 맛이면 강과 연결된 수계를 따르고 있다는 뜻이다. 보통은 이렇게 하면 맞는다. 그런데 지난주에 하도 비가 많이 와서 어디 물을 맛보아도 살짝 밍밍한 맛이 났다. 조수가 물을 당겼다 밀었다 하는 모양이었다. 나는 이 방법이 아니고서는 미로 같은 물길을 항해하는 법을 알지 못한다. 눈으로 봐서는 알 수 없다. 배에서 내려 물가에 서서 보아도 대략적인 지형만 보인다. 둥근 모래 사이에 난 가는 물길은 내가 있는 곳보다 거의 1미터가량 낮아서 직접 도달하기 전에는 보이지도 않는다.

무턱대고 노를 저어 가보니 어느새 졸졸 흐르는 물로 연결된 얕은 도랑에 이르렀다. 나는 배에서 내려 배를 끌고 물길을 따라갔다. 좀 더 깊은 물에 발을 담글 때마다 새우들이 파닥거리며 발등을 치는 것이 느껴졌다. 대부분의 장면이 빠진 영화필름처럼 새우들이 나타났다 사라졌다 저만치에서 또 나타났다. 이리저리 튀는 움직임이 너무 빨라서 눈으로 쫓아갈 수가 없었다. 물가에서는 가마우지 한 마리가 날개를 말리고 있었다.

물은 따뜻하고 약하게 우려낸 차처럼 흐릿했다. 모래에는 물결이 파낸 홈마다 짙은 부엽토가 조금씩 담겨 있었는데 가장자리마다 생긴 초승달 자국은 벽지 무늬처럼 규칙적으로 나 있었다. 물의 흐름은 이제 배를 띄울 정도가 되었지만 내가 가는 방향과 반대로 흘렀다. 나는 배에 올라 물맛을 보고, 노를 젓고, 좌우를 관찰하며 나아갔다. 주황색 다리가 달린 게들이 배가 그림자를 드리우자 모래 속으로 뒷걸음질 쳤다. 두툼한 조개들이 살짝 입을 벌린 채 분홍색 살을 드러냈다.

조개cockle. 이 단어가 머리에서 맴돌았다. 둥근 껍데기 두 쪽이 열리고 닫히는 그 생물의 모양을 닮은 단어이다.

입이 위로 휜 마도요 한 마리가 구슬픈 소리를 길게 내며 내 앞에 펼쳐진 조수 간만의 사막을 건너갔다. 갯벌에 파묻혀 나는 시공간에 대한 감을 잃었다. 개울이 꺾인 곳을 돌자 놀랍게도 강변에 두 명의 사람이 서 있는 것이 보였다. 내가 다가가자 그들은 날개를 펼치고 날아가버렸다. 저편에서는 양들이 한 염습지 위를 한 줄로 걷고 있었다.

개울은 넓고 얕은 만으로 고였다. 걸어서 건너는데 발 위로 무언가가 움직였다. 고개를 돌리자 갈색 다이아몬드가 펄럭이며 도망가는 것이 보였다. 그것은 몇 미터 가더니 땅 밑으로 몸을 숨겼다. 그 지점을 머릿속에 표시한 다음, 창을 풀고 배를 놓은 채 그곳을 향해 천천히 걸었다. 조금 전 몸을 숨긴 뒤로 움직이지 않은 게 틀림없었다. 만약 움직였다면 물에 진흙이 인 자국이 보였을 테니까. 그런데 물고기는 없었다. 있을 법해 보이는 흙무더기를 몇 번 찔러봤지만 창은 그저 모래 안으로 푹 들어갔다. 넘치는 벽을 통과하는 유령처럼 사라진 것이다. 혹시 지점을 잘못 봤나 주변을 둘러보았지만 아무런 흔적을 찾지 못했다.

나는 닻을 내리고 재킷과 구명조끼를 벗고, 좀처럼 카약에서 보기 어려운 물건 하나를 방수 주머니에서 꺼냈다. 흰 와이셔츠. 갈매기, 얼간이새, 슴새, 바다오리, 해오라기, 물수리 등 물고기를 먹는 새들은 죄다 배가 흰색이라 하늘을 배경으로 밑에서 올려다봤을 때는 보이지 않는다는 사실을 며칠 전에 깨달았기 때문이다. 어깨에 창을 걸치고 큰 발을 조심스럽게 내디디면서 물길을 걸어갔다. 보는 사람이 없었기에 망정이다.

곧 넙치 한 마리가 발에 놀라 나타났다. 하지만 잡기엔 너무 작아 다시 진흙 속으로 들어가도록 놔두었다. 좀 전에 일어났던 일의 정체를 나는 그제야 깨달았다. 넙치는 모래가 툭 튀어나오게 숨는 것이 아니라 물결이 이는 곳에 휘감듯이 내려앉아 주변의 색은 물론 바닥의 모양까지 흉내 내는 것이었다. 그러니 바로 위에서 들여다보아도 도저히 알아차릴 수 없었다. 거의 밟기 전까지는 도망가지도 않았다.

어느덧 날씨가 바뀌었다. 바람이 물을 휘갈기고 비가 수면을 때렸다. 물고기 찾기는 더 어려워졌다. 제법 덩치가 있는 넙치 한두 마리가 모습을 드러냈지만 깊은 물속으로 들어가 보이지 않았다. 나는 배를 찾으러 돌아갔다. 상류로 올라가면서 물 밖으로 떡 벌린 입을 내민 숭어 떼를 보았다. 창을 한번 날려보고 싶었지만 소용없다는 것을 알았다. 내가 탄 물길은 얕아지더니 이내 모래와 빈 조개껍질이 널린 야생의 한가운데에서 끝나버렸다. 밀물이 차올라 본류와 연결되려면 최소한 시간은 있어야 했다. 날씨도 안 좋아지고 있던 터라 되돌아가기로 했다.

흐름은 또다시 변했다. 나는 두 번 연속 흐름을 역행하는 셈이었다. 오는 길에 봐두었던 망가진 바닷가재 잡이용 통발이 있던 갯벌로 찾아갔다. 이제는 바닷물이 차오르고 있었다. 바람이 일면서 물과 바람, 모두에 맞서야 했다. 들어오는 밀물을 보며 그것이 실어 나른 것들의 꼼꼼한 분류 체계에 감탄했다. 나뭇가지만 쫙 늘어선 줄이 수백 미터에 이르렀고, 해초 다발들이 있었으며, 얼핏 죽은 새우인 줄 알았던 뭔가가 빽빽하게 모여 부유하고 있었다. 수백만 개는 돼 보였다. 처음에는 무슨 병이 돌았거나 독극물이 퍼진 줄 알았다. 손바닥으로 건져보니 버려진 껍질이었다. 작은 촉수나 돌기 하나하나가 오톨도톨 튀어나온 누군가의 쓰고 난 갑옷이었다. 어쨌거나 나뭇가지가 새우 줄에 있거나 새우껍질이 해초 줄에 있는 경우는 없었다. 물의 흐름이 사물별로 각각 다른 물줄기를 할애하고 있었다.

한 주 후에 나는 마지막으로 다시 시도했다. 만의 입구에서 배를 띄웠다. 강어귀로 흐르는 실개천에서 넙치들이 나올 때 그 길목을 지키는 것이 나의 작전이었다. 이곳은 나른한 여름날의 초지와 강풍이 부는 갯벌이 만나는 곳이었다. 절벽과 제방의 보호 아래 소들은 7월 중순의 풀을 뜯으며 꼬리를 까딱거렸다. 가까이 다가가자 논병아리 두 마리가 물속으로 잠수했고, 물총새 한 마리가 강변을 쏜살같이 지나갔다.

나는 갈대밭에 파묻힌 실개천의 입구를 찾아냈다. 그 사이를 통과하자 바스락거리는 갈대의 장막은 시야와 함께 모든 소리를 차단했다. 갈대는 이내 검은딸기나무, 등골나물, 수레국화, 살갈퀴가 거칠게 뒤엉킨 덤불로 바뀌었다. 참나무 한 그루가 강을 가로질러 쓰러진 곳에서는 노를 놓고 배에 납작 누워 몸을 최대한 바닥에 밀착해 나무 아래로 통과했다. 물이 너무 맑아 마치 공기 속을 떠다니는 듯했다. 바닥의 모래 알갱이 하나하나까지 다 보였지만 물고기는 물론 딱정벌레나 소금쟁이, 유충이나 새우 등 아무런 생물도 눈에 띄지 않았다. 강변을 순찰 중인 잠자리도, 물 위에서 춤추는 날도래나 하루살이도 없었다. 어쩌면 이 개울이 오래된 납광을 통과해서 흘렀는지도 모른다. 로마시대부터 납 채굴이 이곳에서 벌어져왔는데 수년 전에 폐쇄된 광산이라도 거기서 흘러나오는 침출수에 물이 오염되면 거의 모든 수중생물을 죽일 정도로 독성이 강하다. 두 개의 개울이 내가 사는 마을 인근에서 합류한다. 하나는 송어와 줄고기가 득실거리고 다른 하나는 죽어 있다. 마을 친구가 해준 얘기에 따르면, 키우던 오리들이 어느 날 원래 살던 곳에서 조금 벗어나 다른 개울에서 잠시 놀았다고 한다. 그리고 곧 전부 배가 뒤집힌 채로 발견되었다.

나는 개울을 미끄러져 내려가 만으로 돌아갔다. 강의 마지막 굽이를 돌자 바람이 나를 뒤흔들었다. 수 킬로미터의 물길 너머로 저 멀리 바다까지 볼 수 있었다. 산을 둘러싼 구름의 아성 아래에서 육지는 황토색, 올리브색, 청록색이 되었다. 날씨가 완전히 다른 들판은 듬뿍 주어진 비료에 힘입어 해안가의 햇빛 아래에서 형광색으로 반짝였다. 만 어귀의 모래 둔덕들은 마치 자유롭게 떠다니는 듯했다. 아른거리는 은색 선으로 전경과 분리된 채 하늘을 나는 라퓨타섬처럼 갯벌 위를 맴돌았다.

강변에서 고개를 숙였다 들었다 하던 캐나다기러기 떼가 자리를 뜨면서 남기고 간 깃털 뭉치들이 진흙에 엉망으로 굴러다녔다. 뒤도 아랑곳하지 않고 유유히 만을 헤엄치는 엄마를 뒤쫓는 비오리 새끼들의 날갯짓이 수면을 때렸다. 바닷물은 이제 본격적으로 빠지고 있었다. 바닷물이 바람을 만나면서 파도를 일으켜 세웠고, 내 배는 마치 풀로 붙인 것처럼 기울어진 파도에 찰싹 붙어 있었다. 몸을 앞으로 숙이고 노를 거의 옆으로 저어야 조금이나마 전진할 수 있었다. 너무 좁은 실개천에 들어서는 바람에 장애물을 만나면 후진으로 돌아나와야 했다. 본류로 들어오면서 바라본 물속에는 진흙과 부러진 나뭇가지뿐이었다.

얼마 지나지 않아 물의 흐름은 갯벌을 지나 일전에 탐험한 적이 있었던 모래가 넓게 퍼진 빈 공간으로 나를 데려다 놓았다. 하지만 이번에는 본류를 타고 오는 바람에 모래와 낙엽으로 가득 찬 간헐천間歇泉과 충돌하곤 했다. 강 중간에서 갑자기 솟아오르는 힘이 워낙 세서 배를 때리고 밀어 올리는 것이 느껴질 정도였다. 간헐천의 끓는 물에 휩싸인 부표 하나가 마치 상어에게 끌려가는 어선처럼 상류로 흘러갔다.

모래강변을 따라 흐르면서 창을 치켜든 채 언저리의 맑은 물을 주시했다. 어디에나 다 있지만 잡을 수 없는 숭어가 재빠르게 흩어졌다. 두 마리의 큰 넙치가 나왔지만 작살을 던지기 전에 이미 도망쳤다. 흑백의 제복을 입고 날개를 반듯하게 몸에 붙인 검은머리물떼새 한 군단이 지나가는 나를 향해 동시에 천천히 몸을 돌렸다가 강변을 가로질러 행진했다. 물에 비친 창을 본 순간 그때까지 해보지 않았던 생각 하나가 떠올랐다. 나는 카약을 원래의 기능으로 복귀시키고 있었다. 카약이라는 이름과 기술 모두 아노락과 파카처럼 북극 사람들에게서 빌려 온 것이다. 내가 작살을 들고 모래톱 주위를 사냥한 것처럼 그들도 빙하 주변을 순찰했다. 하지만 여기라면 그들은 배를 곯았을지도 모른다.

지역 주민들에 따르면 옛날에는 넙치가 이곳 만에 워낙 많아서 수레를 물가까지 끌고 가서 그냥 정원용 삼지창으로 찔러대기만 해도 수레가 가득 찰 때까지 잡을 수 있었다고 한다. 하지만 지금은 게잡이 어선들이 만 어귀 바로 너머에서 어망으로 미끼용 넙치를 잡는다는 것을 내 마지막 출항 이후 뒤늦게 알게 되었다. 그들이 거의 다 잡아버리는 것이다. 만약 사실이라면 이는 너무나 큰 낭비이고, 수산업계가 내다버리는 죽은 물고기, 머리, 뼈의 양으로 봤을 때 너무나도 불필요한 일이다. 영국 식민주의자들이 북아메리카로 건너가 해안 바위 웅덩이에서 건진 바닷가재를 돼지 먹이로 사용하던 시절로부터 조금도 발전하지 못한 느낌이다.[1] 요즘같이 어려운 시기라면 최소한 물고기잡이는 사람이 먹기 위해 벌어져야 할 것이 아닌가.

나는 모래강변에 배를 두고 얕은 물길이 만든 울퉁불퉁한 지형을 1~2킬로미터 걸어갔다. 물은 이제 맑아졌다. 허리 깊이에 서 있어도 바닥이 보일 정도였다. 중력에서 벗어나 달 위를 걷듯이 강 속을 걸었다. 작은 넙치들이 모래에서 튀어나왔다.

창을 조준한 채로 물길을 따라 조심스레 걸으면서 나는 해오라기처럼 오감을 집중했다. 바람과 물의 어우러짐 속에서 한 가지 음을 포착하려는 악기처럼 나의 세포 하나하나가 바깥세상과 조응하기 위해 긴장하는 느낌이었다. 나의 집중력은 점점 상승하여 맨발 아래의 알갱이 하나하나, 허리를 감싸는 물결의 흔들림, 저서생물들의 미세한 움직임까지 모두 감지되었다. 어느 순간부터 나는 없었다.

무슨 일이 벌어졌는지 말하기 어렵다. 최면을 거는 듯한 규칙적인 모래 물결 때문인지, 혹은 갑자기 높아진 집중력이 현재의 껍질에 구멍을 뚫어주었기 때문인지도 모른다. 이유가 어떻든 내가 과거에 이것을 이미 해보았다는 생각, 아니 깨달음이 나를 집어삼켰다.

지금까지 설명한 두 차례의 경험 외에는 전혀 해보지 않은 일이었다. 나는 전생이나 윤회라든가, 육체가 죽은 후에도 영혼은 남는다는 이야기를 믿지 않는다. 그럼에도 불구하고 나는 이미 수천 번 해본 일을 그저 다시 하는 것처럼, 마치 집을 찾아가듯이 익숙한 인상을 강하게 받았다.

예전에도 비슷한 느낌을 받은 적이 있다. 잉글랜드 남부의 숲에서 나물과 버섯을 따다가 수풀 사이를 헤치고 나와 개울 옆에 있는 갈색 더미를 발견했다. 짖는 사슴으로도 불리는 문착muntjac이었다. 20세기 초 베드퍼드 공이 중국에서 들여온 개체 중 몇 마리가 도망쳐 점점 증식했다고 한다. 내가 발견하기 얼마 전에 죽은 모양이었다. 눈은 여전히 맑았고 몸은 따뜻했다. 상처나 피도 없었다. 수컷들이 서로 다투거나 개와 싸울 때 쓰는 커다랗고 굽은 송곳니가 아래턱 밑으로 툭 튀어나와 있었다.

애초에 찾으려고 했던 목표물과는 차원이 다른 것이어서 나는 잠시 주저하다가, 매끄러운 몸체와 산호 모양의 작은 뿔, 쪼그만 굽을 바라보았다. 그러고는 발목을 모아 잡고 어깨 위로 둘러멨다.* 내 몸에 맞춘 듯 사슴의 몸은 내 목과 등에 척 감겼다. 내 관절은 사슴의 하중에 딱 맞았다. 그 효과는 기가 막혔다. 등에 온기가 느껴지는 순간 나는 소리를 지르고 싶었다. 얼굴은 상기되고 가슴은 부풀어 올랐다. 이것이 내가 여기에 있는 이유라고, 이것이 나의 존재 이유라고, 내 몸이 내게 말해주었다. 문명은 잠시 걸친 수건처럼 스르륵 벗겨졌다.

비록 증명할 방법은 없지만 위의 두 가지 경우 모두 나는 유전적 기억을 경험하고 있었다고 믿는다. 인류가 존재한 대부분의 기간 동안 자연선택의 힘이 우리를 관장했고 먹고, 자신을 보호하고 은신하고, 교환하고 협력하고, 자식을 낳아 기르는 등의 특정 행동을 본능으로 만들어주었다. 비록 의지로 억누를 수는 있지만, 돌진하는 트럭을 피하려 노인이 1.5미터 높이의 담장을 훌쩍 뛰어넘는 것과 같은 본능은 우리의 삶을 인도하기 위해 진화되었다. 이러한 유전적 기억 혹은 무의식적인 욕구는 우리의 염색체에 각인된 것으로, 우리 정체성의 근본적 구성요소이다.

아이를 돌보는 본능처럼 어떤 정형화된 행동양식은 여전히 인간생활에 적합하고 필요하다. 하지만 나와 내 가족을 위

---

* 자연사한 동물을 들고 집에 가는 것은 어리석은 짓이다. 아는 수의사에게 사슴을 먹어도 되느냐고 물었더니 그냥 묻으라는 답을 받았다.

험한 동물이나 경쟁 부족으로부터 보호해주었던 본능에서 비롯된 행동을 오늘날의 고밀도 기술 집약적 사회에서 함부로 발휘했다간 큰일 난다. 우리는 억누름의 기술을, 끓어오르는 피를 조용하게 식히는 법을 배워야 했다. 이미 익숙한 욕망에 대해서는 경험을 통해 통제 또는 승화하는 법을 익혔다. 그런데 이 느낌은 새로웠다. 사슴을 들어 올리기 전에는 그 존재조차 몰랐기에 내재화할 수 없었던 느낌이었다. 벅차고 날것인, 야생이었다. 뭘 어찌해야 하는지는 몰랐지만, 손가락을 구부릴 때 쓰는 근육만큼이나 내 것이라는 걸 알았다.

웨일스 골드클리프 근처 세번강 어귀 진흙 속에서 스크레이퍼를 들고 일하는 고고학자들은 8천 년 전의 염습지 표면 화석을 발굴했는데, 보존 상태가 너무 양호해서 거기에 남은 인간과 동물의 발자국 사진을 보고 있노라면 그 자취를 좇아가고 싶은 마음이 들 정도이다. 골드클리프 유적은 우리 이전의 세상, 하지만 여전히 우리가 소속된 세상의 이야기를 들려준다.[2]

진흙에 남은 발자국 중 어떤 것은 크고 흐릿하고 또 어떤 것은 깨끗하고 분명하다. 발가락 모양과 그 사이로 비어져 올라온 진흙 두덩이 너무 선명해서 마치 이번 썰물에 생긴 자국처럼 보인다. 어떤 부분에서는 사람들이 진흙에 미끄러지지 않으려고 균형을 잡느라 발목이 옆으로 꺾이고 발가락 사이가 벌어진 흔적이 나타난다. 어떤 자국은 청소년들로 구성된 사냥 무리를 보여준다. 같이 멈추었다 방향을 돌렸다 하며 함께 보조를 맞추었다. 그들이 뛰어간 진흙 표면에는 붉은사슴의 발자국도 함께 나 있다.

어떤 자국은 어린이들이 뛰어다니고 미끄러지고 장난치며 진흙에서 놀았던 상황을 드러낸다. 하지만 또 다른 자국에서는 어린이들 — 우리의 삼백대 고조할아버지 뻘이지만 — 이 좀 더 체계적으로 움직였다. 네 살짜리 아이도 채집에 참여한 것으로 보인다. "이렇게 어린 아이도 음식을 채집하는 데 기쁘게 참여했다는 사실은 아이를 과잉보호하는 경향이 있는 서구 사회의 사람들로서는 이해하기 힘들 것"[3]이라고 고고학자는 말했다. 어른들의 자국을 보면 새를 사냥하거나 덫을 비우고 있었던 것으로 추정된다.

인간의 발자국을 가로지르거나 비껴간 또 다른 흔적들이 있다. 붉은사슴과 노루의 발자국 그리고 대형 들소 오록스가 남긴 엄청난 웅덩이들. 두 개의 발자국은 바로 알아볼 수 있다. 개다. 하지만 틀렸다. 중석기시대의 개는 콜리 정도의 덩치를 가졌다. 개를 키운 곳에는 씹은 자국이 난 뼈가 널려 있다. 이 발자국들은 훨씬 크고 인간 또는 다른 동물의 흔적과 무관한 것으로 보인다. 증거로 보건대 이 발자국의 주인공은 늑대다.

그러나 나를 소름 돋게 흥분시킨 건 밤중에 울부짖는 포유류가 아닌 전혀 다른 생물이었다. 해오라기, 검은머리물떼새, 갈매기, 제비갈매기 등의 옅은 발자국 위로 석공의 직인처럼 마름쇠 모양으로 진흙에 박힌 약 15센티미터 길이의 자국이 있었다. 중석기시대 강어귀에서 매우 흔했던 새가 남긴 발자국이라고 연구자들은 말해준다. 황새이다. 이 문장을 읽은 순간 나는 몸을 기대고 눈을 감았다. 그들이 내는 코넷 같은 울음소리가 내 집에서 쩌렁쩌렁 울리는 듯했고, 수백 마리가 망토 같은 날개를 펼치고 패러글라이더처럼 활공하다 습지에 내려앉는 모습이 바로 눈앞에 펼쳐지는 것만 같았다.

키가 1미터가 넘고, 날개 길이가 2미터가 넘으며, 고도 10킬로미터로 지구상에서 가장 높이 나는 새인 이 동물은 줄에 매달린 것처럼 공중에 떠 있곤 한다. 강어귀와 습지를 가득 채우는 그들의 맑고 영묘한 소리, 단검 같은 부리와 모장帽章형 꼬리, 번식기 때 특유의 고개를 뒤로 젖히며 추는 춤, 그리고 공기처럼 가볍게 착지하고 이륙하게 해주는 넓게 펼쳐지는 날개. 한때 영국에서 엄청난 수가 서식했는데, 1465년 조지 네빌의 요크 대주교 즉위식에서 황새 204마리가 잔칫상에 올랐다고 한다.[4] 유럽 대륙으로부터 이주하는 황새 일부가 잉글랜드 노퍽에 번식하기 시작하면서 보전 활동가들은 다른 곳에서도 재도입을 시도하기 시작했다. 그에 따라 2009년에 황새 한 무리가 서머싯에 풀어졌다.[5] 이 새들이 중심이 되어 세번강은 물론 영국 방방곡곡에 황새가 퍼지는 것이 이 사업의 숨은 조력자들의 바람이다. 골드클리프 출토지의 발견은 이 확장의 첫발을 내딛는 데 긍정적인 징조인 셈이다.

고고학자들이 찾아낸 또 한 가지는 중석기시대 음식의 흔적이다. 돌도끼로 찍히고 불에 그슬린 붉은사슴과 노루와 멧돼지의 뼈, 화살촉이나 창으로 파인 오록스의 거대한 갈비와 척추, 오리와 수달 뼈, 불에 태운 개암, 조개, 게 껍데기 등. 창

끝이나 화살촉 역할을 하는 작은 돌날인 잔석기 두 개가 불에 의해 산화되었다. 하지만 압도적으로 많은 흔적은 물고기였다. 연어, 메기, 농어, 숭어, 넙치 그리고 무엇보다 장어. 발견된 장어의 수와 크기로 보았을 때, 장어가 대서양을 건너는 장거리 여행을 시작할 때인 추분의 달 밝은 밤에 사람들이 이곳의 얕은 물에 덫을 놓아 잡았을 것으로 추정된다. 과거에 물길이었던 곳에서 발견된 표면화석에 세 개의 뾰족한 말뚝이 박혀 있었는데 한때 망태기 덫을 지지하는 데 쓰였을 가능성이 있다.

어린 시절부터 알고 있었던 움직임이다. 노퍽과 남쪽 지방의 맑은 시냇가에 서서 검은 무리의 장어를 보면 어떤 때는 마치 고리버들 바구니처럼 촘촘하게 얽히고설킨 채 하류를 향해 꿈틀거리는 것처럼 보였다. 지금은 운이 좋으면 하루에 대여섯 마리 볼 수 있을 정도다. 이 대규모 여행단은 중석기 시대부터 이어지다가 1980년대에 붕괴되었다.

습지에 흩어진 돌날과 맷돌과 손도끼, 뼈로 만든 송곳과 긁개, 사슴뿔로 된 곡괭이 화석 사이에서 이 시대에 거의 발견되지 않은 인공물이 발견되었다. 바로 나무로 만든 도구이다. 주걱, 나무 핀, 뒤지개 등이 여기서 발견되었다. 그런데 내게 가장 흥미로웠던 것은 갈퀴 안쪽에 있는 모래에 의해 마모된 Y자 모양의 막대기였다. 연구자들은 이 도구가 바닥에 숨은 장어를 잡기 위해 바닥에 내리누르는 용도로 쓰였을 거라고 추측한다. 이 막대기를 들고 물길을 따라 천천히 걷는 옛사람들을 떠올렸다. 그들은 모래 속으로 발을 천천히 디디며,

사냥감의 존재를 알리는 옅은 점액질 자취나 모래 무덤에 촉각을 곤두세운 채, 막대기를 쳐든 뒤 굴절을 감안해서 아래로 찍어 내린다. 장어는 손아귀를 빠져나가려고 꿈틀거린다. 손가락은 아가미 속의 미끈거리는 살을 파고들어 물 밖으로 건져 올린 다음 움직이지 못하도록 기둥에다 내려친다. 그러고서 잎을 벗겨낸 가는 버드나무 작대기에 아가미를 꿴 다음 그날 잡은 다른 먹잇감과 함께 허리춤에 찬 가죽끈에다 매단다.

진흙에 난 흔적은 사람들이 이 염습지에서 천막을 치고 지냈음을 나타낸다. 폭이 약 3미터에 가죽이나 갈대로 덮인 구조물이면 네 명 정도 머물 수 있었을 것이다. 가운데 설치한 화로를 이용해 난방을 하고 음식을 데우거나 훈제했다. 빙하기 이후 웨일스의 모진 비바람을 견디며 지냈던 사람들이라면 어디에 내놔도 버틸 만큼 강인한 자들이었을 것이다.

중석기시대의 삶, 그러니까 빙하가 후퇴한 후 약 6,000년 동안의 세월(지금으로부터 6,000~11,600년 전)에 대해서는 별로 알려진 바가 없다. 당시의 사람들이 다녔던 땅의 상당 부분이 현재 물에 잠긴 것이 하나의 이유이다. 마지막 빙하기 때 해수면의 높이는 오늘날보다 약 55미터 낮았다.[6] 골드클리프에서 발견된 주거지가 생기기 4,000년 전쯤, 중석기가 시작되었을 때에는 브리스틀 해협도, 카디건만도, 리버풀만도 없었다. 브리스틀 해협의 서쪽 끝인 런디섬도 본토의 일부였다. 그러나 해수면은 빠른 속도로 높아졌다. 골드클리프에서 인간 활동의 증거는 약 7,800년 전 이곳에 바다가 닿기 시작할 때쯤 나온다. 그때쯤이면 카디건만의 대부분은 물에 잠긴 상태였으며 지금보다 2배 빠른 속도로 해수면이 높아지고 있었다.

많은 해안 지역처럼 중부 웨일스도 저만의 아틀란티스 전설을 가지고 있다. 활자로 기록되기 전까지 그 전설은 분명히 변화를 거듭했겠지만, 어쩌면 빙하기 이후에 바다가 확장되면서 많은 땅이 침수되던 상황에서 비롯되었는지도 모른다. 웨일스 버전의 아틀란티스는 귀드노 가란히르Gwyddno Ga-ranhir라는 추장이 지배하던 100개의 저지대인 칸트레르 켈로드Cantre'r Gwaelod에 관한 이야기이다. 이곳은 제방을 쌓아 바닷물을 막은 곳이었다. 귀드노 가문은 이 제방의 수로와 수문 등을 관리하는 책무를 맡았다. 그중에 주정뱅이로 유명한 세이테닌이라는 사람이 있었다. 그가 불침번을 섰던 폭풍우가 몰아치는 어느 날 밤에 일어난 일은 두말하면 잔소리다. 전설에 따르면 누군가 바다에서 어려움에 처하면 물에 잠긴 칸트레르 켈로드의 종이 울린다고 한다. 이것이 터무니없는 소리라는 것은 내가 증언할 수 있다. 그게 사실이라면 나는 그 소리를 벌써 여러 번 들었어야 했기 때문이다.

골드클리프에서 나온 증거에 따르면 그곳에 흔적을 남긴 사람들은 주로 여름이나 초가을경에 주기적으로 습지에서 수렵과 채집을 했다. 여느 포식자처럼 사슴, 오록스, 멧돼지 떼를 쫓으며 개체군이 점점 늘어나다가 어느 날 줄어들고 다시 시작하는 자연계의 순환을 따랐을 것이다. 염습지에 세운 이동식 주거지는 사냥감이 해안 숲으로 이동하거나 물고기가 물에 모이는 시기에 맞춰 한번 세우면 몇 주 정도 유지되었다. 출토지의 흙에서는 15미터 정도 높이까지 가지가 전혀 없는 커다란 참나무 둥치나 그루터기가 나왔다. 이는 만조 높이에서 시작되는 수관부가 닫혔다는 증거로, 해수면이 높아지기 전에는 이곳에 높은 숲이 있었다는 것을 의미한다. 진흙에는 참나무, 자작나무, 소나무, 느릅나무, 개암나무, 라임나무, 오리나무, 물푸레나무, 버드나무의 꽃가루가 포함돼 있었다. 강변에는 갈대밭, 수렁, 오리나무 습지(소택지림)가 있었다. 나무뿌리 주변에서는 중석기시대 붉은다람쥐가 저장해 놓은 개암이 잔뜩 나왔다.

고고학자들은 그 당시 사람들이 물고기와 뭍짐승을 사냥함과 동시에 갈대의 뿌리와 새싹, 나무의 진액, 풀과 갯능쟁이의 씨앗, 자작나무의 껍질, 콩, 도토리, 잎과 야생 열매를 먹었을 것으로 추측한다. 영국과 유럽의 다른 지역에서 나온 증거에 의하면 나무를 파서 만든 카누를 사냥용으로 사용하고 사냥터를 찾아 해안선을 따라 이동했을 것으로 예상된다.

늦가을에는 물개들이 번식을 위해 뭍으로 올라오는 해변으로 이동했을 것이다. 물로 첨벙 뛰어들기 직전에 가까이 갈 수 있다면 물개는 잡기 매우 쉬운 먹잇감이다. 겨울에는 내륙으로 이동하여 만의 상류에 서식하는 철새와 산짐승을 사냥했다. 북부 웨일스의 중석기 두엄더미에서 발견된 조가비의 성장 양상을 보면 살이 가장 꽉 찬 봄이나 초여름에 주워 온 것을 알 수 있다. 골드클리프 사람들은 이 조개를 찾으러 만으로 내려갔을 것이다. 조개 철이 끝나면 사냥꾼들은 삼림지대 너머에서 자라나는 초지를 따라 이동하는 사슴을 쫓아 산으로 올라갔다. 그러다가 물고기의 이주에 때맞춰 또 해안가로 내려왔을 것이다. 이들에게 매년 다시 돌아오는 곳은 있어도 정해진 집은 없었다. 사냥감과 함께 움직였고 그 과정에서 삶의 흔적을 남겼다. 산꼭대기의 석기, 해안가의 조개무지, 숲속의 무기, 이가 빠진 뼈, 장식된 조약돌, 그리고 간헐적인 무덤. 펨브로크셔 리드스텝의 화석 습지에서 고고학자들은 두 개의 잔석기가 박힌 야생 멧돼지의 뼈를 발견했다. 화살 또는 창에 맞은 채 늪으로 뛰어들어 죽은 것이다.[7]

시간 속으로 멀어져가는 습지의 발자국 화석을 다시 바라보았다. 진흙에서 아이들이 노는 소리를 들었고, 심각하고 긴장된 얼굴의 사냥꾼 무리를 만났고, 창과 막대기를 들고 강가를 배회하는 여자들과 노인들을 마음의 눈으로 보았다. 그러자 내가 누구인지 더 잘 알게 된 느낌이었다. 나는 어디서 왔는지, 나는 지금 누구인지.

친구여, 내 가슴을 흔드는 피
한 시대의 사려 분별로도 취소할 수 없는
한순간에의 굴복, 그 엄청난 대담,
이것으로 이것만으로 우리는 존재해왔다.


T. S. 엘리엇, 「황무지」*

나는 기쁨을 감추려고 고개를 돌렸다. 우연이었지만 드디어 그가 무서워하는 걸 찾았다.

"조지 제발, 그거 만지지 마. 부탁이야."

"위험하지 않아."

"안 돼! 아주 위험해. 진짜 위험한 독 있어."

---

\* 이홍익의 번역을 따랐다. 번역 전문은 http://goodplus.org/html/poem36.htm 참조(옮긴이).

그는 고개를 저으며 물러섰다. 그를 6개월 전에 처음 만난 이후로 어느 누구도, 그 무엇도 그의 평정심을 흐트러뜨리지 못했다. 어찌나 물불을 안 가리는지 평소 위험에 뛰어드는 것을 자랑으로 여기는 나조차 겁쟁이로 느껴지게 만들던 그였다. 못된 승리감에 들떠 나는 덤불에 손을 넣었다.

"조지, 정말 부탁인데…."

카멜레온이 한쪽 눈을 굴려 내 손을 살펴보며 연한 황갈색으로 변했다. 발밑으로 손가락 하나를 조심스레 밀어 넣자 집게 같은 발이 감아쥐었다. 녀석을 받치고 있던 손 전체를 들어 올려서 그대로 천천히 덤불에서 꺼냈다. 카멜레온은 다시 연한 벽돌색으로 바뀌었다.

토론케이는 2미터 뒤로 물러나 있었다. 이마에 식은땀이 맺혀 있었다. 입을 달싹였지만 아무 소리도 나지 않았다.

"거봐, 위험하지 않다니까. 미신이야."

그는 조금씩 다가왔다. 이번에는 그의 자존심이 상했다. 카멜레온은 내 손에 조용히 앉아서 눈을 굴렸다. 꼬리로 내 새끼손가락을 감았다.

"만지고 싶으면 만져봐. 해치지 않는다니까."

토론케이는 입을 벌린 채 손가락 마디가 다 드러날 정도로 창을 꽉 쥐고 내게 다가왔다. 스스로를 주체하려고 벌벌 떨며 손을 뻗어 손가락 끝을 카멜레온의 옆구리에 댔다. 녀석은 고개를 돌려 분홍빛 입을 열고 쉭 하는 소리를 냈다. 그는 급하게 뒤로 물러나다 넘어질 뻔했다. 이제는 내가 스스로를 주체해야 할 차례였다. 터지는 웃음을 간신히 참으며 몸을 돌려

카멜레온을 덤불로 돌려보냈다. 잘 놓아줬는지 살피는 척하면서 표정 관리를 한 다음 그에게 다가갔다. 나를 보는 토론케이의 눈빛이 달라져 있었다. 존경심이라고나 할까? 어쩌면 내가 정신 나갔다고 확신하는 눈빛이었는지도 모른다.

새벽에 출발한 우리는 이미 마사이 영토의 북부 지방인 카지아도 지구를 길게 도는 동선을 따라 30킬로미터 넘게 걷고 달렸다. 정오쯤 그의 삼촌 댁에 들러 우유를 마시고 파리를 쫓으며 얘기를 나누느라 두 시간을 보냈다. 거기서 25킬로미터 더 가면 토론케이가 사는 만야타였다. 우리는 낮은 절벽에 서서 덤불과 아카시아가 듬성듬성 난 평야를 바라보았다. 암운이 드리워진 하늘은 연녹색이었다가 회색을 거쳐 푸른색으로 변하며 구름의 베일에 가린 킬리만자로를 향해 솟아오르고 있었다. 아지랑이 너머 저 아래로 얼룩얼룩한 소 떼와 일런드영양과 임팔라 무리가 보였다.

늘 그랬듯이 토론케이는 나를 앞질러 갔다. 하지만 이따금씩 멈춰서 주변 경관을 바라보는 척하면서 내가 따라잡게 해주었다. 내가 그를 헤아린 것보다 그는 나의 감정을 더 널리 헤아려줬다. 그에게는 삼촌네에 가는 것 말고는 다른 볼일이 없었다. 사바나를 뛰어다니는 것 자체가 목적이었다. 그는 동료 모란moran들과 사흘 동안 먹지도, 마시지도, 자지도 않고 200킬로미터 넘게 소를 모는 등 엄청난 일을 해내곤 했다. 때로는 케냐 경찰의 단속과 가축 주인들이 쏘는 총알 세례에도 불구하고 마사이족 영토 주변에 사는 키쿠유족의 소를 훔치기도 했다. 토론케이와 여타 마사이 전사들과 얘기해보면 소를 훔치는 것만큼이나 날아오는 총알을 피하며 도망가는 것도 그들의 중요한 목표임이 틀림없었다. 그렇듯 광활한 지역을 누비면서 그들은 우리가 동네 지리를 파악하듯이 자신들의 영토를 손바닥 보듯 훤히 꿰고 있었다.

나는 토론케이의 삶에서 가장 중요한 시기에 그와 함께했다. 그는 나와 만나기 6년 전에 포경수술을 받았다고 했다. 수술을 받는 동안에는 움찔거리지도, 눈도 깜박이지 않고 차분히 앉아 있어야 했다. 참고 견디는 자는 소를 받았고, 꿈틀거리는 자는 추방을 당했다. 전사들은 고통을 감내하도록 스스로를 훈련시켰다. 토론케이의 양쪽 허벅지에는 둥근 모양의 흉터가 있다. 타는 숯을 직접 살에 대어 생긴 상처이다.

열아홉 살이 된 토론케이는 전사로 인정받기 위해 긴 통과의례에 돌입하고 있었다. 다 치르고 나면 성인으로서의 자격을 획득하고 결혼과 독립이 허락되었다. 수개월에 걸쳐 그가 다른 모란들과 함께 춤추고, 놀고, 여행하는 모습을 곁에서 지켜보았다. 제사용으로 바칠 황소를 뿔과 꼬리를 제압하여 억지로 곡주 한 바가지를 마시게 한 다음 목 졸라 죽인 후 피를 마시는 장면을 본 적이 있었다. 힘으로 제압당하기 전까지 소는 이 젊은이들을 마을 여기저기에 내동댕이쳤다. 전사들 간의 끈끈한 유대감과 사랑도 보았다. 동시에 다툼이 생기자마자 옷깃에서 칼을 꺼내 드는 것도 보았다.

비록 직접 보지는 못했지만 그들은 전통에 따라 사자도 죽였다. 한 사람은 사자를 구석으로 몰아 꼬리를 잡고 또 한 사람은 창으로 찔렀다고 한다. 그 어떤 것도 모란을 떨게 하지 못했다. 카멜레온만 빼고 말이다. 그들에게 위험이란 일부러 찾아 즐기는 무엇이었다. 그들은 열정적이고, 맹렬하고, 모든 것에 열려 있었다. 유목민이라 그런지 다른 문화와 쉽게 섞였기에 내가 그전에 경험했던 서파푸아나 브라질의 원주민보다 대하기도 더 쉬웠다. 그들은 삶의 다른 모든 것과 마찬가지로 나를 대했다. 그들의 경험을 막아설 건 아무것도 없었다. 비록 나는 토론케이보다 열한 살이나 많았지만 다른 곳에서라면 불가능했을 방식으로 그와 나는 친구가 되었다.

토론케이의 삼촌 댁에 들른 지 몇 주 후 나는 막바지 의례를 보기 위해 그의 마을에 돌아왔다. 모란들은 마치 바람 사이를 부는 바람과 같이 조용한 노래를 느리고 슬프게 부르며 춤을 추고 있었다. 수년 동안의 거친 모험이 바야흐로 끝나가고 있었다. 이를 지켜보는 동안 젊은 남자 하나가 쿠두 영양의 긴 뿔로 만든 뿔피리를 들고 무리의 끝으로 걸어 나갔다. 그는 뿔피리에 입을 대고 네 차례 크게 불었다. 지독한 저음이 내는 진동이 몸 전체를 타고 흘렀다. 전사들은 고함과 비명을 지르며 사방으로 흩어졌다. 나도 누군가와 부딪혀 넘어졌고 전사 네다섯 명은 바닥에 쓰러져 꿈틀거리며 신음했다. 주변에서 일으켜 세우려 했지만 정신을 잃은 듯했다. 그들은 으르렁거리고 침을 흘리고 거칠게 숨을 내쉬었다. 그들의 뒤꿈치가 바닥을 두드려댔다. 뿔피리는 성인식의 마지막 며칠 동안만 불게 되어 있었는데, 전사들은 그 소리를 들을 때마다 슬픔을 이겨내지 못했다.

나는 토론케이의 어머니가 성인식을 통과한 그를 위해 지어준 오두막으로 따라 들어갔다. 나뭇가지를 잇고 소똥으로 메운 작은 공간의 낮은 천장 아래에 앉아 눈이 어둠에 적응할 때까지 기다렸다. 시야가 열리자 낯선 여자가 소가죽 요에 앉아 있는 것이 보였다. 진한 눈썹에 매끄럽고 둥근 이마, 뭔가 차갑고 심지어 비웃는 듯한 어두운 인상의 여자였다. 나는 내 소개를 했다. 그녀는 수줍은 듯 다소 어색하게 미소 지으며 고개를 돌렸다. 영문을 몰라 토론케이를 봤더니 놀랍게도 나를 보며 웃고 있었다.

"이쪽은 내 아내야."

내가 만야타에 도착하기 사흘 전 그는 친구를 보러 거의 50킬로미터를 뛰어갔다. 친구의 마을에 가까워질 때쯤 길에서 이 여자를 마주치고 계획을 변경했다. 그날 하루를 종일 같이 보내면서 저녁때 그는 이미 함께 도망가자고 그녀를 설득하는 데 성공했다. 둘은 모두 잠들 때까지 기다렸다가 몰래 마을을 빠져나왔다. 개들이 깼고 그녀의 형제들이 쫓아왔다. 두 연인은 덤불을 뚫고 도망쳤으나 자정쯤 형제들에게 둘러싸였다. 그녀는 집으로 돌아가길 거부했다. 그러면서 자기와 얘기를 하고 싶으면 토론케이의 마을로 찾아오라고 말했다. 형제들은 마을로 돌아갔고 토론케이와 약혼녀는 새벽이 되기 직전에 만야타에 도착했다.

그녀의 아버지는 매우 화가 났지만 어쩔 도리가 없었다. 더 이상 딸을 설득하는 것이 불가능했다. 토론케이는 협상을 시작했다. 그녀의 아버지는 결혼 지참금으로 소 다섯 마리와

1만 실링을 요구했다. 토론케이의 부모가 금액을 낮추기 위해 대화에 나섰다. 그녀는 부잣집 딸이었으므로 협상은 난항을 겪었다.

토론케이가 신부와 눈빛을 주고받으며 자랑스럽게 들려주는 이야기를 들으며, 또 이제 그가 다른 모란들로부터 영웅 대접을 받게 된 걸 보면서 나는 토론케이와 사귀면서 처음 경험하는 것이 아닌 질투를 다시금 느꼈다. 나는 오두막에 앉아 그에게 인사하러 줄줄이 들어오는 젊은 남자들 사이에서 우유를 마시면서 뭔가 무능한 기분을 떨쳐버리질 못했다. 손을 맞잡고 요에 앉은 전사들과 부드러운 눈으로 남편을 바라보는 여자를 보고 있노라니 너무나 분명하고 명징한 생각이 내 머리를 때리는 것이 마치 종소리가 귓가에 울리는 듯했다. 내가 수정란 상태였을 때에 선택권이 주어졌다면, 그러니까 무엇을 고르든지 완벽하고 편안하게 적응할 거라는 전제하에서 나의 삶과 지금 눈앞의 삶 중에 하나를 고르라고 한다면 이것을 골랐을 것이 확실했다.

열대지방에서 모험하는 삶을 산 지가 어언 6년, 하지만 어느덧 내 삶은 작고 초라해 보였다. 몇 개월이 지나 집에 가면 무엇이 나를 기다릴지 생각해보았다. 쓰던 책을 끝내고, 새 일을 찾고, 옛 친구들을 만나고, 집 한 채를 청약해둘 계획이었다. 뇌말라리아를 두 번 겪고, 늘어나는 지출과 줄어드는 저금을 보며, 빈대와 모기와 더러운 물과 망가진 도로에 지쳤을 때에는 집에 돌아가는 게 기다려졌다. 하지만 'r'자로 시작되는 세 가지 주제에 한정된 대화들을 떠올려봤다. 리노베이

션, 레시피, 리조트. 기찻길과 울타리를 떠올렸다. 길에서 조금만 벗어나면 소리를 질러대는 영국 시골의 산책길을 생각했다. 나는 밀려드는 공허감에 무릎을 꿇었다. 내 인생에 처음 있는 일은 아니었다.

벤저민 프랭클린이 1753년에 영국의 식물학자 피터 콜린슨에게 보낸 편지에는 다음과 같은 불평이 쓰여 있다.

> 인디언 아이를 우리의 가정에서 키워 우리의 언어를 가르치고 우리의 관습을 익히게 해도, 딱 한 번이라도 친지를 보러 집에 가서 시간을 보내고 나면 다시 돌아오는 일은 절대로 없습니다. 그게 꼭 인디언이라서 그런 것도 아닙니다. 남녀를 불문하고 백인이 어렸을 때부터 인디언의 포로가 되어 그들과 함께 상당 기간 살게 되면, 나중에 우리 동지들이 구출해 영국인들과 함께 살도록 상상할 수 있는 모든 친절을 베풀어줘도 머지않아 우리의 삶의 방식과 그것을 지탱하기 위한 온갖 수고와 노력에 진절머리를 냅니다. 그들은 기회만 오면 숲속으로 도망쳐서 절대로 다시 찾을 수가 없습니다.[1]

신세계를 정복하는 데 있어서 영국인이 원주민들과 함께 도망치는 일은 식민지 관료들에게 큰 위협으로 인식되었다. 북미의 첫 번째 영국 이주민 정착지인 제임스타운의 젊은이들이 1612년에 도망가기 시작하자 당시 부주지사였던 토머스 데일은 그들을 추적해서 잡았다. 당시의 기록에 따르면 상황은 다음과 같았다.

> 어떤 이들은 교수형에, 어떤 이들은 화형에 처했습니다. 어떤 이들은 바퀴에 달아서, 다른 이들은 말뚝을 박아서, 또 어떤 이들은 총으로 쏴 죽였습니다.[2]

처벌의 강도는 금지 행위가 가지는 매력의 강도를 함의한다. 이런 처벌에도 불구하고 유럽인들은 계속 도망쳐서 자신들을 포로로 잡은 원주민들과 함께 머물렀다. 이는 북미 원주민의 수가 크게 줄고 파편화되어 더 이상 합류할 여지가 없을 때까지 계속되었다. 1785년에 헥터 드 크레브쾨르의 기록에 의하면 평화 시기가 도래해 원주민에게 붙잡힌 자식을 구하러 부모들이 찾아가자 유럽인 아이들은 결코 따라나서지 않겠다고 강하게 버텼다고 한다.

> 엄마 아빠를 기억할 나이의 아이들조차 친부모가 내민 사랑의 손길을 거부하고 입양해준 부모의 품으로 달려가 돌아오기를 완강히 거부했습니다! 믿을 만한 사람들의 이야기를 포함해서 이와 같은 사례를 수천 건 들었지요. 내가 약 15년 전에 방문했던 어느 마을에서는 영국인과 스웨덴 사람이 살았는데 성인이 되었을 때 포로가 되었습니다. 스쿼 인디언들은 그들을 입양함으로써 목숨을 구해 전쟁포로의 혹독한 신세를 면하게 해수는 대신 원주민 여성과 결혼하도록 했습니다. 사람의 관성

에 따라 그들은 새로운 야생의 삶에 완전히 적응했어요. 내가 그곳에 있는 동안 본국에서 그들의 친구들이 석방의 몸값으로 지불하라며 상당한 금액을 보내왔습니다. 인디언 추장은 그들에게 선택권을 주었지요. 그들은 남기로 결정했는데 그들이 나에게 들려준 이유가 정말 놀라웠습니다. 완벽한 자유, 생활의 편리함, 우리의 삶에 그토록 팽배한 온갖 근심걱정이 없다는 것 등등. 수천 명의 유럽인은 인디언이 되었지만 원주민 중에 자신의 의지로 유럽인이 된 사례는 단 한 건도 없었습니다![3]

구세계와 신세계의 만남은 대체로 강탈, 압제, 학살의 역사이지만 평화로운 관계가 생기는 곳도 있었다. 크레브쾨르의 기록처럼 북미 원주민이 유럽인 가정에서 평등한 지위를 가지고 살 수 있는 기회가 주어진 경우도 있었다. 마찬가지의 위상으로 유럽인이 북미 원주민 사회에 합류할 수 있는 기회도 있었다. 이는 하나의 사회적 실험이라 봐도 무방하다. 두 경우 모두 유럽인의 비교적 안정적이지만 제한된, 고정되고 통제된 삶과 북미 원주미들의 유동적이고 자유롭고 불확실한 삶 사이에서 선택권이 주어졌다. 선택의 결과는 매우 분명했다. 하나의 예외도 없이 유럽인들은 북미 원주민들과 함께 남기를 택했고, 북미 원주민들은 기회가 생기자마자 자신의 원래 사회로 돌아갔음을 크레브쾨르와 프랭클린은 말해준다. 이 사실이 우리 삶에 대해 말해주는 바는 결코 가볍지 않다.

그렇다면 나는 왜 토론케이의 사회로 귀화하지 않았는가?

아직도 나를 괴롭히는 질문이다.

거듭 느끼는 것이었지만, 나는 그곳의 삶을 살기엔 너무 물렀다. 체력적으로 버틸 수가 없었다. 더 중요한 건 불확실성을 감당할 수가 없었다. 오늘 먹을지 내일 먹을지 알 수 없다는 것, 한 달 후에도 내 생계나 삶이 지속될 수 있을지에 대한 확신의 부재 말이다. 마사이족은 인생역정의 부침을 태연하게 받아들였다. 올해는 평야가 새까맣게 덮일 정도로 소를 기르다가도 내년엔 가뭄으로 아무것도 남지 않을 수도 있었다. 다음에 일어날 일을 알고자 하는 것이 물질적으로 복잡한 사회의 주된 목표였는지도 모른다. 하지만 이를 거의 또는 완전하게 달성하고 나서도 기껏 우리에게 주어진 보상은 온갖 욕구불만이다. 경험 대신 안정을 택했고 그렇게 함으로써 많은 걸 얻었지만 또 많은 것을 잃었다.

하지만 가장 큰 이유는 여기도 예전의 삶은 끝났다는 깨달음 때문이었다. 케냐 정부는 마사이의 땅을 쪼개고 있었다. 힘 있는 원로들은 닥치는 대로 땅을 차지했고 나머지 사람들도 뭐라도 부여잡으려고 난리였다. 사회가 붕괴하고 있었고, 전통의식을 치르고 만야타를 지을 공공의 땅이 더 이상 남아 있질 않았다. 권력 구도가 변하면서 그동안 마사이족의 삶의 기준이었던 나이는 시대착오적인 개념으로 전락했다. 토론케이와 동료 전사들은 자신의 부족 안에서 어엿한 성인으로 독립한 마지막 세대였다. 사람들은 정착하고, 도시로 이주하고, 우리와 차별화되던 지신들의 자유로움을 잃기 시작했다.

그러나 이러한 사회적 압력들이 없었다 한들 모란들이 야생의 삶을 지속하기란 점점 어려웠을 것이다. 케냐 당국은 사자의 수가 급감함에 따라 사자 사냥을 엄격히 처벌했다. 여전히 부족을 기준으로 돌아가는 정치판이지만 보편주의 원칙이 케냐에도 서서히 적용되기 시작했다. 키쿠유족이 자신의 소가 마사이 전사에게 잡혀가거나 그들의 창에 찔리는 것을 즐겼을 리 만무하다. 내가 속한 집단 외의 다른 집단이 자신의 존재와 권리를 알려오는 순간, 우리의 욕망을 채우기 위해 그들의 삶을 종속시킬 수는 없게 되는 것이다. 그들의 세계로 우리의 세계를 확장할 수 없다. 마사이족이 키쿠유족을 상대로 즐기던 자유는 비록 짜릿할지라도 제한되는 것이 마땅하다. 용기를 도덕적으로 발휘할 수 있는 다른 공간을 찾아야 할 것이다. 주먹을 휘두를 때 공교롭게도 누군가의 코를 칠지 모를 일이다.

지금은 널리 사랑받는 제즈 버터워스의 연극 〈예루살렘〉도 처음 사람들의 입에 오르내리기 시작했을 때엔 호불호가 강하게 갈렸다. 눈부신 웨스트엔드의 공연 기간 중 나는 첫 주의 마지막 회를 관람했다. 공연이 끝나자 관중의 반은 기립 박수를 했고, 나머지 반은 험악한 표정으로 불만을 터뜨리며 자리를 박차고 나갔다.

마크 라일런스가 훌륭하게 연기한 조니 바이런은 말하자면 마지막 모히칸족이다. 그는 감각적이고, 경솔하고, 문란하고, 야성적이고, 자유롭다. 그는 카리스마 넘치는, 그러나 미천한 야만인으로 숲속을 유랑하는 정신 나간 나쁜 사람이다.

옛 신과 여전히 소통하는 마지막 영국인이다. 그의 토템 또는 분신은 그가 만났고 필요하면 부를 수 있는 거인이다. 거인은 사유지가 숲을 구획하고 노란 조끼를 입은 경찰들이 딱지를 떼며 순찰하는 지금의 세계에 속하지 않고 규율이나 사회적 제약으로부터 자유로운 온전한 태곳적 존재이다.

바이런은 다음과 같이 말한다. "원하는 만큼 거머쥐어라. 자기 수레에 가만히 걸터앉아서 한 여자라도 덜 사랑했기를 바라는 남자는 없다. 누구의 얘기도, 아무것도 듣지 말고 오직 당신의 심장의 목소리만을 들어라. 거짓말하라. 반칙하라. 훔쳐라. 죽을 때까지 싸워라."

그는 자신의 믿음에 충실하게 산다. 그를 미워하고 질투하는 안정 지향의 정착민과 관공리를 멸시한다. 그는 마약업자, 투사, 바람둥이이며, 무모하고 황당무계한 이야기를 지어내며, 비행청소년의 우상이다. 그는 오줌에 전 지저분한 환락의 왕자이자 최후의 사냥꾼이다. 그의 상대는 지금은 동네 선술집(물론 조니는 이 술집에 드나드는 것이 금지되어 있다)의 주인인 어린 시절 동무 웨슬리이다. 웨슬리는 양조장의 요구와 위생 및 안전 관리의 압박 탓에 스스로를 멸균된 공간 속에 가둔 채 짓눌린 책임감에 시달리며 따분하게 살아가는 사람이다. "얼어 죽을 봉지, 우라질 두루마리 휴지, 병신 같은 티셔츠. 마지막 쌍년이 집에 간 다음에야 잠을 청한다. 쌍년 옆에 누운 채로 숨이 안 쉬어진다. 첫째, 평생 동안 일해라. 둘째, 사람들에게 친절해라…."

우리의 미어터지는 땅에 조니 바이런 같은 사람이 있을 곳은 없다. 그를 떠받드는 수많은 젊은이들이 보여주듯이 그는 어떤 갈망을 충족시켜주지만 우리 사회가 수용할 수 있는 갈망이 아니다. 작품의 비극은 이 세계가 그를 수용할 수 없다데 있다. 모란들의 도적질과 사자 사냥을 더 이상 용인할 수 없듯이 말이다. 그가 구가하는 삶을 지향하고 싶어도, 그를 추동시키는 야성적 영혼의 죽음이 우리를 빈곤하게 만들지라도, 우리가 이행해야 하는 도덕적 의무의 한계 내에서 수용하기에 그는 너무 크다. 비록 그 한계가 웨슬리의 예처럼 우리를 숨 막히게 짓누른다 할지라도 말이다.

원래 우리가 살도록 진화한 야생의 삶을 우리가 얼마나 상실했는지는 여러 방식으로 설명할 수 있다. 쇼핑의 욕망을 채집 본능의 발현이라고 보거나, 축구를 승화시킨 사냥으로, 폭력적인 영화를 드러내지 않은 갈등의 해소책으로, 극한 스포츠를 위험한 야생동물의 대체물로 해석할 수 있다. 스타 셰프의 인기는 땅과 바다의 생물들과 관계를 회복하려는 의지의 반영일지도 모른다. 이러한 사례에서 제시된 상관관계는 얼핏 그럴듯해 보이지만 증명할 수 없고, 평범하다. 그보다는 더 흥미로운 근거가 있다.

정녕코 사람은 진실을 싫어한다.
차라리 길에서 호랑이를 만나지.

로빈슨 제퍼스, 「카산드라」

사람들이 환대할 때
그는 팔루그 고양이를 대비해
방패를 준비했다.
누가 팔루그 고양이를 찔렀는가?
새벽이 되기 전에
추장 아홉 명이
잡아먹혔다.

웨일스 시 「팔루그 고양이」, 『카마던의 흑서』(1250년경)

이보다 더 좋을 수는 없었다. 들판에는 바위를 깎아 만든 요새인 메이든 성이 서 있었고 그 뾰족한 첨탑은 하늘을 향했다. 성 저편에는 오와인 글린두르*가 태어났다는 약 20개 마을 중 하나로 알려진 울프스캐슬(웨일스어로 카스블레이드)

---

* Owain Glyndŵr. 15세기 초, 잉글랜드의 통치에 맞서 봉기를 일으킨 웨일스의 지배자(옮긴이).

이 있었다. 여기는 웨일스의 마지막 늑대가 관찰되었다는 곳이기도 했다. 아래 계곡의 습지는 냇버들 숲에 덮여 있었다.

"울타리에 틈이 난 여기, 여기로 들어왔을 수 있습니다. 다음에는 기슭을 따라 내려와 길 주변을 배회하다 덤불 속으로 사라졌어요."

나는 길의 반대편에서 습지 숲을 바라보았다. 담쟁이가 나무들을 휘감고 있었다. 이끼 낀 어두운 나무둥치들이 서로 기대어 널브러져 있는 형상은 마치 술 취한 수도사들 같았다. 나무 아래는 도저히 헤쳐 나갈 수 없을 정도로 덤불과 양치식물이 빽빽했다.

"저기서는 전혀 안 보이겠는데요."

"확실히 그것이었나요?"

마이클 디즈니는 그 짐승이 처음 나타난 산기슭, 좁은 아스팔트 도로, 그리고 아래쪽의 숲을 쓱 훑어보더니 어깨를 으쓱했다.

"저는 상관없습니다. 저는 분명히 봤고 더 이상 할 말 없습니다. 믿든지 말든지 사람들 자유입니다. 저는 누구를 설득하려는 게 아닙니다."

"지방의회의 공공안전 분과에서 근무하신다고 들었습니다. 혹시 상업적 홍보 효과를 노렸다는 비판을 받은 적이 있습니까?"

"그건 제 소관이 아닙니다. 제 분야는 상거래 관리입니다. 홍보는 사실 그 누구의 분야도 아니죠."

그는 그 직종을 상상이라도 하듯이 살짝 미소 지었다.

"제가 뭣 하러 스스로 놀림감이 되려고 나서겠습니까? 어차피 괜히 이상한 사람 취급 받는 것 말고는 얻는 것도 없는데요 뭘."

당시에 마이클은 조사 업무를 마치고 40번 국도를 따라 돌아오는 길이었다. 이미 항간에 떠도는 소문도 들었고, 하버포드웨스트에서 몇 킬로미터 떨어진 프린스게이트 부근에서 발자국이 발견되었다는 지역신문 기사도 읽었지만 그때까지만 해도 전혀 믿지 않았다.

"그때 그것에 대해 생각하거나 상상하고 있었다면 또 얘기가 달라지겠죠. 하지만 정말 전혀 생각도 안 하고 있었습니다. 그냥 운전하고 있는데 한 마리가 길을 건너는 겁니다. 아마 키가 한 1미터, 길이는 2미터 정도였습니다. 중형견보다 커 보였는데 개는 분명히 아니었어요. 말 다리처럼 아주 근육질에 힘이 무척 세 보이고 털은 윤기 나는 검은색이었어요. 그런데 가장 희한한 건 머리였어요. 그렇게 생긴 머리는 동물원에서도 본 적이 없습니다."

영국의 야생에서 대형 고양잇과 맹수를 목격하는 사람은 매년 약 2,000명에 달하는데, 전직 경찰관이자 지금은 지방의회 사무관인 마이클 디즈니 또한 그 대열에 합류하게 되었다.

『웨일스 온 선데이』에 따르면 오늘날 '펨브로크셔 팬서'로 불리는 짐승이 마이크의 눈에 띄기 전, 이미 약 10건의 '확증된' 목격이 있었다고 한다.[1] 목격자 중에는 그 지방의 대단치 않은 야생동물들을 비교적 잘 아는 농부나 농장 인부도 있었다. 개중에는 우리가 현재 서 있는 곳과 경계가 맞닿은 땅을 소유한 농부와 그의 아내가 각각 따로 목격한 건도 있었다. 마이클이 묘사한 것처럼, 그 짐승이 윤기 나는 새까만 털과 긴 꼬리를 가진 고양잇과 동물이라는 점에서 모두 진술이 일치했다. 어떤 이는 그 짐승이 어린 양을 입에 물고 가는 것을 보았다고 했다. 또 다른 이는 "울타리를 경주마처럼 뛰어넘는"것을 보았다고 했다.[2] 농장 가장자리에서 발견된 양과 송아지의 처참한 사체도 그 짐승의 소행으로 지목되었다.

그런데 전직 경찰관이 그것을 보았다고 전현직 동료들에게 얘기하면서부터 짐승의 존재가 심각하게 받아들여지기 시작했다. 『카운티 타임스』는 그의 목격을 "백 퍼센트 진실"이라고 표현했다.[3] 그리고 3주 후 러드백스턴에서 다섯 명이 보았다는 소식이 들려오자 경찰은 무장요원을 급파했다. 디버드-포이 경찰의 대변인은 펨브로크셔 팬서를 보면 절대 접근하지 말고 꼭 의회에 신고해달라고 주민들에게 당부했다. "엄밀히 말하면 사람들이 당장 위협받는 것이 아니면 경찰의 소관은 아니지만, 사태를 심각하게 다루고자 합니다." 그러면서 마이클의 목격과 같은 보고를 접수하기 위해 웨일스 정부가 대형 고양잇과 동물 감시기구를 설치했다고 덧붙였다. 정말 믿기 어려웠지만 확인해보니 그 기구는 실재했다.

나는 마이클이 정직하고, 믿을 만하고, 쉽게 흥분하지 않으며, 언론의 주목을 받는 것에 아무런 관심이 없고 오히려 이를 창피하게 여기는 사람이라고 확신했다. 단언컨대, 그는 그 짐승을 보았다고 한 다른 사람들과 마찬가지로 자신이 본 그대로 말했다. 하지만 또 하나, 펨브로크셔 팬서는 존재하지 않는다고 나는 확신한다.

영국의 자치구 중 그 고장만의 맹수 하나 없는 곳은 없다. 심지어는 런던의 교외에도 대형 고양잇과 동물이 있다는 소문이다. 바넷의 야수, 크리클우드의 맹수, 크리스털 팰리스의 퓨마, 시드넘의 팬서 등. 영국 역사에서 정체 모를 고양잇과 동물에 관한 이야기는 종종 있어왔다. 가장 오래된 기록은 마이클 디즈니가 그 짐승을 본 곳에서 50킬로미터 떨어진 지역에서 쓰인 '팔루그 고양이'(또는 할퀴는 고양이)로,『카마던의 흑서』에 남아 있는데 이 장의 서두에서 언급되는 내용이 전부이다. "사람들이 환대할 때 그는 팔루그 고양이를 대비해 방패를 준비했다. 누가 팔루그 고양이를 찔렀는가? 새벽이 되기 전에 추장 아홉 명이 잡아먹혔다."[4] 그런데『웨일스트라이어드』에서도 같은 동물이 등장하는데 여기서의 묘사는 생물학에 훨씬 더 위배된다. 늑대와 독수리와 함께 거대한 암돼지 배에서 태어났다니 말이다.

최근 몇 년 들어 목격 사례는 폭증했다.『미스터리 빅 캐츠 Mystery Big Cats』의 저자 메릴리 하퍼에 따르면 이러한 소위 '고양이 소동'은 연간 2,000~4,000회의 빈도로 일어난다고 한다.[5] 나도 전국을 여행하면서 직접 보지도 않았으면서 그 동물들의 존재를 확신하는 사람들을 많이 만났다.

개중에는 마이클이나 펨브로크셔 농부들보다 더 신뢰할 만한 눈을 가진 사람들도 있다. 가령 사냥터 관리인, 공원 관리원, 야생동물 전문가, 은퇴한 동물원 사육사 등 말이다. 메릴리 하퍼의 말대로, 목격된 고양잇과 짐승의 4분의 3이 검은색이고, 일반적으로 윤기 나는 털에 근육질인 것으로 묘사된다. 하퍼의 지적 중 또 한 가지 흥미로운 것은, 가장 유력하게 거론된 후보 동물이 흑표범(고양잇과 동물 중에서 검은색 개체가 가장 빈번하게 나타나는 종이 표범이다)인 데 반해 그냥 점박이 표범은 영국에서 야생 상태로 관찰된 사례가 단 한 건도 없다는 사실이다.

비록 목격담이 주기적으로 보고되고 증인들도 신뢰할 만하지만, 대형 고양잇과 동물이 영국에 서식한다는 걸 보여주는 결정적인 증거는 네스호 괴물의 그것과 별반 다르지 않다. 바꿔 말하면, 미확인동물학자들cryptozoologist이 그 짐승을 추적하는 데 수천 일을 보내고, 경찰과 해병대 그리고 정부의 과학자들이 총체적인 노력을 기울이는데도 불구하고 그 짐승은 없다는 것이다.

대형 고양잇과 동물 중 상당수가 눈에 띄는 걸 싫어하고 지능이 뛰어나지만, 그들의 존재에 대한 증거를 찾는 것 정도는 적어도 전문가들에겐 그리 어렵지 않다. 일정한 행동양식을 가진 동물들이기 때문이다. 영역을 유지하고, 새끼를 키우는 굴이 있고, 영역 표시를 위해 냄새를 뿌리고 나무를 긁는다. 어디를 가든 발자국, 오줌과 털을 남긴다. 발자국은 바로 식별이 가능하고 오줌과 털은 유전자 분석으로 확인할 수 있다.

거의 관찰되지 않는 종도 남기는 흔적이 워낙 많아 면밀하게 조사하는 것이 가능하다. 나는 아마존의 보호림에서 일군의 생물학자들과 며칠을 함께 보낸 적이 있다. 밤이면 재규어가 야옹거리는 소리를 들었는데, 그들이 우리를 보고 있는지는 몰라도 우리는 절대로 그들을 볼 수 없다고 팀장이 얘기해 주었다. 어느 날 나는 캠핑장에서 조금 떨어진 개울에 수영을 하러 갔다. 물에서 한 20분을 보내다 흙길을 걸어 돌아오는데 내 발자국에 재규어 발자국이 겹쳐 있었다.

2008년 '올해의 야생동물 사진가 상' 수상작은 세계에서 가장 찾기 힘든 동물 중 하나를 찍은 것이었다. 그 대상은 바로 설표였는데 세계에서 가장 접근하기 어려운 곳으로 손꼽히는 해발 4,000미터의 히말라야 라다크에서 촬영되었다. 이 사진은 설표의 존재를 증명하는 데 그치지 않았다. 스티브 윈터는 카메라 트랩, 빛과 씨름한 13개월의 실험 그리고 수백 장의 불만족스러운 사진을 거쳐 완벽한 구도의 사진을 얻는 데 성공했다. "설표가 올 것을 알았다. 연기자가 무대에 올라 조명을 받도록 장비는 그저 준비시켜놨을 뿐이다"라고 그는 말했다.[6]

영국 전역의 요충지에 수많은 카메라 트랩이 설치되었고, 망원렌즈와 열화상 장비로 무장한 열성적인 일반인 수백 명의 열띤 노력에도 불구하고, 논란의 여지가 없는 확실한 사진 단 한 장이 영국에서 나오지 않고 있다. 내가 본 바에 의하면, 미스터리 고양이의 추종자들이 제공하는 가장 그럴듯한 사진과 동영상에 찍힌 것 중 절반 정도는 그냥 일반 고양이이다. 약 4분의 1은 종이로 잘라 만든 실루엣, 봉제인형, 서투른 포토샵 합성 이미지, 또는 주변의 식생이 보여주듯 열대에서 찍은 사진들이다. 나머지는 피사체가 너무 멀고 불분명해서 그 무엇을 갖다 붙여도 될 것들이다. 개, 사슴, 여우, 비닐봉지, 네 발로 걷는 설인 등. 이 이야기에서 주목할 점은 이 대형 고양이를 찾으러 나선 사람 중에서는 목격자가 거의 아무도 없었다는 사실이다. 거의 예외 없이 목격은 예상치 않게 일어났다. 대부분의 경우 그 짐승에 대한 생각을 전혀 안 하거나 그 존재를 믿지 않는 사람들이 목격했다. 우연은 준비된 자를 선호한다는 파스퇴르의 격언이 이 경우에서만큼은 적용되지 않는 모양이다.

이 짐승을 잡거나 죽이기 위해 끊임없이 쏟아붓는 온갖 노력 또한 어떠한 결과도 내놓지 못했다. 하퍼의 말처럼 "제국주의시대 때 벌어진 호랑이 사냥보다 더 많은 돈이 이 이름 모를 대형 고양이를 찾는 데 쓰였"지만, 동물원이나 서커스나 개인 사육시설에서 탈출한 몇 마리 외에는 발견하질 못했으며 그조차 대부분 탈출한 지 몇 시간 만에 포획되었다. 레밍턴스파에서 보고된 사자 목격담을 조사하러 경찰관이 파견된 재미난 사례가 하퍼의 책에 소개되어 있다. 경찰관은 우유배달원에게 그 동물을 봤느냐고 묻기 위해 차를 잠시 멈추었다. 그때 차 뒤로 뭔가 지나가더니 갑작스러운 무게감이 차에 실리는 것이 느껴졌다고 한다. "사자는 한 번에 자동차 뒤 창문으로 뛰어 들어와 뒷좌석에 앉았다." 그러고는 그대로 가만히 있길래 경찰관은 사자의 숨결을 목덜미로 느끼면서 경찰서로 이송했다.

1980년 스코틀랜드의 이스터로스에서는 몇 차례의 가축 피해가 일어나자 농부가 미끼로 유인하는 덫으로 암컷 퓨마를 잡은 적이 있다. 처음 발견했을 때에는 으르렁거리며 이빨을 드러내는 것이 무척이나 광폭한 야수처럼 보였다. 하지만 킨크레이그 야생동물공원으로 이송하자 태도가 돌변했다. 누구든 우리 가까이 다가가면 가르릉거리며 몸을 철창에 비볐다고 하퍼는 기록한다. 아마도 1979년 하일랜드에서 교도소에 수감 예정이던 한 남자가 풀어준 한 쌍의 퓨마 중 한 마리였던 것으로 보인다. 나머지 한 마리는 인버네스 부근에서 사체로 발견되었다.

그 후 비슷한 덫 수백 개가 설치되었지만 잡힌 맹수는 딱 한 마리이다. 엑스무어의 짐승을 추적하는 데 15년을 보낸 미확인동물학자 피트 베일리는 미끼를 교체하러 덫에 들어갔다가 잠금장치를 실수로 건드려 스스로 갇히고 말았다. 그는 미끼로 놨던 생고기를 먹으며 덫에서 꼬박 이틀 밤을 보낸 후 구조되었다.[7] 우리는 짐승을 잡으려 하지만 그 짐승은 우리 자신이다.

사진도, 생포된 것도, 똥도, 사체도(벽 장식이나 가죽 깔개 신세를 간신히 면하고 야생으로 탈출했다가 죽은 몇몇 짐승의 두개골을 제외하면) 없다. 심지어 발자국 하나 없다. 이게 이야기의 전말이다. 영국의 짐승들은 해병대, 경찰 헬기, 무장요원의 5주 합동 수색작전, 일군의 사냥꾼과 대형 고양잇과 전문가 그리고 대거 동원된 최첨단 추적, 유인, 감지 기술을 모두 따돌린 것이다. 이런 기술들은 다른 곳에서는 먹혔는지 몰라도 여기서는 실패했다.

1995년에 정부는 대형 고양잇과 동물의 증거가 가장 강력하다고 한 콘월의 보드민 무어에 두 명의 조사관을 파견했다. 그들은 6개월 동안 현장에서 사체와 발자국을 조사하고 보드민의 짐승이 목격되고 사진 찍힌 곳들을 탐색했다. 19세기 왕정 임무의 성격을 풍기는 듯한 조사였다. 큰 콧수염의 건장한 체구의 남자가 눈금대로 사진이 촬영된 곳을 계측했다.[8] 보고서의 군데군데는 마치 『바스커빌의 개』의 마지막 장을 읽는 듯하다. 꼼꼼하고 치밀한 이 보고서는 다른 건 몰라도 보드민의 짐승만은 진실이라고 주장하던 사람들에게 결정적인 타격을 선사한다.

조사관들은 당시 텔레비전에서 상영해 유명해진 영상을 분석했다. 고양이가 자연석 돌담을 뛰어넘는 영상은 그럴듯해 보인다. 돌담 옆에서 눈금대를 들고 서 있는 공무원을 통해 돌담이 무릎 높이라는 것을 알기 전까지는 말이다. 문기둥에 앉은 무시무시한 맹수의 1미터에 까까워 보이던 키는 눈금대가 등장하자 30센티미터로 줄어들었다. 짐승이 들판을 달리는 것을 찍었다는 동영상의 경우 비교 가능한 지형지물이 없어서 조사관들은 검은색 고양이 한 마리를 같은 장소로 데려와 사진을 찍었다. 앞서 맹수라고 알려졌던 짐승은 알고 보니 이 검은 고양이보다도 살짝 작았다(그러자 보드민 짐승의 추종자들은 말을 바꿔 원래의 사진에 나타난 동물은 맹수의 새끼들이라며 계속해서 같은 주장을 펼친다. 왜 어미 맹수는 갑자기 사라졌는지 알 수 없지만, 이런 종류의 자료가 영국의 대형 고양잇과에 대한 증거로 아직도 사용된다).

조사관들은 야간에 찍은 짐승의 섬뜩한 안면 사진과 실제

흑표범의 사진을 비교하여, 확연하게 눈에 띄는 문제임에도 불구하고 여태껏 제기되지 않은 한 가지를 발견했다. 우리에 갇힌 표범은 여타의 대형 고양잇과 동물처럼 동공이 동그란 모양이지만, 다른 사진 속 동물의 동공은 수직으로 가는 모양이었다. 이는 집고양이처럼 작은 고양잇과 동물의 특징이다.

그들은 황야에서 발견한 발자국 세 개의 석고 모형을 조사했다. 둘은 집고양이, 나머지 하나는 개였다. 또한 짐승이 찢어발긴 것이 분명하다고 주민들이 주장한 끔찍한 양의 사체들을 면밀히 들여다보았다. 찢어발겨진 것만은 분명했지만 범인은 까마귀, 오소리, 여우, 개(어떤 사체 주위에는 발자국이 선명했다)였고 그마저도 대부분은 양이 다른 이유로 죽은 다음에 사체를 먹으려고 찾아온 경우였다. 비록 대형 고양잇과 짐승이 없다는 것을 증명하기란 불가능하지만, 있다는 것을 증명할 결정적 증거도 없다고 과학자들은 결론지었다. 영국 전역에서 목격 사례를 조사하는 내추럴 잉글랜드*와 웨일스 정부의 대형 고양잇과 동물 감시기구 등 관련 당국도 모두 같은 결론을 내렸음을 내게 알려주었다.

나는 여기서 한 발 더 나아가려 한다. 이 동물들이 번식하는 개체군이 실제로 있었다면 이에 대한 결정적인 증거는 차고 넘쳐야 한다. 증거의 부재는 그러한 개체군이 없음을 보여준다. 간혹 어디로부터 탈출한 도망자들을 예외로 하면(그들조차 대부분 바로 잡히거나 죽임을 당했는데 그중 검은색 개

---

* Natural England. 영국 환경부의 자연보호 및 야생동물보호 담당 부서(옮긴이).

체는 단 하나도 없었다), 그토록 올바르고, 정직하고, 믿을 만한 사람들이 수없이 봤다고 보고한 그 짐승은 상상 속의 동물이다.

사실이 이런데도 여전히 목격의 발생 빈도와 그것이 엄연한 사실인 양 보도하는 언론의 태도에는 아무런 변화가 없다. 『데일리 메일』의 한 기사는 "눈에 찍힌 큰 동물 발자국"은 스트라우드의 짐승이 "실재한다는 걸 마침내 보여주는 증거"일 것이라고 말한다.[9] 이 발자국을 발견한 여성에 따르면 "마치 누군가 발가락 끝마다 다트를 꽂은 것처럼 눈에 발톱 자국이 나 있었다"고 한다. 사진 속의 동물이 어떤 종이었는지를 증명하는 대목이다. 바로 개다. 고양이는 걸을 때 발톱을 거두기 때문이다.

『스코츠맨』은 '거대한 발자국은 거대한 고양이가 도심을 활보하고 있음을 의미하는가?'라는 제목의 긴 기사에서, 어떤 노인이 눈에서 발견한 발자국은 괴물 같은 고양이가 런던뿐만 아니라 에든버러에도 있을 수 있음을 보여준다고 썼다.[10] 기자가 자문을 구한 '전문가'에 따르면 그 발자국이 그런 짐승의 것일 "가능성은 낮지만 그렇다고 아주 불가능하진 않다"고 한다. 만약 그렇다면 그 무시무시한 녀석은 정말 볼 만했을 것이다. 발끝으로 폴짝폴짝 뛰어다니는 외다리 괴물이었을 테니 말이다. 아니면 누군가가 그저 손가락으로 낸 눈 자국일지도.

『가디언』에도 제법 그럴듯한 이야기가 실렸다. 소위 시드넘 팬서로부터 공격을 받았다고 한 남자의 얘기가 보고되었다.[11] 그의 진술은 다음과 같다. "그 짐승이 내 가슴 위로 뛰어올라 나를 넘어뜨렸다. 나는 눈앞에서 그놈의 커다란 이빨과 흰자위를 보았다. 이빨을 드러내며 으르렁거리는 것이 공격을 할 태세임이 분명했다. 피하려고 했지만 나보다 무거운 몸으로 나를 내리눌러서 움직일 수가 없었다." BBC 방송이 낸 후속 기사에서는 표범이 그 남자를 "약 30초 동안 발톱으로 움켜쥐었고", 그로 인해 그는 "온몸에 할퀸 상처가 났다"고 했다.[12] 진짜 표범에게 이런 식으로 공격당했다면 눈 깜짝할 사이에 목이 찢어발겨졌을 것이다.

내가 최고로 꼽는 이야기는 『데일리 메일』의 기사로 제목이 다음과 같다. '이것이 엑스무어의 짐승인가? 미스터리 짐승의 사체가 해변에서 발견되다.'[13] 어떤 부패된 짐승의 머리 사진 옆에 (입을 벌린 흑표범의 사진과 함께) 이런 글이 실렸다. "거대한 턱뼈에서 엄청난 송곳니가 툭 튀어나와 오후의 햇살 속에서 번쩍이고 있었다. 옆에는 사체가 있었다. 거의 2미터에 이르는 긴 몸에 근육질의 가슴, 그리고 꼬리로 보이는 기관의 잔해가 있었다." 신문기자가 인터뷰한 지방 경찰관은 "그 사체는 내가 보기에 엑스무어의 짐승이 틀림없다"라고 아주 조심스럽게 진술했다. 기사는 지면의 맨 끝에 가서야 사체의 주인공이 썩은 물개라고 밝혔다.

전설의 짐승을 향한 열정은 이렇듯 호기심을 자극하는 이야기들에 의해 증폭되기도 하지만, 영국의 목격자 중 상당수는 직접 보기 전까지는 그 짐승에 대해 들어본 적도 없다고 증언했다. 즉 소수의 사례는 가짜라 하더라도 보고된 목격 사례의 대부분은 정직하게 이뤄진 것이 분명하다. 여러 명이 같은 동물에 대해 동일한 진술을 하는 경우도 많다. 그렇다면 대체 어떻게 된 것인가? 왜 영국에서 대형 고양잇과 동물을 목격했다는 사례가 지난 30년 동안 단 몇십 건 수준에서 수천 건으로 늘어났는가?

학계는 이 현상에 대해 논의하지 않는다. 내가 찾아본 바에 의하면 대형 고양잇과 동물 목격을 다룬 과학논문은 단 한 건도 없다. 내가 접촉한 심리학자들 중 이를 연구하는 학자를 안다는 사람도 없다.

보고된 동물의 대부분이 검은색이라는 사실이 어쩌면 단서가 될지도 모른다. 대형 고양잇과 동물과 집고양이에게 공통된 유일한 색깔이 검은색이다. 집고양이에게 전형적인 황갈색이나 얼룩무늬를 표범이나 사자에게서 봤다면, 방금 무엇을 보았는지 결론 내리기 전에 자신의 눈을 의심할 공산이 크다. 다른 사람에게 얘기하는 것도 좀 더 주저하게 될 것이다. 색깔과 크기 간의 불일치가 확신의 과정을 방해하는 것이다. 내가 무엇을 보았는지에 대한 나의 기억은 그것을 강화하거나 과장할 수 있다. 내가 본 동물이 검은색이면 최소한 흑표범일 가능성이 있으므로 그 과정에 대한 방해가 일어날 가능성이 적어진다. 이 검은 고양이 가설은 왜 지금껏 아무도 호피무늬를 한 표범을 보지 못했는지를 설명해줄 수도 있다.

동물의 크기를 판단하기란 어렵다. 데이비드 햄블링이 잡지 『더 스켑틱』에서 말했듯이 흔히 사람들은 자신이 본 동물이 실제보다 크다고 여긴다.[14] 예를 들어 타이론주에서는 경

찰 저격수들이 탈출한 카라칼을 포위했을 때 그것이 사자인
줄 알고 쏴 죽였다. 사자는 카라칼보다 체중이 20배나 더 나
간다. 스코틀랜드의 켈라스고양이라는 검은색 짐승은 실제
로 존재하는 동물로, 스코틀랜드살쾡이와 길고양이 간의 교
잡종이다. 이 동물을 목격했다는 보고 사례 중 상당수가 표범
크기와 비슷했다고 밝혔다. 하지만 실제 포획된 사례 중 가
장 큰 개체의 코끝에서 꼬리 끝까지 길이는 약 109센티미터
였는데, 이는 가장 큰 살쾡이보다도 작다. 검은 동물이야말로
특히 더 실제 크기를 가늠하기 어려울 것이다.

『초자연성Paranormality』이라는 책을 쓴 리처드 와이즈먼
Richard Wiseman은 다음과 같이 말한다.

> 많은 사람들이 인간의 관찰과 기억이 마치 비디오 녹
> 화기나 필름 카메라처럼 작동한다고 생각한다. 이보다
> 더 잘못된 것은 없다. 어느 순간이든 우리의 눈과 뇌는
> 주변의 극히 일부분만을 볼 수 있을 정도의 처리 능력밖
> 에는 없다. 불필요한 세부에 소중한 시간과 에너지를 낭
> 비하지 않기 위해 우리의 뇌는 주위에서 가장 중요한 것
> 들이 무엇인지 빨리 파악하고 그것을 향해서만 감각을
> 집중한다.[15]

뇌는 마치 어두운 방을 이리저리 비추는 손전등처럼 주위
를 스캔한다고 그는 말한다. 부분적인 정보를 바탕으로 스스
로 빈칸을 채워서 완성된 이미지로 만드는 것이다.

이 이미지가 우리의 기억에 박히고 우리는 이를 마치 앨범에 끼워놓은 사진처럼 고정적이고 확정적인 것으로 대한다. 주변 환경이 아니라 고양이에 초점을 맞추고 있다면, 그 동물을 포착하는 행위가 대상은 증폭시키고 주변은 축소시킬 수 있다.

인간의 머릿속에 큰 고양이의 형태가 반영된 어떤 인식의 틀이 있을 가능성은 없는지도 생각해본다. 우리 선조들의 가장 무서운 포식자가 바로 이들이었던 점을 감안하면* 의식적으로 알고 반응하기 전에 인식하는 기제가 진화했을 가능성이 있다. 고양이 형상에 근접한 것만 보여도 머릿속에 경보가 울리게 되어 있을 수도 있다. 있지도 않은 고양이를 본다고 해서 겪는 손해는 적지만, 있는 고양이를 못 봤을 때 입는 손해는 무척 크다.

그러나 이런 논의조차 최근 몇 년 사이에 대형 고양잇과 동물의 목격이 늘어난 이유를 설명해주지 못한다. 이 현상은 영국에 국한되지 않는다. 영국에서 유독 광범위하게 나타나긴 하지만 유럽, 오스트레일리아, 그리고 비교적 최근에 퓨마와 재규어를 잃은 북아메리카 등지에서도 믿기 어려운 목격담들이 수두룩하게 나온다. 영국 시골에 길고양이가 산 지는

---

* 브루스 채트윈Bruce Chatwin의 유명한 책 『노랫길The Songlines』을 읽고 나서 남아프리카공화국에 가게 되었다. 나는 그곳의 트란스발 박물관의 학예사에게 고양잇과 화석동물 검치호랑이의 변종인 디노펠리스Dinofelis의 두개골과 이 동물에게 사냥당한 것으로 보이는 원시 인류의 뼈를 보여달라고 요청했다. 채트윈이 『노랫길』에서 묘사한 것처럼 척추에 커다란 송곳니가 찍혀 구멍 난 자국이 그대로 있었다.

벌써 수백 년이 되었는데 그중 검은색 털을 가진 개체의 비중이 유달리 높다는 증거는 어디에도 없다. 사냥터의 감소로 길고양이 수가 늘어났을 수도 있지만 우리가 야외에서 보내는 시간이 줄어들었다는 사실을 감안해서 판단해야 한다. 갑작스레 퍼진 이 고양이 신드롬이 실제 고양이와 마주치는 횟수가 증가했기 때문일 가능성은 적다.

어느 사회든 회자되는 초자연적 현상이 있고 그 현상에는 우리의 욕망이 투영되어 있다. 그 욕망은 어쩌면 의식되지 않은 것일 수도 있다. 영국 빅토리아시대에는 죽은 자가 나타나 사람들과 소통하려 한다고 믿는 이들이 매우 많았다. 그들은 유령을 보았고, 목소리를 들었고, 집회와 의식을 통해 그들과 대화할 수 있다고 믿었다. 빅토리아시대 사람들은 죽음에 집착했다. 오래된 공동묘지 어디에서든 당시의 비극적인 이야기들을 읽을 수 있다. 사람들로 꽉 찬 도시에서 창궐한 전염병으로 며칠 사이에 아이와 부인 또는 남편을 잇달아 잃은 사연 같은 것 말이다. 그 시절, 이 나라는 연중 곡소리가 끊이지 않는 나라였다. 죽은 자가 이승으로 돌아올 수 있다는 건 사후에 다시 만날 수 있다는 것만큼이나 위안을 주는 믿음이었다. 그때에 비하면 오늘날 죽은 자와 만났다는 보고는 적다.

미국과 소련 간의 우주 경쟁이 전 세계의 상상력을 사로잡았을 때에는 다른 시기에는 상상도 못했던 UFO와 외계인의 목격담이 증가했다. 기술의 힘이 가져올 변화에 무한한 희망을 가졌던 시대로, 수많은 사람들이 다른 행성에 살거나 은하계를 여행하거나 시간여행을 하는 꿈을 꾸었다. 그와 동시에 세계가 좁아지던 때였다. 육상 모험과 미지의 인류와의 만남의 시대가 끝나가고 있었고, 지구는 지금껏 상상했던 것만큼 베일에 싸인 곳이 아니라 좀 더 명확한 곳이 되어가고 있었다. 외계인이 이 간극을 메워주었다. 그것은 여전히 우리가 모르는 문화와 앞으로 계속해서 만날 수 있다는 가능성으로 우리를 현혹시키는 동시에, 외계인들의 첨단기술과 우수한 능력을 우리도 언젠가 가지게 될 것이라는 약속이었다. 기술에 의해 구원되리라는 희망이 줄어든 오늘날 UFO에 대한 얘기는 예전만큼 들리지 않는다.

대형 고양이의 환영 또한 충족되지 않은 어떤 갈망을 말해주고 있는 것은 아닌가? 우리의 삶이 점점 더 안전하고 예측 가능해지면서, 자연의 풍요로움과 다양성이 감소하면서, 안 열리는 과자봉지를 뜯는 일이 우리의 힘과 문제 해결 능력에 대한 최고의 시험대가 될 정도로 우리가 맞닥뜨린 물리적 난관이 초라해지면서, 우리가 그리워하는 무엇인가가 이 상상의 동물에게 투영된 것은 아닐까?

많은 사람들이 어둠 속 어딘가에 도사리고 있다고 믿는 그 짐승은 어쩌면 이제 인공적인 방법 말고는 제공해줄 수 없는 어떤 위험한 순간의 짜릿함을 우리의 삶에 불어넣어주는지도 모른다. 크고 위험한 고양이처럼 우리 조상들이 맞서야 했던 가장 힘든 투쟁과 생존에 관한 오래된 유전적 기억을 불러일으키는지도 모른다. 그 짐승을 통해 현재 우리의 삶보다 더 야생적이고 거친 삶에 대한 표출되지 않은 갈망을 드러낸다. 우리의 갈망은 마음의 덤불에서 노란 눈과 송곳니를 드러낸

채 우리 스스로를 노려본다.

물론 나의 생각 또한 가정과 일반화투성이다. 그러나 대형 고양이에 대한 우상화만이 이러한 갈망의 힌트를 제공하는 것은 아니다. 라울 모트라는 이의 죽음에 대해 사람들이 보인 반응을 살펴보자. 모트는 아이를 폭행한 죄로 더럼 교도소에서 복역하다 2010년에 출소했다. 총구를 톱으로 썬 엽총과 '스테로이드 분노' — 스테로이드제를 과다 복용하는 데 따르는 극단적이고 비이성적인 폭력 성향 — 로 무장한 그는 근거 없는 복수를 하러 전 여자 친구와 경찰을 찾아 나섰다. 그는 총으로 전 여자 친구의 배를 쏘고 그녀의 남자 친구를 죽였고, 경찰관 한 명의 얼굴을 쏴서 실명시켰다.

그를 잡기 위해 경찰서 8개서가 요원을 급파했지만 그는 하수구나 버려진 건물에서 노숙하며 일주일 가까이 추적을 따돌렸다. 추적이 한창일 때엔 잉글랜드와 웨일스에서 근무하는 전체 경찰관의 10퍼센트가 투입될 정도였다. 노섬벌랜드의 일부에서는 시민을 대피시키기도 했다. 마침내 그가 포위되었을 때 무려 여섯 시간 동안 경찰과 대치한 끝에 모트가 스스로 머리에 총을 쏘고 나서야 상황은 종료됐다.

말하자면 모트는 전혀 영웅이 아니었다. 아동 폭행범, 살인자, 무고한 시민에게 상해를 입힌 자였다. 그러나 그가 죽은 지 한참이 지나서도 그에게 바치는 찬가가 페이스북에 등장하고 있다.* 몇 개만 아래 옮겨보겠다.

삼가 명복을 빕니다. 라울 토마스 모트 경, 진정한 사람들의 영웅. 라울 경은 노섬벌랜드 경찰에 의해 끔찍하게 살해당했다. 엽총 발사 소리를 아는 사람들은 그가 스스로 목숨을 끊지 않았다는 것을 안다. 우리의 용맹스러운 병사가 쓰러진 것에 맞서 정의를 실현하기 위해 우리는 싸울 것이다.

삼가 명복을 빕니다. 라울, 당신은 진정 전설이다! 동지여, 당신이 그리울 것이다. 말한 대로 행하는 당신 같은 사람들만 있었다면 얼마나 좋을까. 나는 당신이 더 오래 버텼을 수 있다고 믿는다! 편히 쉬게 동지여! 이 땅을 뒤흔든 것처럼 하늘나라를 뒤흔들기를! 당신은 완전 전설!

진정한 사람들의 영웅… 국가적 보물이 이따위 대접을 받는 걸 보면 신물이 난다. 편히 쉬게, 라울 토마스 모트 경. 떠났지만 잊히지 않은 자여.

남녀 불문하고 쓴 이런 종류의 메시지가 수천 개 올라와 있다. 모트는 인간이 발산하면 안 되는 종류의 욕망을 간접적으로 드러내는 매개체가 된 것으로 보인다. 경찰 헬기와 수색견을 여우처럼 따돌리며 노섬벌랜드의 숲을 야생동물처럼

---

* 모트의 이야기와 대중의 반응은 식민지전쟁 말기에 죄수들을 잔인하게 살해한 무장 강도 해리 로버츠의 사례를 다시 떠올리게 한다. 그는 1966년에 도망을 가서 경찰 두 명을 죽인 뒤 숲에서 96일을 버티다 잡혔는데 모트처럼 일부 사람들로부터 영웅으로 추앙받았다.

활보한 그의 능력에 사람들은 감탄한다. 그는 울타리 밖으로 뛰쳐나가 야생이 되었다. 그리고 자기의 삶에 갇힌 많은 사람들의 욕망도 그를 따라 뛰쳐나간 것이다. 이 살인자에 대한 찬사를 비판하는 데 여러 명이 공통되게 사용한 표현이 있다. 그들은 모트가 '사자화된lionized'[*16] 점을 문제 제기했다. 그들이 의도한 것보다 훨씬 의미가 심장한 표현이다.

---

* 'lionize'는 우리말로 '영웅시하다'라고 옮길 수 있는데, 이 장이 고양잇과 동물을 다루고 있고 이후에 이어지는 '훨씬 의미가 심장한 표현'이라는 부분을 고려하면 '사자화되었다'는 표현이 더 적절할 것이다(옮긴이).

옛 참나무 숲으로 들어갈 때
황량한 꿈속을 헤매지 않기를.

존 키츠, 「앉아서 리어 왕을 다시 읽고 나서」

핼러윈이다. 웨일스의 첫 겨울날인 노스 갈란 가에프*. 이른 서리와 잦아든 바람 덕에 단풍이 멋지게 든 가을이었다. 자작나무는 금화로 뒤덮인 듯했다. 너도밤나무의 타는 듯한 붉은색이 창백한 물푸레나무와 자줏빛 도는 갈색 참나무와 강렬히 대비되었다. 태양은 구름 뒤에서 회백색 미광을 비췄고 거의 바람 한 점 불지 않았다. 유성물감으로 덧칠한 것처

---

\* Nos Galan Gaeaf. 10월 31일 핼러윈 밤의 웨일스어 명칭(옮긴이).

럼, 혹은 공기와 잎과 땅이 모두 한 몸인 어떤 생명체처럼 공기에 무게감이 실려 있었다. 빨간 산사나무 열매가 수풀 사이에서 핏자국처럼 드러났다.

길가에서는 죽어가는 분홍바늘꽃이 하얀 털을 틔웠다. 범의귀와 인동덩굴 사이로 실개천이 구불구불 흘렀다. 때늦은 날도래들이 물에서 솟아올라 두터운 공기 속을 노 저어 다녔다. 계곡 저편에서 이제는 거의 들을 수 없는 태곳적 소리가 전해져 왔다. 개들을 부르는 농부의 휘파람 소리이다. 나는 길을 벗어나 사막이 시작되기 전의 마지막 삼림으로 걸어 들어갔다.

숲은 완만하게 오르막으로 이어졌다. 빛이 보이는 쪽으로 걷자 양들이 나를 피해 흩어졌다. 어치 한 마리가 놀라더니, 오색딱따구리 한 마리도 높고 긴 소리를 내며 가을 숲 사이로 사라졌다. 숲의 바닥은 텅 비어 있었다. 낙엽 밑에는 이끼, 양 똥 그리고 진흙 외에는 아무것도 없었다. 양이 뒤집어놓은 턱수염버섯이 하얀 이빨 같은 무늬를 드러냈다. 잎이 달린 식생이나 묘목, 100년 이하의 나무나 하층식생이 전혀 없었다. 상당수의 참나무가 쓰러졌거나 죽기 직전이었다. 오래된 숲은 선 채로 죽어가고 있었다. 양이 싹을 틔운 어린 식물을 모조리 먹어치움으로써 숲을 죽이고 있었다.

숲은 자작나무, 고사리, 그리고 마가목 한두 그루를 끝으로 부드러운 초지에 영토를 내주었다. 황량한 산비탈로 걸어 나가자 나무가 쓰러져 생긴 이끼 덮인 둔덕들이 보였다. 그리 오래지 않은 한때 넓은 숲이었던 곳의 공동묘지이다. 고사리와 풀숲을 헤치고 붉은 이끼로 덮인 개미집을 넘어 지나갔다. 고사리가 끝난 곳에서 시작되는 진퍼리새는 추운 서리에 회색으로 변했다. 마지막 꽃버섯과 땀버섯들이 줄기째 뒤집혀 있었다.

나는 작은 동산 위로 올라갔다. 동쪽으로는 웨일스어로 '얼룩덜룩한 언덕'이라는 뜻의 브린 브리스Bryn Brith가 있었는데 이름으로 봐서 이미 예전에 나무를 다 잃었을 것이다. 노란 풀은 여기저기 난 청록색 가시금작화와 섞여 있었다. 그 너머에는 이 고원에서 가장 높은, 회갈색의 민둥산인 품루몬Pumlumon을 둘러싼 산들이 아스라한 자태로 첩첩이 펼쳐졌다. 남쪽으로는 노랑에서 초록으로, 초록에서 파랑으로 점점 변하는 산들이 케레디기온과 펨브로크셔 방면으로 멀리 이어졌다. 그 너머로 흐린 잿빛 바다가 보일락 말락 했다.

내가 선 곳에서 수 킬로미터 멀리까지 다 보였지만 저 멀리의 가문비나무 조림, 가파른 경사면에 띄엄띄엄 난 산사나무와 참나무 몇 그루를 제외하고 그 넓은 풍광엔 나무가 없었다. 땅은 말 그대로 벗겨졌다. 가죽을 벗겨내고 모든 근육과 뼈가 통째로 드러나게 둔 것이다. 어떤 사람들은 이런 경관을 좋아한다. 나에겐 비참하고 참담하다. 하늘과 바람에 그대로 노출된 고양이처럼 몸을 숨길 곳을 찾으러 주변을 한 바퀴 둘러보았다. 단조로운 풍광에서 유일하게 다른 요소를 제공하는 곳, 즉 저수지와 조림이 모인 곳을 향해 나는 발을 옮겼다.

숲에서 나오자 더 춥게 느껴졌다. 나무 사이에서는 바람 한 점 없었는데 여기서는 제법 매섭고 습한 바람이 불어왔다.

나는 무너진 돌담으로 이어지는 길을 따라갔다. 이제는 전봇대와 전깃줄이 그 자리에 서 있었다. 발소리에 놀라 날아가는 새가 한 마리도 없었다. 까마귀나 종다리조차도. 지빠귀나 댕기물떼새도. 이스트 앵글리아의 화학 기반 단일 작물 재배지를 제외하고, 나는 영국 전체에서 소위 '캄브리아사막Cambrian Desert'이라 부르는 이 고원만큼 생명이 제거된 곳을 본 적이 없다. 먹어치운 자국이 역력한 풀밭에는 단 두 종의 종자식물만이 남아 있었다. 양이 안 먹는 두 가지의 식물인 보라색 진퍼리새, 그리고 들쭉날쭉한 잎과 노란꽃이 난 토르멘틸이라 부르는 작은 식물이다.

나는 움푹 꺼진 돌길을 따라 황량한 산과 황량한 골짜기를 걸어 린 크레이그이피스틸Lyn Craig-y-pistyll이라고 하는 작은 저수지에 이르렀다. 바위에 앉자 우울함이 밀려왔다. 분지에 난 풀은 이미 겨울색을 띠었다. 회색, 갈색, 검은색 외의 색조는 없었다. 갈색 물, 누런 풀, 뒷산에 보이는 검은 가문비나무. 어쩌다 보이는 검은 농삿길이 오히려 최소한의 볼거리를 제공했다. 지도를 보아 하니 오늘 내내 걷고 내일 또 걸어도 풍경은 바뀌지 않을 듯했다. 듬성하게 난 냇버들이나 자작나무 한두 그루와 검은 병풍처럼 둘러선 가문비나무 조림 외에 고원은 민둥산이었다.

눈앞에 펼쳐진 풍경을 바라보는 동안 구름이 살짝 걷히더니 그 사이로 햇빛이 비쳤다. 분위기가 나아지긴커녕 오히려 삭막함이 선명하게 드러났다. 이제는 가문비나무 기둥으로 둘러친 회색 벽과 그것을 받치고 있는 녹색 성벽을 볼 수 있었다. 공허함은 빛을 받아 확장되는 듯했다. 나는 강가로 터벅터벅 내려갔다. 캐나다기러기 다섯 마리가 반대편 강변에 앉아 있었다. 숲을 떠난 지 두 시간 만에 처음 보는 새였다. 기러기들은 나를 보더니 뒤뚱뒤뚱 물로 들어가 툴툴거리며 멀어졌다. 양들이 물가를 훑고 있었다.

가을치고 물이 너무 적어서 물가의 자갈과 저수지 바닥의 검은 진흙이 드러난 곳은 양의 발자국으로 어지러웠다. 내가 앉은 곳에서 보니 가문비나무의 꼭대기들이 마치 창을 세우고 산을 넘어 진군하는 군대 같아 보였다. 오늘이 일요일인데도 여기까지 오는 동안 아무도 마주치지 않았다는 사실을 문득 깨달았다. 저수지 둑에 기대어 머릿속으로 땅에 옷을 입혀 보았다. 한때 무엇이 살았을지, 앞으로 무엇이 다시 살 수 있을지. 그러고는 다시 일어나 산비탈을 올라 왔던 길을 뛰어서 돌아갔다. 거의 망가진 숲에 도착해 가끔씩이라도 나는 새소리를 들으니 울음이 터질 것 같았다.

캄브리아산맥Cambrian Mountains은 북쪽으로는 메키닐릿, 남쪽으로는 렌도버리, 서쪽으로는 트레가론, 그리고 동쪽으로는 라야데르까지 약 1,200제곱킬로미터의 넓이에 걸쳐 있다. 서식하는 생물이 거의 없고, 거의 아무도 방문하지 않는 곳이다. 내 친구 두 명은 그곳을 엿새 동안 걸으면서 아무도 보지 못했다고 한다. 산맥은 우리 집에서 280미터 정도 거리에서 시작된다. 부엌 창문으로 내다보면 프리드*와 자작나무 숲

---

* fridd. 골짜기에 둘러싸인 저지대와 산등성이 위쪽 황무지 사이의 땅을 말한다.

너머에 민둥산의 스카이라인이 펼쳐진다.

웨일스로 이사 오기 전에 나는 수년 동안 인구 밀도가 높은 도시에서 살았다. 갈매기의 울음소리가 들릴 때마다 빌딩 숲 사이로 좁은 하늘을 가로지르는 그들을 우러러보면서 내 삶을 직조하고 있는 장막의 해진 곳이 점점 넓어지는 것을 느꼈다. 그런 순간에는 내가 있으면 안 될 곳에 있다는 걸 깨달았다. 갈매기들이 가는 곳에 나도 가고 싶었다.*

웨일스에 와서는 영국에서 가장 사람이 적은 두 곳 ─ 내가 사는 골짜기 한쪽으로는 캄브리아산맥, 다른 한쪽으로는 스노도니아Snowdonia가 펼쳐진다 ─ 사이에 살게 되어 사방 어디든 누빌 수 있었다. 처음에는 마치 양계장 우리에서 풀려난 닭처럼 쭈뼛거리며 산으로 향했다. 그냥 문을 나서서 집도 도로도 거의 없는 곳을 원하는 데까지 가도 되는지 불안했다.

그런데 온종일 산을 넘으며 이 광활한 대지를 탐험하면서 나의 경외와 흥분은 실망으로 변했고 실망은 곧 절망이 되었다. 인간의 부재는 야생 생물의 부재와 나란히 나타난다는 것을 나는 깨달았다. 오히려 이사 오기 전에 살았던 파편화된 도시의 생태계가 생물과 구조와 재미 면에서 훨씬 더 풍부했다. 웨일스 중부지방에서 숲은 극히 드물게 분포했고 하층식생이 전무해서 대부분 죽어가고 있었다. 평원의 종자식물상은 초라하기 그지없었다. 새는 종류를 불문하고 희귀했고 있

---

주로 산비탈의 가파른 경사면이 여기에 해당되며 덤불과 고사리로 뒤덮여 있다.
* 그들의 목적지가 쓰레기 매립장이 아니라는 전제하에서 말이다!

어 봤자 까마귀였다. 곤충은 거의 보이지 않았다. 지난 5년 동안 이 산지를 구석구석 걸었지만 몇몇 지점을 제외하고는 마음 가는 곳이 하나도 없다. 나는 캄브리아사막에 가면 거의 삶의 의지를 잃는다. 그 땅은 영원한 겨울에 머무는 것 같다.

애국심을 추앙하는 이 나라에서 조국의 땅을 폄하하는 일은 신의를 저버리는 것으로 여겨진다. 어떤 이들은 이곳이 아름답다고 한다. 캄브리아산맥협회는 이곳의 텅 비어 있음을 칭송한다. 협회는 이곳을 "인간의 손이 거의 닿지 않은 경관"으로 묘사하면서[1] 작가 그레이엄 유니Graham Uney가 했던 다음의 말을 인용한다. "이 텅 빈 황무지만큼 야생의 자연과 고독함을 느낄 수 있는 곳은 웨일스 어디에도 없다."[2] 그렇다면 천만다행이다. 그가 야생이라고 극찬하는 것은 나에겐 황량하고 망가진 것이다. 아무것도 자라지 않고 나무가 전무한 이 산은 종말론적 영화의 세트장처럼 보인다. 새나 다른 생물이 전혀 없다는 사실은 땅 전체가 독살된 인상을 준다. 그 공허함이 나를 질겁하게 한다. 그와 동시에 그 공허함이 얼마나 대단한 노력의 결과인지도 깨닫게 만든다.

왜냐하면 캄브리아산맥도 한때 울창한 삼림으로 덮여 있었기 때문이다. 유럽의 여타 고지대와 마찬가지로 울창하던 이곳에 어떤 일이 벌어졌는지에 대해서는 북쪽으로 약 65킬로미터 떨어진 클루이드산맥Clwydians에서 채취한 화분花粉 코어에 기록되어 있다.[3] 화분 코어는 이탄층이 축적되는 강이나 습지처럼, 긴 시간에 걸쳐 퇴적층이 켜켜이 쌓인 곳에서 추출한 얇은 토양 시료이다. 각 층에는 퇴적 당시에 땅에 떨어진 꽃가루가 포함되어 있고, 그와 더불어 함유된 당시의 탄소 입자는 고고학자들이 연대를 측정할 수 있게 해준다.

2007년에 채취한 클루이드 코어는 지난 8,000년 동안 이탄이 축적된 진흙에서 나온 것이다. 맨 처음에는 빙하가 막 후퇴하면서 여전히 춥고 건조한 환경에 식물들이 노출되었다는 것이 드러났다. 그 당시 지층의 화분 중 30퍼센트는 개암나무, 참나무, 오리나무, 버드나무, 소나무, 자작나무 등의 것으로 이루어져 있고 나머지는 대부분 풀이다. 기후가 점점 습하고 따뜻해지면서 느릅나무, 라임나무, 물푸레나무 등이 생기기 시작했다. 숲은 점점 깊고 어두워졌다. 지금으로부터 약 4,500년 전쯤의 지층에 이르자 시료의 화분 중 70퍼센트 이상을 나무에서 유래한 것들이 차지했다. 반면에 히스 덤불의 화분은 겨우 5퍼센트에 그쳤다.[4]

신석기시대(4,000~6,000년 전)가 되면서 농부들이 산맥에 정착하기 시작했다. 수천 년 동안 그들은 작물 재배를 위해 점진적으로 개간을 하고, 산에다 양과 소를 풀어 키우고, 나머지 나무들을 태웠다. 개간과 화전과 목축은 토양의 영양을 감소시키면서 열악한 땅에서도 잘 자라나는 히스 덤불이 왕성하도록 도와주었다. 1,300여 년 전까지만 해도 옛 숲의 나무에서 온 화분이 이탄층에 그대로 남아 있다. 그러다 시료에서 물푸레나무와 느릅나무가 점차 사라지더니, 라임나무와 소나무, 그리고 겨우 생존한 몇 그루를 제외하고 다른 종이 그 전철을 밟았다.

나무가 줄어들면서 히스가 늘어났다. 흑사병과 14세기 경제 위기, 15세기 글린두르의 봉기가 일어난 때에 숲이 잠시 회복된 사실이 화분 코어를 통해 드러났다. 그러나 회복은 얼마 가지 못했다. 1900년에 이르자 지난 1,000년의 비율이 뒤바뀌어버린다. 이 시기 화분 코어의 주인은 단 10퍼센트가 나무이고 60퍼센트가 히스 덤불이다. 숲이 덤불로 대체된 것이다. 그러다 오늘날에 이르러서는 많은 영국 고지대가 그러하듯 캄브리아산맥에서도 히스 덤불이 풀로 바뀌었다.

히스 덤불이 클루이드산맥을 점령하는 데는 더 오랜 시간이 걸렸다. 그곳의 토양은 영국의 일반적인 고지대보다 비옥하기 때문이다. 토양층이 얇은 지역에서는 이미 2,700~4,000년 전의 청동기시대부터 히스가 우점식생이 되었다. 나에게는 청동기시대는 산이 청동색으로 변하는 시기로 기억된다.

이러한 화분의 기록과 나라 전역에서 나온 유사한 자료는 여러 가지를 말해준다. 사람들이 원래의 자연 상태로 여기는 영국 고지대의 경관, 즉 히스와 황야와 수렁과 거친 초지와 암석으로 이루어진, 수천 편의 로맨스 영화와 의류, 자동차, 생수 광고에 등장하는 경치는 양과 소를 풀어 키워 만들어진 공간임을 보여준다. 방목과 경작이 토양을 고갈시켰음을, 또한 가축들이 풀을 덜 뜯기 시작하면 나무가 돌아올 수 있음을 보여준다.

농부들이 잘라버리기 전 나무들이 돌아왔던 중석기시대 초에 이 산맥의 생태계가 어떤 모습이었을지 상상하는 데 있어서 삼림이라는 단어는 오해의 소지를 준다. 그 당시 스코틀랜드에서 스페인에 이르는 서유럽의 해안선은 우림으로 덮여 있었다. 우림은 열대지방에 국한된 것이 아니다. 이곳 또한 다른 식물 위에 붙어 자라는 착생식물이 서식할 만큼 습한 기후였다. 내가 사는 곳에서 몇 킬로미터 떨어진 난고배스Nantgobaith 협곡의 양의 발길이 닿지 않는 구석에서 과거 울창했던 대서양 우림의 잔존 지대로 보이는 정글 한 조각을 발견했다. 수면에 길게 드리워진 나무들은 이끼와 지의류로 가득 덮여 있었다. 그 사이사이로 오톨도톨한 미역고사리가 나 있었다. 숲의 수관부에는 수많은 오목눈이, 상모솔새, 동고비, 나무발바리가 넘나든다. 어느 가을날 이곳을 걷다가 너무나 눈에 띄지만 낯선 물체를 발견했다. 나는 길에 쌓인 갈색 참나무 낙엽을 배경으로 마치 금화처럼 반짝이는 그것을 한참 바라보다 집었다.

작은잎라임나무Tilia cordata의 잎이었다. 수선화와 같은 노란색에 양파 모양으로 손바닥 안에 쏙 들어갈 크기였다. 다시 길을 봤더니 여러 개가 있었다. 잎의 자취를 따라가보니 한 밑동에서 시작해서 두 갈래로 뒤틀리며 하늘로 올라간 두 개의 나무줄기가 보였다. 그 밑을 여러 번 걸었지만 알아보지 못했다. 이끼에 뒤덮여 다른 참나무와 구별되지 않았고 잎이 너무 높이 났기 때문이다. 그 이후로 협곡에서 라임나무를 몇 그루 더 찾았다. 이 나무는 웨일스에서 희귀한 오래된 숲의 야생 나무이다. 여기에 이 나무가 있다는 사실은 이 작은 우림지대가 선사시대부터 지금까지 방해받지 않고 쭉 있어왔을 가능성을 시사한다.

많은 영국인들이 그토록 좋아하는 히스는 숲이 개간되고

난 터를 차지하는 단단한 관목의 전형적인 예이다. 벌목, 화전, 유랑농법이 토양을 고갈시킨 브라질, 인도네시아, 아프리카에서 이와 유사한 덤불 지대를 보았다. 나는 다른 이들과 달리 황무지의 히스가 고지대 환경의 건강함을 상징하는 지표라고 보지 않는다. 오히려 생태계 파괴의 결과물로 본다. 덤불조차 방목으로 인한 가축의 풀 뜯기가 심해지면 초지로 변하는데, 이조차 좋아하는 환경주의자들이 있지만 실은 열대우림이 소 목축업으로 사라지면서 생기는 경관과 매우 유사하다. 나는 이런 이중 잣대가 도저히 이해되질 않는다. 세계의 다른 나라에서 벌이는 벌목 반대 캠페인—이 자체는 정당한 것이지만—이 정작 우리 나라에서 벌어지는 일은 보지 않게 만드는 것은 아닌지 의문이 든다.

이 모든 곳에 원래부터 나무가 있었다가 없어졌다는 건 아니다. 어떤 곳은 토양이 너무 부실하거나 나무가 자라기에 너무 습했다. 높은 산 정상은 날씨가 너무 춥고 가혹했다. 하지만 이런 일부의 지형은 거의 산 전체를 덮었던 넓은 삼림지대와 비교하면 산발적이고 작았다.[5] 인간과 가축이 갑자기 사라진다고 해서 당장 영국이 중석기시대의 생태계로 바뀐다는 것도 아니다. 고지대의 토양은 너무 심각하게 고갈되고* 양들에게 짓밟혀 단단해져서 당장 넓은 숲을 지탱하긴 어렵다. 야생 상태로 복원을 시작하고 수백 년이 흘러야 우림과

---

* 어떤 곳은 인간이 그곳에 사는 동물을 잡아먹어서 영양이 소실되기도 하고, 토양의 유실과 침식으로 고갈되기도 한다.

덤불, 히스, 초지가 섞인 모자이크 경관이 생겨날 것이다.

대지를 덮었던 숲과 그 속에 살았던 동물들을 비롯하여 이곳의 태곳적 모습을 기억하는 이는 거의 없다. 인류 역사가 시작되기 전까지 늑대, 곰, 스라소니, 살쾡이, 멧돼지와 비버가 살았던 이곳의 참모습 말이다. 사람들은 나무 한 그루 없이 탁 트인 산악 지형을 원초적인 것으로 여긴다. '캄브리아 액티브'라는 동업조합의 대표는 이 삭막하게 벗겨진 초원이 "영국에 남은 가장 큰 야생의 땅"이라고 관광 홍보를 하고 있다.[6] 웨일스의 공식 자연보전기관인 지자체의 전원의회는 양이 초토화시킨 절망의 황무지인 캄브리아산맥의 클레어웬 Claerwen 보호지역을 "현재 웨일스에 남은 가장 커다란 야생의 땅"이라고 표현한다.[7]

영국 시골에서는 어느 집 정원이든 두 시간만 앉아 있어도 고지대의 텅 빈 산비탈을 10킬로미터 걸을 때보다 더 많은 종류의 새와 각종 생물을 볼 수 있다. 그런데 우리가 자연적이라고 받아들인 현 상태가 실은 생태적 재앙이 일어난 후의 모습임을 설명하는 것 ─ 황무지가 우림을 대체했다고 말하는 것 ─ 은 아직 아무도 떠날 채비를 하지 않은 상상의 여행을 억지로 떠나라고 요구하는 격이 될 수 있다. 벌거벗은 대지처럼 우리의 기억도 말끔히 지워졌기 때문이다.

수산과학자 대니얼 파울리Daniel Pauly가 이러한 망각을 지칭하며 고안해낸 이름이 하나 있다. 바로 '기준점 이동 증후군Shifting Baseline Syndrome'이다.[8] 세대를 막론하고 모든 사람들은 자신이 어린 시절에 접했던 생태계의 상태를 정상으로 간주한다. 물고기나 동식물이 사라지면 운동가와 과학자들은 자신이 어린 시절에 겪은 상태, 즉 자신들의 생태적 기준으로 그 생물들이 복원될 것을 요구한다. 그런데 그들이 어렸을 때 정상으로 여겼던 것이 실은 심각하게 열악한 상태였다는 점을 종종 간과하곤 한다. 영국 자연주의자와 환경운동가들은 고지대의 히스 덤불이 거친 초원으로 바뀌고, 거친 초원이 비료를 뿌린 방목지로 바뀌는 것을 애통해하며 생태계가 복원되길 갈망한다. 단, 자신들이 기억하는 상태로 말이다.

변화의 핵심에 한 동물이 있다. 벗겨진 산처럼 영국의 삶의 일부로 받아들인 메소포타미아의 복슬복슬한 반추동물 말이다. 영국과 서유럽에 양과 유사한 야생동물이 살았던 적은 한 번도 없다(양이나 염소와 같은 아과亞科에 속한 사향소가 가장 가까운 동물이지만 생태와 선호 서식지가 전혀 다르다). 코르시카섬과 사이프러스의 '야생' 양이라고 하는 무플론도 실은 야생 외래종의 초기 사례 중 하나이다. 신석기시대의 가축 무리에서 도망쳐 나온 동물의 후예인 것이다.[9]

양이 이곳의 원래 생태계에 속한 동물이 아니었기 때문에 자생식물들은 양에 대한 방어책을 전혀 진화시키지 못했다. 양은 고지대의 영양 풍부하고 맛있는 식물을 삽시간에 먹어치워 지극히 빈곤한 식물상을 낳는다. 이끼 말고는 거의 진퍼리새와 토르멘틸만 남길 뿐이다. 이 나라에 세워진 모든 건축물보다 양이 일으킨 환경 파괴가 훨씬 크다.


야생동물들이 그러하듯, 말들은 귀를 쫑긋 세우고 몸을 돌려 우리를 바라보더니 콧김을 내뿜으며 우리를 예의 주시했다. 그런데 우리가 주저앉자 그들은 우리를 향해 걸어왔다. 여기저기서 움직임이 일었다. 좀 돌아서 접근하다가 멈춰 서서 다시 모이더니, 되새김질을 하면서 목을 젖히고 코를 힝힝거리며 조금씩 다가왔다. 두려움의 기색이 역력하면서도 강력한 호기심에 이끌린 말들은 우리와 마찬가지로 다른 종과의 만남을 갈구하는 듯 보였다.

바람이 그들 쪽으로 불었다. 말들은 콧구멍을 벌름거렸다. 긴 다리를 따라 근육이 꿈틀거렸다. 갑자기 이런 생각이 들었다. 아무도 모르는 대륙에 정박한다 해도 그곳에 사는 포유류나 조류를 보면 잡아먹는 동물인지 잡아먹히는 동물인지 단번에 알 수 있을 것이다. 잡아먹히는 동물은 최대한 넓은 시야가 필요하므로 눈이 머리 양쪽에 나 있다. 잡아먹는 동물은 목표물을 잡는 데 집중해야 하므로 눈이 앞쪽을 향해 나 있다.

리치는 예전에 한 번 살았던 곳으로 나를 데려왔다. 약 20년 전에 그는 동료들과 함께 이곳에서 양을 몰아내고 나무를 다시 심기 시작했다. 우울한 사막 여행을 한 지 1년 후, 서늘하고 조용한 가을의 첫날이었다. 울타리 저편에서는 자작나무와 물푸레나무가 여전히 창백한 이파리를 붙들고 있었다. 산사나무와 마가목은 이미 앙상했다. 양이 노닐던 동산 밑 개울가의 이끼 낀 참나무들 사이에서 어치가 시끄럽게 지저귀었다.

리치 타셀은 내가 이 책을 쓰는 내내 길잡이가 필요할 때마다 손을 빌린 사람이다. 그는 대단한 독서광이고 이 책의 주요 참고문헌 중 상당수가 그가 발견한 것들이다. 더욱 중요한 건 그가 자연과 맺는 관계이다. 둘의 관계는 때로는 초자연적으로 느껴질 정도로 강력하다. 그는 숲속을 걷다가 갑자기 멈춰 서서 "새매"라고 속삭이곤 한다. 내가 아무리 둘러보아도 새는 보이지 않는다. 그럼 그는 기다리라고 한다. 몇 분이 지나면 새매가 우리 앞을 지나간다. 그 또한 새매를 보거나 들은 것이 아니다. 하지만 다른 새들이 무슨 말을 하는지 들었던 것이다. 새들은 위협의 종류에 따라 다른 경보음을 내기 때문이다.

리치는 노샘프턴셔의 어느 마을에서 자랐다. 사투리도 여전히 남아 있다. 그가 태어나기 100년 전에 죽은 시인 존 클레어가 이곳의 야생의 자연과 인간의 삶을 노래했다. 리치의 할아버지가 그를 자주 숲과 들판으로 데려가 새에 대해 가르쳐주었다고 한다. "나무에서 부엉이를 불러내는 법을 알려주셨지. 그건 여덟 살 때부터 내 대표적인 장기가 되었어."

할아버지는 작가 H. E. 베이츠와 같은 시기에 케터링의 중등학교를 다녔다. 둘 다 가난한 구두장이 집안 출신이다.

"할아버지와 아버지는 베이츠의 책을 열심히 읽었어. 종종 노샘프턴셔의 시골에서 지냈던 어린 시절에 대한 회상이 나오곤 했으니까. 두 분이 얘기하는 걸 들으면서 할아버지의 세대가 살아생전에 직접 경험한 엄청난 상실에 대해 깨닫게 되었어."

리치는 새에 꽂혀 있는데, 그 이유로 인해 텔레비전 드라마를 볼 수 없다고 그는 말한다.

"영국 영화인데 미국 새소리로 더빙을 하는 끔찍한 경우가 많아. 세트와 당시의 복장, 머리 스타일, 말과 마차는 엄청나게 세세하게 따지면서 늘 새소리는 엉망진창이야. 도저히 못 참고 방을 나가야 할 정도라니까. 도저히 견딜 수가 없어. 우리가 얼마나 단절되어 있는지 단적으로 보여주는 거야. 아마 우리 나라의 새를 전부 잃고도 알아채지도 못할 사람들이 꽤 많을걸.

점점 도시화되면서 연결성을 잃었어. 여름철새가 갑자기 비껴가기 시작해도 아마 거의 아무도 모를 거야. 난 그게 충격적이야."

리치가 어린아이였을 때, 네덜란드에서 발발한 느릅나무 병이 마을 인근에 도달한 적이 있었다.

"우리 동네엔 300년 이상 되는 느릅나무 고목이 수 킬로미터에 걸쳐 쭉 늘어서 있었지. 벌목꾼들이 나타나 나무를 자르고 뿌리를 태우던 기억이 나. 우리 시골에서 영원하리라고 생각했던 것이 갑자기 없어졌던 거야.

나는 그게 자연재해라고 스스로를 설득했어. 그런데 얼마 후 1970~80년대에 더 나쁜 일들이 일어났어. 옛날식 농장이 사라지고 농업 비즈니스가 판을 차지하기 시작한 거야. 옆집 농부 아저씨가 버티면서 소랑 양이랑 곡식을 돌려가며 기르길 고수했지. 그 아저씨가 무슨 큰 연금기금에 농장을 팔자마자 불도저 군단이 몰려왔어. 느릅나무 병이 시작했던 일을 그들이 마무리하더라고. 산울타리, 마지막 남은 200~300년 된 호두나무들, 모두 하루 만에 싹 사라졌어."

그때부터 환경의식이 생기기 시작했어. 그 당시에 난 열두 살이었지. 누가 마음만 먹으면 한순간에 없어지고 지형 전체가 완전히 사라지는 걸 본 충격 때문이었어. 옆집 농부 아저씨는 그때까지 열두 명의 일꾼을 풀타임으로 고용했어. 그들이 매일 아침 밭을 오가는 걸 볼 수 있었는데 그 광경도 하룻밤 만에 없어졌어. 그때부턴 큰 경운기가 모든 걸 했으니까. 콤바인이 왔다 가면 심토경운기가 들어오고 그다음엔 트랙터 쟁기. 무슨 군사 작전 같더라고.

그때가 최악의 서식지 파괴 시대였어. 존 클레어가 글로 남긴 것들을 마지막 한 방으로 날려버린 거지. 파괴 과정의 초기에 그가 있었고 말기에 내가 있었어. 그때 잃은 것들은 돌이킬 수가 없어. 다 끝난 거야."

리치는 그의 고등교육 첫 단계로서 마킨레스의 대안기술 센터에서 본격적으로 환경에 대해 공부하기 시작했다.

"전체적인 그림이 그려지더라고. 땅의 관리와 우리가 미치는 영향, 그리고 그것을 최소화하는 것의 중요성. 런던에서 일하다가 1990년대 초에 다시 웨일스로 돌아와 대안기술센터의 철도부서에서 목수로 일하기 시작했어. 소규모 숲을 관리하는 용역을 맡아 했지. 그 일을 계속하려면 대학으로 돌아가서 환경삼림학 분야에서 석사학위를 따야 한다는 걸 곧 깨달았어. 그 후에 삼림관리원으로 취직해서 지금까지 하고 있지. 이 동네에서 할 수 있는 가장 커다란 개혁은 땅에 울타리를 쳐서 그 빌어먹을 양이 못 들어오게 막는 거라는 걸 알아차리는 데는 그리 오랜 시간이 걸리지 않았지."

이곳은 그가 한때 살았던 공동주택의 소유지였다. 그가 이사 오기 전부터 자가 수력발전기를 비롯하여 주변의 땅을 사들여 나무를 심을 계획까지 갖춘 곳이었다.

아마 북유럽 전체에서 캄브리아산맥만큼 활생 실험에 부적당한 곳도 없을 것이다. 수천 년 동안 개간과 목축을 거쳐 토양이 열악하고, 주변 발전소에서 나온 오염물질로 원래 산성인 흙은 더욱 산성화되었다. 거친 대서양 폭풍과 끊임없는 바람에 시달리는 이곳은 현재 이 땅을 덮고 있는 걸레 같은 거죽 말고는 버틸 수 있는 게 없는 곳이다. 그러나 강어귀에서 한참 위, 나무 없는 양 방목지를 시작으로 리치는 무엇이 되고 안 되는지를 알아보는 시행착오의 과정을 이미 시작하고 있었다.

어린 숲을 걸으니 푸른박새, 진박새, 오목눈이의 무리가 나무껍질 밑에 있는 작은 벌레들을 쪼아 먹고, 찍찍거리며 지저귀는 소리가 따라왔다. 리치 말에 의하면 이 나무들도 처음부터 고생을 많이 했다고 한다. 양을 못 들어오게 막자 덤불과 거친 풀이 확 자라나 나무 종자가 정착하는 데 많은 어려움을 겪었다. 나무들이 좀 더 빨리 제자리를 찾게 해주려고 그는 친구들과 함께 곡괭이로 뗏장을 뒤집어주곤 했다. 어떤 곳에서는 여름마다 덤불을 미리 쳐내어 덤불이 죽으면서 묘목을 덮치지 않도록 해주었다.[10] 지금 나무는 기둥의 굵기가 내 허벅지만 했고 높이는 내 키보다 컸다. 가장 높은 건 7미터 가까이 됐다.

"내가 살아 있는 동안 이걸 볼 줄은 몰랐어." 리치는 말했다.

그는 나보다 좀 어렸지만 무슨 말인지 이해가 갔다. 캄브리아사막을 걷고 있노라면 나무가 다시 돌아올 수 있으리라고는 상상조차 되지 않는다. 그곳의 공허함은 마치 생태학이 아니라 지질학의 영역처럼 이론의 여지가 없는 사실로 다가온다. 그러나 지역민들마저 절대 나무가 자랄 수 없다고 하는 이곳의 오래된 법칙은 깨지고 있었다. 우리가 나무 밑으로 고개를 숙이면서 걸은 이 서식지는 충분히 숲이라 부를 만했으며 벌써 얼마 전까지만 해도 양 방목지였다는 사실을 떠올리기 힘들 만큼 우거져 있었다.

리치와 친구들은 나무를 한창 심다가, 울타리 안쪽의 땅에서는 그럴 필요가 없다는 것을 금세 깨달았다. 뗏장을 뒤집은 곳의 노출된 토양에는 저 아래쪽 골짜기에 생존한 몇 그루의 자작나무에서 날아온 씨앗이 자리를 잡았다. 그 나무들 또한 약 100년 전의 농업 침체기 덕에 자라날 수 있었다고 리치는 설명해주었다.

"우리가 나무를 심은 곳마다 지금은 다 자생 자작나무 천지야. 창가에 키우는 냉이처럼 엄청 빽빽하게 자랐어. 자작나무들은 우리가 심은 다른 나무보다도 더 잘 자라더라고. 유전적으로 여기랑 맞는 거지. 자작나무가 다시 복원되는 걸 보면서 깨달은 바가 많아. 우리보다 자연이 이런 일에 훨씬 능하다는 걸 알게 됐지."

리치의 석사학위 연구가 되었던 그의 실험들은 흙을 좀 긁어주고 양치식물만 솎아주면 제초제 없이노 자작나무를 키울 수 있다는 사실을 보여주었다.

"자작나무는 교란에 특화된 종이야. 빙하가 물러나면서 노출되는 토양에 거친 풀이 정착하기 전에 발아하도록 설계되어 있어. 산불이 난 곳이나 침엽수를 벌목한 곳에서도 잘 자라. 그러니까 그냥 경운기나 로터베이터로 땅을 준비시켜주기만 하면 돼. 아니면 소나 돼지나 멧돼지가 고사리랑 흙을 헤집어놓도록 놔둬도 되고. 정말 고지대의 숲을 신속하게 복원하고 싶으면 이 방법으로 해야 해. 묘목을 심어서 가꾸는 것보다 비용도 훨씬 쌀 거야."

자작나무는 약한 알칼리성 낙엽을 떨구기 때문에 산성화된 이곳 산맥에 다른 나무들이 들어오게끔 흙을 준비해주는 역할을 한다. 뒤틀리면서 자란 흑백의 나무줄기에는 주황색 독버섯이 자랐다. 물에 젖은 모닝빵, 혹은 나뭇잎 아래 푸른 빛을 받아 바다수세미처럼 보였다. 낙엽과 이끼, 월귤나무와 양치식물 사이로 버섯은 피어났다. 어떤 곳엔 디기탈리스의 크고 부드러운 잎사귀들이 수북이 자라고 있었다. 20년 전만해도 여기가 사막의 일부였다는 사실을 믿기가 어려웠다.

우리는 산비탈을 타고 최초로 지구를 지배한 육상식물처럼 조류와 점균류가 뒤덮은 암석들이 있는 곳에 도착했다. 리치는 약 10년 전에 여기서 산사태가 일어나 이곳으로 바위들이 내려왔다고 했다. 지금은 오리나무, 냇버들과 자작나무가 노출된 흙 위에 자라났다. 바위 위로 뿌리를 뻗고 흙을 모으며, 산비탈을 안정화하고 있었다. 그가 저편에 심었던 사시나무는 이제 바위들을 감싸고 있었다. 러시아정교회의 돔 지붕을 닮은 이파리는 한시도 가만히 있는 법이 없이 차가운 빛 아래 흔들렸다. 갈색 가죽 같은 재질의 찻종버섯이 노출된 표면에 뭉게뭉게 붙어 있었다. 어치가 나무 사이로 지저귀었다. 이 땅은 양으로부터 보호되기만 한다면 앞으로 이 지역의 숲을 복원시키는 하나의 교두보가 될 것이다. 어치는 가을마다 4,000개의 도토리를 묻는다. 때로는 어미나무에서 수 킬로미터 떨어진 곳까지도 옮긴다. 그들은 도토리 하나하나를 어디에 묻었는지 기억할 수 있지만 개중에는 겨울에 죽는 경우도 있게 마련이므로 도토리의 일부는 발아할 수 있다.[11]

우리는 울타리 건너편의 초지로 들어갔다. 이 땅을 소유한 농부는 여기서 양을 그만 키우는 대신 말을 풀어놨는데 거의 야생마가 되어버렸다고 한다. 풀숲에서 망아지 뼈도 발견되는 걸로 봐서 말들이 알아서 살아가는 모양이었다. 키 작은 마가목 몇 그루가 산기슭에 자리를 잡고 자라고 있었다. 나무 줄기가 은색으로 빛났다. 수정처럼 맑은 날이었다. 우리는 양쪽 비탈이 저 아래 나무 군락지에서 깍지를 끼듯 만나 강어귀로 이어져 스노도니아까지 이르는 계곡을 바라보았다.

잊었던 기억 속에서 튀어나온 것처럼 송골매 하나가 뒤편에서 나타나 새털구름을 뚫고 높이 솟아올랐다. 날개를 움직이지 않은 채 붓으로 쓱 긋듯이 하늘을 가르는 것이 지구의 곡면을 따라 나는 것만 같았다. 저 먼 산에서 위로 향하는 순간 황조롱이 하나가 나타나 공기 기둥을 타고 사냥감을 향해 하강했다. 송골매는 날개를 퍼덕이며 강어귀 하늘로 작은 점이 되어 사라졌다.

박새 무리가 머리 위의 나무까지 우리를 따라잡았다. 쩍쩍

거리는 소리가 기름칠을 안 한 녹슨 수레바퀴처럼 숲을 채웠다. 말이 밟고 지나간 젖은 풀의 언저리에는 옛 숲의 가장자리에서 볼 수 있는 갈퀴덩굴과 애기괭이밥이 자랐다. 작은 계곡 너머로 동물들이 보였다. 망아지들이 어미 옆에 착 붙어서 풀을 뜯었다.

강어귀에서 먼 쪽의 산봉우리엔 작은 먹구름 조각들이 앞바다에 포진한 떼구름에서 보낸 정찰병처럼 앞서 나와 걸려 있었다. 어린 말똥가리 한 마리가 말 위로 솟아올랐다가 황조롱이를 공격하기 시작했다.

숲 위편의 풀밭을 걷다가 놀랍게도 고사리와 가시금작화 사이에서 작은 폭포를 발견했다. 습지 천수국의 잎이 물가에 흩어져 있었다.

"여기가 생명의 경계야. 여기서부터는 자작나무 한 그루 말고는 나무가 없어." 리치가 말했다. 나는 황량한 고원을 잠시 바라보았다. 멀리서 말들이 거니는 텅 빈 공허함을 보다 이내 눈을 돌렸다.

우리는 다시 울타리를 넘어 리치가 소유한 땅의 위쪽 끝에 나무들을 심어놓은 곳에 왔다. 토양층은 얇고 열악했다. 리치는 여기서 주먹만 한 돌로 된 돌무더기를 발견했는데 과거 경작의 흔적이라고 생각했다. 리치는 1940년대에 수확기마다 농장을 돌며 돈을 받고 낫으로 추수를 해주던 어떤 남자를 동네 시장에서 만난 얘기를 들려주었다. 그는 이 계곡 아래에 있는 농장에 귀리 수확을 하러 온 적이 있었다. "그를 만난 게 영광이었어. 그해 귀리 수확은 그의 마지막 작업 중 하나였어. 그는 그 세대의 마지막 사람이야." 그러나 여기서는 수백 년 동안 땅을 갈지 않았을지도 모른다. 돌무더기는 이 지대가 유랑농법을 썼던 청동기 시절까지 거슬러 올라가는 곳이라는 증거일지도 모른다는 것이 리치의 생각이다. "아마 열대의 화전농법하고 비슷했을 거야. 토양의 영양분을 빨리 소모시키고 다른 곳으로 옮겨 갔을 거야." (단, 열대지방에서는 토양과 식생이 훨씬 빠르게 회복하기 때문에 전통적인 유랑농법의 영향은 그리 크지 않았을 것이다. 그러나 캄브리아산맥에서는 토양이 비에 빠르게 유실되기 때문에 사정이 매우 다르다.)

열악한 흙에서 20년 동안 자란 마가목의 높이는 1미터가 겨우 넘는다. 주름지고 풍파에 시달린 나무들이다. 참나무는 거의 자라지 못했다. 어설픈 가지 몇 개를 흙 위로 내밀었지만 그마저 죽어가고 있었다. 하지만 리치가 심은 소나무는 4미터가량 자랐다. 스코틀랜드소나무인데 리치 말로는 잘못된 이름이란다. 유럽 전체에서 나고 한때 영국 전역에서 자랐기 때문이다. 화분 코어가 보여주듯이 소나무는 웨일스 산악지대에도 잘 적응한 나무이다. 삼림당국이나 환경단체들은 이 소나무가 스코틀랜드 바깥에서는 자생종이 아니라고 말한다. 그러나 애버리스트위스 인근의 보스 해변에서 발견된 청동기 및 철기 시대의 숲 화석을 보면 큰 나무 중 상당수가 소나무이다. 오래된 토탄 늪에 잘 보존된 이 화석에는 주황색 비늘 같은 나무껍질마저 그내로 드러난다. 월귤나무에는 열매가 몇 개 달려 있었다. 먹어보니 놀랍게도 꽤 맛있었다. 3개월 정도 그렇게 달려 있었던 모양이다.

"비록 한때는 깊은 숲이었지만 고지대 토양의 유실 상태를 보면 바로 예전 그대로 전부 돌아가진 않을 거야. 여기에 한 번도 없었던 생태계가 생길 거야. 여러 구조와 크기가 다양하게 얽히고설킨 모자이크 서식지 말이야. 느리게 자라는 나무는 동물들을 피할 수 없을 테니 더 뜯어 먹히겠지. 낙엽이 토양층을 다시 만들어 다른 수종이 들어올 수 있게 될 때까지는 수년의 세월이 걸리겠지."

제비 두 마리가 우리를 지나쳐 초원 위를 날아갔다. 아래 신생 숲에서는 검은방울새의 지저귀는 소리가 들려왔다. 구름은 바람을 몰고 이제 계곡 위로 흘러와 강어귀 전체에 그림자를 드리웠다. 저 아래 나무들의 우듬지 너머를 내려다보며 생각했다. 리치가 심은 숲이 자라나, 내 글과 작품이 지구상에서 전부 사라진 후에도 여전히 살아남을 수 있다면 얼마나 좋을까. 그런데 그것만으로는 뭔가가 부족했다.


날이 밝았지만 어둡고 음침했다. 마치 태양이 잠시 눈을 떴다가 돌아누워 다시 잠든 듯 하루가 시작되었다. 11월의 하루가 산 위에 쌓인 구름층을 미약하게 뚫고 조금씩 밝아왔다.

나무들은 대부분의 잎을 떨구어버렸다. 참나무와 너도밤나무에는 황갈색이 군데군데 남아 있었지만, 연못 주위를 다시 차지하기 시작한 자작나무와 냇버들은 죽은 풀을 배경으로 그저 회색 자국에 불과해 보였다. 지역민의 안전을 위해 울타리를 삼중으로 단단하게 엮어 세우면서 생긴 진흙 속에

서서 우리는 기다렸다. 카메라맨들은 삼각대를 조작하며 체온을 유지하려고 발을 동동거렸다. 생태학자 한 명이 쌍안경의 뚜껑을 벗겼다. 큰 웃옷과 찢어진 바지를 입고, 코걸이에 레게머리를 한 자원봉사자들은 담배를 말아 피우며 조용히 속삭였다. 서쪽 산의 낙엽송 농장으로부터 이따금씩 사냥 나팔과 사냥개 소리가 들려왔다. 차갑고 무거운 공기는 목을 타고 내려왔다.

피부와 턱살이 축 늘어진 커다란 불마스티프 한 마리가 발밑에서 킁킁거리다 말고 갑자기 새끼 돼지처럼 꽥 소리를 지르더니 낑낑거리며 주인에게로 달려갔다. 전기 울타리를 건드린 것이다.

"이제 시작해도 될 것 같습니다." 누군가가 말했다.

금발 수염을 기른 두 명의 젊은 남자가 울타리를 들어 커다란 상자 양쪽에다 박아 세웠다. 한 명이 연못을 향한 상자의 문에 잠금장치로 끼워 넣은 쇠붙이를 뺐다. 잠시 후 문 사이로 초콜릿색을 띤 무언가가 쏜살같이 빠져나갔다. 이어서 또 하나. 물가에 나뭇가지와 잎을 엮어 만들어놓은 작은 움막 안으로 커다란 동물 두 마리가 사라졌다.

수염 난 남자 중 하나가 장담한 대로 몇 분이 지나자 움막 입구 반대편의 버드나무로 된 벽이 마구 흔들리기 시작했다. 나뭇가지가 툭툭 땅에 떨어졌다. 동물들이 자기 입으로 씹어 뚫고 나가게 해주어야 제 집으로 받아들인다고 아까 그가 말했다. 1분을 더 기다리자 너무나 낯설지만 지금 이곳과 너무도 잘 어울리는 동물 하나가 자신이 방금 낸 구멍에서 모습을 드러냈다. 구경꾼들은 환호했다. 넓적하고 커다란 머리를 들어 공기의 냄새를 맡으며 소리가 나는 쪽을 지그시 쳐다보았다. 그러더니 안킬로사우루스처럼 첨벙거리며 물속으로 나아갔다. 등을 구부린 채 엉거주춤하게 배와 꼬리를 습지 바닥에 끌면서 말이다.

이윽고 연못에 입수해서 수초 사이를 비집고 들어가더니 갑자기 상당히 우아하게 헤엄치기 시작했다. 수면 위로 단 몇 센티미터만 내민 머리와 등은 귀를 제외하곤 거의 편편해 보였다. 반 물개, 반 하마인 녀석은 빙그르르 돌아 헤엄쳤다. 그때 카메라맨 한 명이 더 좋은 앵글을 잡으려고 몸을 움직였다. 녀석은 몸을 뒤집어 꼬리로 물을 쩍 소리 나게 때리더니 물속으로 사라졌다. 얼마 후 다시 모습을 드러내고 여기저기를 주둥이로 뒤적이며 수변을 따라 헤엄쳤다. 다른 한 마리도 앞선 녀석을 따라 연못으로 나왔다. 수초 사이로 새로운 길을 내며 잠수했다 나왔다 하는 모습은 돌고래처럼 둥글고 매끄러웠다.

내가 찾아본 바에 의하면, 바로 이것이 웨일스에서 멸종한 포유동물을 다시 복원하는 첫 번째 시도였다. 아름다운 큼 에이니온을 지나 다이피만으로 흐르는 물길의 발원지인 이곳 블레네이니온Blaeneinion에서 자원봉사자들은 오래된 잉어 연못 주위의 땅 12,000제곱미터의 둘레에 울타리를 쳤다. 웨일스에 비버가 돌아온다는 얘기는 몇 년 동안 무성했다. 이제 드디어 뭔가가 벌어지고 있었다.

비버가 마지막으로 영국에 남아 있던 때가 언제인지는 분명치 않지만 아마 18세기 중엽까지는 있었던 것으로 보인다.[12] 비버는 아름답고 따뜻한 털, 그리고 향수와 약품을 만드는 데 쓰이는 꼬리 부근 분비샘인 냄새 주머니로부터 해리향을 얻기 위해 멸종될 때까지 사냥을 당했다. 비버는 오늘날 캐나다에서와 마찬가지로 한때 영국 하천 토착 생태계의 일원으로 지냈다. 요크셔의 베벌리, 글로스터셔의 비버스턴, 컴브리아의 바본, 그리고 템스강이 배터시로 흘러나가는 베벌리브룩 등은 모두 비버의 이름을 딴 곳이다.[13] 영국인들은 이 온순한 초식동물을 좋아한다. 한 여론조사에 의하면 응답자의 86퍼센트가 비버의 복원을 위한 재도입을 찬성했다. [14] 그러나 비버의 영국 복원에 강력히 반대하는 소수의 강력한 토지 소유주들 말을 들어보면 마치 무슨 검치호랑이나 벨로키랍토르 공룡을 두고 하는 소리처럼 들린다.

이 사안을 관할하는 스코틀랜드 자연유산협회는 1994년부터 비버의 재도입에 대해 검토하기 시작했다.[15] 땅주인들은 결사반대했다. 스코틀랜드 정부는 10년이 넘는 기간 동안 비버가 초래할 수 있는 모든 위협 요인을 면밀히 검토하는 데 수백만 파운드의 비용을 치르고 결국 사업을 포기했다. 이 난리통에 관여했던 어느 생태학자는 협상 6년째에 열린 회의에서 스코틀랜드 강의 어업권을 가진 한 남자가 다음과 같이 발언한 이야기를 들려줬다. "무슨 말씀을 하시는지 잘 알겠고 어떤 사람들은 이 동물을 좋아한다는 걸 알겠지만, 내 강으로 들어와 내 물고기를 먹는 일은 결코 용납할 수 없습니다."

무거운 침묵이 흐르는 동안 그 자리에 있었던 생물학자들은 수년 동안의 외교적인 노력과 설명에도 불구하고 그 남자가 비버가 초식동물임을 아직도 이해하지 못했다는 것을 깨달았다.

이미 1924년 이래 유럽의 24개 국가에 별 탈 없이 도입되었고,[16] 캐나다와 노르웨이에서 영국보다 훨씬 높은 밀도의 연어 및 다른 물고기와 더불어 살고 있음에도 불구하고, 땅주인들은 비버가 연어가 강을 거슬러 올라오지 못하게 막고 산란지를 파괴하고 질병을 퍼뜨린다며 경계했다. 모든 가능한 주장에 대한 모든 가능한 답변이 이뤄진 후 2009년에야 드디어 아가일의 냅데일 숲에 11마리의 비버가 방사되었다. 비버를 재도입한 강은 연어가 없는 점이 특징이었다. 다른 말로 하면 최적의 비버 서식지였다.

그런데 비슷한 시기에 퍼드셔를 포함한 일부 지역의 동물원에서 비버가 '탈출하는' 사례(사실상 누군가 탈출을 도와주었다는 것이 정설이다)가 발생했고, 그 결과 연어의 황금 어장으로 이름난 테이강 유역에 비버들이 정착했다. 이 글을 쓰는 현재까지도 비버들은 (냅데일 숲 비버와는 달리) 그곳에서 아주 잘 살고 자유롭게 번식하고 있는데 경찰과 관계당국(냅데일 방류를 관장하는 같은 기관 사람들이다)은 이 비버들을 잡으려고 하고 있다. "비버가 야생에 있는 것은 불법이며 그들의 복지가 확보될 수 없으므로 다시 잡아야 한다"는 것이 스코틀랜드 자연유산협회의 설명이다.[17] 그러나 이 불법 동물들은 야생에 아무런 피해도 끼치지 않고 어업에도 아무런 문제를 일으키지 않았다. 동물들의 우연한 탈출로 인해 발생한 상황을 공식적인 복원사업보다 더 좋은 실험으로 여겨도 좋았을지 모른다.

웨일스의 땅주인들은 스코틀랜드의 사례 따위는 안중에도 없었다. 웨일스의 농민연합은 블레네이니온 사업을 거칠게 비판했다. 비버가 '천연 종'이 아니라며, 비버를 청설모에 비견하면서 가축에게 질병을 옮길 거라고 주장했다.[18]

이곳에 비버 두 마리를 아예 풀어놓으려는 것이 아니다. 둘 다 암컷이므로 증식의 위험은 없다. 유럽에서 162번째로 벌이는 이 실험의 목적*은 비버가 요한계시록에 나오는 불과 유황을 내뿜고 인간을 죽이는 괴물이 아니라는 사실을 바로 세우려는 것이다. 비버가 울타리 내에서 동식물에게 미치는 영향을 연구하고 그 결과를 바탕으로 웨일스에 잠재적으로 도입이 가능한 장소를 검토하려는 것이다. 물망에 오른 곳은 비버의 존재가 12세기에 마지막으로 기록된 곳인 테피강이다. 하지만 스코틀랜드의 사례가 보여주듯이, 아주 지난한 과정이 될 것이 틀림없었다.

한 시간가량 다시 돌아온 비버가 새 보금자리를 탐색하는 모습을, 과거에 스스로에게 엄청난 고난을 안겨준 아름답고 두꺼운 털과 거품을 일으키며 연못을 헤엄치는 모습을 바라보았다. 비버는 내가 생각했던 것보다 몸집이 훨씬 컸다. 가끔씩 물에서 나와 수초 더미에 꼼짝 않고 누워 있으면 그냥 이끼 낀 나무둥치로 여겼을 것이다. 한 마리가 버드나무 가지

---

* 1924년 이래로 유럽에서는 비버의 재도입이 161번 시행되었다.[19]

를 조심조심 갉았다. 어떤 때는 연못에서 나와 강변에 앉아 어리둥절한 듯 두리번거렸다. 털은 물이 흘러내리자마자 부풀어 올랐다.

좀 늦게 도착한 지역신문 기자가 중얼거렸다.

"여기가 오소리를 풀어놓는다는 곳인가요?"

"오소리가 아니고 이 동물들은….'"

"세상에! 저 수달 엄청 크네!"

이미 연못의 주인인 양 비버들은 수초 사이로 당당하게 돌아다니면서 앞으로 먹게 될 풀과 나무를 탐색했다. 수초와 풀숲에 가려진 채 뭍과 물이 공존하는 이곳에 완벽하게 적응한 모습이, 원래부터 여기에 살던 것처럼 보였다. 아니, 여기에 없었던 적이 한 번도 없어 보였다.


비버는 사라진 여러 동물 중에서도 핵심종keystone species에 속한다. 핵심종은 존재하는 수보다 환경에 더 큰 영향을 미치는 생물종을 말한다. 핵심종이 서식지에 미치는 영향력은 다른 종의 서식 조건을 결정한다.

유럽 비버는 미국 종과는 달리 작은 댐을 만들지만 유사한 기능을 수행한다. 강의 흐름을 변화시키고, 나뭇가지를 물속으로 끌어들이고, 굴을 파고, 먹이활동을 하며 땅에 움푹 파인 구덩이를 만들고, 수변 나무를 쓰러뜨리는 그들의 행동은 주변 환경 전체를 변화시킨다. 비버는 물밭쥐, 수달, 오리, 개구리, 물고기, 곤충의 서식지를 만든다. 비버가 유럽에서보다 큰 연못을 만든다는 와이오밍의 경우, 비버가 있는 개천은 없

는 곳보다 물새가 75배 더 많다고 한다.[20]

(유럽 비버가 이미 살고 있는) 스웨덴과 폴란드에서는 비버가 있는 연못의 송어가 개천의 다른 구간에서보다 크기가 컸다. 다른 곳에선 찾을 수 없는 서식처와 은신처가 연못에 있기 때문이다.[21] 비버가 댐을 만든 곳에서 자란 연어가 다른 데에서보다 더 빨리 자라고 몸 상태도 더 좋다.[22] 비버 연못에 사는 생물군의 총 질량은 댐이 없는 곳에 비해 2~5배 더 높았다.[23] 폴란드의 비버는 강에서 사냥하는 박쥐의 수를 늘리는데, 비버의 댐이 주변 지대를 축축하게 만들어 비행성 곤충의 수를 증가시키고 수변 숲의 나무를 쓰러뜨려 틈을 만듦으로써 박쥐가 다니기 쉽게 해주기 때문이다.[24] 비버가 먹는 나무는 손상을 입어도 금방 다시 잘 자라는 사시나무, 버드나무, 물푸레나무 등이다. 비버의 활동으로 강변에 생기는 관목림은 조류와 포유류에게 은신처를 제공한다.

우리의 강은 땅과 마찬가지로 그동안 강도 높은 관리를 받아왔다. 직선화되고, 운하가 건설되고, 준설되고 깎였다. 그 결과 야생동식물과 인간 모두 피해를 입었다. 물이 저 아래 지류로 흘러 들어가는 시간을 단축시킴으로써 홍수의 가능성을 높여놓은 것이다.

이러한 정책은 농부들이 자신의 땅에 홀로 남은 나무나 고고학적 흔적마저 죄다 없애게 만든 충동과 같은 선상에서 비롯된 행동의 결과로 보인다. 다름 아닌 깔끔에의 충동 말이다. 예를 들어 1990년대 말까지만 해도 당국은 와이강의 지류에서 이른바 '장애물 목재'를 건져내는 무의미한 사업에 엄청난 세금을 지출했다. 나뭇가지 무더기들은 수백 년에 걸쳐 강에 쌓인 것이다. 이 무더기들은 와이강을 유명하게 만든 연어의 치어를 포함해 수많은 종의 산란지가 되어왔다. 약 400개소의 나뭇더미가 제거되고 나서야 이 작업이 안 하느니만 못하다는 사실을 누군가 깨달았다.[25] 지금도 계속되는 연어의 감소와 강 하류 주거지에서 일어나는 홍수의 빈도수와 강도의 증가에도 이 사업이 일조했을 가능성이 높다.[26]

이제 정책은 180도 선회했다. 현지 야생동식물 보호협회인 와일드라이프 트러스트Wildlife Trust는 "잠자는 통나무를 그대로 두라"고 권고한다.[27] 강물의 목재는 강변과 강바닥을 안정화시켜주고, 침전물을 걸러주고, 곤충과 가재, 물고기, 물밭쥐, 수달, 새 등 작은 동물에게 은신처를 제공한다고 말한다.

1999년 이래 네 차례나 일어난 홍수로 주민이 많은 고통을 입은 요크셔의 피커링 마을에서는 관련 당국이 피커링벡강으로 유입되는 개천의 유속을 줄이기 위해 나뭇가지들을 다시 끌어다 물에 집어넣고 있다.[28] 이는 노동력과 비용이 많이 드는 작업이다. 같은 결과를 더욱 저렴하게 달성하는 방법이 있다. 비버를 풀어주면 된다. 비버는 댐을 만들고 겨울철 식량을 확보하기 위해 나뭇가지를 물로 끌고 들어간다. 인부를 위한 인건비 예산이 동나고 한참 후에도 비버는 마을을 보호해줄 것이다.

비버는 강을 확 바꾼다. 유속을 줄인다. 풍화와 침식을 줄인다. 물이 운반해 오는 토사의 대부분을 흡착시켜[29] 물이 더 맑게 흐르게 해준다. 작은 습지와 수렁을 만든다. 강을 구조적으로 다양하게 만들어 많은 생물종에게 보금자리를 제공한다. 웨일스 농민연합의 말처럼 병을 옮기기는커녕[30] 분변성 세균이 함유된 침전물을 여과시킴으로써 오히려 전염병을 줄이는 작용을 할 수 있다.[31]

생태계가 어떻게 작동하는지 알면 알수록 많은 환경정책이 부적절하다는 사실이 드러난다. 얼핏 봐서는 서로 상관없어 보이지만 다른 동식물에게 유난히 큰 영향력을 미치는 종에 대해 조사하는 과정에서 나는 많은 환경주의자들이 변호하는 농장과 그곳의 관리체계가 빈껍데기에 불과하다는 것을 점점 더 깨닫게 되었다. 그들 농장은 많은 생물의 서식처인 나무와 관목과 죽은 나무를 잃음으로써, 물리적 구조뿐 아니라 생태계를 만드는 종들 간의 관계 또한 상실했다. 그런 공간에는 생명의 거미줄이 거의 몇 줄 남아 있지 않다.

처음엔 활생의 과학적 기초를 위한 원칙을 정립하는 데 어려움을 겪었다. 원칙을 세우기 위해서는 이것을 통해 도출하려는 결과가 무엇인지 먼저 알아야 한다. 그러나 활생은 보전과 달리 고정된 목표가 없다. 인간의 관리가 아닌 자연의 섭리에 의한 과정이기 때문이다. 내가 관심을 갖는 종류의 활생은 자연에 대한 통제를 추구하거나, 특정 생태계나 경관을 다시 만들어내려는 의도를 가진 것이 아니다. 사라진 생물을 복원하는 정도에서 손을 떼고 자연이 스스로 길을 찾도록 길을 터주는 것이다.

그러자 자명해졌다. 과정 자체가 결과이다. 활생의 수복적은 생태계의 역동적인 상호관계가 최대한 풍부하게 돌아오도록 하는 것이다. 말하자면 활생의 근간이 되는 과학적 원칙은 생태학자들이 영양단계 다양성이라고 부르는 것을 회복시키는 것이다. 영양단계는 음식과 먹이활동을 의미한다. 영양단계의 다양성을 회복시킨다는 것은 동식물과 다른 생물들이 서로 먹고 먹힐 수 있는 기회의 수를 늘린다는 뜻이다. 먹이그물을 수직과 수평 양방향으로 모두 확장시키고, 영양단계(최상위 포식자, 중간 포식자, 초식생물, 식물, 사체나 찌꺼기를 먹는 생물 등)의 수를 늘리고, 매 단계마다 관계의 수와 복잡성이 늘어날 기회를 창조하는 것을 의미한다.

현대 생태학의 가장 흥미로운 발견 중 하나는 영양단계 캐스케이드가 매우 풍부하게 존재한다는 사실이다. 영양단계 캐스케이드란 먹이사슬의 꼭대기에 있는 최상위 포식자가 자신의 먹이동물은 물론 직접적인 관련이 없는 종의 수에도 영향을 미치는 현상을 말한다. 먹이사슬 전체에 걸쳐 미치는 그들의 영향력은 때에 따라 생태계, 경관 또는 토양과 대기의 화학적 조성을 변화시키기도 한다.

가장 잘 알려진 예는 미국의 옐로스톤 국립공원에 늑대를 재도입하고 나서 일어났던 극적인 변화들이다. 공원에서 멸종된 지 70년이 지난 1995년에 다시 늑대가 도입되었다. 늑대가 도착했을 때만 해도 넘쳐나는 붉은사슴이 식생을 모두 뜯어 먹어 개울가와 강변이 거의 텅 비어 있었다. 그러나 늑대가 오자마자 사정은 변했다. 사슴의 수만 줄인 것이 아니라 그들의 행동도 변화시켰다. 사슴들은 늑대에게 잡히기 쉬운 곳, 특히 골짜기나 협곡을 피했다.[32]

계속 사슴에게 뜯어 먹혀 자라지 못했던 강변 나무 중 일부는 늑대가 오고 나서 6년 사이에 키가 5배나 더 자랐다.[33] 그들 나무는 물에 그림자를 드리워 수온을 식히고 물고기나 다른 동물들의 은신처를 제공함으로써[34] 야생동식물의 군집을 바꾸었다. 씨앗과 묘목의 생존률도 높아졌다. 황량했던 계곡은 사시나무, 버드나무, 미루나무로 덮이기 시작했다. 눈에 띄는 변화 중 하나는 명금류의 증가였다. 다시 자란 나무의 숲에서 실시한 연구에 따르면, 노래참새, 미국초록개고마리, 아메리카솔새, 버드나무긴꼬리딱새 등의 개체수가 증가했다.[35]

강변의 숲이 재생되면서 비버와 들소의 증가에도 기여한 것으로 보인다. 비버 군집은 1996년에서 2009년 사이에 하나에서 열두 개로 증가했다.[36] 비버 또한 위에서 언급한 모든 영향력을 주변 생태계에 발휘하여 수달, 사향쥐, 물고기, 개구리, 파충류가 살기에 알맞은 곳을 만들었다. 돌아온 나무들은 물의 흐름을 조절하고 침식을 줄여줌으로써 강변을 안정화시켰고, 개천의 폭을 감소시켜 웅덩이와 급류가 다양하게 조성되게 해주었다.[37] 유타주의 자이언 국립공원에서도 비슷한 현상이 나타났다. 퓨마가 많은 곳은 강기슭이 안정되어 있고 물속에도 물고기가 많았지만, 퓨마가 적은 곳은 물길이 변화하고 물고기도 3배나 적었다.[38] 늑대가 죽고 사슴이 많아지면서 표층침식이 일어난 옐로스톤의 산비탈 토양도 늑대가 돌아오고 나서 회복될 조심을 보이고 있다.[39] 반대로 포식자가 없어 사슴과 영양이 활발하게 풀을 뜯어 먹었던 초원은 늑대가 돌아온 지 5년 후 토양의 질소가 약 4분의 1가량 감소했다. 초식동물의 대변으로 재순환되는 질소의 양이 적어졌기 때문이다.[40] 이는 그곳에 자라는 식물의 종과 수를 변화시킬 것이다.

늑대는 코요테를 잡아먹기 때문에 토끼나 쥐와 같이 작은 포유류의 수가 늘어나는 데 일조하고, 이는 또다시 매, 족제비, 여우와 오소리의 먹이를 증가시켜준다. 사체를 먹는 대머리독수리나 갈까마귀는 늑대가 먹고 남긴 사슴의 사체를 먹어치운다. 늑대의 귀환은 곰의 개체수도 늘린 것으로 보인다. 곰은 늑대가 남긴 사체를 먹기도 하고, 사슴이 줄어든 덕에 더 많아진 관목의 열매도 먹기 때문이다.[41] 곰은 사슴 새끼도 잡아먹음으로써 늑대가 발휘하는 효과를 강화한다. 옐로스톤의 늑대 복원 사례는 단 한 종을 자연 상태로 되돌려놓으면 생태적으로 수많은 변화가 일어나는 것은 물론이고 강의 흐름과 형태, 땅의 침식 등 물리적 지형 자체도 바꿔놓는다는 것을 보여준다.

이처럼 복잡다단한 관계를 대체할 수 있는 것은 없다. 옐로스톤 국립공원에 늑대가 없었던 시기에는 공원 관리원들이 사슴의 개체군을 조절하고 그들의 생태적 영향력을 감소시키려고 노력했으나 실패했다.[42] 사슴에 대한 강도 높은 사냥과 사살에도 불구하고 공원의 많은 곳에서 버드나무와 사시나무가 사라져갔다.[43] 인위적인 시도는 아무리 강도를 높인다 하더라도 늑대의 사냥과는 효과가 극명하게 다르다. 늑대는 생존을 위해 낮밤을 가리지 않고 모든 시간대에 걸쳐

1년 내내 사냥한다. 멀리서 쏘는 것이 아니라 쫓아가 추적한 다.[44] 늑대와 인간은 서로 다른 곳에서 사냥을 하고 무리 중에서 다른 개체를 솎아낸다. 울타리와 늑대가 똑같이 사슴이 넘어오는 걸 막아줄지 모르지만, 늑대와 달리 울타리는 사슴 이외의 동물까지 막기 때문에 생태계의 연결성을 끊어놓는다.

미국에 늑대를 복원하는 일의 효과는 연어가 있는 지역에서 더욱 크게 작용할 것이다. 늑대는 연어와 비버 모두에게 서식지를 만들어주고, 비버 또한 연어의 서식지를 만들기 때문에 그 효과는 배가되어 연어의 수를 크게 증가시킬 가능성이 있다. 연어는 곰, 수달, 독수리와 물수리의 먹이이다. 이 동물들은 연어를 잡아서 종종 뭍으로 끌고 나온다. 연어를 구성하던 영양분은 포식자의 똥을 통해 다시 땅에 뿌려진다. 한 연구에 따르면 연어가 다니는 강으로부터 500미터 이내에 있는 가문비나무 잎의 질소 중 15~18퍼센트가 바다에서 유래한다. 연어가 바다 성분을 몸에 지닌 채 상류까지 실어 나른 것이다.[45] 최상위 포식자와 핵심종은 자신도 모르게 토양의 조성에 이르기까지 환경을 재건축한다.

더욱 두드러진 예는 모피를 얻기 위해 덫을 놓는 사냥꾼들이 알류샨 열도 — 알래스카와 시베리아 사이의 북태평양 바다에 낫 모양으로 늘어서 있는 섬 무리 — 에 원래 자생하지 않는 북극여우를 도입한 사례이다. 북극여우가 있는 섬은 덤불로 덮인 툰드라 지대이고, 여우가 없는 섬은 풀로 덮여 있다.[46] 여우는 바닷새를 잡아먹음으로써 섬에 유입되는 구아노의 양을 60배 감소시켰다. 이는 여우가 없었을 때보다 토양 내 인산이 3배 더 줄었음을 의미한다. 그 결과 여우는 생태계 전체를 바꾼 것이다.

인간 사냥꾼들도 이와 비슷한 변화를 동시베리아와 알래스카를 잇는 넓은 지대(지금은 베링해협을 포함하지만 마지막 빙하기에는 육지였다)인 베링육교의 고원에서 일으켰을지도 모른다. 아마 15,000년 전에 종전까지 날카롭게 깎은 뼈나 사슴뿔을 쓰던 지역에 작은 돌날을 사용하는 사냥꾼들이 이주해 왔다.[47] 그들은 매머드, 사향소, 바이슨, 그리고 초원을 누비던 말을 점차적으로 멸종시켰다*(아메리카대륙으로 가는 길을 막았던 빙하가 녹자 신세계에 진출하여 더 많은 파괴를 자행했다). 그 결과 고원의 초지가 이끼 낀 툰드라로 바뀐 것으로 보인다. 이곳 대부분은 여전히 그 상태로 있다.

러시아 과학자 세르게이 지모프Sergey Zimov가 밝힌 것처럼 초원 서식지, 특히 북쪽 초원 지대는 그곳에서 풀을 뜯는 동물들에 의해 유지된다. 풀을 뜯음으로써 풀이 더욱 생산적이 되도록 만든다(풀을 깎지 않은 곳보다 깎은 곳에서 생장 속도가 5배나 더 빠르다). 똥을 통해 토양의 영양분을 순환시킨다. 풀은 흙을 건조시키고 이끼와 지의류를 덮어버린다.[49] 동물들이 사라지면 토양이 자가조직하는 이 과정이 뒤바뀐다. 죽은 풀은 흙을 덮어 차게 유지시켜 추가적인 풀의 생장을 억

---

* 매머드는 인간의 사냥과 동시에 서식지까지 줄어들어 더욱 빠르게 멸종에 이른 것으로 보인다. 한 논문은 6,000년에서 42,000년 전 사이에 매머드의 지리적 분포가 90퍼센트 감소했다고 밝혔다.[48]

제하고 이끼가 점유하게 만든다. 이끼가 차지한 흙은 더 습하고 차가워진다. 풀의 생장은 더욱 어려워진다. 동물들이 돌아오면 연약한 이끼와 지의류의 층은 발에 밟혀 무너지고 1~2년 사이에 풀이 다시 땅을 차지하게끔 해준다.[50] 이런 서식지에서는 풀 뜯는 초식동물이 핵심종이다. 생태계 전체를 한 가지 상태에서 다른 상태로 뒤바꾸는 역할을 하는 것이다.

이는 지모프를 비롯한 학자들이 제창하는 바와 같이 툰드라의 대규모 활생이 비록 무척 매력적인 사업이지만 파괴적인 결과를 낳을 수 있음을 시사한다. 이끼는 단열효과가 매우 우수하여 토양의 표층조차 녹는 것을 방지한다.[51] 즉 영구동토층을 안정화시켜 그 속에 있는 메탄가스가 배출되는 것을 막는다. 이끼 층이 무너지고 풀이 돌아오면 그 지역의 생산성과 영양단계의 다양성은 향상될지 모르지만 영구동토층을 융해시켜 강력한 온실가스 배출을 가속화시킬 수 있다. 활생은 우리가 상상하는 그 어느 변화와 마찬가지로 반드시 대가가 따른다는 사실을 상기시켜준다. 경우에 따라 대가가 이익보다 클 수 있다.

인간에 의한 사냥은 오스트레일리아의 환경 또한 바꿨던 것으로 보인다. 인간이 도착하기 전에 오스트레일리아 대륙은 온갖 괴물로 넘쳤다. 그중에는 돼지만 한 가시 돋친 개미핥기, 웜뱃을 닮은 몸무게 2톤의 거대 초식동물, 말만 한 크기의 유대목 맥, 3미터가 넘는 캥거루, 엄지가 다른 손가락과 반대로 나고 턱의 악력이 그 어느 포유류보다 강하며 꼬리와 뒷다리로 서서 엄청난 발톱이 난 앞발을 휘둘렀을 유대목 사자,

2미터가 넘는 뿔 난 육지거북, 나일악어보다 더 큰 왕도마뱀 등. 이들의 대부분은 다른 여러 동물과 함께 4만~ 5만 년 전에 사라졌다. 엇비슷한 시기에 대륙을 뒤덮었던 울창한 우림은 오늘날의 오스트레일리아 오지를 특징짓는 초지와 키 작은 나무로 바뀌었다.

생태학자들은 두 가지의 첨예한 논쟁을 벌여왔다. 첫째, 이런 변화의 원인이 자연적인 기후변화와 인간의 영향, 둘 중 어느 것인가? 둘째, 만약 인간이 이 대형 동물들의 멸종을 초래했다면 그것은 사냥의 결과인가 아니면 서식지 파괴의 결과인가? 『사이언스』에 실린 연구는 인간이 대형 동물을 멸종에 이르게 했으며, 대형 동물의 멸종이 우림의 파괴를 초래했다는 주장을 강력히 지지한다.[52]

고대에 흘렀던 강바닥에서 채취한 화분 코어와 숲을 분석하고 대형 초식동물이 서식한 땅에서 자라는 곰팡이로 개체군의 밀도를 측정한 결과 연구자들은 우림에서 건조한 숲으로 전이하는 과정이 약 1만 년 전, 즉 기후가 본격적으로 건조해지기 전에 일어났다는 것을 알아냈다. 대대적인 멸종과 서식지의 변화는 기후가 안정되어 있을 때 벌어졌다는 것이다. 연구자들은 또한 대형 포유류 개체군이 붕괴되고 나서 100년 후에 대규모 산불이 우림에 퍼져 200~300년 이후에 숲이 초지로 대체되었다는 것을 밝혀냈다. 대형 초식동물이 사라지자 그들이 먹지 않은 나뭇가지와 잎이 숲 바닥에 쌓여 가연성 물질을 크게 축적시키는 바람에 대형 산불이 일어나 초지로의 전이 과정을 촉진한 것으로 보인다. 베링육교의 매머드와 사향소와 마찬가지로 오스트레일리아의 초식 괴물들도 그들이 속해 있었던 생태계를 유지했던 것이다.

지구상에 영양단계 캐스케이드가 편재한다는 발견에 함의된 것 중 매우 중요한 점은 어떤 동물을 생태계에서 제거하면, 특히 그것이 최상위 포식자일 때는 더더욱, 예상했던 것과는 전혀 다른 반직관적이고 심지어는 파괴적인 결과를 초래할 수 있다는 사실이다. 예를 들어 아프리카의 많은 곳에서는 초식동물의 개체수와 생존율을 늘리는 데 도움이 된다는 믿음 아래 초기 유럽 사냥꾼을 비롯한 여러 사람들이 사자와 표범을 죽였다. 그러자 뜻밖에도 아누비스개코원숭이가 증가했다. 그 후 원숭이들이 농작물과 가축에 일으키는 피해가 워낙 극심해서 학교 다니는 학생들까지 동원해서 쫓아내는 일을 해야 했다.[53] 그 원숭이들은 주변에 사는 인간들에게 장내 기생충을 감염시키고,[54] 초식동물의 새끼를 잡아먹음으로써 오히려 개체군을 감소시킨 것으로 보인다. 이와 유사하게 플로리다의 환경운동가들이 바다거북을 보호하기 위해 알을 먹는 너구리를 죽이자 오히려 반대의 효과가 나타난다는 걸 발견했다. 너구리가 더 이상 달랑게를 잡아먹지 않자 달랑게가 바다거북 알을 더 많이 먹은 것이다.[55]

예상치 못한 결과를 낳은 가장 기묘한 사례는 인도에서 연쇄적으로 일어난 독수리의 감소와 광견병의 확산이다. 매우 짧은 기간에 독수리가 거의 멸종했는데 디클로페낙이라는 가축용 약물이 우연적으로 작용한 결과였다. 독수리가 이 약물을 투여한 가축의 사체를 먹으면서 폐사했기 때문이다. 독수리의 수가 크게 줄자 그들이 먹던 사체를 야생 개들이 먹기 시작했다. 야생 개를 줄이려는 당국의 오랜 노력에도 불구하고 독수리의 감소와 함께 개들은 급격히 증가했다. 인도에서 광견병으로 인한 사망의 95퍼센트가 개에 물려서 일어나므로 개의 증가는 더 많은 사람들이 이 병에 걸릴 확률의 증가를 의미한다.[56] 독수리들은 감염된 고기를 먹어치움으로써 브루셀라병, 결핵, 탄저병 등 가축 전염병을 통제하는 역할을 했을 것이다.

영양단계 캐스케이드는 한때 대부분의 생태계에 편재했을 것이다. 생태계는 밑에서 위로 올라가는 상향식으로만 조절된다는 생태학의 오랜 믿음, 즉 식물의 양이 초식동물의 양을 결정하고, 그것은 또다시 육식동물의 양을 결정한다는 믿음은 이미 인간에 의해 많은 변형이 가해지고 최상위 포식자가 줄었거나 사라진 생태계를 연구함으로써 얻은 결과이다. 많은 먹이그물의 풍부함과 복잡성, 그리고 영양단계 다양성은 기록되기 전에 상실되었다. 우리는 한때 있었던 것을 납작하게 축소시킨 어둑한 그림자 세계에서 살고 있다. 그러나 없어졌다는 것은 다시 있을 수 있음을 의미하기도 한다.

언덕은 더 선명한 형태로 수축한다.
어둠의 손길이 조여오고 바람이 일어나
굶주린 것처럼 목을 길게 뺀다.
거친 덤불은 살아 있는 가죽처럼 꿈틀댄다.

윌리엄 던롭, 「늑대인간으로서의 경관」

　우리는 코끼리, 코뿔소, 사자와 하이에나 하면 열대를 떠올린다. 그러나 이 동물들은 (지질학적 시간으로 봤을 때) 상당히 최근까지도 오늘날 북서부 유럽보다 추운 기후대에서 살았다. 아시아코끼리와 근연관계에 있는 곧은상아코끼리 Elephas antiquus는 약 4만 년 전까지 유럽 전역에 분포했다.[1] 추운 고원에서 풀을 뜯는 (온대림의 식물을 먹는 곧은상아코끼리와는 생태가 진혀 다른) 매머드는 더 최근까지 존재했다. 북시베리아 해안의 요새 같은 브란겔섬에 살던 어느 오래된

개체군은 인간 사냥꾼의 손길이 미치지 못한 덕분에 청동기 시대까지 남아 있었다.[2]

털코뿔소, 메르크코뿔소, 좁은코뿔소 등 3종의 코뿔소가 인간과 같은 시기에 유럽에 서식한 적이 있었다. 약 4만 년 전까지만 해도 러시아에는 엘라스포테리움 시비리쿰Elasmotherium sibiricuam과 엘라스모테리움 카우카시쿰Elasmotherium caucasicum이라는 두 종의 괴물 같은 짐승이 살고 있었다. 이들은 코끼리만 한 크기의 혹등코뿔소였는데 키가 2.5미터에 무게는 약 5톤이나 나갔다. 코끼리는 유럽, 아시아, 아프리카와 아메리카를 활보했고, 코뿔소는 아메리카에는 없었지만 구대륙 전역에서 살았다. 지난 5만 년의 세월 동안 인간의 사냥으로 인해 이 동물들의 종류와 분포 범위가 모두 줄어들었다. 먼저 유럽에서 멸종했고, 다음은 아메리카(코끼리의 경우), 이어서 중동과 북아프리카, 그리고 대부분의 아시아, 마지막으로 대부분의 아프리카에서 사라졌다. 오늘날 환경운동가들이 그렇게도 살리려고 안간힘을 쓰는(그리고 많이 실패하는) 동물들은 한때 지구 표면의 대부분을 호령하던 광대한 개체군의 극히 작은 일부분에 불과하다. 그들은 지질학적 시간으로 손만 뻗으면 닿을 만큼 너무도 가까운 최근까지도 지구상에 존재했다.

19세기에 넬슨 동상을 세운 트래펄가 광장을 짓기 위해 인부들이 하천을 파내고 보니 하마 뼈로 가득 차 있었다. 오늘날 관광객과 비둘기가 모이는 그곳은 10만 년 전에 하마들이 진흙에 뒹굴던 곳이다. 당시의 굴착 작업과 20세기에 진행된

발굴을 통해 곧은상아코끼리, 거대 사슴, 거대 오록스 그리고 사자의 뼈도 함께 발견되었다.[3] 지금 사자상이 있는 자리는 에드윈 랜드시어 경이 조각 작업에 들어가기 한참 전에 진짜 사자가 고개를 들던 곳이다.

그 당시의 사자는 현생 아프리카 사자보다 몸집이 더 컸지만 아마 같은 종이었을 것이다. 그들은 유럽의 얼어붙은 황무지에서 순록을 사냥하며[4] 11,000년 전까지 영국에 살아남았다.[5] 바로 중석기시대로 구분되는 그 시기, 한때 다른 곳으로 떠났던 인간도 그곳으로 다시 돌아왔다. (역시 아프리카에서도 사는) 점박이하이에나도 거의 비슷한 시기까지 유럽에 생존했다[6](트래펄가 광장 터에서 하이에나의 똥 화석이 발견되었다[7]). 아마 사자만 한 크기에 크고 휜 송곳니를 가진 '시미타고양이Scimitar cat(호모테리움 종)'가 어린 코끼리나 코뿔소를 집중적으로 잡아먹었을 것이다. 코끼리와 코뿔소와 그들을 잡아먹던 대형 맹수들이 약 115,000년 전에 끝난 지난 간빙기의 생태계를 지배했다. 현재 남아 있는 식물들이 가진 각종 희한한 특징들은 이러한 동물들의 먹이활동에 적응한 결과일지도 모른다.*

나무를 부러뜨리고 뿌리째 뽑아버리는 코끼리의 습성이 참나무, 물푸레나무, 너도밤나무, 라임나무, 플라타너스, 들단풍, 유럽밤나무, 오리나무, 버드나무 등이 줄기가 부러진 데에서 다시 생장하는 능력을 가진 현상을 설명해줄 수 있

---

* 이 생각을 내 머리에 처음 심어준 건 삼림관리원 애덤 소로굿이다.

다.* 동부와 남부 아프리카에는 줄기가 부러진 데에서 다시 자라나는 수종이 많은데, 이는 코끼리의 공격에 대한 진화적 반응이라고 생태학자들은 이해한다.[9] 모페인이나 놉손 아카시아와 같은 아프리카 나무를 부러뜨림으로써 코끼리는 자신의 먹이를 증가시킨다. 손상된 나무에서 자라는 새싹은 오래된 나뭇가지보다 훨씬 먹기 좋고 영양가가 높기 때문이다.[10] 코끼리를 감당할 수 있는 나무가 코끼리가 사는 곳을 지배한다. 왜생**의 능력은 매우 강력한 선택적 이점을 가져다준다.

왜생과 코끼리 간의 제법 뚜렷한 상관관계는 유럽의 생태계를 연구하는 사람들 눈에 띄지 않았다. 이 또한 기준점 이동 증후군 사례이다. 자신이 연구하는 생태계가 인간의 영향에 의해 얼마나 변형되었는지를 과학자들이 언제나 충분히 파악하고 있는 것은 아니다. 그들이 기술하는 생명활동이 얼마나 축소되고 단순화된 것인지 미처 모르는 것이다.

호랑가시나무, 주목, 회양목 등 유럽의 하층식생을 이루는

---

* 내가 찾아본 자료 중에서 이 현상을 다룬 것은 올리버 래컴Oliver Rackham이 쓴 논문 하나뿐이다.[8] 저림작업과 두목작업이 가능한 것은 어쩌면 코끼리나 대형 초식동물이 일으키는 손상에서 회복하기 위해 나무들이 적응한 결과일 수 있다고 래컴은 말한다. 또한 나무를 부러뜨릴 정도의 대형 동물을 멸종시킨 구석기시대의 사건은 인류가 세계의 숲에 미친 최초의 커다란 영향력이라고 그는 말한다.

** coppice. 어떤 나무들은 나무 밑동까지 잘리는 심각한 손상에도 불구하고 그 부러진 곳으로부터 다시 자라는 능력을 가지고 있는데 이를 '왜생'이라고 하며, 이는 숲속을 누비며 몸으로 식생을 손상시키는 대형 동물과 함께 살며 적응한 결과로 볼 수 있다(옮긴이).

나무들이 상층부의 나무보다 스스로 지탱해야 하는 무게가 가볍고 바람의 영향을 덜 받는데도 왜 그토록 파손에 대한 저항성이 강하고 뿌리가 굳센지에 대한 해답 또한 코끼리에게 있을지 모른다. 나무가 동물에 의해 넘어뜨려지지 않을 정도로 커지거나 코끼리의 코나 상아가 닿지 않을 정도로 거대해지려면 훨씬 많은 시간이 걸리기 때문에 커지는 대신 굳세진 것이다. 나무껍질이 벗겨지는 것에 강한 나무들의 생존력도 그와 비슷한 적응의 결과일 수 있다. 코끼리는 상아로 나무껍질을 벗기는 습성이 있기 때문이다. 자작나무의 검은 무늬 껍질도 코끼리 대응책의 일환인지 모른다. 검은색 틈은 흰색 껍질이 깨끗하게 벗겨지는 것을 방지한다.

전통적인 방식으로 살아 있는 나무를 비틀고 쪼개고 거의 절단함으로써 생울타리를 만드는 것이 가능한 이유도 같은 진화적 역사로 설명될 수 있다. 울타리를 만드는 데 쓰이는 나무들이 코끼리로부터 비슷한 공격을 받아왔기 때문이다. 야생 자두나무에 난 매우 긴 가시는 사슴을 내쫓기엔 다소 과한 방비책으로 보이지만, 상대가 코뿔소라면 얘기가 다르다.

이 동물들은* 그들이 먹었던 나무와 함께 마지막으로 빙하가 확장했을 때 남쪽으로 내몰렸다. 그러나 빙하가 후퇴할 때쯤엔 북유럽의 나무는 원래 있던 곳에 돌아왔지만, 그 나무

---

* 곧은상아코끼리, 메르크코뿔소, 좁은코뿔소를 지칭한다. 매머드와 털코뿔소는 주로 풀을 뜯어 먹으며 나무가 없는 춥고 건조한 고원에서 살다가 차가운 기후와 함께 이주해 왔다.

들이 진화적으로 대항했던 동물들은 동행하지 못했다. 이미 사냥으로 멸종했기 때문이다. 우리의 생태계는 지나간 시대의 망령 같은 유물이다. 그러나 진화적 시간으로 보면 여전히 최근에 머물러 있다. 나무들은 더 이상 존재하지 않는 위협에 맞서 계속해서 스스로를 무장한다. 괴물들에 맞서 살아가기 위해 우리가 심리적 갑옷으로 무장하는 것처럼 말이다.

비록 코끼리와 코뿔소의 재도입이 현실에서 성사되지 않더라도, 이러한 추측만으로 우리 일상이 송두리째 바뀌지 않는가? 우리에게 가장 익숙한 나무들이 코끼리에 적응되어 있다는 것, 그 그림자에서 인간과 함께 진화한 웅장한 짐승들을 보며, 어느 공원과 길가에 난 식물에서 그 동물들의 흔적을 찾을 수 있다는 것은 이 세계에 새로운 신비감을 불어넣는다. 과거 생태계를 연구하는 분야인 고생태학은 오늘날의 우리 생태계를 연구하는 데 필수적이다. 그것은 마법의 왕국으로 들어가는 문이기도 하다.


내가 그들을 보기도 전에 그들은 우리가 오는 소리를 들었다. 숲은 어느덧 기묘한 소리로 가득 찼다. 낑낑, 어훙, 히히힝. 어떤 소리는 너무 저음이어서 귀뿐 아니라 가슴으로도 들을 수 있었다. 마치 교회 오르간에서 울리는 가장 낮은 음처럼 지속적이고 울림이 깊은 웅웅거림이었다. 울타리가 쳐진 곳에 이르자 소리는 강해졌다. 동물들은 문 주위로 몰려들었다. 두꺼운 허벅지에 앙증맞은 발목과 발굽을 한 모습이 하이힐을 신은 뚱뚱한 아주머니들 같았다. 직사각형의 통짜 몸을 뒤덮은 뻣뻣한 겨울털은 금빛에 가까웠다. 섬세한 주둥이는 워낙 길어서 짧은 코끼리 코 같았다. 양동이에서 나는 냄새가 콧구멍에 닿자 툭 불거진 등에 갈기가 난 암컷 한 마리가 나무둥치 같은 짙은 색 몸으로 다른 짐승들을 밀치며 다가왔다.

사료를 땅에 뿌리자 멧돼지들은 가르릉 으르릉 소리를 내다가 커다란 암컷이 못 먹게 밀쳐내자 꽤액 비명을 질렀다. 그들은 게슴츠레한 눈 대신 주둥이에 달린 더 날카로운 기관을 이용해 부드러운 흙을 파 먹이를 찾았다. 울타리와 가까운 흙은 여기저기 파헤쳐 있었다. 12헥타르 넓이의 사육장 전체가 도랑이나 구덩이로 난장판이 돼 있었다. 멧돼지를 여기에 데려온 이유가 바로 이것이다. 나무 씨앗이 햇빛을 받는 데 방해가 되는 고사리의 뿌리를 파내고 씨앗이 발아할 수 있도록 토양을 교란시키기 위해서이다. 오랜 세월 이곳에 선 나무들은 땅에 씨앗을 뿌렸지만, 방목한 양이 풀을 모조리 뜯어먹음으로써 경쟁으로부터 해방된 고사리가 땅 전체를 뒤덮어 도저히 뚫을 수 없는 장막을 치는 바람에 하나도 살아남지 못했던 것이다.

이 멧돼지들을 야생종이라고 부르기는 애매하다. 위험 야생동물 법안은 이런 동물의 소유주가 동물원 사육사처럼 행동을 취할 것을 의무로 규정하고 있다. 웨일스에서 방사된 비버의 경우처럼 이곳의 멧돼지도 전류가 흐르는 높은 울타리 안에서 생활한다. 하지만 영국의 다른 지역에서는 멧돼지들이 당국의 허가 없이 다시 정착하기 시작했다. 1987년 강력한 돌풍이 쓰러뜨린 나무가 울타리를 덮쳤을 때 멧돼지 농장에서 대규모 탈출 사건이 일어났다. 그 이래로 몇몇 농장과 개인 사육장에서 탈출한 개체들이 남부 잉글랜드에 최소 네 개의 집단을 이루고 살고 있으며 벌써 스코틀랜드에서 다섯 번째 집단까지 생긴 것으로 보인다. 멧돼지는 빨리 번식한다. 빨리 퇴치하지 않으면 20~30년 안에 잉글랜드 전역에 분포할 것이라고 정부는 말한다.[11] 비록 모두가 나와 같지 않겠지만, 이는 무척이나 반가운 소식이다.

다른 대형 야생동물들의 경우와 마찬가지로 멧돼지가 사납고 광폭하다는 설은 매우 과장된 것이다. 물론 자신을 쫓아오는 개나 구석에 모는 사람은 공격하기도 한다. 그러나 이 문제를 조사한 연구자들이 내린 결론은, 유럽 대륙 전체에 분포하고 있음에도 "야생 멧돼지가 이유 없이 인간을 먼저 공격했다고 명확히 확인된 보고는 단 한 건도 찾지 못했다"는 것이었다.[12] 돼지열병이나 구제역 등의 외래질병을 가축에게 전염시킬 가능성은 낮지만 농작물에 피해는 입힐 수 있다는 것이 정부의 입장이다. 그 피해는 "토끼와 같은 기타 흔한 동물이 일으키는 피해보다 작은 규모"일 것이라고 덧붙인다.[13] 돼지우리를 부수고 들어가 집돼지 수컷을 죽이고 암돼지를 임신시킬 수도 있다.

다른 한편으로 멧돼지는 우리의 생태계가 잃어버린 역동적인 작용들을 촉진할 수 있다. 그들 또한 서식지를 뒤흔들어놓는 능력을 가진 핵심종의 하나다. 영국 숲 바닥에서는 종종 한 종의 식물이 지배하는 이상한 특징이 관찰된다. 보통 산쪽풀, 달래, 블루벨, 고사리, 골고사리, 관중, 또는 검은딸기나무 중 한 가지가 우점한다. 밀밭이나 유채밭과 같은 단일 식생지가 자연 상태에 존재하는 것은 경우에 따라 멧돼지를 멸종시킨 것과 같은 인간 행동이 초래한 결과이기도 하다. 유럽에서 인간의 손이 닿지 않은 온전한 숲에 가장 가까운 사례로는 폴란드 동부의 비아워비에자숲을 들 수 있는데, 5월에 이곳을 방문하면 수십 가지 꽃이 섞여 색깔이 폭발하듯 알록달록 피어나는 광경을 볼 수 있다. 이런 곳에 가보면 영국이 얼마나 많은 것을 잃었는지, 그리고 멧돼지가 자신의 환경을 얼마나 크게 변화시킬 수 있는지를 볼 수 있다.

블루벨이 융단처럼 깔린 것으로 유명한 영국 숲을 잃어버릴까 봐 우려하는 이들의 마음을 나는 이해한다. 라벤더나 아마만 쫙 심어놓은 밭처럼 그것은 그것대로 멋이 있다. 하지만 나에게 그것은 생태계의 풍요로움이 아니라 빈곤함의 지표로 다가온다. 블루벨이 다른 식물을 몰아내고 숲속을 혼자 독차지할 수 있는 주된 원인은 과거에 블루벨을 조절하던 동물이 더 이상 그곳에 살지 않기 때문이다. 멧돼지는 블루벨과 행복하게 공존하지만 숲에는 멧돼지와 블루벨, 이렇게 두 생물만 사는 것은 아니다. 멧돼지는 숲의 바닥을 뒤지고 파헤치면서, 몸으로 후벼 판 웅덩이로 작은 연못과 습지를 조성함으로써, 다양한 동식물을 위한 서식처를 만든다. 멧돼지가 가는 길에 작은 생태적 틈새들이 열리고 닫히는 서식지의 모자이크가 생성되는 것이다.[14] 멧돼지는 빙하기 이래로 영국에 산 동물 중 가장 깔끔하지 않은 동물이다. 자연의 세계에 관심이 있는 사람이라면 누구나 이 부분에 주목해야 할 것이다.

내가 관찰한 사례에서 드러나듯이 멧돼지는 나무가 자라기 어려운 땅을 나무가 자랄 수 있는 곳으로 만들어준다. 앞서 소개한 것보다 더 진보된 또 다른 실험을 시행한 결과, 멧돼지가 바닥을 헤집은 곳에서는 소나무와 자작나무의 씨앗이 광범위하게 뿌리를 내렸으나 멧돼지가 없는 곳에서는 아무런 재생이 일어나지 않았다.[15] 내가 방문한 사육장의 연구자들은 유럽울새와 바위종다리들이 멧돼지가 땅을 헤집어놓는 곳마다 졸졸 따라다니며 먹이를 쪼는 것을 관찰했다. 아프리카의 대형 포유동물과 그들 몸에 있는 진드기를 먹는 찌르레기가 함께 진화한 것처럼, 유럽울새가 멧돼지와 함께 진화했는지도 모른다. 그리고 멧돼지가 사라지고 나자 지금은 정원에 모이통을 걸어 멧돼지와 유사한 역할을 제공하는 사람들에게 적응했는지도 모른다.

영국 정부는 멧돼지의 귀환에 관해 공적으로 책임지고 내려야 할 모든 제반 결정으로부터 손을 놓아버렸다. 공유지와 사유지의 소유자에게 멧돼지의 생사에 대한 결정을 떠넘긴 것이다.[16] 이것은 명백한 책임 회피이다. 멧돼지는 모두의 것인 동시에 누구의 것도 아니며, 그들의 처우에 대해 사회적인 결정을 할 수 있어야 한다. 정부의 이런 태도는 아무런 고민도, 연구도, 조치도 없이 멧돼지를 죽이는 사태를 조장하는 것이나 다름없다. 토지 소유주라 하면 대부분 취미로 하는 사냥의 사냥감을 제외하곤 모든 야생동물의 존재에 적대적인 태도를 갖는 집단이기 때문이다. 이미 삼림청과 땅주인들이 멧돼지를 전부 없앨 정도의 규모로 사살을 감행하고 있다. 사살의 이유 중 하나는 멧돼지가 숲에 '심각한 피해'를 입힌다는 삼림청의 주장에 근거한다.[17] 대체 무슨 소리인가? 원래보다 한참 적은 수의 자생종이 자신이 속한 생태계에 피해를 줄 수 있다는 주장은 말이 되지 않는다. 삼림청이 피해라고 부르는 것을 생물학자는 자연적 과정이라고 부른다.

가장 적대적인 땅주인마저 진정시킬 수 있는 방법이 있는지도 모른다. 그들이 가치를 부여하는 존재가 되게끔 하는 것이다. 즉 샤냥감이 되면 된다. 현재 스웨덴, 프랑스, 독일, 폴란드, 이탈리아에서는 사적 이익에 따라 멧돼지를 위해 로비하는 세력이 있다. 바로 숲에서 멧돼지를 추적하고 고성능 소총으로 쏘는 사냥꾼들이다. 사냥 허가를 발부해서 생기는 수익은 멧돼지가 일으키는 작물 피해를 보상하는 데 사용된다.[18] 프랑스의 허가제 사냥은 멧돼지에 대한 대중의 인식을 농업에 해로운 동물에서 소중한 천연 야생동물로 바꿔놓았다. 또한 이보다 덜 폭력적인 방식을 써서 멧돼지로 돈을 벌수도 있다. 이스트 서식스의 농부 제니 패런트는 멧돼지가 자기 땅의 홉 덩굴을 파헤치는 것을 보고 그들의 존재를 처음 알아차렸다.[19] 그녀는 멧돼지와의 전쟁을 선포하는 대신 오히려 그들을 활용하기로 마음먹고 지금은 멧돼지 관광상품을 판매한다.[20] 땅주인들이 멧돼지를 마구잡이로 죽이는 대신 우리에게 기회를 준다면, 우리는 머지않아 야생 멧돼지를 소중하게 여기고 과거에 있었던, 그리고 미래에 있을 수 있는 야생동식물도 너욱 소중하게 여길 수 있을 것이다.

내가 보러 간 멧돼지는 영국의 가장 야심 찬 활생 사업 사

례 중 하나이다. 그 멧돼지들은 '트리스 포 라이프Trees for Life'라
는 단체가 어느 작고한 이탈리아인 사냥꾼으로부터 사들인
스코틀랜드 하일랜드의 40제곱킬로미터 넓이의 땅에서 살
고 있다. 앞으로 활생이 전개되는 거대한 지대에서 이 땅이
핵심 역할을 하게 되리라는 것이 단체의 바람이다. 그 사업은
내가 여태껏 만나본 가장 개성적인 사람 중 한 명이 이끌고
있었다.

누군가가 내게 앨런 왓슨 페더스톤Alan Watson Featherstone이
라는 사람과 그의 생각에 대해 미리 말해주었다면 내가 먼저
그 사람에게 연락하는 일은 없었을 것이다. 아마 너무나 오
랜 세월 사회에 항거하는 쪽에 있어와서인지 나는 몇몇 사람
들에 대한 편견을 갖게 되었고 지금까지 그것이 옳다고 여겨
왔다. 우연의 일치에 천착하는 사람, 식물을 사랑해주면 더
잘 자란다고 믿는 사람, 핀드혼 재단 공동체에 사는 사람들
(1960년대에 머리만에 설립된 영적 집단으로, 수년 전에 직
접 만나보니 뒤죽박죽인 사상에 현혹되어 빠져나오지 못하
는 이들이었다), 말총머리를 한 사람 등등. 앨런은 이 모든 항
목에 해당된다. 그러나 이러한 특징을 기준으로 내가 머릿속
에 구성한 어떤 전형적인(어쩌면 부당한) 상에 전혀 부합하
지 않기도 한다.

앨런과 며칠 동안 산꼭대기와 골짜기를 돌아다니면서, 그
리고 핀드혼에 있는 그의 작고 아름다운 에코하우스에 머무
는 동안 그가 참여하는 화상회의를 살짝살짝 엿들으면서, 그
가 원자력의 이점에 대한 나의 의견에 반대하면서도 내가 재

단에서 강연할 수 있도록 나서는 걸 보면서, 나의 편견은 산산이 부서졌다. 그는 어느 분야에서든 성공할 만큼 효율적이고, 기업가 정신이 투철하고, 강한 집중력과 열정을 가진 사람이었다. 한 번도 큰소리를 내거나 자기를 내세우지 않으면서도 수많은 사람을 확고한 태도로 능수능란하게 대하며 오만 가지 일을 처리했다. 기금마련, 인력모집, 조직개편, 정리해고, 물류관리, 과학연구, 현장업무 등 무엇이든 간에 땀 한 방울 안 흘리고도 모든 사안을 명확히 파악하고 있었고, '설립자 증후군'에서 비롯되는 어떤 증상이나 전형적인 영역 표시 없이 다른 사람들에게 일을 믿고 맡겼다.

나는 소위 선지자라는 사람들에게 실망하는 것에 익숙하다. 알고 보면 보통 미치광이나 사기꾼, 또는 하늘을 찌르는 오만함에 사로잡힌 사람들이다. 그러나 앨런의 경우, 얘기를 들으면 들을수록 나의 존경심은 커져만 갔다. 한 번도 그가 주저하거나 더듬거리는 모습은 보지 못했다. 모든 단어의 선택은 적절했고, 모든 생각은 합리적으로 표현되었다. 그는 내가 제기한 이슈에 관해 부드럽고 신중하게 대화하며 논쟁과 반대 의견에 열려 있었다. 마치 내가 꺼낸 주제들을 이미 자기 것으로 소화하고 요약한 것처럼, 사안의 복잡성을 이해하면서도 설명은 간단하게 할 줄 아는 탁월한 능력의 소유자였다. 내가 지금까지 만나본 중 가장 마음을 사로잡는 사람이다.

앨런은 섬세한 얼굴에 크고 푸른 눈을 가진, 체구가 작은 남자이다. 텁수룩한 수염에 머리까지 하얀데, 그렇다, 말총머리를 하고 있다. 그의 행동은 재빠르고 분주하다. 염소처럼 산등성이를 뛰어다닌다. 그는 글래스고 인근의 작은 산업도시인 에어드리에서 태어났다. 가족과 함께 스털링으로 이사온 후부터 주변의 숲과 물에 관심을 갖기 시작했다. 대학을 졸업하고선 미국을 여행하면서 담배농장 인부, 주택 도장공, 광산 측량사로 4년간 일했다. 측량 업무로 인해 곰이나 말코손바닥사슴을 흔하게 볼 수 있는 다양한 오지로 출장을 가곤 했다.

"나를 통째로 바꿔놓는 경험이었습니다. 그 덕분에 마음속에 신비와 경외감이 마구 솟아났고 더 많이 알고 싶다는 욕구가 솟구쳤습니다. 하지만 나는 지구를 파괴하는 업에 종사하고 있었죠. 가슴이 중요하다고 말하는 것과 반대의 일을 하고 있었습니다."

스코틀랜드로 돌아와 핀드혼에 머물면서 그는 재단의 정원에서 일하게 되었다. 나로서는 도저히 받아들일 수 없는 "식물이 사랑의 기운 속에서 더 잘 자란다는 것"을 믿게 되면서 말이다. 고대 칼레도니아 숲의 흔적이 마지막으로 남아 있는 글렌 아프릭Glen Affric을 방문하면서 그곳에 펼쳐진 광경을 보고 충격을 받았다.

"스코틀랜드에 그런 곳이 존재한다는 걸 전혀 몰랐습니다. 캐나다나 미국 서부 같았어요. 그전까지는 히스 덤불이 덮인 산이나 텅 빈 계곡을 자연스러운 걸로 생각했으니까요. 그 광경을 보고 놀람과 동시에 마지막으로 남은 칼레도니아숲이 선 채로 죽어가고 있다는 걸 깨달았습니다. 깊은 곳에서 울림이 있었습니다. 이 땅이 도와달라고 외치고 있구나. 거기서부터 시작되었습니다. 변화를 일구겠다는 신념의 원동력이.”

처음에는 핀드혼 재단을 통해 그의 뜻을 펼치다가 1989년에 ‘트리스 포 라이프’라는 단체를 세웠다. 스코틀랜드를 사선으로 깨끗하게 가르는 그레이트 글렌의 북쪽 땅 소유주들을 설득해 나무를 심는 것을 허락받으려고 했다. 또한 그 사업에 함께 참여할 과학자를 모집하고, 나무를 심고 지도를 만들 자원봉사대를 조직했다. 점차 놀라운 계획이 수립됐다.

앨런은 인버네스 서쪽으로 실, 모리스턴, 아프릭, 캐니치, 스트라스파라, 오린, 스트라스코논, 캐런 등의 계곡을 포함하는 약 2,590제곱킬로미터 넓이의 땅(하일랜드 전체의 10퍼센트에 해당[21])에 숲을 복원하려 한다.[22] 거의 사람이 살지 않는 이 지역에는 잔존하는 칼레도니아 숲 중 가장 큰 세 부분이 포함되어 있다. 기존에 존재하는 숲을 재생시키고, 중간에 난 빈터에는 나무를 심고, 경제임업을 이유로 도입된 가문비나무, 로지폴소나무, 미송, 미국솔송나무 등의 외래종을 제거하는 것이 그의 목적이다. 이곳에 천연림을 조성하고 사라졌던 동물을 복원시켜 자유롭게 살게 함으로써 이른바 ‘하일랜드 야생의 심장’을 창조하려는 것이다. 앞으로는 일단 숲이 자리를 잡고 나면 벌목을 일체 금지한다는 계획이다. 내가 방문했을 때에 ‘트리스 포 라이프’의 자원봉사자들은 벌써 백만 번째 나무를 심고 있었다.

앨런은 사업에 속도를 내기 위해 순수하게 활생에 할애할 토지를 살 기금 마련에 나섰다. 그런 의미에서 하일랜드는 기회의 땅이다. 컬로든 전투(핀드혼에서 얼마 떨어지지 않은 곳에서 일어났다) 이후에 일어난 '하일랜드 클리어런스High-land Clearances'의 비극적 역사*는 스코틀랜드 북부 대부분의 땅을 소수의 몇 명이 차지하게 하는 결과를 초래했는데 그들 중 실제로 그곳에 사는 이는 거의 없으며 대부분 스코틀랜드 사람도 아니었다. 하일랜드 일부 지역에서는 소작농들이 모여 스코틀랜드 정부가 제정한 토지구매권을 활용하여 땅을 되찾고 있다.[23] 어떤 주민들은 이렇게 구매한 땅의 일부를 야생으로 되돌리고 있다.

그러나 토양이 열악하고, 시설이 부족하고, 웬만한 주민들이 다루기에는 땅이 넓은 하일랜드의 바위 산맥 한중간에서는 무엇보다 사람이 귀한 동물이다. 유럽에서 사람이 가장 적은 곳에 속하는 이곳에 앞으로도 주민이 많아질 가능성은 거의 없다. 여타 활생 유망지와는 달리 이곳의 활생은 사람들과 충돌할 여지가 적다.

앨런은 2000년부터 지원금을 신청하고, 독지가들을 찾아다니고, 다이어리와 달력을 팔고, 회원 수를 늘리고, 관광객과 학생들에게 비용을 받고 나무를 심게 해주었다. 그 결과 2006년에 이르러 글렌모리스턴의 던드레건 땅을 사기에 충분한 약 165만 파운드를 모으는 데 성공했다.

그 땅의 주인이었던 이탈리아인이 유서를 남기지 않고 죽는 바람에 땅의 매매 과정은 무척 험난했다. 그는 스코틀랜드

---

\* 18세기에 양 목장을 짓기 위해 하일랜드의 산악지대 원주민을 강제로 이주시킨 일(옮긴이).

의 수많은 땅주인들이 그러듯이 조세 피난지에 세운 지주회사를 통해 자산을 관리했다. 이 경우는 리히텐슈타인이었다. 꼬이고 꼬인 법적 문제를 푸는 데만 2년이 걸렸다. 하지만 앨런의 말처럼 "250년을 내다보는 비전이 있으면 마음을 크게 먹는 법을 배우게" 된다.

이 지역의 대부분이 그러했듯이 던드레건 땅도 사슴 사냥터로 사용되었다(임업과 목축에 할애한 두 귀퉁이 정도를 제외하고). 1년에 단 몇 주 동안만 밸모럴리티(이에 대해서는 262쪽에서 좀 더 자세히 설명했다)에 심취한 트위드재킷과 브로그 구두 차림의 몇몇 사람이 수사슴을 쏘기 위해 왔다. 이들과 사슴 관리인을 제외하곤 던드레건에 거의 아무도 오지 않았다. 하지만 웨일스의 양 떼 방목장처럼 땅은 벗겨지고 마지막 남은 천연림은 서서히 노화되어갔다. 겨울철에 사람으로부터 먹이를 공급받고 아주 조금만 사냥당하면서 천적 없이 지내는 동안 붉은사슴 개체군이 폭발했던 것이다. 하일랜드의 사슴 개체군은 1965년 이후 2배 이상 뛰었다.

한때 하일랜드의 상당 부분을 덮었던 위대한 칼레도니아 숲은 사람과 양과 사슴에 의해 원래 면적의 1퍼센트대로 축소되었다. 여전히 나무가 남아 있는 곳에서는 가장 어린 나무의 수령이 150년 정도 된다. 최고령 나무들은 스코틀랜드의 숲을 파괴한 정치적 변화가 시작된 18세기 중엽의 컬로든 전투 이전부터 서 있던 것들이다.

햇살이 반짝 나타났다 먹구름 사이로 사라진 어느 날, 나는 용의 구덩이라 불리는 던드레건에 도착했다. 그레이트 글렌 위로 이미 겹겹의 구름이 흘러들며 4월 특유의 종잡을 수 없는 날씨를 산비탈로 몰고 있었다. 앨런은 〈세속적인 쾌락의 동산〉에 등장하는 식충류처럼 이리저리로 뒤틀리며 자란 어린 노간주나무 숲 사이로 나를 안내했다.

멧돼지를 본 다음 우리는 오래된 자작나무 숲을 지나 택지의 마지막 소나무가 자라는 바위 봉우리에 올랐다. 처음엔 벌목하러 온 조선공에 의해 베이고, 그다음엔 세월에 의해 깎여나가 지금은 몇 그루의 꼬부랑한 나무만 산비탈에 고스란히 남아버렸다. 수백 년 동안 바위를 붙잡고 서 있던 나무들이 명을 다하고 있었다. 생강 같은 모양의 거대한 가지가 줄기에서 찢겨나가 수관樹冠에 커다란 구멍을 냈다. 바위 사이 높은 곳에 새들이 씨를 뿌려 자란 어린 마가목이 있었다. 이들 역시 사슴이 닿을 수 없어 목숨을 부지한 덕에 마지막으로 남은 몇 그루였다. 앨런은 길에서 무지갯빛 곤충 날개가 드러난 담비의 똥을 발견했다.

나무를 지나자 고사리밭은 사슴에게 뜯어 먹혀 짧아진 히스 덤불 지대로 바뀌었다. 모진 겨울에 시달려 구릿빛이 되어 있었다. 산에 오르기 시작하자 차가운 비가 뿌리면서 내 공책을 적셨다. 종이에 펜으로 적은 글씨는 유령이 쓴 것처럼 잉크보다 누른 자국이 선명했다. 바람에 맞서며 비탈 아래로 내려가면서 황야에 난 지의류의 작은 결실체를 보았다. 마치 에나멜 도료를 사용하는 화가가 산비탈을 기어올라 아주 가는 붓으로 강렬하고 진한 주황색 장식을 해놓은 것처럼 보였다. 우리는 인도 식당의 내부를 수놓은 천 장식 같은 선홍색 물이끼 위로 발을 재촉했다.

비닐리드 비에그의 꼭대기에 오르자 불을 켠 것처럼 밝아졌다. 어두운 갈색이었던 땅이 색채를 드러냈다. 비에 씻긴 뒤 햇살은 섬광처럼 번뜩이며 젖은 땅의 색조를 선명하게 비추었다. 저 아래 황야에 고인 작은 웅덩이들은 각각이 광원이 되어 폭발적으로 반짝였다. 방금 지나온 소나무들은 차분한 연보라색의 앙상한 자작나무들 사이에서 초록 화염처럼 타올랐다. 그 너머엔 모리스턴강의 곡류와 우각호가 수은처럼 미끄러져 흐르며 빛을 내뿜었다.

태양은 가위로 종이공작을 하듯 땅의 이모저모를 빛으로 선명하게 드러냈다. 줄지어 선 낮은 나무들이 작은 개울가에 웅성웅성 모였다. 고래 같은 회색 바위가 히스 덤불의 바다 위로 솟아올랐다. 황야 한중간에 딱정벌레 껍데기 같은 초록색의 작은 들판이 옆의 무너진 담장 그림자와 함께 모습을 드러냈다. 나는 한때 저 들판을 가꿨던 정성을 떠올렸다. 곡괭이와 삽으로 일구고, 손수레로 비료를 나르는 손길 덕분에 혹독한 겨울과 잔인한 봄을 거쳐 케일과 순무와 감자로 뒤덮였던 저 땅을. 클리어런스가 모든 것을 빼앗아 가기 전까지 말이다.

하일랜드의 넓은 지역을 활생시키는 일 또한 이곳의 얼마 남지 않은 주민들의 생업을 앗아감으로써 그들의 삶에 비슷한 해악을 입히는 것은 아닐까? 나는 이 질문에 답을 하지 못했다. '스코틀랜드의 농촌경세에서 붉은사슴이 차지하는 경제적 중요성'을 논증하기 위해 스코틀랜드 사냥관리인협회가 출간한 보고서를 읽기 전까지는 말이다.[24] 그것은 말하려는 바와 정반대 방향을 가리키고 있었다.

협회의 보고서는 사슴의 수를 줄이고 골짜기와 언덕에 숲을 복원하려던 환경운동가들의 노력과 실험정신으로 빛나는 두 곳(글렌페시와 마로지)의 사례를 일축한 다음, 토지 소유 면적이 광대한('트리스 포 라이프'가 일하는 곳과 같은) 지역에서는 사슴 사냥이 최고의 고용 창출 업종이라고 설명했다. 그들에 따르면 이런 곳에서 다른 업종의 가능성은 '매우 제한적'이라고 한다. 그래서 협회는 이와 같은 땅에서 얼마나 많은 사람들이 사슴 사냥의 운영과 관리에 종사하는지를 알기 위해 조사를 실시했다.

조사 대상으로 선정된 곳은 스코틀랜드의 먼 북쪽 넓은 지대에 위치한, 약 5,200제곱킬로미터 면적의 서덜랜드주였다. 이중 4,000제곱킬로미터가 단 81개의 사유지에 걸쳐 있다. 다른 말로 하면 영국에서 가장 큰 주 가운데 하나의 약 4분의 3이 81개의 가문 또는 그들이 어떤 조세 피난지에 세운 기업의 소유라는 뜻이다. 총 780제곱킬로미터를 차지하는 10개의 사유지를 표본으로 조사한 결과, 이곳에 정규직으로 고용된 경제인구는 112명으로 집계됐다.[25] 즉 이 지역의 대표 업종이 단위면적 7제곱킬로미터당 고작 1명을 고용하고 있다는 의미이다. 7제곱킬로미터는 런던 하이드파크 면적의 5배에 달한다. 협회가 제공한 수치는 부재자 땅주인들이 운영하는 사슴 단일종 사업이 이 지역의 생태적 재생은 물론 경제적 재생도 가로막고 있음을 말해주었다.

아울러 보고서는 서덜랜드 전역에서 사슴 사냥으로 발생하는 수입이 160만 파운드라고 밝힌다. 총 4,000제곱킬로미터의 면적을 감안하면 매우 작은 금액이다. 반면 사슴 관리에 드는 비용은 470만 파운드라고 한다. 다른 말로 하면, 이런 땅을 소유한 은행 관료나 석유 부자, 광산왕이 자신들의 비싼 취미를 즐기기 위해 돈을 태우지 않는다면 유지될 수 없는 구조이다. 사슴 사냥과 관련된 일을 하는 극소수의 사람들조차 언제든지 마음만 먹으면 그만둘 수 있는 땅주인들의 비이성적인 소비 성향 덕에 고용되어 있다.

위의 수치를 멀섬의 사례 연구와 비교해보자. 멀섬의 주민들은 그곳에 서식하는 흰꼬리수리 덕에 5백만 파운드의 경제 효과와 110개의 정규직 고용이 창출되었다는 사실을 발견했다.[26] 이젠 수천 명의 사람들이 글렌 셀리스디어에서 독수리 새끼들이 부화하고 성장하는 것을 보러, 또는 샤이얼 호수에서 독수리 크루즈를 하러 멀섬을 찾는다.[27] 섬의 주요 페리 터미널 안내소에서 받는 질문 중 절반이 독수리에 관한 것들이다.[28] 스코틀랜드 정부가 발주한 연구에 의하면 스코틀랜드 생태관광산업이 매해 276만 파운드 규모로 성장했다고 한다.[29] 활생과 생물종 복원까지 이루어지면 이 수치를 더욱 끌어올리고, 사슴 사냥보다 훨씬 많은 고용을 창출할 수 있다.

이런 종류의 일터에 가장 위협이 되는 것이 바로 사냥터 관리이다. 이미 이 지역에 재도입된 흰꼬리수리 중 한 마리를 비롯해 여러 맹금류가 고의로 독을 탄(사냥관리인이 했을 확률이 높다) 고기를 먹고 죽었다.[30] 사슴과 뇌조 사냥업계는 스코틀랜드의 생태관광 잠재력을 훼손시킴으로써 창출하는 고용보다 없애는 일자리가 더 많다. 그렇다고 사냥관리인의 삶의 권리를 부정하는 것은 아니다. 땅을 다른 방식으로 활용한다면 더 많은 사람들이 먹고살 수 있다는 점을 주장하려는 것이다. 생태관광이 지금보다 더 성장하면 사냥관리인들의 기술과 지역적 노하우에 대한 수요는 오히려 높아질 것이다.

바람은 내 입을 채우고 귀를 막았다. 머릿속에서 휘몰아치고 손을 얼얼하게 했다. 멀리서 새로운 구름 떼가 어두운 조짐처럼 몰려오는 것이 보였다. 우리는 산 저편의 황야를 향해 출발했다. 하지만 아무도 먹을 수 없는 거친 풀만 남은 대지는 면도라도 한 듯 깎여 있었다. 남은 식물은 웨일스의 양 방목장처럼 겨우 2센티미터 남짓이었다. 한 발 디딜 때마다 장화 주위로 물이 차올랐다. 우리는 황야 한중간에 금이 간 것처럼 흐르는 시커먼 개울로 내려갔다. 산비탈에는 이탄층에 파묻힌 거대한 소나무 기둥과 뿌리가 풍화작용으로 드러나 있었다.

"아직 수령 측정이 안 됐지만 황야의 지표면과 가까운 걸로 봐서 최근의 것으로 보입니다. 아마 한 150년 전만 해도 여기에 나무가 살아 있었을 겁니다. 하일랜드 어느 계곡에 가도 사라진 숲의 흔적을 찾을 수 있습니다. 나무들의 공동묘지죠."

왔을 때와는 다른 길로 산비탈을 타고 내려갈 때 비와 우박이 한꺼번에 몰아쳤다. 강풍을 만나 사납게 빗발치는 얼음과 비가 두개골 안쪽까지 울려댔다.

우리는 제법 빽빽한 히스 덤불 속에 있었다. 앨런은 폭풍의 한가운데에서 발을 멈추더니 히스 덤불 사이로 고개를 내민 단단한 자작나무 가지를 내게 보여주었다. 표면에 붙은 지의류로 봤을 때 크기에 비해선 나이가 있는 나무였다. 언덕 아래로 내려가는 길이 이르는 곳은 꼬부랑 소나무 몇 그루가 버티고 있는 옛 숲의 잔해였다. 비가 갑자기 멈추더니 태양이 느닷없이 창공을 비췄다. 피부가 차갑게 얼어붙어서였는지 햇빛이 더욱 강렬하게 다가왔다. 손가락이 곱아서 손바닥으로 간신히 펜을 붙들고서 노트를 적었다.

이곳에 난 자작나무의 껍질은 갈라진 용암 표면처럼 골이 져 있었다. 늙은 소나무들이 오랜 시간에 걸쳐 흙에서 바위를 들어내 노출된 뿌리로 단단히 거머쥔 채 마치 아래 계곡으로 던져버릴 것처럼 산마루에 위태위태하게 서 있었다. 거대한 참나무의 나뭇가지는 지의류로 잔뜩 덮여 있어서 잎으로 착각할 정도였다.

길 옆에 폭 30센티미터에 높이 60센티미터쯤 돼 보이는 검은 반구가 빛났다. 자세히 보니 개미들이 잔뜩 모여 마구 꿈틀대고 있었다. 수가 너무 많아 그 아래에 있는 개미집이 보이질 않았다. 매끈하게 반짝이는 검은 머리와 황갈색 목, 그리고 회색과 검은색 줄무늬 배를 가진 개미들이었다. 홍개미라고 앨런이 일러주었다. 검은 몸으로 태양에너지를 흡수하는 중이었다.

"햇빛의 온기를 개미집 안으로 가져갑니다. 구름이 태양을 가리면 속도를 늦춥니다. 날이 계속 흐리면 아예 집으로 들어가버리지요. 홍개미는 태양 공학자입니다. 언제나 집의 주된 벽면이 남향이 되도록 집을 지어요. 개미집을 보고 방향을 알 수가 있답니다. 개미들은 혼합림이 있어야 살 수 있어요. 솔잎으로 집을 짓고, 진딧물에게 줄 먹이로는 자작나무나 사시나무가 필요하답니다."

아니나 다를까 개미집 옆에 옅은 녹색 줄기의 사시나무가 있었다. 마치 소총으로 쏜 것처럼 나무껍질에 구멍이 나 있었다. 옛 숲의 다른 나무와 마찬가지로 자손 없이 수년을 살았었다. 어미나무로부터 멀게는 50미터에 이르기까지 뻗어 나온 새 줄기는 이제 자원봉사자들이 설치해준 보호 울타리 덕에 자라났다. 이미 깊이 뻗어 있는 땅속의 뿌리로부터 영양분을 얻기 때문에 새 줄기는 씨앗보다 빨리 자란다. 여기처럼 혹독한 땅에서도 어린 줄기는 10주 만에 30센티미터 정도 자라난다. 개미들은 나무의 수액을 빨아먹는 진딧물을 돌보며 몸에서 나오는 꿀물을 추출한다.[31]

사슴들이 선호하는 사시나무는 이제 하일랜드에서 드물다. '트리스 포 라이프'는 남은 나무의 개수와 위치를 파악하고, 새로 돋아나는 줄기를 보호하고, 나무가 사라진 곳에서 나무를 다시 번식시키기 위해 뿌리 단면을 자르는 일을 한다. 사시나무는 희귀한 곤충, 지의류, 버섯의 서식지를 제공하지만, 앨런은 이 밖의 종도 염두에 두고 있다. 이 땅은 강까지 이어지기 때문에 비버를 위한 최적의 서식지로 보인다는 것이다. 사슴처럼 비버도 다른 식물보다 사시나무를 선호한다. 아마 사시나무가 새 줄기를 틔우는 특징도 수많은 동물의 공격을 받다 보니 생겨난 적응 결과일지도 모른다.

"우리는 서식지를 준비하고 있습니다. 하지만 우리 힘만으로는 필요한 만큼 강을 충분히 확보할 수 없습니다. 이웃 땅주인들에게 도와달라고 설득해야 합니다."

자원봉사자들은 가을에 숲을 돌아다니면서 자작나무 꽃차례를 모은다. 봄에는 솔방울을 주워 갈라져 열리도록 햇빛에 말린다. 다른 데에서 온 것보다 이 지역에서 나온 씨앗이 더 잘 자라기 때문에 주운 씨앗은 삼림청에 넘긴다. '트리스 포 라이프'는 사시나무, 노간주나무, 호랑가시나무, 개암나무, 왜성 자작나무 등 드문 종의 씨앗을 파종 묘포에서 길러 퍼뜨리는 작업을 한다. "그러려면 아마 구조적인 사업 정비가 필요할 것 같습니다."

앨런은 조금의 감정의 동요 없이 불안정한 재정 상황에 맞춰 그때그때 사업을 조정했다. 그리고 이런 결정을 내리는 것에 전혀 거리낌이 없어 보였다.

'트리스 포 라이프'의 자원봉사자들은 또 다른 계곡에서 배수로를 막아 물높이를 상승시키고 없어진 나무를 다시 심는 등 오리나무 습지 숲 복원에 한창이었다. 그들은 꽃이삭이 핀 버드나무 주위를 울타리로 보호하고 개암나무를 심어 붉은 다람쥐의 서식지를 확충했다. 어떤 곳에는 이미 연노랑솔새가 돌아왔고 물밭쥐가 새 서식지로 뻗어나갔다.[32] 그들은 글렌모리스턴과 북쪽으로 8킬로미터 떨어진 글렌 아프릭을 잇는 숲 생태통로를 만들고 있었다.

'트리스 포 라이프'가 선택적으로 사살하고 먹이 주는 곳을 이동시켜 사슴의 개체수가 점점 감소하면, 자작나무가 먼저 이 땅에 정착하고 이어서 소나무, 그다음엔 참나무, 물푸레나무, 느릅나무, 호랑가시나무, 개암나무가 들어설 것이라고 앨런은 설명했다. 북쪽 사면은 한때 소나무 지대였고 아래 남쪽 사면은 활엽수 지대였다.

"모든 곳에 나무가 자랄 거라고 생각하진 않습니다. 아마 곳에 따라 띄엄띄엄 나는 곳도 있겠죠. 모자이크처럼 말입니다. 이쪽 끝에서 저쪽 끝까지 빽빽하게 채운 조림지 같은 것 말고요.

1980년대에 보았던 것들이 나로 하여금 뭔가를 해야겠다는 생각이 들게 해주었습니다. 이탄층에 파묻힌 나무밑동과 잔해를 보면서 '이 땅이 전달하는 메시지가 뭔가?' 스스로에게 질문했습니다. 내 질문은 이것이었습니다. '자연이 여기서 하려는 것이 무엇인가?' 이는 인간의 지배욕구와는 매우 다른 것입니다. 활생은 겸손에 관한 것입니다. 물러서는 것이죠."

그는 50년 이내에 캐퍼케일리, 물수리, 검독수리, 붉은다람쥐, 멧돼지, 비버 그리고 어쩌면 스라소니까지 이 땅에 살게끔 하는 것이 꿈이다. 하지만 이 정도는 그의 다른 계획에 비해서는 논란의 여지가 적은 것들이다.

"내 목표는 2043년까지 스코틀랜드에 늑대를 다시 들여놓는 것입니다. 원래 있던 마지막 늑대가 사냥당한 지 꼭 300년이 되는 해입니다. 지금으로부터 한 세대 후의 일이죠. 생태학적으로는 지금 당장 살 수 있습니다. 극복해야 하는 것은 문화적, 경제적 난관입니다."

나는 가지가 얼기설기 부러진 늙은 나무숲 아래에서 매서운 바람을 맞으며 방금 들은 말을 곱씹었다. 뇌의 시냅스 사이로 전기가 흐르는 듯했다. 그때까지 알고 있었던 것보다 훨씬 가변적이고, 짜릿하고, 예측 불가능한 세상으로 빠져드는 기분이었다. 금지되고 혐오스러운 사상을 몰래 나눈 것과 같은 어떤 전율과 떨림이 혼란과 의혹과 뒤섞였다. 과연 가능할까? 해도 될까? 상상하는 것조차도?

우리는 앨런의 차 안에서 샌드위치를 먹고 나서 의자를 뒤로 젖히고 잠을 잤다. 그는 스위치를 끈 것처럼 바로 곯아떨어졌다. 나는 이런저런 생각에 잠겼다. 홍개미가 떼 지어 다니며 땅을 새까맣게 뒤덮는다. 각각 씨앗 하나를 입에 문 채 머리로 땅을 마구 파헤친다. 거칠게 파고든 흙 속으로 씨를 묻고 다리로 흩어진 흙을 모아 다진다. 더듬이를 곧추세우고 전열을 정비하여 다음 계곡으로 나아간다….

내가 사라진 동물이 복원되기를 원하는 이유를 굳이 숨기지 않겠다. 앞 장에서 언급한 것처럼 홍수를 조절하거나, 침식을 방지하거나, 전염병의 전파를 막아주기 때문이 아니다. 그것들이 아무리 이로운 부대효과라 하더라도 말이다. 자연의 신비와 경이, 풍요와 무한한 놀라움, 그리고 무엇을 보게 될지, 숲과 물속에 무엇이 살며 어떤 눈이 나를 바라보는지 모르는 채 광활한 대지와 대양을 누비는 자유와 전율. 이것이 이유이다. 그런 동물 없이는 이 생태계란 반쪽짜리, 생략되고 결손된 시스템이라고 믿는다. 과학적인, 경제적인, 역사적인, 보건위생적인 논거를 들 수도 있지만, 그 어느 것도 내가 활생을 바라는 진정한 동기는 아니다.

영국에 살면서 나는 우리가 잃어버린 것들의 규모를 자주 상기하게 된다. 케언곰 살쾡이 프로젝트Cairngorms Wildcat Project를 운영하는 생물학자 데이비드 헤더링턴David Hetherington에 의하면 영국은 유럽 내에서만이 아니라 전 세계에서 손꼽힐 만큼 대형 포식동물을 완전히 상실한 나라라고 한다.[33] 아일랜드를 제외하곤 유럽 국가 중 가장 많은 토착종—육식 및 초식 동물 모두—이 사라진 나라이기도 하다. 또한 영국은 그 어느 유럽 국가보다 활생과 멸종한 종의 재도입에 더디고 소극적인 나라이다.

이는 어쩌면 전 세계에서 토지의 소유가 극소수에 집중된 나라 중 하나라는 사실에서 기인하는지도 모른다.[34] 넓은 토지의 소유주들은 보통(다 그런 건 아니지만) 사냥하려는 동물과 경쟁관계를 이룰 수 있는 야생동물에게 적대적이고, 기존에 해오던 토지 관리 방식을 바꾸려는 모든 시도를 불신한다. 그런 이들이 여기서 유난히 강한 힘을 가지고 있다. 그들은 극소수의 입장만을 대변하지만 그들의 동의 없이는 거의 아무것도 할 수 없을 정도로 지방정책을 좌지우지한다.

'리와일딩 유럽Rewilding Europe'이라는 단체가 2020년까지 유럽 대륙 수백만 헥타르에 생태계를 복원하고, 다른 단체와 협력하여 1,000만 헥타르를 추가로 활생에 포함시키자고 나섰다.[35] 현재로서는 계획했던 일정을 거의 맞출 것으로 보인다. 복원의 첫 단계에 다뉴브강 삼각주, 카르파티아산맥 남부와 동부, 크로아티아의 벨레비트산맥, 그리고 스페인과 포르투갈의 나무가 자라는 초원지대인 데헤사 또는 몬타두가 포함된다.

다뉴브강 삼각주는 세계에서 가장 큰 갈대밭과 700년 수령의 수목이 있는 루마니아의 마지막 남은 원시림을 자랑하는 곳이다. 독재자 니콜라에 차우셰스쿠의 무던한 노력과 세계은행의 빗나간 사업에도 불구하고 습지의 상당 부분이 배수되지 않았고 강은 여전히 자유롭게 흐른다. 예전에 개발되었던 제방과 농업기반시설, 양수장은 운영이 중단되거나 무너졌다. 펠리컨, 덤불해오라기를 비롯한 8종의 해오라기, 새호리기, 비둘기조롱이, 파랑새, 섭금류, 거위, 다수의 논병아리, 후투티, 꾀꼬리, 무당개구리, 거대 메기, 무게가 1톤에 달하는 철갑상어 등이 여기에 산다. 그러나 토착 포유류들은 사냥에 의해 거의 씨가 말랐다.

폴란드, 슬로바키아, 우크라이나에 걸친 카르파티아산맥 동부의 장대한 숲과 범람원에는 지금도 바이슨, 스라소니, 늑대, 곰 그리고 비버가 서식한다. 농부들이 땅을 떠나면서 파편화되었던 생태계는 다시금 연결되고 있다. 폴란드에서는 매년 백만 명 이상이 등산을 하고 동물을 보기 위해 이곳을 찾는다. 하지만 슬로바키아에서는 아직도 노숙림을 벌목하고 있는데 다른 방법으로 수익을 창출할 가능성을 아직 찾지 못하고 있다.

나는 3주 동안 루마니아의 남부 카르파티아에서 야영을 하며 마법과 같은 시간을 보낸 적이 있다. 그곳에는 여전히 자연적인 수목 한계선이 많이 남아 있다. 계곡의 광활한 너도 밤나무 숲은 고도가 오르면서 전나무로 바뀌고, 더 오르면 관목 덤불과 고산식물로 점차 식생이 변한다. 눈이 걷힌 곳에는 크로커스, 범의귀, 프림로즈 등이 돋아난다. 저지대의 넓은 숲을 방문했을 때는 나비가 너무 많아 길이 잘 안 보일 정도였다. 부분적으로 이미 보호를 받고 있는 그 산들에는 늑대, 멧돼지와 곰이 산다. 여기서 활생을 하려는 사람들은 샤무아와 붉은사슴의 수를 늘리기 위해 사냥을 제한하고, 바이슨, 비버, 그리폰독수리를 복원하길 원한다. 2012년에는 지난 160년 동안 루마니아에서 사라진 바이슨 5마리를 바너토리데알츠 보호지역에 처음으로 풀어줬다.[36]

아드리아해 연안으로부터 약 1,830미터 높이로 솟아오른 벨레비트산맥은 스라소니, 살쾡이, 늑대, 곰, 샤무아, 멧돼지, 그리고 수많은 종의 새, 뱀, 나비의 서식처이다. 스페인과 포르투갈의 데헤사와 몬타두에서는 원래 분포지에서 거의 다 멸종되어, 세계에서 가장 큰 멸종위기에 처한 고양잇과 동물 이베리아스라소니가 동물원에서 번식한 개체로 시작된 복원 사업으로 개체수가 서서히 증가하고 있다. 두 나라 정부는 스라소니, 스페인흰죽지수리, 독수리, 이베리아아이벡스 등 희귀 야생동물을 보호하기 위해 수백만 헥타르의 땅을 보전하기로 결정했다.

이들 지역의 사례를 통해 '리와일딩 유럽'은 생태계를 복원하면 기존에 이 땅을 차지했던 산업이 발생시킨 것보다 더 많은 수익이 창출된다는 것을 지역주민에게 보여주고자 한다. 그들은 사라졌던 종을 재도입하고 그동안 박해받은 동물들의 개체군을 증가시키길 희망한다. 두 명의 사무관과 대화하며 나는 환경운동가에게서 아주 오랫동안 듣지 못했던 말을 들었다. "돈은 문제가 아닙니다." 유럽 대륙에서 활생에 대한 대중의 지지도가 매우 높아 초기 사업비용은 충분히 마련되었다고 한다.

야생으로 되돌릴 땅 수백만 헥타르를 추가로 확보하기 위해 야생동식물 관련 단체와 여행사들은 1997년에 '팬 파크 재단The PAN Parks Foundation'을 창립했다.* 현재까지 스웨덴, 핀란드, 러시아, 에스토니아, 리투아니아, 벨라루스, 루마니아, 불가리아, 이탈리아, 포르투갈에 걸친 24만 헥타르의 땅을 보호하고 있다. 10년 이상의 교섭 끝에 2012년에는 "국경을 넘은 야생의 땅"이라 부르는 지대를 최초로 만드는 데 성공했다. 핀란드와 러시아 각각의 국립공원을 하나로 합쳐 만든 보호지역으로 사냥, 목축, 벌목, 광산 및 일체의 채취산업이 금지된다.**

---

* 야생동물보호연맹이 제안한 야생지역wilderness의 정의를 활용한다. "야생지역은 전혀 변형이 가해지지 않았거나 변형이 매우 적은 지역으로 인간의 개입, 기반시설, 영구적 거주 없이 자연적 작용 방식에 의해 관장되는 곳으로서 자연적 조건을 보존하고 사람들에게 자연의 영적 경험을 선사하기 위해 보호 및 삼독되어야 한다."
** 핀란드 오울란카 국립공원과 러시아 파노제로 국립공원을 연결하여 만든 132,000헥타르의 단일 야생지역이다.[37]

자연보전단체 '세계자연기금WWF'은 기존의 국립공원을 세르비아와 루마니아의 활생시킨 땅과 연결하며 카르파티아 산맥과 다뉴브강 유역의 수백만 헥타르의 땅을 보호하는 데 기여하고 있다.[38] '와일드 유럽Wild Europe'이라는 야생동물보호연맹은 유럽 대륙의 보호지역 사이로 야생동물이 이동할 수 있도록 생태통로를 만들고 훼손된 지역을 복구하고자 한다.[39] 폴란드 정부는 비아워비에자숲 주변에 야생의 땅을 늘려 유럽에서 가장 큰 원시림으로 만든다는 계획이다.[40] 독일 정부는 2020년까지 국토의 2퍼센트를 야생의 땅으로 되돌려 놓겠다고 약속했다.[41]

영국과 아일랜드만 제외하고 유럽의 거의 모든 지역에 카리스마 넘치는 대형 동물이 돌아오고 있다. 유럽 전역에 늑대가 퍼졌다. 프랑스에서는 1927~1993년 사이에 늑대가 멸종되었지만, 이제는 옛날 같으면 바로 죽였을 사람들의 이해 덕택에 최소 20개 무리에서 200마리 이상의 늑대가 야생에 살며 그중 일부는 스위스로 갈라져 나갔다.[42] 독일에서 늑대가 멸종된 지 거의 100년이 지난 1990년대 말에 폴란드에서 독일로 들어온 늑대는 이제 12개 무리로 불어났다.[43] 1970년대에 늑대가 거의 사라졌던 스페인에서는 개체수가 5배로 늘어나 약 2,500마리가 되었다. 이탈리아와 폴란드에서도 빠른 속도로 증가했다.[44] 벨기에에서는 늑대가 멸종된 지 113년이 지난 2011년에 죽은 사슴을 끌고 가는 늑대의 동영상이 카메라 트랩에 찍혔다.[45] 같은 해에 네덜란드에서도 동일한 또는 다른 늑대 개체의 사진이 촬영되었다.[46]

유럽 대륙의 곰은 지난 40년간 그 수가 2배로 늘었다. 프랑스, 이탈리아, 스페인에서는 심각한 수준까지 개체수가 감소했었지만, 스칸디나비아, 발트삼국, 동유럽, 발칸반도와 러시아에서는 증가하여 지금은 유럽 전역에 약 25,000마리가 산다.[47] 오스트리아에서는 19세기 이래로 멸종되었지만 천천히 재도입되고 있다. 다만 유럽의 가장 위험한 야생동물로서, 재도입 과정에서 문제도 발생되고 있다.

100여 년 전만 해도 거의 사라졌던 유럽 스라소니 개체군은 1950년대에 조금씩 회복의 조짐을 보이더니 1970년대에는 1만 마리로 3배 넘게 뛰었다.[48] 이 기간 동안 스라소니는 스위스의 쥐라산맥과 알프스산맥, 슬로베니아의 디나릭산맥, 체코의 보헤미아숲, 그리고 독일의 하르츠산지에 재도입되었다. 이외의 지역에도 스라소니가 스스로 진출하기도 했다.

유럽 바이슨 혹은 유럽 들소는 수컷의 무게가 1톤이 넘는 거대한 동물로 한때 중부 러시아에서 스페인에 이르는 지역의 숲과 고원을 누볐다. 제1차 세계대전 직후에 야생에서는 멸종되었고 사육장에 남은 것도 54마리에 불과했다.[49] 이들의 후손 몇 마리가 1952년 동폴란드의 비아워비에자숲에 풀려났다. 소비에트연방이 무너진 지 얼마 안 된 어느 늦봄에 나는 거기 사흘 정도 머물면서 자전거를 빌려 흙길을 조용히 돌아다녔다. 길을 가다 목이 좋은 곳을 발견하면 가만히 동물을 관찰하곤 했다. 삼림업자의 손이 거의 닿지 않은 그곳은 중석기시대의 사람들에게 익숙했던 종류의 생태계였다. 둘레가 내 자전거 길이의 2배쯤 되는 참나무와 라임나무가 가

지도 뻗지 않고 30미터 높이까지 곧게 쭉 자랐다. 이런 나무
가 쓰러진 곳은 도저히 넘을 수 없는 장벽이 되어 축축한 땅
에 댐을 세운 것처럼 작은 연못이 생겨났다. 숲의 바닥은 죽
은 나무의 미로였다. 무너진 나무줄기 사이로 람손 마늘, 애
기똥풀, 콩, 은방울꽃 등이 무성했다. 나는 새끼를 거느린 멧
돼지, 붉은다람쥐, 들꿩, 수리부엉이였던 것으로 기억나는 커
다란 새, 까막딱따구리도 만났다. 숲을 관통하는 강가의 갈대
밭에 숨어서, 만화에 나오는 모양 그대로 나무를 갉아 쓰러뜨
린 비버가 나타나길 헛되이 기다리는데 머리 위로 그레이트
스나이프 한 마리가 지나갔다. 밤에 숲 경계의 개울가에 갔을
때는 덤불마다 나이팅게일이 숨어 있는 듯했다. 개구리와 흰
눈썹뜸부기의 재잘거림 속에 먹황새 하나가 초원을 샅샅이
뒤졌다.

　나는 바이슨을 딱 두 번 보았다. 첫 번째는 구부러진 길을
걷다 만났다. 지금껏 봤던 그 어느 동물보다 기독교에서 묘사
하는 악마와 가장 닮은 모습이었다. 우리는 둘 다 멈췄다. 눈
물샘의 점액질이 보일 정도로 가까운 거리였다. 작고 구부러
진 검은 뿔은 부드러운 숲의 빛을 받아 살짝 빛났고, 짙은 눈
썹 아래 눈은 너무 새까매서 동공과 홍채를 구분할 수 없었
다. 깔끔한 갈색 수염에, 뿔 사이에는 이상하리만치 사람의
것과 닮은 앞머리가 나 있었다. 등은 봉긋이 솟아올랐다가 좁
은 엉덩이로 이어지면서 내려갔다. 몸 뒤로 채찍처럼 얇고 검
은 꼬리가 좌우로 흔들렸다. 녀석은 콧구멍을 넓히며 턱을 들
었다. 달콤한 맥아향 숨결이 느껴지는 것만 같았다. 우리는

그 상태로 서로를 몇 분 동안 바라보았다. 나는 목에서 쿵쿵 맥박이 느껴질 정도로 꼼짝 않고 있었다. 결국 녀석은 고개를 뒤로 젖히며 몇 발짝 발을 구르더니 오던 길로 돌아가 나무 뒤로 사라졌다.

두 번째는 숲속 깊숙이 연못이 넘어다보이는 덤불 뒤에 숨어 있을 때였다. 주변은 동물의 흔적들로 어지러웠다. 기다린 지 한 시간이 조금 안 됐을 즈음 나무가 움직이는 것처럼 보였다. 눈을 껌뻑이고 다시 보았다. 꽤나 큰 바이슨 무리가 물가에 나타난 것이었다. 그렇게 큰 동물이 그토록 조용히 나났다는 사실이 믿기지 않았다. 암소가 물을 마시는 동안 솜털 난 송아지는 앞발을 물에 담근 채 곁에 서 있었다. 웅장한 몸집의 황소는 하늘이 걷힌 연못 위로 쏟아지는 빛을 받아 적갈색으로 타올랐다. 물속에서 훌쩍훌쩍하며, 간혹가다 조용히 쿵쿵거리는 소리가 들렸다. 20분 정도가 지나자 숲이 다시 움직이기 시작했다. 황소들이 연못 밖으로 나와 서서 주변을 둘러보았다. 암소들은 고개를 들어 물을 뚝뚝 흘리면서 진흙 쪽으로 뒷걸음쳤고, 송아지들은 어미로부터 떨어질세라 황급히 따라갔다. 바이슨은 이제 동유럽, 독일, 스페인, 네덜란드, 덴마크 등지로 광범위하게 재도입되었다. 비록 어떤 곳에서는 아직 풀어주지 않고 사육장에서 키우면서 준비 중이지만 말이다. 전체 개체군은 3,000마리 정도로 늘어났지만, 겨우 13마리에서 나온 후손들이기 때문에 유전적 다양성은 아직 위험할 정도로 낮다.

비버의 경우 가장 최근 조사에 의하면 161회에 걸쳐 유럽에 풀려나갔다.[50] 1900년대까지 엘베강, 론강, 노르웨이의 텔레마르크 지방, 벨라루스의 프리펫 습지 등에 작은 개체군으로 분산되어 잔존하던 것이, 이제는 1,000배 증가하여 현재 70만 마리에 육박한다.[51] 유럽의 대부분에서 쫓겨났던 황금자칼은 불가리아, 헝가리, 발칸반도에서 늘어났고, 철기시대부터 멸종되었던 것으로 추정되는 이탈리아와 오스트리아의 일부 지역에도 되돌아오고 있다(화석 자료와 역사적 증거가 불충분하여 사라진 정확한 시점은 불분명하다).

하지만 유럽의 거의 모든 나라에서 일어나고 있는 이 생태혁명으로부터 영국은 완전히 비켜나 있다. 여기엔 여러 이유가 있다. 늑대와 같은 종은 유럽 대륙에서는 자유롭게 분포범위를 확장할 수 있지만 누가 배편을 마련해주지 않는 이상 이 섬나라까지 올 수가 없다. 또 영국은 농부의 농촌 이탈 속도가 더디다. 도심과 멀수록 농촌 이탈 속도가 빨라지는 경향이 있다. 너무 세상과 동떨어져가는 느낌 때문일 것이다. 영국에서는 스페인이나 포르투갈, 남부 프랑스, 중부와 동부 유럽과 달리 농장이 주거지역으로부터 아주 멀리 떨어진 경우가 드물다.

하지만 이는 부분적인 설명에 불과하다. 섬나라 영국과 유럽 대륙이 보이는 자연에 대한 태도의 차이는 극명하다. 혹자는 영국이 활생을 하기엔 너무 작고 인구밀도가 높다고 하지만, 경작에 적합한 땅이 훨씬 적은 네덜란드만 해도 영국과 같은 태도를 취하고 있지 않다. 또 누군가는 영국이 활생을 할 만한 재정적 여유가 없다고 하지만 루마니아, 불가리아,

우크라이나도 잘하고 있다.

어쩌면 영국이 유럽에서 가장 동물을 혐오하는 나라인지도 모른다. 영국은 야생동물에 대한 깊은 두려움을 지니고 있다. 인간에게 전혀 해를 가하지 않는 동물에게조차. 아마 최초로 도시화된 나라 중 하나여서일 수도 있고, 사냥감이 아닌 모든 야생동물에게 적대적인 소수의 권력집단이 농촌의 대부분을 지배하고 있어서일 수도 있다. 하지만 야생동식물을 다룬 프로그램의 인기에 힘입어 토착의 자연을 복원하자는 주장이 많은 지지를 받고 있는 것도 사실이다. 농촌을 지배하는 수천 명의 사람들을 빼고 말이다. 불행하게도 사라진 우리의 생물을 복원하는 문제에 가장 큰 영향을 미치는 이들이 이 문제에 가장 큰 반감을 가진 사람들이라는 사실이 역설적이다. 그러나 내가 지금부터 다루고자 하는 사례의 경우, 반대의 목소리를 내는 사람이 땅주인만은 아니다.

우리는 어렸을 때부터 포악한 늑대 이야기를 자주 들어왔다. 할머니를 집어삼키고 옷을 뺏어 입는다. 양이나 양치기 개로 둔갑하고 사악한 계획을 실행한다. 집을 불어서 무너뜨린다. 사람과 교잡하여 인간사회를 교란시킨다. 기독교는 늑대를 사악함과 탐욕과 동등하게 여긴다. 튀르크, 체첸, 이누이트, 그리고 로마 문화의 탄생설화에서는 늑대가 좀 더 긍정적인 역할을 한 것과 다소 대비된다.

공포의 전설은 어디까지 맞을까? 물론 늑대가 사람을 죽이기도 한다. 그러나 1557년부터 현재까지 발생한 늑대 공격을 포괄적으로 조사한 바에 의하면 광견병에 걸리지 않은 늑대가 이유 없이 먼저 사람을 공격한 사례는 '매우 드물며', 그마저도 거의 대부분 20세기 이전에 일어났다.[52] 지난 20년간 유럽에서 늑대의 공격으로 부상당한 사람은 8명이었으나 사망자는 1명도 없었다. 유럽에는 늑대가 2만 마리 가까이 있다. 지난 50년간 유럽에서는 광견병에 걸린 늑대에게 공격당해 5명, 정상 늑대에게 공격당해 4명이 사망했다. 각각의 이유로 러시아에서는 4명이 사망했고(러시아에는 4만 마리의 늑대가 있다), 북아메리카에서는 아무도 죽지 않았다(북미에는 6만 마리의 늑대가 있다). 광견병에 걸리지 않은 늑대가 인간을 공격할 가능성은 인간에 대한 두려움을 잃었거나 인간과 함께 지내는 경우, 또는 구석에 몰리거나 포획되었을 때 발생한다.

영국에는 광견병이 없으며* 이 땅에 들여오는 늑대는 모두 검역과 격리 조치를 받을 것이다. 늑대가 인간에 대한 두려움을 회복하면(이 내용은 뒤에서 따로 다루겠다) 공격은 아주 드물어지거나 아예 일어나지 않을 것이다. 유럽처럼 늑대가 많은 곳에서조차 늑대에게 죽임을 당할 확률은 번개에 맞아 죽거나 침실 슬리퍼를 잘못 신어 계단 밑으로 굴러 떨어져 죽거나, 또는 접이의자에 끼어 죽을 확률보다 낮다. 물론

---

* 박쥐를 제외하고 광견병이 없다는 의미이다. 박쥐에게 있는 광견병은 보통 다른 종에게 전파되지 않는다(남미 흡혈박쥐의 경우는 얘기가 다른데, 다른 종과 사람에게 광견병을 퍼뜨린다고 알려져 있다. 서부 아마존 호라이마에서 채굴을 하려고 했던 금광 광부들이 흡혈박쥐로 인해 발생한 무서운 전염병 사태에 관해 내게 얘기해준 적이 있다).

아무리 가능성이 작더라도 늑대를 복원하는 일에는 위험이 수반되며 결국 사람들에게 위험부담을 전가하는 것은 맞다. 따라서 광범위한 사회적 동의하에서만 이루어져야 한다.

우리는 다른 나라의 사람들에게 늑대보다 훨씬 위험한 동물도 보호할 것을 기대한다. 예를 들어 사자, 호랑이, 표범, 코끼리, 하마, 악어, 아프리카물소와 같은 동물들 말이다. 부유한 나라의 많은 사람들은 이런 동물을 보호하는 환경단체에 돈을 기부한다. 우리 스스로는 위험한 동물(이 경우에는 그렇게 위험하지는 않은 동물)을 감당하길 거부하면서 남에게는 부담을 떠넘기는 것은 아닌가?

늑대는 가축, 특히 양에게 실질적인 위협 요인을 제공한다. 왜 그러는지 아직 아무도 정확히 모르지만, 늑대는 상대적으로 잡기 쉬운 양보다 야생동물을 잡기를 좋아한다.[53] 그렇더라도 늑대는 가는 곳마다 축산업자와 갈등을 빚는다. 축산업 전체에 끼치는 영향은 작지만(미국에서는 늑대가 활동하는 지역에 사는 양의 0.1퍼센트가,[54] 이탈리아에서는 0.35퍼센트가 늑대에게 잡아먹힌다[55]), 특히 늑대가 양고기에 맛을 들인 경우 개별 축산업자가 느끼는 영향은 훨씬 크다. 간혹가다 늑대가 한 번의 공격으로 여러 마리의 양을 죽이기도 한다(늑대는 잡은 고기의 양이 많으면 몇 주에 걸쳐 같은 곳으로 돌아온다. 여러 마리를 죽이는 것은 저장의 목적이다).

프랑스, 그리스, 이탈리아, 오스트리아, 스페인과 포르투갈 등지에서 늑대의 공격으로 가축을 잃은 농부에게 지불하는 보상금은 평균적으로 매년 2백만 유로 정도이다. 이는 늑대 공격을 방지하는 데 드는 비용과 대략 비슷하다.[56] 여기에는 비록 적은 금액이긴 하지만 종종 개가 공격하는 사례도 늑대에게 덮어씌우는 경우나 거짓 신고에 따른 금액도 포함되어 있으므로 보상금 지불 기관이 초과 지급하고 있을 가능성이 있다(예를 들어 이탈리아에는 90만 마리의 야생개 또는 들개가 있는 반면, 늑대는 겨우 400~500마리에 불과하다[57]).

아직 유럽에서 충분히 논의되지 않은 사냥 억제 효과 장치가 있다. 남아프리카에서 사자나 기타 포식자들로부터 동물을 보호하거나 아메리카에서 코요테를 막기 위해 사용되는 것으로 가축 보호 목걸이라는 것이 있는데 화학약품이 든 두 개의 캡슐을 가축의 목에 붙여 포식자가 잡아먹으면 삼키도록 되어 있다. 미국의 양 농장주들은 캡슐에 독극물을 넣지만 구토제만으로도 포식자로 하여금 다시는 그 종류의 가축을 공격하지 않게 만들 수 있다. 한 스위스 생물학자는 더 똑똑한 장치를 개발했다. 양의 맥박을 모니터하는 목걸이다. 맥박 수가 높아지고 그 상태가 얼마간 지속되면 농부에게 문자가 전달된다. 양은 늑대를 보자마자 스트레스를 받기 때문에 맥박수만으로도 늑대가 공격을 개시하기 전에 농부가 현장에 도착할 수 있을 것이다.[58] 같은 장치에서 인간이 내는 소리가 나도록 하여 농부가 도착하기 전에 늑대가 놀라 달아나게 할 수도 있다.

양을 죽이는 것에 익숙해진 늑대는 사살하는 방법도 고려할 수 있다. 비록 나는 늑대를 죽인다는 생각 자체가 싫고 죽어도 그 일을 내 손으로 할 수는 없겠지만, 너무 감상적이 되지 않으면서 야생동물을 사랑하는 법을 배울 수 있어야 한다고 생각한다.

이상하게 들릴지 모르지만, 어쩌면 사냥이 늑대를 구원할 수 있을지도 모른다. 여기에는 세 가지 이유가 있다. 첫째, 멧돼지와 마찬가지로 허가제 사냥을 통해 늑대를 쏘게 하면 그들을 보호하려는 강력한 세력이 생길 수 있기 때문이다. 낚시꾼들이 물고기 개체군 보호에 앞장서는 것처럼 말이다. 둘째, 동물들이 관리되고 있다는 것을 대중에게 알릴 수 있기 때문이다. 나는 인간이 야생동물을 지나치게 관리하고 있다고 생각하지만, 늑대는 사회적인 문제를 일으키고, 늑대가 아무런 제재 없이 자유롭게 활보하게 놔둔다는 것이 많은 사람들에게 지나치다고 느껴질 수 있다. 스웨덴은 1970년대에 핀란드에서 늑대를 들여와 재도입했을 때만 해도 당장 없애라는 대중의 반대에 시달렸지만, 허가제 사냥을 실시함으로써 늑대를 정치적으로 수용되도록 하는 데 어느 정도 성공했다.[59] 슬로베니아 삼림 관계자에게서도 비슷한 이야기를 들은 적이 있다. 늑대와 곰은 허가제 사냥제도가 아니었다면 아무도 관리하지 않는다는 우려에 따라 무허가 사냥꾼에 의해 이미 싹 사라졌을 것이라고 그는 말했다. 그러나 두 나라 모두 매년 사냥이 허가되는 늑대 두수를 놓고 논란이 뜨겁다. 과도한 사냥으로 늑대의 개체군이 억제되어 유전적 생존 능력이 위협받고 있기 때문이다.

셋째, 가장 중요한 이유는 사냥이 사람에 대한 늑대의 두려움을 유지시켜주기 때문이다. 늑대 공격에 대한 조사 결과가 말해주듯이 늑대로부터 사람을 보호하는 가장 좋은 방법은 늑대가 가까이 오지 못하게 하는 것이다. 이에 간헐적인 사냥보다 더 효과적인 방법은 없다. 같은 방법으로, 늑대가 출입하면 안 되는 곳에 못 가도록 관리할 수도 있다. 과거에는 늑대를 박멸하기 위해 사냥을 해왔다. 이제는 늑대를 보호하기 위해 사냥해야 할지도 모른다(물론 보호지역이 아닌 경우에 한해서다).

영국의 마지막 늑대는 앨런이 사는 곳과 가까운 핀드혼 계곡에서 1743년에 사살되었다. 그러나 위대한 전원 역사가인 올리버 래컴은 이 기록에 대한 출처가 불분명하다고 판단했다. 그는 영국의 마지막 늑대에 대한 확실한 기록은 1621년 서덜랜드에서 거액의 현상금을 걸고 사냥된 사례라고 말한다.[60] 영국에서 사라진 이후에도 늑대는 유럽 대륙 곳곳에 남아 있다가 20세기에 사람에 의해 그 수가 줄어들어 스페인, 이탈리아, 스칸디나비아와 동유럽의 몇몇 개체군으로 축소되었다. 돌아온 늑대는 유럽 대부분의 곳에서 환영을 받았다. 이는 지난 40년간 자연에 대한 태도가 급변했음을 보여주는 가장 뚜렷한 신호일지도 모른다. 비록 영국에서는 훨씬 느리게 진행되고 있긴 하지만, 변화하고 있는 것만은 분명하다.

광범위한 지역에 분포하는 늑대는 툰드라, 사막, 숲, 산, 황야, 농경지, 도시 등 거의 어디서든 살 수 있다. 새로 자리 잡은 곳에서 사살되지 않는다면 늑대는 빠르게 정착한다. 늑대 재도입의 모든 요건을 충족하는 곳이 영국에 하나 있다. 바로 스코틀랜드 하일랜드이다. 이곳의 붉은사슴과 노루의 개체군은 늑대가 살기에 충분한 정도를 넘어서 너무 많은 수준이다. 또한 늑대가 사는 유럽의 다른 지역(독일 동부와 아펜니노산맥)에 비해 인구밀도가 훨씬 낮다. 도로가 별로 없어 차에 치여 죽을 확률이 낮다. 하일랜드에 약 250마리의 늑대가 수용 가능해 보이는데 이 정도면 건강한 개체군이 존속할 수 있을 것이다.[61] 잉글랜드와 웨일스는 사슴이 적은 관계로(웨일스에서는 거의 박멸되었다) 덜 적합하다.

늑대와 양을 섞어놓는 게 평화로운 결과를 낳지만은 않겠지만, 한 연구에 의하면 스코틀랜드의 사슴 개체군에 늑대를 도입하는 것은 큰 땅의 소유주들에게도 이로울 수 있다.[62] 사슴의 과잉은 사냥꾼에겐 반갑지만 관리자에겐 골칫거리이다. 사슴위원회가 권고하는 수준으로 개체군을 유지하려면 많은 노동과 비용이 든다. 사람들은 수사슴을 추적하고 쏘는 데 돈을 내지만 거기서 발생한 수익은 암사슴을 쏘아 생기는 손해로 상쇄되기 때문에, 그 결과 대부분의 사냥터는 손실을 입거나 본전을 건지는 데 그친다. 늑대가 재도입되었을 때의 상황을 모의실행한 과학자들의 연구에 따르면 오히려 수입이 더 늘 전망이다. 늑대가 수사슴의 수를 줄이겠지만 암사슴의 수를 줄이는 수고를 덜어주기 때문이다. 그 결과 매년 10제곱킬로미터당 500파운드에서 800파운드로 수익이 높아질 것이라고 연구는 예측했다.[63] 남은 수사슴은 한 마리당 먹을거리가 많아지기 때문에 몸집이 커질 것이고, 그러면 더 많은 사람들이 사냥을 위해 돈을 지불할 것이다. 모의실행에 따르면 늑대의 도입으로 현재 하일랜드의 사슴 수를 절반으로 줄일 수 있다.

사슴을 죽이고 활동을 억제함으로써 늑대는 숲의 재생을 돕는다.『유럽 삼림 연구』학회지에 실린 한 연구에 따르면 인간의 사냥으로 삼림을 보호하는 것은 야생 포식자를 활용하는 것에 비해 덜 효과적이다.[64] 늑대는 사슴 개체군의 증가를 억제할 뿐만 아니라 사슴의 행동을 근본적으로 변화시킨다. 또한 사슴 진드기가 사람에게 옮기는 라임병(신체를 쇠약하게 만들고 병이 많이 진행되면 고치기 어렵다)의 발병을 줄일 수 있을 것이다.[65] 우리는 늑대가 양 농장에 끼치는 피해에 대해서는 잘 알지만, 양 새끼를 물어 가는 여우를 죽임으로써 그 효과가 부분적으로 상쇄된다는 사실은 잘 모르는 경향이 있다. 같은 이유로 뇌조나 꿩 사냥터에서도 늑대는 긍정적인 역할을 할 수 있다. 북미에서 야생동물에 의한 피해로 농장주에게 지급되는 보상금의 대부분은 사슴이 농작물을 먹어서 생긴 경우이지 늑대나 코요테가 가축을 죽여서가 아니다.[66] 비록 비교할 만한 수치를 찾진 못했지만 늑대는 오히려 인간을 위한 식량 생산을 늘릴 수 있다고 생각된다.

반복하건대, 늑대가 복원되기를 원하는 이유가 여우를 죽이고, 전염병을 줄이고, 뇌조나 사슴 사냥터 주인에게 이롭기 때문이 아니다. 나는 늑대가 마음을 사로잡기 때문에 늑대가 복원되길 바란다. 우리의 생태계에 결여된 복잡성과 영양단계 다양성을 회복시켜주기 때문에 늑대가 돌아오길 원한다. 늑대가 심장의 수축과 이완 사이를 재빨리 오가는 그림자 같기에, 우리 마음이 필요로 하는 괴물이기에, 우리가 문을 걸어 잠근 저 열정적인 바깥 세계의 주민이기 때문에 나는 그들을 원한다. 늑대의 귀환은 멧돼지나 말코손바닥사슴처럼 사라졌던 다른 종의 복원을 가능하게 해줄 조건을 마련한다. 인간이 관여하지 않아도 그들 개체군의 조절이 가능하기 때문이다. 물론 대중적인 지지와 합의 아래 실행되어야 한다.

스코틀랜드의 한 여론조사에 따르면 사람들이 예상보다 늑대의 재도입에 적대적이지 않다고 한다. 도시 주민들은 분명히 복원에 동의 의사를 밝히고 있고, 시골 주민들 사이에서도 동의가 반대보다 살짝 우세하다.[67] 놀랍게도 양 농장주들조차 양분된 반응을 보였다. 결과적으로는 반대표가 많았지만 찬성표도 만만치 않았던 것이다. 조사에 참여한 한 연구원은 농장주들이 양고기를 팔아서가 아니라 보조금을 통해 주로 수입을 얻기 때문에 나타난 결과일 수 있다고 지적했다. 오직 스코틀랜드의 전국농민조합만이 결사반대 입장이지만, 다른 여러 의제에서도 나타나듯이 이것이 조합원 전체의 의견을 대변하는 것이 아닐 수도 있다(영국의 농민조합은 보수적인 성향의 큰 땅 소유주들이 압도하는 경향이 있다). 웨일스의 농민조합도 웨일스 농민들이 비버에 대해 갖는 의견을 충분히 대표하지 않는 건 아닐까 생각해본다.

늑대는 대중에게 영업하기 까다로운 동물이지만, 당장 야생에 재도입이 가능하고 사람은 물론 양에게도 거의 해를 끼치지 않는 대형 포식자가 또 있다. 바로 스라소니이다. 최근까지만 해도 신석기시대 이전의 선사시대에만 스라소니가 영국에 생존했다고 추정되었다.[68] 그러나 최근의 발견은 이러한 평가를 완전히 바꿔놓았다. 북스코틀랜드의 동굴과 북 요크셔 두 군데에서 출토된 스라소니 뼈의 연대 측정 결과 1,800년 전의 것으로 드러났다. 이는 당초 알려진 것보다 스 라소니가 영국에 남아 있던 시기를 4,000년 정도 앞당기는 것이다. 요크셔의 또 다른 동굴에서 발견된 뼈는 1,500년 전 의 것이었다.[69] 이것이 가장 최근의 화석 증거이지만, 그보다 더 최근까지 영국에 있었다는 문화적 증거가 있다.

컴브리아어는 웨일스어와 유사한 켈트어파로서 북잉글랜 드와 남스코틀랜드 — 이 두 곳을 합친 영역이 지금의 컴브리 아주보다 큰 원래의 컴브리아이다 — 에서 사용되었다. 헨 오 글레드의 전투를 기록한 17세기 컴브리아 문헌『올드 노스 The Old North』라는 것이 있다. 여기에 등장하는 온갖 유혈 전 설의 와중에 희한하게도 슬프고 아름다운 동요 하나가 숨어 있다. 제목이「파이스 디노갓Pais Dinogad」이다. 한 어머니가 아들인 디노갓에게 돌아가신 아버지가 사냥꾼으로서 가졌던 훌륭한 덕목에 대해 이야기한다.

　　디노갓의 옷은 점박이였지.
　　담비의 천으로 만든 것이란다.
　　아버지가 산에 가는 날이면
　　수노루, 멧돼지, 수사슴을 가져오셨지.
　　그리고 데르웨닛폭포에서 물고기 한 마리
　　또는 창으로 찌를 수 있는 무엇이든
　　멧돼지든, 르윈이든, 여우든.

강한 날개가 없으면 그 누구도 도망가지 못했다네.*

　다른 말로 하면, 이것은 『카마던의 흑서』에 나오는 팔루그 고양이 이야기 같은 것이 아니다. 여기에 등장하는 동물들은 다 진짜이다. 당시에 살았던 동물이고, 이 문헌을 쓴 시인 아네이린Aneirin도 알고 있던 종이다. 그렇다면 '르윈llewyn'은 무슨 뜻일까? 킨제이 동굴에서(컴브리아어가 사용되던 지역 안에 위치하고 있다) 가장 최근의 뼈가 발견되기 전까지만 해도 언어학자들은 그 단어의 소릿값이 지칭하는 'lynx', 즉 '스라소니'를 의미할 수 없다고 생각해서 살쾡이나 여우로 번역했다. 하지만 새로운 발견은 이에 대한 재해석의 필요성을 제기한다. 어쩌면 결국 소릿값에 따라 스라소니를 말하는 건지도 모른다[71](한편, 현대 웨일스어에서 'llew'는 '사자'를 의미한다).

　에익섬에서 발견된 19세기 돌 십자가에는 사슴, 멧돼지, 그리고 말을 탄 채 오룩스를 쫓는 사냥꾼 옆에 점박이 무늬에 귀에 털송이가 달린 고양이가 그려져 있다. 불행히도 그림에서 고양이의 엉덩이 부분은 남아 있지 않다. 뭉툭한 꼬리가 달려 있었다면 확실했을 텐데 말이다.[72] 영국 문화에서 토종 스라소니가 등장하는 가장 최근의 단서일 수도 있다. 영국의 스라소니는 그램피언산맥의 일부 지역에서 몇백 년 더 버텼을 수도 있겠지만 아마 늦어도 1500년경에는 멸종했을 것이

---

* 저레인트 존스Geraint Jones가 영어로 번역한 것을 따랐다.[70]

다. 스라소니는 늑대와 마찬가지로 유럽 전역에 흩어진 작은 개체군으로 연명했다. 그리고 늑대처럼 숨었던 곳으로부터 이제 점점 넓게 뻗어나가고 있다.

스라소니는 먹잇감을 쫓지 않는다. 매복을 하는 포식자이다. 자신이 잡으려는 동물이 먹이를 먹는 곳이나 지나가는 길 옆에 숨었다가 덮쳐서 잡는다. 스라소니는 노루 사냥 전문가이다.[73] 예를 들어 스위스의 쥐라산맥에서 스라소니가 잡는 동물의 70퍼센트가 노루이고, 나머지는 샤무아, 여우 그리고 토끼이다.[74] 노루가 없는 곳에서는 붉은사슴처럼 큰 동물을 죽이기도 한다. 좀처럼 숲을 떠나지 않는 삼림 동물이기 때문에 양치기가 양을 숲에다 풀어놓지 않는 이상 양에게 거의 아무런 위협이 되지 않는다.

연구자들이 뒤져본 결과 스라소니가 사람을 공격했다는 기록은 물론 일화조차도 없다.[75] 인간의 눈에 보이지 않게 행동하는 데 능하며 주변에 살고 있더라도 사람이 모르는 경우가 태반이다. 스라소니는 땅주인에게도 이점을 제공할 수 있다. 사슴과 여우의 수를 줄여주는 것이다. 또한 경작지 안에 꼭꼭 숨어서 사냥꾼을 피하는 침입종인 일본사슴을 제거하는 기능을 수행할 수도 있다.[76]

스라소니와 관련해 가장 권위 있는 전문가 데이비드 헤더링턴에 따르면 스코틀랜드 하일랜드, 특히 케언곰이 첫 번째 재도입지로 가장 적합하다고 한다. 늑대가 충분하고, 외래 침엽수 조림지가 충분한 까닭에 숨을 곳도 많다. 그는 남부 스코틀랜드의 고지대에도 작은 스라소니 개체군을 만들어 북

잉글랜드의 킬더숲까지 세력권을 확장시킬 수 있을 것이라고 제안한다.[77] 하일랜드는 약 400마리의 스라소니를 수용할 수 있으며 이는 유전적으로 안정된 개체군을 이룰 수 있다고 한다. 남부 고지대에서는 50마리 정도 서식이 가능하다. 하지만 야생동물 이동통로 등 길을 안전하게 건너게 해주는 시설로 두 지역이 연결되기 전에는 작은 개체군이 장기적으로 지속되기 어렵다. 스코틀랜드에서 새롭게 조성되어 빠르게 자라고 있는 숲을 감안하면 이러한 연결도 현실적으로 가능할 것으로 보인다.

재도입이 모두 성공적인 것은 아니다. 헤더링턴은 실망하는 일이 발생하지 않도록 주의사항을 한 가지 건넸다.

"이탈리아의 그란파라디소에서 했던 것처럼 하면 안 됩니다. 스라소니 두 마리가 풀어졌죠. 수컷만 두 마리."[78]

자동차 유리를 기관총처럼 두들기는 우박 소리에 잠에서 깼다. 의자를 세우자 옆에서 앨런이 눈을 떴다. 우리는 점심을 싸 들고 그곳에서 가장 높은 곳을 향해 차를 몰았다. 올라갈수록 경치는 점점 어둡고 참혹해졌다. 서리를 앓은 히스 덤불은 시커멓게 변했다. 마치 불에 탄 것처럼 보였다.

나무 몇 그루가 서 있고 작은 골짜기가 내려다보이는 곳에 차를 세웠다. 물가에 나무가 남아 있는 이유를 앨런이 설명하는 동안, 새 한 마리가 계곡 저편에서 날아오르는 것이 보였다. 말똥가리겠거니 하며 고개를 돌리려는 순간, 햇빛이 새의 넓은 날개를 비추었다. 우리를 향해 날갯짓하며 다가오는 모습에 나는 그 자리에 얼어붙었다. "보세요!"

커다란 날갯죽지와 육중한 머리, 튼튼한 몸을 보자 일말의 의구심마저 사라졌다. 그 새가 황야를 가로지를 때 갑자기 또 한 마리가 하늘에서 나타나더니 수직으로 급강하했다. 둘은 하늘에서 만나 빙글빙글 돌더니 우리 머리 위로 평행선을 그으며 나란히 날아갔다. 검독수리 두 마리라니, 그것도 4월에. 여기서 영역을 차지하고 살고 있을 가능성이 높다고 앨런은 말했다. 어쩌면 이미 번식을 하고 있는지도 모른다. 자기 땅에서 검독수리 한 쌍을 보는 건 처음이라고 했다.

우리는 계속해서 돌로 된 길을 따라가다 나무 한 그루 없는 황야에 도착했다. 땅이 파인 곳엔 아직까지 눈이 남아 있었다. 우리는 차에서 내렸다. 몹시 추운 날이었다. 애초에 스코틀랜드 하일랜드와 웨일스의 4월 날씨가 비슷할 거라고 생각한 것이 잘못이었다. 바람은 내 얇은 옷을 뚫고 들어왔다. 마치 헐벗은 기분이었다.

산등성이로 올라가니 무릎 높이의 작고 앙상한 왜성 자작나무가 지금도 사슴과 씨름하고 있었다. 바람을 등지고 히스 덤불 주위를 돌아 도금양 사이에 난 나무를 식별할 수 있었다. 던드레건에 있는 왜성 자작나무는 스코틀랜드에 남아 있는 군락 중에서는 가장 크지만 예전에 노르웨이 북극 지역에서 본 밀도에 비하면 그다지 인상적이지 않았다. 황야는 마당의 빗자루를 뒤집어놓은 것처럼 딱딱하고 꺼칠꺼칠했다.

‘트리스 포 라이프’는 2002년에 이전 땅주인과 협의하여 사슴이 못 들어오게 하면 어떤 효과가 나타나는지를 보기 위해 이 산등성이 옆에 나무를 보호하는 울타리를 쳤다. 울타리를 건너자마자 나는 차이를 느낄 수 있었다. 마치 솜이불 위를 걷는 것 같았다. 이곳의 식물은 부드럽고 폭신했다. 이미 순록이끼, 물이끼와 풀들이 빽빽이 자라 있었다. 죽은 수령 아스포델의 줄기에는 씨앗이 달려 있었다.

울타리 안쪽은 측량대와 조사구간 표지로 어질러져 있었다. 앨런과 일하는 과학자들은 이미 기존 관념을 뒤집는 사실들을 발견했다. 생태학자들은 지금까지 왜성 자작나무가 수령과 같은 습지대에서 가장 잘 자란다고 생각했다. 그러나 사슴의 과잉에 시달리지 않는 이곳에서는 암석지대에서 더 잘 자란다는 사실을 발견했다. 알고 보니 습지에는 사슴들이 잘 가지 않았기 때문에 나무가 더 잘 자랄 수 있었던 것이었다. 마찬가지로 그동안 과학자들은 사시나무가 계곡 아래쪽의 가파른 경사를 선호한다고 생각해왔다. 하지만 이런 분포 역시 초식동물의 영향으로 생긴 효과였다. 사시나무를 동물들로부터 보호해주자마자 평평한 땅에서 더 잘 자라는 것을 연구자들은 이곳 던드레건에서 발견했다.

활생을 위한 실험은 현재의 과학지식과 상충할 가능성이 높다. 생태학자들이 연구하는 공간 중 대다수는 이미 인간의 개입으로 완전히 바뀐 곳들이며, 학자들이 관찰하고 기록한 현상들은 한때 자연적이라고 여겼지만 야생동식물 못지않게 인간과 가축의 영향으로 생겨나는 것들이 상당수이다. 영양단계 캐스케이드가 폭넓게 존재한다는 사실의 발견으로 이제는 자연생태계가 언제나 아래에서 위로 조직된다는 믿음도 깨진 것처럼, 먹이그물이 회복되는 걸 관찰하면서 크고 작은 가설의 상당수가 사실이 아닌 것으로 드러날지도 모른다.

앨런은 또 한 가지 흥미로운 것을 말해줬다. 울타리 안에 있는 이끼와 지의류 사이에는 소나무 새싹이 있었다. 어디서 온 것일까? 교과서에 의하면 소나무 종자는 보통 어미나무로부터 약 50미터 거리에 떨어진다고 한다. 하지만 모든 씨앗이 다 그럴 순 없다고 앨런은 주장했다. 마지막 빙하기가 끝날 무렵 소나무는 영국의 남쪽에서부터 북상하여 전국에 퍼졌다. 소나무가 솔방울을 맺으려면 20년 정도 걸린다고 보고, 그 솔방울이 북쪽으로 50미터씩 북상했다고 하면 스코틀랜드소나무는 아직 런던에도 못 미쳤을 것이다. 그러나 실제로는 영국에 돌아온 지 500년 만에 벌써 런던보다 훨씬 위에 있는 레이크 디스트릭트까지 도달했다. 울타리 안에서 솔방울이 달린 소나무 중 울타리와 가장 가까운 것도 1.5킬로미터 이상 떨어져 있고, 솔방울을 운반할 능력이 있는 동물은 여기에 살지 않는다. 소나무에게는 지금까지 생태학자들이 파악하지 못한 씨 퍼뜨리는 방법이 있는 모양이다.

처음에는 그 먼 거리를 어떻게 이동할 수 있을지 상상하기 어려웠다. 소나무 씨앗은 무겁고 이동에 용이한 구조가 아니다. 솔방울이 갈라져 열리는 봄철에 하일랜드는 종종 눈으로 덮여 얼었다 녹았다를 반복한다고 앨런은 말했다. 내가 고행하며 직접 경험해봤듯이 이곳엔 봄에도 돌풍이 몰아친다. 씨앗의 모양과 매끄러운 표면으로 봤을 때 어쩌면 빙판 위로 스키 타듯 미끄러져 가도록 적응했을 수 있다는 것이다. 울타리 안쪽에서 본 어린 소나무들은 대부분 큰 바위 틈이나 밑에서 자라고 있었다. 매끄러운 땅을 미끄러져 내려오다가 박힐 만한 곳에서 자라는 것이다.

마치 이 가설을 확인시켜주듯이 황야 위를 불던 바람은 갑자기 얼어붙은 눈으로 무장하기 시작했다. 바람을 등져도 내 몸을 그대로 통과하는 듯했다. 시작했을 때처럼 갑자기 눈보라가 멈추더니 지평선에 무지개가 떴다. 그러다 돌연 비와 우박이 쏟아졌다. 앨런은 날씨 따위는 안중에도 없이 검은뇌조 똥 무더기를 발견하고 그 앞에 서서 종의 생태에 대해 내게 설명하기 시작했다. 무척 흥미로운 얘기였지만 내가 감당할 수 있는 변덕스러운 날씨는 이걸로 충분했다.

작은 계곡을 차로 지나가는데 아까 봤던 검독수리 하나가 바람을 가르며 날아갔다. 앨런은 좋은 징조라고 말했다. 자기 영역을 보호한다는 건 번식할 확률이 높다는 걸 의미했다. 어쩌면 포식자 하나가 우리 곁에 이미 돌아온 건지도 모른다.

다음은 영국에 재도입 가능성을 검토할 만한 대형 포유류와 조류의 목록이다(이 중 몇 종은 이미 자체적으로 돌아오고 있다). 어떤 종은 매우 의외라고 생각할 수 있을 것이다. 일례로 나는 활생의 강력한 후보로서 말코손바닥사슴을 추천하지만 야생말은 추천하지 않는다. 나의 목록에서는 울버린이 곰보다 우선한다. 또한 회색고래와 수리부엉이에게 동등한 점수를 주었다.

| 종 이름 | 영국 내 멸종 추정 시기 | 재도입 적합성<br>(1~10점) | 재도입 현황 |
|---|---|---|---|
| 비버 | 늦어도 18세기 중엽[1] | 10 | 아가일의 냅데일 숲에 공식적으로 도입됨. 테이강 유역에 비공식적으로 풀려나 번성하고 있음. |
| 멧돼지 | 기록으로 남은 마지막 야생 멧돼지는 1260년 딘 숲에서 헨리3세의 명령에 따라 사냥됨.[2] | 10 | 농장과 사육장에서 도망쳐 나가서 생겨난 4개의 작은 개체군이 남 잉글랜드에 서식함. 퇴치하지 않으면 다른 지역으로 퍼져나갈 가능성이 높음. |
| 엘크 (말코손바닥사슴) | 남서 스코틀랜드에서 나온 가장 최근의 뼈가 3,900년 전의 것임.[3] | 10 | 삼림지대에 재도입하기에 적합함. 활생 사업의 일환으로 2008년에 서덜랜드 앨러데일의 영지 2제곱킬로미터 크기의 사육장에 풀어줌. |

| 종 이름 | 영국 내 멸종 추정 시기 | 재도입 적합성 (1~10점) | 재도입 현황 |
|---|---|---|---|
| 순록 | 서덜랜드에서 나온 가장 최근의 화석 증거는 8,300년 전의 것임.[4] | 2 | 스코틀랜드 하일랜드의 케언곰에 자유롭게 서식하는 무리가 하나 있음.[6] 순록은 영국의 빙하기 동물상의 일원으로 기상 원인으로 멸종했을 것으로 보임. |
| 야생말 | 영국 야생말 화석에 대한 최근의 두 기록 중 하나는 오보이며 나머지 하나만 정확함. 가장 최근의 화석은 약 9,300년 전의 것임.[5] | 3 | 현존하는 유일한 야생말인 프시왈스키 말과 같은 아종에 속하는 동물이 햄프셔의 일모어 습지에 서식함.[7] 보전 전문가들이 채택하는 말은 가축 말 중 튼튼한 품종임. 말이 우리의 토착 동물상의 일원인지 아닌지를 놓고 논란이 크지만, 현재까지의 증거에 따르면 기후변화로 멸종한 것으로 보임. |

| 종 이름 | 영국 내 멸종 추정 시기 | 재도입 적합성 (1~10점) | 재도입 현황 |
| --- | --- | --- | --- |
| 유럽 바이슨 (유럽 들소) | 빙하기의 절정기인 15,000~25,000년 전 사이로 추정됨. | 7 | 2011년에 첫 무리가 앨러데일에 풀려남. 현재까지 유럽과 러시아의 다양한 서식지와 기후대에 성공적으로 재도입되었음. 재도입에 있어서 이렇다 할 생물학적 장애물이 없음. |
| 사이가 영양 | 서머싯의 솔저스홀에서 나온 가장 최근 기록은 12,100년 전의 것임.[8] | 1 | 없음. 사이가영양은 춥고 건조한 초원의 동물이고, 빙하기 말기까지 영국에 있었음. 현재의 기후에는 맞지 않을 것으로 보임. |
| 스라 소니 | 알려진 가장 최근의 화석은 6세기의 것이지만 문화적 증거는 9세기까지도 존재함.[9] | 9 | 없음. 간혹가다 양을 공격할 수 있으므로 광범위한 고려가 필요함. |

| 종 이름 | 영국 내 멸종 추정 시기 | 재도입 적합성 (1~10점) | 재도입 현황 |
|---|---|---|---|
| 늑대 | 확실한 마지막 기록은 1621년의 것임.[10] | 7 | 없음. 사람과 가축에게 다소 위협적일 수 있기 때문에 광범위한 사회적 합의 없이는 재도입하지 않아야 함. |
| 곰 | 불명확함. 올리버 래컴과 데릭 앨든은 약 2,000년 전으로 추정함.[11] | 3 | 없음. 공공안전과 인간과의 갈등 문제가 해결되지 않는 한 진지하게 고려되기 어려움. |
| 울버린 | 데릭 앨든은 8,000년 전이라고 추정함.[12] | 4 | 아직 고려되지 않음. 그러나 영국의 북쪽 고지대에 잘 적응할 것으로 예상됨. 데릭 앨든은 울버린이 말이나 순록과는 달리 사냥으로 멸종되었다고 추정함.[13] 양을 많이 죽일 가능성이 있음. 재도입에 넓은 땅이 필요함. |

| 종 이름 | 영국 내 멸종 추정 시기 | 재도입 적합성 (1~10점) | 재도입 현황 |
|---|---|---|---|
| 사자 | 마지막 증거는 네덜란드에서 발견된 10,700년 된 뼈로, 당시에는 네덜란드가 영국과 육지로 연결되어 있었음.[14] | 1 | 동굴사자는 지구상에 남은 유일한 사자 아종보다 컸음. 영국에 사자를 재도입하려는 논의는 아직 없음. |
| 점박이 하이 에나 | 유럽에서 11,000년 전에 멸종되었음.[15] | 1 | 다른 맹수들과 마찬가지로 재도입 시 정치적 난관에 부딪칠 가능성 높음. |
| 코끼리 | 곧은상아코끼리는 약 115,000년 전 마지막 빙하기 때 영국에서 사라졌음. 다른 유럽 지역에서는 4만 년 전에 사냥으로 멸종되었음.[16] (또 다른 종의 코끼리인 매머드는 12,000년 전까지 영국에 있었으나 생태적으로 전혀 달랐다). | 2 | 곧은상아코끼리는 아시아코끼리와 진화적으로 매우 가깝기 때문에 대체 종으로 적합함. 유럽에 코끼리를 재도입하려는 논의는 아직까지 없지만 나라도 나서서 시작하고 싶음. |

| 종 이름 | 영국 내 멸종 추정 시기 | 재도입 적합성 (1~10점) | 재도입 현황 |
|---|---|---|---|
| 검은 코뿔소 | 영국에 있었던 적은 없지만 그와 유사한 2종이 115,000년 전까지 존재했음. 털코뿔소는 22,000년 전까지 영국에 있었고 독일에서는 12,500년 전까지 있었음.[17] | 2 | 영국에 서식했던 메르크코뿔소와 좁은코뿔소는 잎을 뜯어먹는 종이었기에 풀만이 아니라 덤불과 나무도 먹었을 것으로 추정됨. 그렇다면 흰코뿔소보다는 검은코뿔소가 재도입에 더 적합한 대체종이라 할 수 있음(흰코뿔소의 먹이행동은 빙하기 때 고원의 초지에서 풀을 뜯던 털코뿔소와 더 가깝다). |
| 하마 | 코끼리처럼 마지막 빙하기인 10만 년 전에 사라졌고 유럽 다른 지역에서는 그 이후에 사냥으로 멸종되었음. | 1 | 없음. 영국의 하마는 현재 아프리카 하마와 같은 종임. 영국에서 하마에게 적합한 서식지는 매우 적음. 하마는 매우 위험할 수 있음. |

| 종 이름 | 영국 내 멸종 추정 시기 | 재도입 적합성 (1~10점) | 재도입 현황 |
|---|---|---|---|
| 귀신 고래 | 가장 최근의 고고학적 기록은 1610년에 데본에서 죽은 고래임.[18] | 7 | 사냥으로 멸종되기 전까지 영국 해역에서 서식했던 것으로 보임. 2005년에 센트럴 랭커셔 대학의 앤드루 램지 박사와 오언 네빈 박사는 태평양에서 귀신고래 50마리를 아이리시해로 옮기겠다고 발표함. "불가능하다고 말하는 사람들이 있지만 저희는 매우 진지합니다"라고 네빈 박사가 말했음.[20] 이후의 소식은 아직 없음. |
| 바다 코끼리 | 셰틀랜드섬에서 청동기 말기 화석이 발견됨.[19] | 2 | 바다코끼리가 영국에서 번식했을 가능성은 낮으며, 먹이를 쫓아 이곳까지 도달했을 것으로 보임. |

| 종 이름 | 영국 내 멸종 추정 시기 | 재도입 적합성 (1~10점) | 재도입 현황 |
|---|---|---|---|
| 유럽 철갑 상어 | 영국의 강에 언제까지 번식했는지 불분명하나, 가장 최근으로는 19세기까지도 있었다고 보기도 함. 이제는 과도한 남획, 오염, 댐과 둑으로 인해 전부 심각한 멸종위기에 처해 있음. | 8 | 없음. 비록 어려운 일이나 이 거대한 물고기를 복원한다면[21] 엄청난 쾌거이자, 강과 바다의 생태계가 회복되었다는 증거가 될 것임. 이미 발트해와 북해에 복원 계획이 있으며,[22] 프랑스의 지롱드-가론-도르도뉴강 유역에서 번식하는 마지막 개체군을 늘리려는 시도도 이루어지고 있음.[23] |
| 푸른 사슴 벌레 | 벌목 등 강도 높은 삼림 관리, 그로 인한 고사목의 감소로 19세기 즈음에 사라진 것으로 추정됨. | 10 | 매우 크고 강렬한 금속 색깔의 풍뎅이로, 기존 방식의 관리를 중단하는 숲이 있어야 복원이 가능함. 다른 많은 종처럼 숲의 수관부를 해치는 조직적인 저림작업으로 감소됨. |

| 종 이름 | 영국 내 멸종 추정 시기 | 재도입 적합성 (1~10점) | 재도입 현황 |
|---|---|---|---|
| 흰꼬리 수리 | 한때는 광범위하게 분포했지만 사냥과 알 수집으로 1916년까지 존재하고 사라짐.[24] | 10 | 1975년에 럼에 처음 도입. 스코틀랜드 서해안과 섬에 처음 정착하기 시작했고 이제는 스코틀랜드 동해안에도 도입되고 있음. 이스트앵글리아에서도 시도되었으나 땅주인들의 반대와 재정난으로 중단됨.[28] 적은 수의 양을 사냥할 수 있음. |
| 물수리 | 알 수집으로 인해 1916년까지 존재하고 사라짐.[25] | 10 | 1954년에 스코틀랜드, 2004년에 웨일스에 재정착함. 1996년에 잉글랜드에 도입됨. |
| 캐퍼 케일리 | 1758년.[26] 마지막으로 남았던 한 쌍이 밸모럴에서 열린 왕실 결혼식을 위해 사살됨.[27] | 10 | 1837년 이래로 재도입되고 있음. 스코틀랜드에 2,000마리가 남아 있지만 추운 봄 날씨, 축축한 여름, 사슴 울타리 충돌 등으로 또다시 급감하고 있음. |

| 종 이름 | 영국 내 멸종 추정 시기 | 재도입 적합성 (1~10점) | 재도입 현황 |
|---|---|---|---|
| 참매 | 주로 사냥터 관리인들에 의해 19세기에 박멸됨. | 10 | 의도적인 방사나 새 조련사들로부터 탈출한 개체 등으로 인해 20세기에 재도입됨. 현재 영국에 410마리가 번식하고 있음.[32] 여전히 불법 사냥되고 있음. |
| 수리 부엉이 | 9,000~10,000년 된 중석기시대의 기록이 마지막으로 남아 있음.[29] 그런데 서머싯의 미어에서 철기시대의 뼈로 보이는 것이 발견됨.[30] | 7 | 개인 사육장에서 빠져나와 몇몇 지역에서 번식하고 있음. 다른 맹금류와 가축에게 미치는 영향에 논란이 있음. 데릭 앨든과 움베르토 알바렐라는 『영국 조류의 역사The History of British Birds』에서 "탐조가들은 이 외래종은 위험하므로 도입하면 안 된다고 생각하지만 모든 증거는 반대 방향을 가리킨다"고 밝힘.[33] |
| 들꿩 | 영국에 살았을 가능성이 높지만[31] 마지막 빙하기 이후 화석 또는 문화적 증거 없음. | 3 | 없음. |

| 종 이름 | 영국 내 멸종 추정 시기 | 재도입 적합성 (1~10점) | 재도입 현황 |
|---|---|---|---|
| 느시 | 마지막으로 번식했던 한 쌍이 1832년까지 서퍽에 서식했으나[34] 사냥으로 멸종됨. | 9 | 2004년에 솔즈베리평원에 재도입된 이래로 점차 잉글랜드의 다른 지역으로 퍼져나감. 원래 초원에 사는 종이고 인간의 영향 없이는 기후 변화 등으로 멸종했을 수 있지만 농경지에서 사는 것을 선호하므로 잠재적 서식지가 매우 많음. |
| 검은목 두루미 | 1542년 영국에서 마지막으로 번식한 기록이 남아 있음.[35] 영국의 지명 중 'crane'(두루미)이 들어간 곳은 이 새가 존재했음을 의미함. | 10 | 1979년에 노퍽브로즈로 이주하여 정착했고 그 이후로 계속 번식하고 있음. 지금은 잉글랜드 동부의 다른 두 지역에서도 번식 중임. 2010년에 서머싯에 재도입됨.[36] |

| 종 이름 | 영국 내 멸종 추정 시기 | 재도입 적합성 (1~10점) | 재도입 현황 |
|---|---|---|---|
| 황새 | 1416년 에든버러에서 마지막 번식 기록됨.[37] | 10 | 2004년에 한 쌍이 요크셔에서 공사를 위해 전기를 끊어놓은 전신주 위에 둥지를 틀려고 했음.[40] 2012년에 한 마리가 노팅엄셔의 한 식당 위에 둥지를 만들려고 했음.[41] 비번식 개체의 방문은 빈번하게 일어남. |
| 저어새 | 1602년 펨브로크셔와 1650년 이스트 앵글리아에서 마지막 번식 기록됨.[38] | 10 | 2010년에 노퍽 호컴에 6쌍이 모여서 번식했음. 2011년에 8쌍으로 늘어나고 새끼 14마리를 낳음.[42] 2012년에 9쌍이 번식하고 새끼 19마리가 자라 둥지를 떠남.[43] |
| 해오 라기 | 16~17세기에 그리니치에서 마지막으로 번식함. 중세시대 잔칫상에 올리던 '브루' 요리의 재료였던 것으로 추정됨.[39] | 10 | 가끔 찾아오는 철새. 유럽 곳곳에서 번식함. 영국에서 사냥당하지 않기 때문에 다시 번식할 가능성이 있음. |

| 종 이름 | 영국 내 멸종 추정 시기 | 재도입 적합성 (1~10점) | 재도입 현황 |
|---|---|---|---|
| 달마 시안 펠리컨 | 케임브리지셔 습지의 청동기시대 잔해와 서머싯 평원 글래스톤베리 부근의 철기시대 잔해가 남아 있음. 같은 장소에서 중세시대 뼈 한 개가 발견되기도 했음.[44] | 10 | 없음. 펠리컨은 한때 유럽 전역에 분포했지만 지속적으로 범위가 줄어들었음. 인간의 방해에 취약하고 습지의 물이 빠지는 바람에 서식지가 많이 감소함. 2,000년 전에 라인강, 스헬데강, 엘베강에 서식했다고 플리니우스는 기록하고 있음.[45] 현재 가장 가까운 번식 개체군은 몬테네그로의 다뉴브강에 있음. 이는 펠리컨이 자연적으로 영국까지 진출하기는 어렵다는 의미이므로 인간에 의해 도입되어야 할 것임. |

　이 목록은 타당성에 의거해 작성된 것이다. 높은 점수는 성공할 확률이 높고, 정치적으로 수용 가능하며, 지금의 (변화하는) 기후에서 영국의 땅과 바다에 야생의 원리를 역동적으로 회복시키는 데 도움이 된다는 근거를 바탕으로 제일 먼저 재도입하기에 적당한 동물을 가리킨다. 북극곰은 해당사

항이 없다.

해당 종의 개체군이 일단 유전적으로 안정된 크기에 도달하고 인간의 위협으로부터 보호받게 되면 그때부터는 그야말로 스스로 자기 앞가림을 하도록 놔둬야 한다. 그렇게 했는데도 살아남지 못한다면 애초에 재도입이 적절했는지에 대한 질문에 자연스럽게 답하는 셈이다.

빙하기 또는 냉대림 시대 이전의 동물, 즉 추운 기후가 지속된 시기에 툰드라와 고원 서식지에 적응한 종은 목록에서 의도적으로 배제했다. 지구온난화와 그에 따른 서식지의 변화 때문에 사라진 적이 있는 종이라면 지금의 기후변화 시대에 생존할 가능성이 적다. 심지어는 사냥으로 멸종된 종보다도 말이다. 순록과 야생말에 점수를 박하게 준 이유가 바로 이것이다. 이들은 빙하가 걷히자마자 영국에 돌아왔지만 춥고 건조했던 냉대림 이전의 초원이 숲으로 변하면서 다시 사라졌다.

오래전에 살았던 종이 사라진 원인을 정확히 알기란 힘들다. 어떤 종은 기후변화와 사냥 모두에 영향을 받았을 것이다. 따라서 근거를 바탕으로 추측을 할 수밖에 없다. 예를 들어 야생말과 순록의 생존 기록은 좀 더 최근까지 살았던 말코손바닥사슴, 오록스, 붉은사슴과 같이 사냥을 당했던 동물과 비교해야 한다. 초원이 숲으로 변하면서 말과 순록이 사라졌는지, 말과 순록이 사라져서 초원이 숲으로 변했는지 답하기 어렵다. 하지만 인간의 사냥으로 풀을 뜯는 동물들이 사라졌기 때문에 북부 시베리아 고원이 툰드라로 바뀌었다고 주장하는 연구자들조차도 남부 고원이 숲으로 바뀐 것은 기후변화 때문이라고 말한다.* 또한 화석 기록이 매우 불완전하기 때문에 정확한 멸종 시기를 알지 못한다.

여기서 나의 목적은 우리의 생태학적 상상력을 열기 위해 가능한 것의 범주를 넓히는 데에 있다. 그러려면 고생태학에 대한 이해가 필요하다. 현재에 파묻혀 있는 생물학자와 자연주의자들이 쉬이 간과하는 사실은 과거에 남극을 제외한 모든 대륙에 대형 동물이 살았다는 것이다.

내가 대학에서 동물학을 공부할 때, 왜 큰 동물은 죄다 열대에 있고 온대에는 없는지를 설명하려는 생태학적, 생리학적 글들을 다수 읽었다. 그 설명들은 흥미로웠고 어떤 것은 설득력이 있었다. 그러나 그 저자들과 마찬가지로 나도 한 가지를 놓치고 있었다. 그들이 설명하려 했던 내재적 차이란 실은 존재하지 않았던 것이다. 아주 최근까지도 어디든 큰 동물들이 살았고, 경우에 따라 아주 많기도 했다. 지금도 그렇게 될 수 있다. 시베리아의 노보시비르스크 동물원에는 1950년 대부터 지금까지 사자가 야외 방사장에서 번식하며 살아왔다. 전 세계 거의 모든 곳에서 큰 동물은 인간의 사냥으로 멸종한 것으로 알려져 있다. 이 동물들은 자연의 생태학적 이유나 생리적 한계 때문에 온대 지역에서 사라진 것이 아니라 사

---

* 지모프를 비롯한 과학자들은 "홍적세 말에 지구온난화의 영향으로 원래 대부분 초원이었던 곳까지 냉대림이 확장된 것으로 추정된다"고 말한다.[46] 또 다른 문헌에서 지모프는 다음과 같이 주장한다. "남쪽 고원은 사정이 다르다. 여기는 토양이 더 따뜻해서 초식동물이 없어도 식물이 더 빠르게 썩을 수가 있다."[47]

람들이 없애버린 것이다.

어쩌면 오스트레일리아와 마다가스카르를 제외하고, 아메리카의 대형 동물만큼 신기하고 놀라운 생물은 없을 것이다. 여러 종의 매머드와 더불어(털이 난 전형적인 매머드보다 훨씬 큰 종을 포함하여) 마스토돈, 상아가 4개 달리거나 꼬인 상아를 가진 코끼리 등의 거대 초식동물 군집이 함께 살았다. 흑곰만 한 크기의 자이언트 비버Castoroides ohioensis는 코에서 꼬리까지 길이가 2.5미터이고 15센티미터 크기의 이빨이 나 있었다. 수컷의 몸무게가 2톤에 육박하고 키 2.5미터, 뿔의 길이만 2미터인 거대 바이슨Bison latifrons도 있었다. 북미 대륙 전체에 덤불소Euceratherium collinum와 사향소가 살았다(정확히는 둘 다 소는 아니다. 양 또는 염소와 더 가깝지만 훨씬 큰 동물들이다). 남미에는 코끼리 코 같은 것이 달린 거대 라마Macrauchenia가 있었다. 소형 자동차 크기의 조치수彫齒獸 아르마딜로Glyptodon/Doedicurus는 육지거북의 등껍질 같은 단단한 갑옷을 둘렀다. 땅늘보Megatherium/Eremotherium는 몸무게가 코끼리만큼 나가고, 뒷다리로 서면 무려 6미터에 이르는 키와 거대한 발톱으로 나무를 통째로 쓰러뜨렸다.

지구상에서 가장 큰 고양잇과 동물 중 하나인 거대 아메리카사자Panthera leo atrox도 있었지만, 이조차 30센티미터 크기의 송곳니에 불곰만 한 몸집으로 떼 지어 사냥하던 거대 검치호랑이Smilodon populator에 비하면 귀여운 수준이다. 좁은머리곰Arctodus simus이 뒷발로 서면 키가 4미터나 되었다. 미국 미주리주의 리버블러프 동굴에 가면 이 동물이 4.5미터 높이에 발톱으로 할퀸 자국이 있다. 이렇게 무시무시하고 어마어마하게 큰 이빨과 발톱을 가진 것을 두고 한 가설은 이 종이 특화된 청소동물이었다고 주장한다.[48] 사자나 검치호랑이가 사냥을 하면 그들을 몰아내고 먹이를 차지하는 데 큰 이빨과 발톱이 필요했다는 것이다.[49]

북미 로크Aiolornis incredibilis라는 대형 새는 날개폭이 5미터에 달하고 날카롭게 구부러진 부리는 사람의 발 크기만 했다. 또 다른 대형 맹금류인 아르헨티나 로크Argentavis magnificens의 두개골은 아직 발견되지 않았지만, 현재 출토된 뼈로 봤을 때 날개 길이가 8미터, 몸무게는 76킬로그램에 달했다.[50] 태평양 연안에서는 2.7미터 길이의 검치연어Oncorhynchus rastrosus가 강을 유영했다.

이 놀라운 짐승들은 약 10,000년에서 15,000년 전 사이의 동시대에 전부 사라졌다. 이들의 멸종 시기는 최초로 고도의 기술력을 갖춘 인류, 바로 정교한 돌 무기로 무장한 사냥꾼들의 도착 시기와 일치한다. 과거의 많은 고생물학자들이 생각했던 것과는 달리, 아메리카에서 대형 동물을 싹 사라지게 한 주요 원인은 기후변화가 아니었다.[51] 그들은 과거에도 환경의 변화를 겪었고 그 후에도 여전히 살 수 있는 서식지가 남아 있었다. 사냥이 그들을 멸종시킨 것이었다.*

---

\* 윌리엄 리플William Ripple과 블레어 밴 밸켄버그Blaire Van Valkenburgh는 포식압과 영양단계 캐스케이드로 인해 대형 초식동물의 개체군이 작았을 가능성이 높다는 점을 지적한다. 개체군이 작으면 인간에 의해 멸종되기가 더 쉬웠을 것이다.[52]

신대륙의 동물들은 기초적인 기술을 가진 소수의 무리를 이따금씩 본 것을 제외하고 한 번도 인간을 만난 적이 없었다. 그래서 유럽인들이 정복한 여러 섬의 동물들처럼 아마 도망가지도 않고 다가오는 인간들을 지켜보기만 했을 것이다.

중석기시대의 아메리카 원주민들은 그 수가 워낙 적어서, 생존을 위해 사냥을 해봤자 전체 동물 무리에 거의 영향을 주지 않았을 것이다. 땅늘보 한 마리면 사냥꾼 부족 전체가 먹기에 충분했다. 그런데 아메리카 대형 동물이 멸종된 속도를 보면 아마도 동물을 발견하는 족족 죽인 것으로 보인다.* 신대륙에 발을 디딘 사람이면 누구나 테세우스나 헤라클레스 행세를 할 수 있었을 것이다. 괴물 같은 짐승을 죽이고 무용담을 후대에 들려주면서 말이다. 모리셔스의 도도새나 남극해의 고래를 발견한 뱃사람들이나, 뉴펀들랜드섬 그랜드뱅크스를 처음 탐험한 낚시꾼들처럼, 아직 인간의 손이 닿지 않은 곳의 야생동물을 처음 발견한 사람들은 아무리 잡고 죽여도 동물들이 끝없이 있을 거라고 생각했을 것이다.[53] 일부 아메리카 원주민들처럼 자연과 조화를 꾀하는 태도는 그보다 한참 후에 나왔는지도 모른다.

---

* 물론 이에 대해서도 다른 가설이 제기되어 있음을 주지해야 한다. 즉 초식동물의 수가 원래부터 적어서 멸종에 이르기 쉬웠을 수도 있다는 가설 말이다. 인간의 사냥으로 평소에 큰 동물을 먹던 동물이 자신의 주식을 먹지 못하게 되면 좀 더 작은 동물을 더 많이 잡아먹어야 했을 수도 있다(알래스카의 늑대들이 사냥꾼들에세 말코손바닥사슴을 빼앗기면 그렇게 하듯이 말이다). 이런 경우 캐스케이드로 멸종이 먹이사슬을 통해 단계적으로 진행됐을 수도 있다.

이런 말살은 혐오스러운 것이지만 우리의 위대한 전설들이 바로 이런 모험에 기초하지 않았던가? 오디세우스, 신드바드, 지크프리트, 베어울프, 쿠컬린, 성 조지, 아르주나, 락롱꽌, 글로스캅 등이 오늘날의 전설에도 수천 가지 버전으로 등장하지 않는가? 어느 대륙이든 우리의 조상들은 자신보다 몇 배나 크고, 뿔과 상아와 발톱과 송곳니로 무장한 짐승들과 싸운 승리와 비극의 이야기들을 후대에 전수해왔다. 수백 세대를 거쳐 변화하고 진화한 이 서사시들은 지금도 그 핵심적인 틀이 유지되고 있다. 호메로스의 서사시가 파피루스에 새겨지기 전부터 선사시대 짐승들과 겨룬 인류의 투쟁이 우리의 무의식에 각인되지 않았을까?

옛 모험을 되살리기 위해 로마인들은 아프리카를 뒤져서 찾아낸 괴물들을 원형극장 안에다 풀어놓았다. 스페인 사람들은 거대 오록스의 성질을 본뜬 검은 수소를 육종했다. 마사이족은 사자 사냥을 하기 위해 감옥살이, 불구와 죽음의 가능성을 무릅쓴다. 유럽 전역에서 최근까지도 곰, 오소리, 개 등 태곳적 전율을 일으킬 만큼 사나운 동물들을 다 동원한 잔인한 스포츠를 즐긴다. 오늘날 괴물의 부재는 우리가 생태적 지루함으로부터 벗어나기 위해 스스로 모험과 도전을 개발하고, 승화시키고, 다른 방식으로 회자하게끔 만들어준다.

그러면 흥미로운 질문이 떠오른다. 대형 동물이 아메리카, 오스트레일리아, 뉴질랜드, 마다가스카르와 유럽에서 전부 사라진 반면 왜 아프리카와 아시아 일부 지역에는 부분적으로라도 여전히 남아 있는가? 우리가 그들의 존재를 미리 알지 못했다면 조치수나 코끼리새, 유대류사자를 보았을 때 느낄 법한 신비로움과 경외감을 불러일으켰을 동물들이 지구상에 실제로 남아 있는 것이다. 코끼리, 코뿔소, 기린, 하마, 일런드영양, 치타, 호랑이 모두 지구의 다른 곳에서 살았다면 박멸되었을 것이다. 다행히 아프리카와 남아시아에서는 이 동물들이 고인류와 더불어 진화했다. 그들은 이 끝없는 욕망을 가진 유인원, 과거의 행동을 돌아보고 미래의 발전을 추구하는 이 작은 괴물을 무서워할 줄 알았던 것이다.

홍적세 시기의 야생으로 자연을 되돌리고 싶은 사람들은 인류 출현 이전의 아메리카 동물상에 천착한다.[54] 멸종으로 인해 영양단계 캐스케이드와 신대륙의 생태계를 작동시키던 여러 다른 기전이 중단되었다고 그들은 말한다. 지금은 사라진 대형 동물과 나란히 진화했으며 지금까지 현존하는 동물은 더 이상 포식자나 생존 경쟁에 속박받지 않는 생태적 진공 상태에서 살아간다. 가령 시속 95킬로미터의 엄청난 속도를 자랑하는 가지뿔영양은 아메리카치타의 존재에 적응한 동물이었을 것이다. 이런 곳에서 활생을 하려는 사람들은 아메리카치타를 대체할 종을 도입하길 원한다. 멸종된 동물과 분류학적으로 가까운 외래종이나, 유사한 생태적 역할을 할 수 있는 종을 데려오고자 한다.

그들은 인간이 도착하기 전까지 북아메리카에 널리 서식하던 거대 낙타 카멜롭스의 빈자리를 채우기 위해 쌍봉낙타를 도입하는 것에 대해 얘기한다. 아프리카에서 치타를 수입해서 가지뿔영양을 사냥하도록 하고, 사자더러 야생말들을 쫓도록 하며(어쩌면 현존하는 종 중에 거대 검치호랑이나 좁은머리곰을 대체할 동물이 없다는 사실에 대해 북미 사람들이 고맙게 여겨야 할지도 모른다), 아프리카코끼리와 아시아코끼리로 하여금 매머드와 마스토돈과 같은 괴물을 대신하게 하는 것을 제안한다. 이 동물들이 미국의 생태계를 되살리고 자연보전과 활생에 대한 사람들의 관심을 높이는 것은 물론, 여러 대륙에서 살게 하면 그만큼 멸종으로부터 그들을 더 잘 보호할 수도 있을 것이라고 그들은 주장한다.

이와 같은 제안이 북미에서 크게 환대받지 않았음을 쉽게 예상할 수 있다. 사자와 코끼리를 풀어놓을 때 당연히 따라올 문제들은 차치하고서라도, 겉으로 유사한 종이라도 유전적으로는 큰 차이를 보일 수 있다고 지적한 생태학자들이 있다. 예를 들어 아메리카치타(아프리카치타보다 큰 종)는 퓨마와 더 진화적으로 가깝다.[55] 또 대체 종이 아메리카대륙에 인간이 도착하기 전의 생태계와 기후 조건과는 매우 다른 조건에서 진화했을 수도 있다. 멸종된 종들이 한때 수행하던 생태적 기능을 전혀 다른 외래종이 현재 미국에 남아 있는 생태계에서도 똑같이 수행한다면 오히려 놀라울 것이다. 어쨌든 추가적으로 들여다볼 가치가 있는 생각이며 필요하다면 약간의 실험도 해볼 만하다고 생각한다.

유럽에서 사라진 대형 동물을 재도입하는 일은 생물학적으로 더 용이하다. 이미 멸종된 아메리카 대형 동물들과는 달리, 유럽 대륙을 누비던 괴물들은 아프리카나 아시아에 가까운 친척을 두고 있기 때문이다. 트래펄가 광장 터에 한때 잠겨 있었던 하마는 오늘날 아프리카하마인 히포포타무스 암 피비우스Hippopotamu amphibius와 같은 종으로, 약 3만 년 전에 사냥으로 멸종되기 전까지는 유럽의 여기저기에 살았다.[56] 유럽에 살다가 사라진 마지막 온대 코뿔소는 흑코뿔소와 유 사하며 비슷한 생태적 기능을 할 가능성이 높다. 아프리카코 끼리는 친척인 곧은상아코끼리를 대체하기에 적당한 종일 수 있다.

유럽에 코끼리를 재도입하려면 사회적 설득 작업이 선행 되어야 한다. 코끼리는 충분한 양의 식물 먹이를 찾기 위해 긴 거리를 이동해야 할 것이다. 특히 겨울철에 말이다. 정원 사, 농부, 삼림관리원 등이 코끼리를 환대할 리 만무하지만 그동안 집착했던 민달팽이와 진딧물로부터 주의를 환기하는 효과는 있을 것이다. 하지만 농부들이 농촌을 떠나면서 넓은 땅을 야생으로 되돌릴 때, 사라진 종 중 가장 강력한 동물을 고려조차 하지 않는다면 정말 안타까운 일이 될 것이다.

세르게이 지모프를 비롯한 여러 선구적 생태학자들이 동 북부 시베리아에 세우고 있는 '홍적세 공원Pleistocene Park'의 경 우는 비교적 논란의 여지가 적다. 여기서 활생을 하고자 하는 사람들은 1988년에 야쿠트말 — 빙하기 말에 이곳에서 살았 던 야생말과 근연관계가 가장 가까운 종으로 여겨진다 — 을 160제곱킬로미터 넓이(리히텐슈타인 공국과 같은 넓이)의 공원에 풀어주었다. 이곳에는 이미 순록, 말코손바닥사슴, 야 생 눈산양(북미의 큰뿔양과 유사한 종)이 스라소니, 늑대, 곰, 울버린과 더불어 살고 있었다. 그 이후로 사향소, 숲 바이슨,

붉은사슴이 추가로 재도입되었다.[57] 앞으로 600제곱킬로미터의 땅을 추가하여 미노르카섬보다 큰 공원으로 확장될 예정이다.

이제 지모프 연구팀은 한때 그 지역에 살다 사라진 종 또는 그들의 친척 종을 도입하는 것을 자의 반 타의 반으로 고려하고 있다. 여기에는 사이가영양, 쌍봉낙타, 아무르표범, 시베리아호랑이 그리고 사자도 포함되어 있다. 지모프의 실험이 예견했듯이 풀을 뜯어먹는 동물들이 새로 들어서면서 이끼와 지의류로 뒤덮였던 툰드라가 초원으로 덮인 고원으로 이미 변하고 있다. 이 변화로 인해 기후변화가 더 가속화되지는 않는지 면밀히 조사할 필요가 있다. 초원을 복원함으로써 지구온난화를 경감할 수 있을 것이라는 그의 추정은 너무 낙관적이다.[58] 세르게이 지모프 본인도 10년 전에 발표한 논문에서 이와 모순되는 입장[59]을 편 적이 있다.*

현재 시베리아 생태계에서 빠져 있는 어떤 특별한 동물의 복원을 진지하게 고려하는 이들도 있다. 얼음에 갇힌 사체에서 유전자를 추출하고 아시아코끼리의 난자에 주입해 멸종된 매머드를 재탄생시킨다는 발상으로, 제아무리 많은 문제

---

* 고원이 이끼로 덮인 툰드라보다 건조하므로 강력한 온실가스인 메탄가스의 생성 및 배출량이 적어질 것이라고 지모프와 동료들은 주장한다. 색이 옅어지면서 열도 적게 흡수한다.[60] 하지만 이런 효과가 있더라도, 지모프가 자신의 1995년 논문에서 스스로 보여주듯이, 이끼가 초지보다 높은 단열효과로 영구동토층이 녹는 것을 방지함으로써 메탄가스와 이산화탄소의 배출을 막아주는 작용에 의해 그 효과는 상쇄될 수 있다. 이 단계에 와서 어느 효과가 우세할지는 분명치 않다.

를 수반한다 하더라도 이보다 더 상상력을 자극하는 일은 없다.[61] 하지만 이 프로젝트에 투자된 돈과 세간의 관심을 감안했을 때, 그냥 아시아코끼리를 유럽과 아시아에 재도입하는 방안은 실행은커녕 검토조차 되지 않는 것이 의아하다. 게다가 대상 지역에 아시아코끼리의 자매종이 원래 살다가 사라졌다는 것을 고려하면 더욱 그렇다. 눈앞의 코끼리를 놓치고 있는 이 상황은 내가 여태껏 접한 기준점 이동 증후군의 가장 두드러진 사례이다. 이 밖에도 우리가 간과하고 있는 게 또 얼마나 있을지 그 누가 알겠는가?

북미에서 벌어지고 있는 이러한 논쟁은 매우 중요하고 보편적인 또 한 가지 질문을 제기한다. 우리가 원하는 건강한 생태계란 반드시 토착종으로 이루어져야 하는가? 어떤 외래 동식물은 가는 곳마다 생태적 다양성을 파괴한다. 천적이나 기생충이나 질병에 구애받지 않는 동물이 아무런 방어책도 갖추지 못한 토착종을 공격하면 생태계를 금방 압도해버릴 수 있다. 그 결과 남아 있는 생태계라고는 큰 놈이 작은 놈을 잡아먹는 것밖에는 없는 지경에 이르기도 한다(영국의 개울에 침입한 붉은시그널가재의 경우에서 볼 수 있듯이).

외래종이 들어오면서 생기는 일련의 과정은 고딕소설처럼 전개되기도 한다. 예를 들어 중국과 미국의 양식장과 관상용 연못에 들여온 동남아시아 토착종인 지느러미메기는 밤새 땅으로 기어나가 다른 물고기들이 갈 수 없는 물가로 이동한다.[62] 움직이는 건 거의 무엇이든 다 먹는다. 몰래 양식장에 잠입해 소리 소문 없이 물고기들을 해치운다. 먹을 게 없으면 진흙 바닥으로 파고들어가 수개월 동안 잠자코 있다가 생태계의 사정이 좋아지면 다시 왕성한 모습을 드러낸다.

과거 중남미에만 살았던 수수두꺼비는 농작물의 해충을 방제하기 위해 열대지방 곳곳에 도입된 종이다. 문제는 이 두꺼비가 해충이 아닌 종까지도 닥치는 대로 관리한다는 것이다. 이들은 거의 천하무적이다. 한 녀석은 담배꽁초도 좋다고 삼킨 적이 있다.[63] 이 두꺼비를 먹으려 한 거의 모든 동물은 죽는다. 먹이동물뿐 아니라 포식자에게도 똑같이 위험한 것이다. 다른 양서류와는 달리 짠물에서도 번식할 수 있다. 마치 카렐 차페크Karel Capek의 소설 『도롱뇽과의 전쟁War with the Newts』에서 기어 나온 것만 같다.

세계의 가장 중요한 바닷새 서식지인 남대서양의 고프섬은 현재 예상 밖의 포식자로 위협받고 있다. 바로 평범한 집쥐이다. 고래잡이배에서 150년 전에 탈출한 이들은 급속하게 3배의 크기로 진화하며 초식에서 육식으로 바뀌었다. 섬의 바닷새들은 포식자에 대한 방어책이 전혀 없어, 쥐는 그냥 걸어 들어가 새끼들을 산 채로 먹기 시작한다. 개중에는 쥐보다 300배나 무거운 앨버트로스 새끼도 있다. 이 대학살을 목격한 생물학자의 표현을 빌리자면 "마치 얼룩고양이가 하마를 공격하는 것 같았다"고 한다.[64]

아주 일상적인 침입자가 풍부한 천연의 생태계를 황폐화시킬 수 있다. 흑해 연안과 비슷한 위도에 자생하는 만병초 Rhododendron ponticum는 영국에 들어와 숲을 휩쓸고 다니면서 다른 식물을 독으로 죽이고 있다. 이 식물이 붙어 자라는 큰 나무가 죽기도 한다. 진달래속의 이 식물이 줄기를 두텁게 덮어 축축하게 유지되는 바람에 생긴 동고병으로 나무 군락 전체가 죽는 것을 본 적도 있다. 참나무를 죽이는 곰팡이도 이 식물에서 발견되는데 무슨 이유에서인지 영국에서는 그 곰팡이가 참나무를 제외한 다른 여러 나무를 죽인다. 영국에서 산사나무에는 149종, 자작나무에는 229종, 참나무에는 284종의 곤충이 서식하지만 이 식물에는 단 한 종도 살지 않는 것으로 알려져 있다.[65]

바로 그것이 여기서 그토록 잘 사는 이유이다. 원래 자생지에서 이 식물의 무제한적 생장을 억제하던 초식동물로부터 탈출했기 때문이다. 그러나 흥미롭게도 만병초가 영국에 정착한 시기는 마지막 간빙기 때이다.[66] 한때 수집가들이 들여온 이 식물은 빙하가 내려오면서 천적과 그것에 기생하는 동물 및 경쟁자가 다 죽자 아무런 어려움 없이 다시 돌아와 식물상의 무적의 신으로 군림하고 있다. 혹시 옛 코끼리나 메르크코뿔소나 좁은코뿔소와 같이 사라진 초식동물 중 누군가가 이 식물을 먹을 수 있지 않았을까? 이 식물이 생태적으로 통제되지 않으면 뻗치는 곳마다 식물상을 완전히 뒤집어 놓을 것이다.

해외에서 생태계를 파괴하는 종들이 원산지에서는 어떻게 그렇게 얌전하고 무해한지 참으로 놀라울 따름이다. 많은 집주인들에게 절망을 안긴 건부병의 원인균은 원래 히말라야의 소나무와 주목에 사는 균류이다. 원산지에서는 너무나 귀해 1953~1992년 사이에 단 3건의 발견만 기록되었으며[67]

야생에서는 멸종위기에 처해 있다. 털부처손은 영국의 강변을 수놓는 천연 관상식물이지만 북미와 뉴질랜드에서는 통제 불가능한 광란의 위험 식물이 되어 습지를 덮고 강을 질식시키고 있다.

그러나 외래종 중에 새롭게 정착하는 곳에 거의 해를 입히지 않는 종도 많다. 최근까지만 해도 나는 금눈쇠올빼미가 영국의 토착종이 아니라는 사실을 몰랐다. 19세기에 영국에 들여온 종이었다. 하지만 현재 이 새의 존재는 영국에서 전혀 문제가 되고 있지 않다. 비교적 적은 수로 분포하며 토착종을 몰아내지 않는다. 여기 출신이 아닌 것을 알게 되었다고 해도 이다음에 관찰하게 될 때 느끼는 흥분은 조금도 반감되지 않을 것이다.

우리가 자생식물이라고 여기는 많은 종(157종 가량)은[68] 실은 식물학자들이 '고귀화식물archaeophyte'이라 부르는 생물들이다. 고귀화식물은 1500년도 이전에 영국에 도착한 외래종을 가리킨다. 신석기시대에 몇몇 종이 영국에 들어왔는데, 최초의 농부들이 가져온 곡물에 그 씨앗이 섞여 있었거나, 여행자들의 발이나 그들이 가져온 동물 털과 가죽에 붙어서 왔을 것이다.

어떤 고귀화식물은 자연을 사랑하는 사람이라면 누구나 아는 종으로서 외래종의 목록에서 발견한다면 상당히 놀랄 것이다. 개양귀비, 우엉, 수레국화, 쓴쑥, 뚜껑별꽃, 냉이, 둥근빗살괴불주머니, 선옹초, 광대나물, 당아욱, 무른버들, 살갈퀴, 야생팬지, 메이위드, 달맞이장구채 등이 좋은 예이다.[69]

영국의 자생식물을 살리기 위해 정원에 뿌리는 용도로 파는 야생화 씨앗 모음에서 이들의 씨앗을 발견할 수 있다. 아름다운 이름이 말해주듯이 이 식물들은 우리가 태어나기 전부터 들여왔던 종들로서 우리의 문화에 각인되어 있다.

고귀화식물 중에는 오늘날 아주 귀한 종도 있다. 예를 들어 영국의 멸종위기종 적색목록에 등재되고[70] 우선순위 보전종으로 분류된[71] 아도니스풀은 철기시대에 들여온 것으로 보인다. 인간이 들여왔다고 밝혀진 이러한 식물을 보호하려는 행위는 비논리적인가? 무해하고 보는 이에게 즐거움을 선사하는 것만으로도 보전의 가치가 충분할 것이다. 하지만 바로 이것이 아직 문제로 인식조차 되지 않는 자연보전과 정원 가꾸기 간의 혼란을 가중시키는 것도 사실이다.

동물 중에도 토착종으로 착각되는 종이 있다. 저명한 포유류학자 데릭 앨든Derek Yalden은 사람들이 숲멧토끼를 데리고 들어왔다는 주장을 뒷받침하는 강력한 증거를 제시한다.[72] 빙하가 걷힌 후 초기 중석기시대의 잉글랜드와 웨일스의 퇴적층에서 산토끼(숲멧토끼와는 다른 종)의 뼈로 보이는 잔해가 발견되었다. 땅이 숲으로 덮이면서 내몰린 것으로 보인다(스코틀랜드에서 생존했을 수 있다). 숲멧토끼의 기록을 볼 수 있는 것들이 청동기시대에 나타나고, 철기시대로 넘어오면 더 분명한 잔해가 발견된다. 율리우스 카이사르는 『갈리아 전기』에서 영국인들은 토끼, 가금, 거위를 "먹는 것을 적법하지 않게 어기며 단지 즐거움을 위해 기른다"고 기록했다.[73] 영국에 들여온 숲멧토끼가 애완 또는 사냥의 용도였을 가능성을 시사하는 대목이다.

건강한 생태계의 복원이 외래종의 제거와 같은 말은 아니다. 다만 다른 종이 살지 못하게 하는 종에 한해서 관리와 억제가 필요할 뿐이다. 아주 왕성하게 번식하는 외래동물도 토착 포식자에 의해 조절될 수 있다. 예를 들어 사람들이 그토록 통제하려 했던 회색다람쥐는 현재 생태계를 마음대로 헤집고 다니고 있다. 당연히 생태학자들의 미움을 받는다. 그러나 소나무담비와 참매는 회색다람쥐를 순수하게 먹이로서 사랑한다.[74] 땅주인들이 모든 포식동물과의 전쟁을 선포하지 않았더라면, 현재 회색다람쥐와의 전쟁도 처음부터 시작하지 않았을 수도(그리고 패배하지 않았을 수도) 있다. 한때 박멸되었던 곳으로 최근 다시 돌아오고 있는 소나무담비와 참매는 회색다람쥐가 토착종과 같은 생태적 기능을 하도록 그 수를 조절하는 잠재력이 있다.

강에 포식하는 물고기의 개체군이 건강하면 침입종으로 들어온 가재를 왕성하게 먹어치운다. 저녁거리로 통통한 농어 한 마리를 잡으면 배 속에서 가재 한두 마리가 나오곤 한다. 위산으로 인해 살보다 껍질이 먼저 용해된다. 나는 농어의 배 속에서 마치 생선코너에서 손질된 가재를 쓸어 담은 듯 껍질이 깨끗이 까진 꼬리를 본 적이 있다. 큰 처브 잉어가 있는 곳에선 돌 틈에 사는 갑각류들이 밖으로 잘 나오지 않는다는 것도 알아냈다. 가재를 잡으려고 친 그물에 커다란 강꼬치고기가 두 번 잡힌 적이 있다. 온 강을 휘저으며 안간힘을 써서 잡고 보니 9킬로그램이 훌쩍 넘었다. 그런데 그 물고기가 가재와 미끼 둘 중 무엇에 꼬였는지는 잘 모르겠다. 아마 돌잉어, 송어 그리고 장어도 이 물속의 해충을 먹을 것이다. 오염이 적고 물고기가 잘 사는 곳에선 이런 포식자가 충분히 있어서 침입종 가재가 지금과 같은 생태계 교란을 하지 못하도록 적정선 아래로 개체수를 억제할 수 있을 것으로 보인다.

유럽에서 자생하는 수달과 긴털족제비는 미국밍크를 서식지에서 내몰고 있다고 한다.[75] 핀란드 군도에서 거의 멸종되었다가 회복 중인 흰꼬리수리는 밍크의 분포를 축소시키고 있는 것으로 보인다.[76] 최근에 재도입된 이 거대한 독수리는 영국에서도 비슷한 효과를 일으킬 수 있을 것이다.

그럼에도 불구하고 고유하고 독특한 동식물상을 지키는 데 있어서 외래종은 여전히 골칫거리이다. 어떤 동식물은 세계 곳곳에 침투 및 정착을 하는 데 용이한 특징들을 가지고 있어, 가만 놔두면 모든 생태계가 비슷한 종으로 이루어진 지루하고 평범한 세상이 될 가능성이 있다. 포식자가 조절하더라도 회색다람쥐와 붉은시그널가재는 여전히 그들의 경쟁종(붉은다람쥐와 흰집게발가재)에게 전염병을 옮기는 등 계속해서 해를 가할 것이다. 이들이 더 퍼지지 않도록 노력하되 완전히 박멸할 수는 없음을 받아들여야 한다. 출신지가 다른 회색다람쥐와 밍크와 시그널가재는 이제 이 생태계의 엄연한 일원이 되었고, 이에 대해 우리가 기대할 수 있는 것은 다른 종이 이들을 잘 견제해주길 바라는 것뿐이다.


던드레건을 탐방한 다음 날에 앨런은 영국에서 사람 손이 가장 안 닿은 숲이 있는 글렌 아프릭으로 나를 데려갔다.[77] 날씨는 모질고 축축했다. 아프릭강 계곡의 길에서 보니 오래된 숲은 브로콜리를 잔뜩 올려놓은 쟁반 같았다. 스코틀랜드소나무는 어릴 때에는 가늘고 뾰족하다. 그러나 성숙하면 넓고 둥근 수형으로 자라난다. 태곳적 나무들이 버티고 있는 언덕 주위로 길은 돌아 나 있었다. 거칠고 뒤틀린 나무의 형상이 갈라진 바위에 비쳤다.

우리는 폭포 위에 멈추었다. 협곡의 바위 위로 폭포수의 시원한 숨결이 다가왔고, 이끼 냄새와 소금기 밴 물보라가 공기 중에 흩날렸다. 진흙빛의 흙탕물은 짙은 올리브색으로 모이다가 낭떠러지로 쏟아져 내렸다. 물 위로 울퉁불퉁한 바위와 옹이 진 소나무가 어우러진 광경이 한 폭의 동양화 같았다.

풀 뜯는 동물로부터 벗어난 강 반대편 나무 밑의 바위들은 이끼와 지의류로 덮여 있었고 그 사이로 월귤과 호자덩굴이 자라났다. 주변엔 히스 덩굴이 어지럽게 널려 있었다. 폭포에서 끊임없이 피어오르는 물안개 덕에 나무엔 지의류가 긴 수염처럼 드리워 있었다. 하층식생에 파묻힌 개암나무와 마가목은 이끼의 이불 밖으로 거의 모습을 드러내지 못했다. 이것이 바로 우림이라고 앨런은 내게 상기시켜줬다.

우리는 수면이 마치 무광 철판처럼 보이는 '베인 아미안 Beinn a'Mheadhoin' 호수를 지나갔다. 호수 중간의 섬과 강변 언덕에는 우산 모양의 소나무가 자라났다. 나무 아래 사슴이 닿을 수 없는 곳엔 어린 나무가 빛을 향해 뻗어 있었다.

글렌 아프릭은 처음부터 영국 삼림청이 대체적으로 온화

한 손길을 뻗쳤던 몇 안 되는 곳 중 하나이다. 이곳에 1750년에 제재소가 세워진 이래 오래된 나무들이 집중 공격을 받았고, 그동안 양들은 새로 돋아나는 싹을 전부 해치웠다. 삼림청은 1951년에 이 계곡의 대부분을 인수한 후, 평소의 관행과 달리 파괴하기보다는 보존하기로 결정을 했다. 1960년대에 어떤 젊은 삼림관리원이 계곡 주변의 800헥타르 둘레에 울타리를 치자고 상부를 설득했다. 당시의 고정관념에 맞서 울타리를 치면 굳이 심지 않아도 나무가 재생할 수 있을 것이라고 그는 주장했다.

결과는 대성공이었다. 불가능하다고 말한 모든 이들에게 귀감이 되는 사례였다. 호수 너머 비탈에 수십 년 된 뾰족뾰족한 소나무를 비롯한 각종 나무들이 보였다. 앨런이 '트리스 포 라이프'를 설립하게 된 계기 중 하나가 바로 이곳에서 삼림청이 실시한 실험이었다고 한다.

그는 호숫가의 자작나무와 소나무 사이에 차를 세웠다. 글렌모리스턴 나무들의 갈라진 회색 나무껍질과 반대로 이곳의 자작나무 수피는 희고 부드러웠다. 그는 나무 아래 아주 신기한 것을 가리켰다. 개미집으로 착각할 만한 작은 둔덕이 잔뜩 널려 있었다. 바위와 오래된 나무밑동을 덮은 식생이라고 앨런이 말해줬다. 그는 둔덕과 둔덕 사이에 벌어지고 있는 천이遷移 과정을 보여줬다. 위에서 바위가 굴러 떨어지거나 지각변동으로 암석 표면이 드러나면 그 위에 지의류가 생기기 시작한다. 지의류는 광물질 일부를 용해함으로써 바위의 표면을 해체하고 유기물을 창조한다. 그러면 이끼가 들어와 개척자인 지의류를 대체한다. 이끼는 또다시 월귤이나 호자덩굴과 같은 이파리 식물이 살 수 있는 서식지를 마련해준다. 천이 과정은 100년 이상 걸린다. 이 둔덕들은 오래된 숲의 전형적인 특징이다. 오직 나무 밑에서만 생기는데, 양지에서는 토양층이 너무 얇아 식물이 금방 말라버리기 때문이다. 앨런은 한 바위를 20년 동안 관찰하며 식생이 한 단계에서 다음 단계로 전환되는 것을 보았다고 한다.

1986년에 칼레도니아숲을 복원하기로 결심한 후 그는 공부하고 기금을 마련하는 데 몇 년을 보냈다. 그러고 나서 우리가 섰던 곳 북쪽의 글렌 카니크의 땅 소유주 몇 명에게 소나무 씨앗을 영지에 뿌리도록 허락해달라고 설득하기 시작했다. 1989년에 삼림청 직원을 대동하고 잔존 소나무가 자라는 글렌 아프릭에 갔다.

"난 이렇게 말했습니다. '당신은 땅을 가지고 있고 우리는 돈이 있습니다. 두 개를 합칩시다.' 전에 없던 협력관계였습니다. 나는 핀드혼 출신의 수염 난 긴 머리 히피족이었고 그는 정부 관료였죠. 하지만 '트리스 포 라이프'와 삼림청의 관계는 그때부터 지금까지 계속 끈끈하게 유지되고 있습니다.

우리가 그들보다 더 급진적이죠. 가령 그들은 늑대에 관해 입장을 취할 수가 없어요. 도로나 길을 없애는 것도 아직 준비가 안 되어 있습니다, 아직은요. 우리는 그들보다 과감할 수 있죠. 대부분의 삼림청 직원들보다 내가 이 계곡을 잘 알고 그들이 보지 못하는 기회를 보기도 한답니다. 우리가 심은 나무 중 4분의 3이 삼림청이 하일랜드의 여기저기에 소유한 땅에 속해 있습니다. 우리의 이웃들하고도 협력하고 있죠. 이 새로운 숲을 전부 연결해서 서쪽 해안까지 확장할 생각입니다."

여기서부터는 걷기로 하고 곧 히스 덤불에 파묻힌 비탈을 올랐다. 이곳의 거대한 소나무는 100년 넘은 것들로서 동아프리카 사바나에 있는, 꼭대기가 납작한 아카시아나무를 닮았다. 어떤 나무는 높이보다 둘레가 더 길었다. 나무마다 각각 고유한 생장 패턴을 가지고 있었다. 한 나무는 수관부가 펼쳐지기 전까지 가지가 전혀 없이 곧게 자랐고, 또 한 나무는 밑에서 위까지 내내 가지를 뻗었다. 어떤 나무는 줄기가 여러 개였다. 거의 수평으로 자란 나무도 있었다. 줄기는 코끼리 피부 빛 같은 회색이었고, 가지는 석양의 붉은빛으로 물든 비늘로 덮여 있었다. 실안개 같은 가시덤불이 나무 꼭대기를 덮었다.

"나는 이곳을 늙은이 숲이라 부릅니다. 노인들이 사는 집 같은 곳이죠. 겨울이면 사슴이 여기로 내려옵니다. 어린 나무싹이 히스 덤불 높이가 되자마자 먹힙니다.

문제는 사슴이 아닙니다. 사슴의 개체군을 과잉 상태로 내버려두는 사냥 산업이 문제입니다. 삼림청 땅을 임대한 사람 중 사냥꾼들이 있습니다. 거기서 사는 게 아니라 그냥 사슴을 쏘러 오죠. 그런데 그들이 우리를 압박합니다. 그들의 태도는 관습적이에요. 어떤 잉글랜드 사냥꾼은 내 집을 불 질러버리겠다고 하더군요.

스코틀랜드의 붉은사슴은 유럽 대륙의 사슴이나 토탄 늪

에 빠져 보존된 사체 크기의 3분의 2밖에 안 됩니다. 이들은 원래 삼림 동물이에요. 탁 트인 곳에는 먹을 게 적습니다. 하일랜드의 사슴은 왜소한 동물이에요. 북미 정착민들이 그곳의 붉은사슴을 보았을 때 영국의 붉은사슴보다 훨씬 커서 다른 종이라고 여기고 '엘크'라고 이름 지었습니다. 그것 때문에 아직도 이름이 혼동되고 있습니다."(최근 연구에 의하면 둘은 비록 진화적으로 매우 가깝지만 실제로 다른 종이라고 한다. 북미산 붉은사슴(엘크)은 2004년에 와피티사슴Cervus canadensis으로 재분류되었다. 스코틀랜드 붉은사슴의 크기가 줄어든 이유 중 또 한 가지 가능한 추정은 사냥꾼들이 몸집이 큰 수컷만 골라 죽이는 경향이 있기 때문이라는 것이다.)

트래펄가 광장의 사자상을 조각한 에드윈 랜시어 경의 그림 〈글렌의 군주The Monarch of the Glen〉의 배경이 바로 글렌 아프릭이었다는 것을 나는 나중에 알게 되었다(그러나 정확한 장소에 대해서는 많은 논란이 있다. 글렌페시, 글렌 오히, 글렌 쿠어히라고 하는 주장도 있다). 1851년에 완성된 이 그림은 모조품 문화, 즉 밸모럴리티Balmorality의 상징이 되었다. 새롭게 단장한 하일랜드의 경관에서 빅토리아여왕과 앨버트공과 그들을 추종한 귀족들이 밸모럴성에서 만들어낸 문화 말이다. 타탄체크 의복과 양손검으로 사라진 하일랜드인의 삶을 전설적으로 재현한 이 내러티브는 원주민들을 쫓아내고 그들의 땅을 빼앗은 이들의 자기 정당화와 미화에 다름 아니었다. 마리 앙투아네트가 베르사유궁전에 만든 '왕비의 마을'의 스코틀랜드 버전이다.

그림엔 잘 먹고 폼 나는 장엄한 수사슴이 거만한 눈을 들어 산을 응시한다. 새 지주들의 사냥감이자 지주 스스로를 투영한 존재가 이상화된 모습이다. 사슴은 민둥산으로 둘러싸인 산꼭대기에 서 있다. 이 사슴의 자세와 시선을 비롯한 전체 구도는 프란츠 빈터할터가 1942년에 그린 앨버트공의 초상화와 매우 유사해 보인다. 강탈과 탈취의 추악한 역사든, 잡초만 무성한 환경에서 발육이 저하된 사슴의 현재 위상이든, 실상과 이보다 더 극명하게 다른 그림은 없을 것이다.

매섭게 차가운 비가 얇은 웃옷과 해진 장화 속까지 들이쳤다. 어떤 높은 울타리에 도착해 문 안으로 들어서자 그 안과 밖의 식생이 너무 차이가 나 마치 다른 세상으로 통하는 관문을 통과한 것 같았다. 이것이 1990년에 앨런과 핀드혼 재단이 모금한 돈을 가지고 삼림청이 50헥타르의 땅에 친 울타리였다. 한쪽에는 사슴에게 뜯어 먹혀 짧아진 풀밭 위로 사슴 똥이 어지럽게 흩어져 있었다. 히스에 파묻혀 자라는 묘목 몇 그루와 넘어진 나무 사이에 있어 사슴이 닿을 수 없는 한두 그루 외에 어린 나무가 전혀 없었다. 반대쪽에는 서식지의 모자이크가 펼쳐져 있었다. 바로 하일랜드 전역에서 사슴 수를 줄이면 보게 될 재생의 광경이라고 앨런은 말했다.

여름철의 공기에 나른한 향을 입히는 늪도금양이 축축한 땅을 두껍게 덮고 있었다. 여기서는 아주 느린 속도로 소나무 새싹이 돋아났다. 어린 침엽수는 수령을 알기가 쉽다. 줄기에 시 가지가 뻗어 나가는 지점이 1년치의 생장을 의미한다. 가슴 높이도 채 안 되고 어떤 것은 허리에도 못 미치는 소나무들의 나이를 세어보니 울타리가 쳐지고 나서 발아한 것들이었다. 크기만 작았지 울타리 반대편의 성숙한 나무들과 모양은 같아 보였다. 생장 패턴이 동일한 미니어처 나무들이었다.

"분재입니다. 일본인들은 자연을 흉내 내길 좋아하죠. 여기와 같은 척박한 조건에서 나무를 기른답니다."

하지만 그곳으로부터 몇 미터 떨어진 좀 더 건조한 산마루의 나무들은 20년이 걸려 자란 아래 늪지대의 나무들을 단 2년 만에 따라잡으며 빠르게 자라났다. 가장 높은 나무는 벌써 7미터에 이르렀다(앨런은 이 나무에게 유독 마음이 갔는데 그 마음 씀씀이의 효과가 나타난 것이라고 설명했다). 나무는 곧고 뾰족한 모양으로 자라고 있었다. 늪의 분재처럼 옆으로 퍼지고 구부러지려면 아직 십수 년이 더 지나야 한다. 그중에는 내 키의 2배가 넘는 마가목을 비롯해 자작나무와 노간주나무도 있었다. 울타리 밖에서는 매우 드문 타래난초가 여기서는 무성하게 피어났다.

울타리 안쪽의 오래된 나무들은 빠르게 죽어갔다. 벌써 여러 그루가 쓰러진 자리에 그대로 있었다. 나무에 든 송진으로 인해 앞으로 100년 안으로는 없어지지 않을 것이다. 선 채로 죽은 나무들은 잎이 없는 가지를 떨구었다. 고사목은 살아 있는 나무에서 살 수 없는 버섯, 몇몇 지의류, 딱정벌레, 소나무등에, 부엉이, 딱따구리, 뿔박새 등의 조류, 그리고 썩은 나무의 구멍 안에 둥지를 트는 박쥐 등에게 서식지를 제공한다. 또 나무는 썩으면서 영양분을 천천히 조금씩 흘려보냄으로써 다른 식물이 사용할 수 있게 해준다.[78]

"자손들이 주위에서 자라고 있으니 자신의 역할을 충분히 했고, 이제 떠나도 좋다는 걸 나무들이 안다고 생각합니다."

앞으로 몇 년 동안은 이곳에 사슴이 못 들어오도록 막고 그 후엔 울타리 일부의 높이를 낮춰 사슴이 몇 마리만 들어올 수 있게 할 계획이라고 앨런은 말했다. "사슴도 생태계의 일부가 되어야 합니다. 물론 지금처럼 많은 상태로는 안 되고요." 하일랜드의 사슴 수가 줄어들면 울타리는 해체될 것이다.

여기처럼 끝내 생존한 나무들이 남아 있는 곳에서는 자연이 스스로 회복하도록 놔두면 된다. 반면에 '트리스 포 라이프'가 캠페인을 성공적으로 펼친 결과 내셔널 트러스트*가 스코틀랜드당을 위해 구매한 서부 아프릭 토지와 같은 곳은, 씨앗 모인 곳에 나무를 섬처럼 심어 자연적인 생장과 분포의 과정이 일어나도록 유도해야만 재생이 시작될 수 있다. 앨런의 의도는 하일랜드를 사선으로 가로지르는 계곡마다 천연림을 키워, 수목한계선 아래에 있는 통로로 연결하려는 것이다.[79] 그에 따르면 사라진 토착 야생동물에게 필요한 서식지를 만들기 위해선 소나무가 핵심종이다. 어떤 종은 자연스럽게 돌아올 것이다. 흰개미나 늑대와 같은 종은 숲으로 데려와 풀어줘야 할 것이다.

앨런은 이미 아프릭강의 분수령 전체의 점진적인 활생을 촉발했다. 장기계획이 잘 진행되면 40킬로미터 길이의 천연

---

*  National Trust, 국민이 자금을 모아 자연환경이나 사적 등을 사들여 보존하는 제도로 1900년대 초 영국에서 시작되었다(옮긴이).

림 생태통로가 만들어질 것이다.[80] 이 또한 그가 앞으로 복원하고자 하는 2,500제곱킬로미터 넓이의 광대한 생태계의 일부가 될 것이다.

"한 가지 배운 게 있다면 참을성입니다. 수명이 250년 이상 되는 나무에 관한 것이잖습니까. 그것도 그렇게 긴 건 아닙니다. 캘리포니아의 미국 삼나무가 다 클 때까지 자라려면 2,000년 이상이 걸립니다. 그리고 다른 곳에 비하면 여기는 쉬운 편입니다. 네팔의 히말라야는 벌목으로 토양이 쓸려 내려가 벵골만에 섬 하나를 만들었을 정도지요. 여기의 토양은 산성화되었고 영양분도 적지만 어쨌든 최소한 흙이 있기 때문에 활생을 하는 데 250년 정도면 될 겁니다."

이 지역의 굵직한 땅 소유주들은 앨런의 관점에 적대적이다. 그들이 좋아하는 보편적인 토지 이용 방식, 즉 사냥 수입이나 농장 보조금으로 유지되는 사슴 및 양 목축업에 대한 위협으로 보기 때문이다. 그리고 그것은 사실이다. 하지만 태도가 조금씩 바뀌고 있는 땅주인들도 있다고 앨런은 말한다. 태도가 훨씬 빨리 바뀌고 있는 또 다른 스코틀랜드인들도 있다.

"우리는 이곳에 살지도 않는 땅주인들에게 그동안 거의 불평 한마디 안 하고 살아왔습니다. 스코틀랜드는 컬로든 전투로 인해 정신적으로 엄청난 피해를 입었습니다. 지금까지도 나라 전체의 정신적 상처로 남아 있습니다. 클리어런스가 일어난 여러 원인 중 하나입니다. 그들은 양을 데려오고 사람들을 쫓아냈죠. 스코틀랜드는 굴종했고 사기를 상실했습니다. 양의 무리 같은 나라가 되었죠. 자기 땅과의 연결성을 잃은 토착민이 으레 그렇듯이 우리는 자신감을 상실했습니다.

그러나 지난 20~30년간 우리 땅과의 연결성에 대해 큰 자성과 자각이 일어났습니다. 그것은 삼림단체나 걷기모임에 참여하는 사람의 수에서도 드러납니다. 이제 사람들은 칼레도니아숲에 대해 알고 있습니다. 스코틀랜드 의회를 세운 사람들의 정치적 관심, 열정과 나란히 성장하고 있죠. 일단 땅을 인식하고 나면 그것을 가꾸려는 것은 자연스러운 수순입니다. 하지만 여기에 사는 사람들의 것이 아닌 이상 어떻게 할 수 있겠습니까?"

빗물이 코트를 적시고 바지를 타고 흘러내려 장화에 들어찼다. 내가 느끼는 불편함을 앨런도 좀 느끼길, 그가 먼저 이제 제발 좀 차로 돌아가자고 하기를 내심 기대하고 있을 때, 그는 지난 몇 달 동안 내 머릿속에서 맴돌던 생각을 입 밖으로 꺼냈다. "지금까지의 환경운동은 필연적으로 반응적이었습니다. 무엇을 거부하는지를 분명히 밝혔죠. 하지만 무엇을 바라는지도 말해야 합니다. 무엇이 희망인지를 보여줘야 합니다. 생태적 복원이 바로 그 희망의 작업입니다."

*랭리 덤불로 걸었지만 덤불은 산을 떠났네*
*쿠퍼 초원으로 갔지만 춥고 낯선 사막이었네*
*망치는 자의 도끼와 사적 이익의 사냥감이 되어*
*넘어지는 초원의 참나무는 썩으며 유서를 남겼네.*

존 클레어, 「기억들」

인간은 사회적 반대에 부딪히지 않는 이상 단일재배를 지향한다. 돈은 어떤 지역에서 가장 경쟁력 있는 분야를 공략해서 잡스러운 것들을 모조리 제거할 정도로 키운다. 이것이 허락되면 어떤 땅이든 바다든 딱 한 가지 기능만 수행하는 곳이 된다.

이는 자연에 커다란 부담을 준다. 암반의 지하수는 농부 몇 명이 알팔파를 재배하기에 충분하더라도 모든 농가에서 쓰기에는 부족하다. 어떤 호수나 만이나 피오르가 야생 연어와 일부 연어 양식장을 감당할 순 있어도 양어장이 너무 많아지면 기생충도 많아져 야생 물고기에게 큰 타격을 준다. 농촌에 사는 조류의 대다수는 목초지나 경작지가 생울타리나 숲과 섞인 공간에서는 살 수 있지만 끝없이 펼쳐진 밀밭이나 콩밭에서는 살 수 없다.

활생의 열렬한 지지자 중엔 만약 여기에 단일재배지가 있다면 그 대신 저기에 야생으로 되돌린 땅이 있어야 한다는 일종의 균형 혹은 거래 관계를 추구하는 이들이 있다. 나는 모든 야생의 땅은 그것이 크든 작든 간에 모두에게 열려 있어야 한다고 믿는다. 인간의 질서정연한 세계를 탈출하고 싶을 때마다 아주 멀리 가지 않아도 되는 자유가 모두에게 주어져야 한다. 지력이 매우 높은 농지는 식량 생산을 위해 필요하므로 나는 이런 땅을 대거 활생하자고 주장하지는 않는다. 그러나 가장 비옥한 땅이라도 그 가장자리와 숨은 구석구석 일부는 자연 그대로 남겨둘 수 있으며, 그렇게 한다고 해서 우리가 손해 보는 것은 거의 없다고 생각한다.

단일재배를 향한 의지는 공간과 사람 모두 야생을 상실하게 만든다. 그것은 지구의 생물과 자연의 다양성을 없앤다. 인간이 본질적으로 지향하는 그 자연을 말이다. 그렇게 해서 만들어지는 세상은 지루하고 납작하고 색과 다양성을 상실한 것이다. 생태적 권태를 발생시키고, 우리 세계관을 좁히고, 자연과의 교제를 제한하며, 영혼의 단일재배지로 우리를 몰아낸다.

자기가 사는 땅이 이렇게 되기를 원하는 사람은 아무도 없을 것이다. 이런 방식으로 돈을 버는 극소수를 제외하고 말이다. 문제는 그 극소수가 땅을 소유하고 있으며 그들에게 대항하기 어렵게 만드는 일종의 문화적 굴종으로 인해 그들이 권력을 행사하는 데 있다. 이탈리아 철학자 안토니오 그람시는 이렇게 지배계층에게 이익이 되는 사상과 개념이 보편화되는 것을 '문화적 헤게모니'라고 묘사한다. 그것은 비판 없이 통째로 받아들여져 사회의 기준이 되고 우리의 생각에 큰 영향을 미친다. 우리는 농업적 헤게모니에 시달리고 있다고 할수 있을 것이다. 우리는 농부 또는 땅주인에게 좋은 것이라면 어떠한 질문이나 반론 없이 모두에게 좋은 것으로 간주한다.

때로는 우리가 이 헤게모니와 그것이 야기하는 단일재배를 지지하기도 한다. 자연이 망가진 채로 유지되게 하는 데 매년 엄청난 액수의 세금이 투입된다. 미국에서는 농장 보조금이 광대한 면적에 딱 한 가지의 옥수수가 재배되는 것을 책임진다. 캐나다에서는 종이와 펄프 보조금 덕분에 오래된 삼림이 균일한 조림지로 대체된다. 활생의 관점에서 봤을 때 더욱 불행한 일은 가만히 놔뒀더라면 자연히 회복되었을 곳을 단일재배지로 유지시키기 위해 공공경비가 쓰이고 있다는 사실이다. 이것은 세계 여러 곳에서 벌어지고 있는 일이자 특히 내가 단일성 집착의 연구 사례로 삼고자 하는 나라에서 일어나는 일이다. 이 나라에서 생겨난 단일재배 품종은 낭비이자, 침략이자, 역병이다. 바로 양이다.

나는 안 좋은 방식으로 양에 집착한다. 깨어 있을 때나 잠잘 때나 양을 생각한다. 나는 양을 증오한다. 먼저 짚고 넘어

갈 것이 있다. 양이라는 동물 자체는 지금의 문제에 책임이 없다. 나는 다만 그들이 우리의 생태계와 사회에 미치는 영향을 증오한다. 영국 고지대가 현재 이토록 비참해진 가장 주된 이유가 바로 양이다(양 다음으로 뇌조 사냥과 사슴 사냥을 들 수 있다). 양의 공격으로 인해 오늘날 웨일스는 유럽 평균 삼림 비율의 3분의 1 이하로 떨어졌다.[1] 내가 소망하는 활생을 가로막는 가장 큰 장애물이 바로 양 목축이다.

양을 파괴자로 낙인찍는 것은 거의 신성모독으로 간주된다. 양은 잉글랜드와 웨일스에서 완벽한 외교적 치외법권을 보장받는다. 과거에 영주들이 양모 수익을 목표로 공공의 땅을 강제로 사유화하고, 자기 땅에서 일하던 노동자들을 쫓아냈던 역사에서 양이 했던 역할은 거의 잊혀졌다. 토머스 모어는 1516년 작 『유토피아』에 다음과 같이 썼다.

너무나 온순하고 얌전하고 조금만 먹는다는 여러분의 양은, 이제 너무나 많이 먹고 너무나 광폭해져 아마 여러분들까지 먹어 삼킬 수 있는 존재가 되었습니다. 그들은 밭을, 집을, 도시 전체를 먹고, 파괴하고, 해치웁니다. 고급스러운 양모가 만들어지는 곳은 모두 귀족들, 신사들, 성직자들 소유라 논밭을 일굴 수도 없고 모두 목초지로 울타리가 쳐집니다. 집도 허물고, 마을도 치워버리고, 외양간으로 쓸 교회만 놔두고 아무것도 그냥 두는 것이 없습니다. 사람들은 스스로 떠나거나, 교활한 술책이나 속임수 또는 강압을 이기지 못하고 쫓겨나거나, 너무

나 많은 고통에 시달리다 지쳐서 땅을 팔아버리고 맙니다. 이렇든 저렇든 결국 모두가 떠납니다.[2]

잉글랜드와 웨일스보다 더 갑작스럽고 악랄한 강제 이주를 겪었던 스코틀랜드에는 양 농장이 불러온 강탈과 탈취 그리고 빈곤을 기억하는 이들이 여전히 있다. 그러나 웨일스에서는 일찍이 시토회가 스트라타 플로리다 수도원을 설립한 12세기 이래로 양이 사람을 쫓아냈다. 비록 오늘날의 케레디기온 지역에서 1820년에 일어난 작은 잉글랜드인의 전쟁 Rhyfel y Sais Bach처럼 토지의 부당한 사유화에 용감하게 대항한 봉기와 혁명이 있었지만,[3] 이 흰색 질병은 마치 '세상의 죄를 없앤' 천주의어린양 '아뉴스데이'와 같이 신성한 국가적 상징이 되어버렸다. 오스트레일리아, 뉴질랜드, 북아메리카, 노르웨이, 알프스 그리고 카르파티아에서도 이와 비슷한 양 숭배 현상이 나타난다.

양을 이렇게 신성시하는 데에는 이유가 있지만 이미 다 지나간 옛날 이야기이다. 양이 18~19세기 웨일스에서 토지를 사유화하는 도구로 쓰이는 동안 고지대의 일부에서는 상당히 광범위한 토지개혁이 이루어지고 있었다. 극상위층의 소득세와 상속세를 높인 1909년 데이비드 로이드 조지David Lloyd George의 '국민의 예산People's Budget' 정책의 결과, 웨일스에서 큰 땅을 가지고 있던 많은 사람들이 땅을 팔기 시작했다.[4] 그중 상당수는 잉글랜드인이었는데, 그들이 잉글랜드나 스코틀랜드 등지에 소유한 땅에 비해 웨일스에 대한 애착이 적었던 탓에 이곳의 땅을 먼저 내놓은 것이었다. 그 땅을 사들인 사람들은 대부분 소작인이었다. 웨일스가 잉글랜드나 스코틀랜드에 비해 아주 넓은 영지의 비율이 낮은 것도 이런 이유 때문이다. 이 지역의 농부 다피드 모리스 존스와 이 주제로 얘기를 나누었는데 그는 이렇게 말했다. "수백 년 동안 종속된 채로 지낸 이곳의 토착민들이 '자신의' 땅을 되찾고 영주의 속박에서 벗어날 수 있었다는 것에 대해 국가적 자부심을 느낍니다."

제2차 세계대전이 끝난 후 1947년 농업법과 1948년 농업재산법을 통해 땅을 빌려 쓰던 소작인들이 평생 보호받을 수 있게 되었다. 약 80~90년 동안, 비교적 최근까지도 웨일스의 토지 대부분은 양과 소를 키우는 소작농이 소유했다(소 농장은 유럽 보조금 정책이 2003년에 폐지되면서 점차 사라졌다). 웨일스가 수많은 위협에 직면했을 때 그들은 이 고장과 언어와 여러 문화적 요소들을 보존했다. 이런 가족 단위의 농장이 지금 빠른 속도로 대단위 농지로 흡수되고 있다. 농촌경제를 고집스럽게 살려놓기 위해 영국인들이 매년 36억 파운드나 지출함에도 불구하고, 전국농민연맹은 고지대 농장의 21퍼센트가 향후 5년 이내에 문을 닫을 것이라고 보고한다.[5] 잠시 꽃피우는 듯했던 소규모 농장의 시대는 이제 끝나가고 있다.

사유화가 일어나기 전까지 웨일스의 농부들은 고지대에서 많은 소와 염소를 기르고 곡물, 뿌리채소, 그리고 일부 산등성이에서는 목초도 재배했다. 19세기 말에 철도가 들어오면서 이러한 혼성농업은 양과 소 축산업으로 바뀌었다. 토지 사유화는 가축에게 풀을 뜯기는 목축문화를 강화하여 웨일스 고장의 이름이나 노래, 구전문화에 여전히 강하게 남아 있다. 농부들은 '옛 고을(농장 주변의 겨울 방목지)'이라는 뜻의 헨드레hendre와 여름 방목지인 산비탈에 있는 간이 오두막인 하포드hafod 사이로 자기 가축을 이동시킨다고 말한다. 이런 오두막 중 어떤 것은 나중에 제대로 된 돌집으로 발전되기도 한다(트란실바니아에서도 이와 유사한 시스템을 본 적이 있다. 그곳의 목동들은 1990년대 말까지도 멋진 흑마를 몰며 나뭇가지와 널빤지로 만든 여름 움막 '스트나스'에서 잠을 잤다. 또한 이들은 초원의 양과 소의 젖을 짜서 서까래에 매단 주머니에 보관하여 하얀 치즈를 만들고, 밤에 모닥불에 둘러앉아 자두브랜디를 마시며 노래하곤 했다). 양 떼를 모는 이들은 웨일스의 고지대에서 오래된 길을 따라, 심지어는 잉글랜드의 켄트와 같은 원거리 시장까지 가축들을 데리고 갔다. 목동들은 엄청난 능력을 가진 양치기 개를 길렀다. 양치기 개 시범대회 같은 형태로 잔존하는 것을 제외하고 이런 전통은 거의 다 사라졌다. 한때의 경제를 뒷받침하던 것들의 유령만이 남아 있다.

제2차 세계대전 이후에 시작된 보조금은 농부들이 가축 두수를 늘리도록 부추겼다. 웨일스의 양은 1950~1999년 사이에 380만 마리에서 1,160만 마리로 늘어났다. 동물의 두당으로 지급되던 보조금이 2003년에 중단되자 전체 수는 2010년에 820만 마리로 다시 줄어들었다.[6] 그렇다 해도 이미 사람

한 명당 양 세 마리의 수준까지 이르렀다.

제2차 세계대전 이후 고지대의 식물상은 양을 만나 그루터기만 남은 격이 되었다. 6,000년에 걸쳐 가축은 (경작을 위한 화전과 목재를 얻기 위한 벌목 활동과 더불어) 영국 고지대의 생태계 전부를 바꾸어놓았다. 수관부가 밀폐된 숲에서 열린 숲으로, 열린 숲에서 관목림으로, 관목림에서 히스와 초원 지대로. 영국 고지대에 급속하게 늘어난 가축의 무리가 단 60년 만에 이 변화 과정을 깨끗하게 마무리했다. 히스와 초원 지대를 잔디볼링장처럼 매끄럽게 깎은 녹지대로 만든 것이다.

양의 숫자는 줄어들기 시작했지만 그들의 영향력은 여전하다. 예전에는 너무 경사가 심해 농기계를 사용할 수 없었던 곳에서조차 이제는 강력한 장비를 동원하여 그 어디에 난 덤불이든 다 제거한다. 그러면 보조금을 받을 수 있는 땅이 늘어난다. 중부 웨일스의 농부 중에는 땅을 소위 '깨끗이 정리'하고자 하는 의지가 강력한 사람들이 많은 듯하다. 내 집 근처에 있는 산사나무와 능금나무는 이 일대에 마지막으로 남은 과거 생울타리의 유산임에도 불구하고, 농업적으로는 그어떤 이유도 없이 그저 경관을 깔끔하게 정리하고픈 의지만으로 지금도 잘려나가고 있다. 카디건만에 카약을 띄워서 보면 먼 옛날 신석기시대 어부들이 봤을 법한 광경이 그대로 펼쳐진다. 농부들이 덤불과 나무를 베고 태우는 연기가 곳곳에 피어오른다.

영국 국가생태계평가에 따르면 양의 두수가 감소 — 2003

년 이후 6년 동안 15퍼센트 감소 — 했음에도 불구하고 웨일스 농촌의 조류가 급감하고 있으며 심지어 그 속도는 가속화되고 있다.[7] 마도요는 (1993년 이후) 단 13년 만에 81퍼센트가 감소했고, 댕기물떼새는 (1987년 이후) 11년 만에 77퍼센트가 감소했다. 검은가슴물떼새는 집중적인 보전 프로그램에도 불구하고 겨우 37쌍만 남아 거의 멸종에 이르렀다.[8] 가장 엄격하게 보호되는 곳에서도 강에 사는 동식물의 7퍼센트만이 왕성하게 번식하고 있다.[9]

가장 압도적인 원인은 농업에 있다. 방목한 가축이 풀을 뜯어 숲의 재생을 가로막고 동식물의 보금자리를 파괴하고, 농부가 나무를 파헤쳐 자르고 태우고, 살충제가 야생생물을 죽이고, 비료가 물길을 오염시키기 때문이다. 웨일스의 거의 모든 강은 생태적으로 매우 열악한 상황에 있는데, 강물에 유입되는 질산과 인산의 양이 급격히 증가한 걸 알면 그리 놀라운 일은 아니다.[10] 과학자들이 조사한 곳의 약 90퍼센트에서 양 살충액 성분이 검출되었다.[11] 양 살충액에는 하천의 절지동물을 거의 다 죽일 수 있을 만큼 강력한 사이퍼메트린이라는 살충제가 들어 있어 매우 위험하다. 웨일스에서 야생동식물이 감소한 사례의 원인 중 92퍼센트가 농업으로 나타난다.[12]

영국 고지대의 사정은 대부분 비슷하다. 다트무어, 엑스무어, 블랙마운틴, 브레컨비컨즈, 스노도니아, 슈롭셔힐스, 피크디스트릭트, 페나인산맥, 바우랜드숲, 데일스, 노스요크무어스, 레이크디스트릭트, 체비엇, 남부 고지대 등. 사실 영국의 넓은 지역 중 양이 뿌리까지 바짝 뜯어 먹지 않은 곳은, 넘쳐 나는 사슴이 먼저 뿌리까지 바짝 뜯어 먹은 스코틀랜드의 하일랜드와 섬뿐이다. 이 나라의 양 축산업은 천천히 벌어지는 생태적 재앙으로서, 영국의 생명 시스템에 기후변화나 환경오염보다도 훨씬 더 큰 타격을 입혔다. 그런데도 아무도 눈치채지 못하고 있다.

이 발견은 나를 괴롭게 한다. 고지대의 농부들은 그저 먹고살고자 그렇게 하는 것이고, 그나마도 하기 힘들고 어렵고 보상이 적다. 그러나 세계 어디서든 이 산업을 위해 산이 바짝 깎이면 그 나라의 다른 사람들이 너무나 큰 생태적 대가를 짊어지게 된다.

웨일스든 와이오밍이든 가축이 풀을 바짝 뜯어 먹는 목축업을 변호하는 사람들은 만약 산에서 양이나 다른 가축을 없애면 나무나 덤불이 초지를 대체하기 때문에 땅의 생태적 가치가 감소한다고 주장하곤 한다. 스코틀랜드의 농민연맹은 "양이 적어지면 전통적인 목초지의 짧은 초목 길이가 제대로 유지되지 않으며, 생물다양성의 소실을 초래하고, 고사리와 덤불의 식생으로 회귀하여 스코틀랜드의 아름다운 경관을 회생 불가능하게 손상시킨다"고 경고한다.[13] 웨일스 농민연맹의 회장은 양의 수를 줄이면 "고지대 생물다양성에 매우 해로운 영향을 준다"고 한다.[14] 이는 사실이 아니다. 나중에 설명하겠지만, 이들은 제대로 작동하는 생태계와 깔끔한 것을 혼동하는 것으로 보인다.

이보다 더 강력하게 제기되고 있는 주장은 고지대의 목축이 식량 생산을 위해 필수적이라는 것이다. 어쩐지 그럴듯하게 들리지만 과연 사실일까? 웨일스의 사례가 말해주는 바에 의하면 그렇지 않다. 웨일스 전체 면적의 4분의 3 이상이 가축 농장*으로, 고기 생산을 위해** 쓰이고 있다. 그러나 금액으로 보면 웨일스가 수출하는 고기보다 수입하는 고기가 7배 이상 많다.[18] 이 놀라운 사실은 엄청나게 낮은 토지 생산성을 말해주고 있다.

이게 끝이 아니다. 산에 식생이 풍부하면 빗물을 흡수했다 점진적으로 흘러보냄으로써 저지대에 지속적으로 물을 공급한다. 그런데 나무와 덤불을 제거해버리면 빗물이 그대로 흘러내려 하류에 홍수를 일으킨다. 또한 양의 발굽은 표토를 단단하게 다져 투과성을 떨어뜨림에 따라 땅의 물 흡수력을 한층 더 낮춘다. 초지 여기저기에 파놓은 배수체계는 이런 효과를 강화한다. 홍수가 진정되면 물높이는 빠르게 낮아진다. 고지대 목축은 이렇게 홍수와 가뭄의 순환에 기여한다.

와이강에 1936년부터 70년에 걸쳐 일어난 홍수 기록을 보면 이런 결과를 확인할 수 있다.[19] 와이강은 캄브리아산맥의 품루몬에서 발원한다. 이 시기 동안 연간 홍수의 횟수는 매년 3배 가까이 늘어났다. 그러나 같은 기간 동안 이에 상응하

---

\* 국가생태계평가는 "2008년 웨일스의 79퍼센트 또는 164만 헥타르가 농지였고, 이 중 3퍼센트만이 작물 재배에 할애되었다"고 명시하고 있다.[15]
\*\* 이곳에서 사육히는 가축의 내부분은 양으로, 고기 생산이 목적이다.[16] 소는 1백만 마리 정도로, 낙농용 젖소와 도축용 육우가 거의 반반이지만,[17] 양쪽에서 나오는 수컷 송아지는 전부 고기 생산을 위해 도축용으로 길러진다.

는 강우량의 증가는 나타나지 않는다.[20] 여기에는 두 가지 원인이 있다. 첫째는 앞에서 말한 것처럼 1990년대 말까지 당국이 강 상류에 잠긴 죽은 나무 등을 꾸준히 건져냄으로써 하류의 범람지역으로 흘러가는 물의 속도를 상승시켜놓았다. 둘째는 양의 수가 늘어나 분수령 주변의 방목의 강도가 세졌다. 환경주의자들은 늘어난 홍수를 전부 기후변화 탓으로 돌리는 경향이 있다. 기후변화가 점점 더 주요한 원인이 되고 있는 것은 사실이지만, 최근까지만 해도 사정은 달랐다. 땅에 떨어지는 물을 흡수하는 능력이 감소된 것이 더 중요한 인자로 작용했다고 생각한다.

웨일스의 고지대에서 흘러나오는 세번강과 와이강은 저지대까지 흐르는 동안 과일과 채소와 곡물을 키울 수 있을 정도로 영국에서 가장 비옥한 토양을 가진 고생산성 지대를 통과한다. 이곳의 많은 농장들은 관개시설에 의존한다. 홍수가 나면 작물과 기회를 잃는다. 강의 변덕이 커질수록 식량 생산에 얼마나 타격이 가해질지 분명치 않고 이에 대한 연구도 없다. 하지만 영국 고지대의 낮은 생산성을 고려하면 이곳의 농업은 총 식량 생산량의 관점에서 손실을 일으킬 것으로 예상된다. 이토록 적은 이득과 적은 수의 사람을 위해 이토록 심각하게 환경을 훼손하는 업종은 아마 별로 없을 것이다.

방목은 산지를 활용하는 가장 비효율적인 방법 중 하나이다. 광대한 면적과 막대한 양의 보조금에도 불구하고 웨일스 농업의 경제 전체에 대한 기여도는 약 4억 파운드에 불과하다.[21] 이보다 환경 영향이 훨씬 적은 '걷기'가 5억 파운드를,

'야생 자연 관련 활동'은 19억 파운드 효과를 창출한다.[*][22] 국가생태계평가에 따르면 웨일스 고지대 전역에서 농업 대신 다목적 삼림으로 업종을 전환하면 경제적으로 이득일 것이라고 한다.[23] 바꿔 말하면 지금과 같은 방식의 농업이 농촌 경제에 필수적이기는커녕 오히려 발목을 잡고 있는 것이다. 황량한 영국의 고지대는 경제적이고 물리적인 의미에서 초토화되었다.

사정이 어떻든 간에 우리 돈이 나가는 게 아니라면 크게 상관없었을지도 모른다. 그러나 산지 농업은 세수로 충당되는 보조금에 전적으로 의존한다. 웨일스 산지의 양 농장이 받는 평균 보조금은 53,000파운드이다. 농장 평균 수입은 33,000파운드이다.[24] 즉 농부가 양과 소를 키워 얻는 수입으로 얻는 경제적 효과는 2만 파운드 손해다.

영국이 매년 부담하는 농장 보조금은 36억 파운드이다. 연간 유럽 예산은 총 550억 유로, 파운드로 환산하면 470억 규모인데, 영국의 연간 예산이 여기에서 43퍼센트를 차지한다.[25] 정부는 유럽연합의 공동농업정책Common Agricultural Policy으로 인해 영국 가구당 매년 245파운드를 부담한다고 추산하고 있다.[26] 이는 평균 가정의 5주치 식비,[27] 또는 한 해의 적금 또는 투자액(296파운드)에 가까운 금액이다.[28] 국민의 돈으로 사기업을 보조하는 정책은 미심쩍게 마련이다. 게다가

---

[*]  자연보전활동, 생태관광 및 야생동식물이 없었다면 존재하지 않았을 각종 직업들, 그리고 학문적·상업적 연구 및 컨설팅 등이 여기에 포함된다.

중요한 공공서비스 부문이 예산 부족으로 삭감될 때는 더욱 정당화되기 어려워진다.

이렇게 헤프게 퍼줘서 얻는 것은 무엇인가? 공동농업정책은 사료, 화학비료, 농기계의 가격을 올리고 소농을 파산시킨다. 토지 가격을 올려 농업을 하고자 하는 젊은이들의 기회를 박탈하고 식자재 가격 상승에 기여한다. 어마어마한 양의 공적자금이 너무나 적은 수의 사람을 위해 투입된다. 웨일스 전체 농업에서 상근 종사자가 16,000명, 비상근 종사자가 28,000명이다.[29] 그러나 무엇보다 농장 보조금은 생태적 파괴를 위해 지불되는 것이다.

공교롭게도 이런 일이 벌어진 것이 아니다. 시행 규칙은 매우 구체적이다. 유럽연합 공동농업정책 상호준수 사항에 '양호한 농업 및 환경 조건'이라는 매우 전체주의적인 제목으로 명시되어 있다. 의무적으로 따라야 하는 기준으로 정한 것 중에는 '원치 않은 식생이 농지에 침입하는 것을 방지'하는 것이 있다.[30] 이는 농부들이 보조금을 받으려면 야생식물이 되돌아오는 것을 막아야 함을 의미한다.* 아무것도 기르지 않아도 되고, 동물이나 작물을 안 키워도 된다. 그저 나무 몇 그루와 덤불이 살아남지 못하도록 기계로 땅을 쓸어버리기만 하면 되는 것이다.

악명 높은 '50그루' 지침은 농지 헥타르당 나무가 50그루를 넘으면 보조금 수령 대상에서 제외시킨다. '그래스랜드

---

* 이러한 조건은 대부분의 농장 비용을 관장하는 보조금 1군에 적용된다.

트러스트The Grasslands Trust'가 수행한 조사에 따르면 이 지침으로 인해 야생동식물에게 매우 중요한 농촌 내 서식지 중 대다수가 제외되었다고 한다. 가령 스웨덴의 삼림성 목초지, 에스토니아의 석회암 지대, 그리고 코르시카섬의 관목지대 등이 이에 해당된다.[31] 독일에서는 갈대밭이 약간 있는 초지도 보조금 대상에서 누락된다. 불가리아에서는 들장미 한 송이 때문에 땅 전체가 부적격 판정을 받기도 했다. 스코틀랜드에서는 수세기 동안 서해안에서 자라온 노랑꽃창포가 '침입 식생'으로 분류될 가능성이 있고 그에 따라 보조금 부적격 판정을 받을 수 있다고 농민들에게 통보되었다. 북아일랜드 정부는 전통적으로 가꿔온 생울타리의 폭이 너무 넓은 농가에 보조금을 지급했다는 이유로(여타의 다른 이유와 더불어) 6,400만 파운드의 벌금을 얻어맞았다.[32] 이러한 규칙은 사람들로 하여금 서식지를 깔끔하게 제거하는 데 혈안이 되도록 만드는 결과를 낳았다. 일부러 야생동식물을 샅샅이 뒤져서 없애기 위한 것이 목적이었다 하더라도 이보다 더 효과적인 시스템을 고안해낼 순 없었을 것이다.

결국 뿌리까지 바짝 뜯어 먹도록 가축을 기르고, 숲 안으로까지 가축을 데리고 들어가고, 마지막 나무 한 그루까지 잘라내고, 강을 오염시키고도 돈을 탈 수 있는 것이다. 내가 사는 동네에는 이 모든 일을 수행하면서 단 한 번도 보조금이 끊긴 적이 없는 농장들이 있다. 그곳에 딱 한 가지 허락되지 않는 것이 있는데, 그들은 그것을 '토지 방치'라고 부르고 나는 '활생'이라 부른다. 유럽연합 집행위원회는 아무런 근거

도 없이 "조건이 불리한 지역의 토지를 방치하면 환경에 부정적인 여파가 생긴다"고 주장한다.[33]

방치한다는 것은 그만두거나 버린다는 것이다. 방치라는 용어는 우리 인간 없이는 생태계가 살아남지 못할 것 같은 인상을 준다. 발전, 관리, 유기, 과소 방목 등의 용어도 마찬가지다. 그러나 우리가 생태계를 관리함으로써 그것을 발전시키는 것은 아니다. 단지 변화시킬 뿐이다. 시행 규칙은 유럽 전역에 걸쳐 복잡하고, 다양하고, 풍요로운 생태계를 단순하고 공허하게 만들어버렸다. 생태적 재앙을 초래하는 데 일조한 것이다.

한편 농민들이 파괴한 것을 상쇄하는 행동을 했을 때 주어지는 보조금이 또 있다. 공적자금이 이런 어이없는 시스템으로 허비되고 있다. 처음에는 농부들로 하여금 전부 파괴하도록 한 다음에, 조금 되돌려놓으면 돈을 조금 더 얹어주는 것이다.

그러나 말 그대로 조금뿐이다. 소위 '녹색' 보조금(보조금 2군으로 알려져 있다)은 특정 지역에서 극히 주변적인 조치를 취한 농부들을 포상한다. 각국의 정부는 유럽연합의 규칙을 기준으로 자금을 지급한다. 웨일스 정부는 "현행 농업체계에 거의 아무런 영향 없이" 이 자금을 지급할 수 있을 것이라고 농민들을 안심시키려 한다.[34] 실은 땅의 가장 외진 구석 말고는 절대로 복원하지 못하도록 확고하게 명시하면서 말이다. 예를 들어 "초지나 관목림으로 복원되는" 땅에 대한 보조금은 3분의 1헥타르 이하로 한정한다.[35] 보조금은 낚시용

민물고기 관리에서부터 울타리 대문 설치에 이르기까지 온 갖 것을 지원하지만,[36] 웨일스의 고지대에 토착 수목을 심는 것에는 절대로 할애되지 않는다. 나무심기 지원금은 저지대 나 계곡에서만 신청할 수 있다. 이런 땅은 생산성이 높기 때 문에 농부들이 신청할 이유가 없는 곳들이다.*

이른바 '녹색' 보조금을 받기 위해 적절한 조치를 취했다 는 사실은 농부들이 스스로 보고하게 되어 있다. 그런데 집행 은 거의 대책 없는 수준으로 이루어지고 있다. 가축이 숲에 들어가지 못하도록 조치한 것에 대해 지원을 받는 농가에 대 한 실사를 담당하는 친구의 말을 빌리면 "확인된 농장의 절 대 다수에서 녹색 보조금 정책은 실패하고 있었으며 사실상 사기 수령에 해당"한다. 서류상으로 양의 출입이 금지된 숲 에 양이 즐비한 것을 수차례 목격한 그는 상부에 본 정책의 중단을 권고했다. 돌아온 대답이라곤 그가 뭔가 착각했음이 틀림없고 무슨 문제가 있으면 농부들을 잘 설득해서 조건에 부합하게끔 만들면 된다는 것이었다.

여타 산업 분야에서 보조금 제도가 대부분 사라진 상황에 서 지금과 같은 재정 위기 속에서도 농업만큼은 여전히 납세 자들의 열렬한 지지를 얻는 이유가 무엇인지 나는 모르겠다. 이 주제에 대해 더 많은 사람들이 비판하지 않는 이유가 무엇

---

* 삼림청은 나무심기로 보조금을 받을 수 있는 곳과 없는 곳을 표기한 지도를 출 간한다.[37] 고지대에 나무심기를 억제한 정책에 대한 불만이 커지자 규칙을 약간 완 화하여 적용하기 시작했다.

인지 이해가 가지 않는다. 어쩌면 농장 보조금과 그것을 둘러싼 규칙에는 자연에 대한 통제권을 상실하는 것에 대한 뿌리 박힌 두려움이 투영되어 있는지도 모른다. 우리는 "땅을 정복하라, 바다의 물고기와 하늘의 새와 땅에 움직이는 모든 생물을 다스리라"[38]는 신성한 임무에 대한 책임감을 여전히 떨쳐내지 못하고 있다. 하지만 이것만으로 다 설명되지는 않는다.

『이코노미스트』의 칼럼 「샤를마뉴」가 유명한 어린이책 작가의 이름을 따서 고안한 '리처드 스캐리 규칙Richard Scarry Rule'에 따르면, "정치인들은 어린이책에 나오는 것을 거스르는 행동을 하지 않는"다.[39] 재미있는 발상이긴 해도 모든 분야에 적용되지는 않는 듯한 이 규칙이 농업에서만큼은 어김없이 들어맞는다. 아주 어린 아이들을 위한 도서에서는 농업이 차지하는 부분이 크다. 예쁘고 예스러운 농장에 소와 송아지 한 마리, 양과 새끼 한 마리, 암탉과 병아리들, 망아지 한 마리, 돼지 한 마리, 개 한 마리, 오리 한 마리, 고양이 한 마리가 어울려 자유롭게 살아간다. 발그레한 얼굴에 함박웃음을 띤 농부가 동물들과 평화롭게 지낸다. 물론 도축, 도살, 식육, 거세, 어금니 절단, 어미와 새끼 분리, 배터리사육, 분만틀, 살충제, 폐기물 등 축산업의 실체는 전혀 등장하지 않는다. 이런 책들이 의식이 막 자라나는 어린이 시기부터 농업경제의 덕목과 아름다움 그리고 이를 지속시키는 것의 중요성에 대한 확고한 믿음을 무의식적으로 깊이 심어주는지도 모른다.

지난 수개월 동안 나는 보조금 정책의 규칙이 대체 왜 그렇게 짜여 있는지, 각국의 정부는 그것을 어떻게 해석하는지를 이해하기 위해 수많은 기관을 차례로 방문했다. 공무원들과 기나긴 조율과 협의 끝에 당시 웨일스의 지방정책부 장관이었던 엘린 존스와 면담을 하게 되었다. 대화 도중 장관이 문서철을 탁자에 내려놓는데 그 옆에 전국농민연맹 로고가 박힌 펜이 있는 걸 보고서야 나는 문제의 본질을 이해하기 시작했다.

나는 웨일스 정부 산하의 웨일스 삼림청이 고지대 전역에 걸쳐 나무심기 지원금을 전면 금지한 연유에 대해 알고자 했다.* 장관의 설명은 충격적이었다. 고지대에 나무를 되살리면 흙에서 이산화탄소가 방출되어 지구온난화를 악화시킨다는 것이었다. 대체 무슨 근거가 있냐고 묻자 담당자를 통해 장문의 연구보고서 두 건을 내게 보내주었다. 읽어보니 장관과 해당 부서의 주장과는 정반대 내용이 쓰여 있었다. 한 보고서는 웨일스 고지대 토양의 탄소 함유량이 감소한 원인은 나무심기가 아니라 과도한 양 방목이라는 것을 보여주었다.** 자연수종보다 토양 교란을 더 많이 일으키는 조림조차

---

* 2011년에 삼림청은 나무심기 산업이 지원되는 곳을 표시한 지도를 출간했다. 캄브리아산맥을 포함해 웨일스 고지대 대부분이 붉은색으로 표시되어 있었다. 이는 나무심기에 대한 지원이 전혀 없음을 의미한다.[40]
** "훼손된 곳의 평균 탄소 함유량은 5퍼센트, 질소는 0.4퍼센트로서, 같은 지역 내 히스 생태계가 온전한 곳의 평균 탄소 함유량 24~27퍼센트, 질소 1.1~1.4퍼센트에 비해 현저하게 낮은 것으로 보아 기름진 이탄질 회백토에 매우 악영향을 미치는 것으로 나타났다."[41]

이렇다 할 탄소 손실을 야기하지 않는다.[42] 다른 한 보고서는 모든 시나리오에 대한 모의실행 결과 초지에 나무를 심으면 토양의 탄소량을 증가시킨다고 했다.[43]

그럼에도 불구하고 엘린 존스의 주장이 유럽연합 전역에서 고지대의 삼림복원을 막는 데 쓰이고 있다. 유럽연합 집행위원회는 농업을 줄이면 "기후변화에 대항하는 여러 방법에 손실이 있을 것"이라고 말한다.[44] 이 주장을 뒷받침하는 아무런 근거 없이 말이다. 양이나 소 목축보다 삼림이나 관목림이 대기에 더 악영향을 끼친다는 건 상상조차 할 수 없다.*

산악지대의 방목을 위해 우리가 지불하는 것은 단지 보조금만이 아니다. 홍수가 한 해에 잉글랜드와 웨일스에 일으키는 손실은 12억 5천만 파운드에 달한다.** 홍수의 위협으로부터 땅과 주택을 보호하는 데에 추가로 매년 5억 7천만 파운드가 지출된다. 2012년 여름, 내가 사는 지역에 일어난 홍수 탓에 집들이 물에 잠겨 페널 마을 전체가 대피하고, 해안에서 야영하던 여행객들이 헬기로 구조되고, 도로와 철도와 변전소가 물에 잠기는 사태가 벌어졌다. 홍수의 직접적인 원

---

* 초지 밑의 흙보다 삼림 밑의 흙이 더 많은 탄소를 저장할 뿐 아니라 표면의 풀보다 나무가 더 많은 탄소를 저장한다. 말하자면 나무는 탄소 기둥이다. 양과 소는 강력한 온실가스인 메탄가스를 대량으로 배출한다. 농부들이 사용하는 트랙터와 농기계는 화석연료를 사용한다.

** 잉글랜드가 홍수로 입는 연평균 손실은 10억 파운드 이상으로 추산된다.[45] 웨일스의 경우 2억 6,200만 파운드이다. 이는 2012년에 일어난 홍수의 영향이었을 가능성이 높다.[46]

인은 대서양에서 불어온 강풍이 몰고 온 엄청난 양의 비가 고지대에 쏟아졌기 때문이다.[47] 그러나 산이 빗물을 수용할 수 있는 능력이 현저히 저하된 것 또한 홍수를 일으키거나 최소한 악화시킨 원인이었다. 빗물이 서서히 스며드는 대신 세차게 계곡으로 흘러내려가기 때문이다.

어떤 고위 공무원이 내게 말하길 보험회사 하나가 최근에 캄브리아산맥의 가장 큰 산이자 세번강과 와이강의 발원지인 품루몬을 사들여 삼림을 복원하는 사업을 타진했다고 한다. 아마 홍수로 인한 글로스터의 카펫 산업 피해를 보상하는 것보다 이렇게 하는 것이 더 저렴하게 먹힌다는 걸 계산한 모양이었다. 그러나 그 회사는 사업과 관련될 소지가 있는 정치적 문제들로 인해 사업을 포기했다고 한다.

변화에 대한 시대적 요구가 강할지라도 농업 헤게모니가 워낙 굳건해서 농부나 땅주인들에게 맞선다는 것 자체가 거의 금기시된다. 웨일스에서 농민(상근과 비상근 모두)은 전체 인구의 1.5퍼센트를, 농촌 인구의 5퍼센트를 차지한다. 지역 거주민 96만 명 중 단 44,000명에 불과하다.[48] 그럼에도 불구하고 농촌은 순전히 그들의 이익에 부합하는 방향으로 관리되고 운영된다. 지방정책을 지배하는 사상과 관점은 주로 농민연맹에서 비롯된 것들이며, 이들은 가장 부유하고 거대한 토지의 소유주들에 의해 좌지우지된다. 웨일스 인구의 95퍼센트를 차지하는, 농민이 아닌 지역 거주민이라는 절대다수의 입장은 무시된다. 엘린 존스는 지방정책부 장관이지 농림부 장관이 아니었지만, 면담에서 사용하던 펜은 부서 정책의 실상을 알려주는 암호와 같았다. 유럽과 북미의 지방정책은 모두 유사한 폐해에 시달리고 있다. 어디를 가나 농민이 소수집단임에도 불구하고, 농민(또는 삼림업자나 어민)을 기쁘게 해주는 것이 정책의 일차 목표이다.

　유럽과 세계 곳곳에서 세금이 어떻게 낭비되고 있는지, 농장 보조금이 어떻게 불필요한 파괴와 단일성에 대한 집착을 일으키는지에 대해 사람들이 더 잘 알게 된다면 이 모든 것이 변할 수 있다고 나는 확신한다. 모두 멈출 수 있다. 그리고 그렇게 해야만 가능할 것이다. 나무가 다시 자라고, 새들이 되돌아오고, 자연이 점차 자리를 되찾아 너무도 오래도록 억압되었던 생태적 원리들이 다시 가동될 수 있을 것이다. 다른 말로 하면, 이 땅의 활생을 실현시킬 것이다.

　　　돌이 나뒹구는 농장의

　　　눈물이 흐르는 산비탈의

　　　부서진 얼굴들.


　　　　　　　　　　　　　R. S. 토머스, 「저수지」


　　이 세상 모든 생물 중 활생을 가장 필요로 하는 존재는 아마 아이들일 것이다. 자연의 파괴보다 더 빠른 속도로 일어난 것이 하나 있다면 바로 아이들과 자연 간의 관계가 파괴된 것이다. 단 한 세대 만에 한때 아이들이 마음껏 뛰놀던 바깥 세상은 사라져버렸다. 1970년대 이래 영국에서 아이들이 부모 없이 놀러 다닐 수 있는 야외 공간은 90퍼센트 가까이 줄어들었고, 야생 공간에서 일상적으로 놀던 아이의 비율은 절반 이상에서 열에 하나도 안 될 만큼 감소했다.[1]

낯선 사람에 대한 부모들의 경계심은 다소 과하지만 교통과 관련된 그들의 걱정은 매우 합당하다. 실내 세계의 생태계는 점점 더 풍요롭고 재미있어지고 있다. 어떤 나라에서는 아이들이 공공장소에 가면 채근을 하거나 잘못된 것으로 여긴다. 놀이는 금지되고 아이들의 존재 자체를 위협으로 여긴다.[2] 하지만 제이 그리피스Jay Griffiths가 훌륭한 저서 『키스Kith』에 잘 기록했듯이 공유지의 사유화와 자연의 파괴 또한 아이들을 공공의 영역으로부터 배제하고 있다.

> 공유지는 아이들과 새들의 터전이었다. 그런데 인클로저*가 그들의 둥지를 앗아가버렸다. 아이들의 유년시절이 머무는 공간을 강탈하고, 그들의 동물 선생님과 강은사님을 빼앗고, 깊은 꿈의 은신처를 훔쳐 갔다. 저 위대한 야외의 세계는 울타리로 둘러쳐지고 "무단 출입자는 처벌될 것이다"라는 팻말이 붙었다. 세대가 바뀌면서 바깥 세상은 쪼그라들었고 실내 세상이 훨씬 중요해졌다.[3]

그리피스가 기술하듯이, 인클로저와 더불어 공유지의 복작複作이 사유지의 단일재배로 대체되면서 아이들이 좋아하

---

* Enclosure. 전 세계에서 일어나는 공유지의 사유화 또는 국영화 과정으로 그곳에 원래 살던 사람들과 원래의 토지 용도를 배제한다. 잉글랜드에서는 18~19세기에 의회가 인클로저 법안을 제정하면서 강화되고 가속화되었다.

던 모든 것 — 오래된 나무, 경작지를 벗어난 작은 골짜기, 연 못과 골풀 무성한 초원, 숲, 히스 덤불 — 이 땅에서 사라졌다. 완전히 없애지 못한 것에는 아이의 접근을 금지했다. 파괴와 배제는 19세기 이후로도 계속되었다. 우리를 안으로 들어가 지 못하게 하려고 세운 무수한 울타리가 결국 우리를 안에 갇 혀 지내는 신세로 만들었다.

인클로저가 저지른 또 한 가지 일은 사람들이 땅과의 긴밀 한 관계를 축복하기 위해 잠시 권위를 전복시키고 장난을 즐 기던 축제와 카니발의 오래된 전통을 끝낸 것이다. 축제가 열 리던 곳은 울타리로 폐쇄되고 봉쇄되었다.

1990년대 초 마사이랜드Maasailand에서 나는 이런 작업이 충격적인 속도로 진행되는 것을 목격했다. 내가 일했던 지역 사회의 전사들이 자기 민족의 마지막 의식을 수행하는 것을 지켜보았다. 이런 의식이 거행되던 공간이 사유화되고 철조 망으로 둘러쳐지고 있었기 때문이다.[4] 인클로저라는 폐쇄의 과정은 하룻밤 만에 사람들을 자신의 땅에서 몰아내고, 지역 사회를 산산이 조각내고, 고유한 문화를 해산시켜 궁핍한 젊 은이들을 도시로 내몰았다. 자연과의 관계가 영구히 단절된 세계로 말이다. 나는 내 나라에서 일어났던 이야기의 재현을 지켜보았고, 그것이 일으키는 충격과 어리둥절함, 그리고 슬 픔을 목격했다.

공유지는 모두의 것이었지만, 그 누구보다도 아이들의 것 이었다. 자연 상태의 공유시 내 나무와 지형은 그 자체로 미 끄럼틀과 정글짐, 모래밭과 경사로, 시소와 그네, 장난감 집과 비밀 기지를 제공했다. 이제 놀이터는 전부 설계 및 제작되고, 시험 및 평가되고, 검사되고, (깔끔하게 기획되고, 엄격하게 관리 감독 되기에) 고비용으로 과거의 10분의 1도 안 되는 재미를 선사한다. 공유지의 막대기와 꽃과 벌레와 개구리 모두 아이의 세상을 채우는 데 필요한 장난감이었다. 인클로저 이후 "땅만큼이나 어린 시절도 울타리로 봉쇄된 것이다"라고 그리피스는 말한다.

여파는 치명적이었지만 이제는 너무도 익숙해서 거의 깨닫지도 못한다. 부모들이 그토록 두려워하는 바깥 세상보다 실내 세상이 훨씬 더 위험하다. 실제로는 거의 있지도 않은 낯선 사람의 위험은 그보다 실질적이고 악질적인 소외의 위험으로 대체되기 때문이다. 집에 묶인 아이들은 다른 아이들과 자연으로부터 소외된다. 비만, 구루병, 천식, 근시, 심장 및 폐 기능 저하 모두 정주성 실내 생활과 연관된 것으로 보인다.

리처드 루브Richard Louv의 『자연에서 멀어진 아이Last Child in the Woods』에 요약된 연구 결과를 보면 자연과의 접촉 부족이 ADHD와 연결되는 것으로 나타난다.[5] 일리노이대학 연구에 의하면 나무와 풀이 있는 환경에서 놀면 ADHD 증상이 감소하는데, 실내나 포장도로에서는 증가 양상을 보인다.[6] 한 연구는 야외놀이가 아이의 사고력과 관찰력을 높이는 효과를[7], 또 다른 연구는 야외학습이 읽기, 쓰기, 과학과 수학 성적을 향상시키는 효과가 있음을 보여준다.[8] 아이가 교실에 있는 시간을 줄이면 학교생활의 능률이 오를지도 모른다.

아이들 삶에서 가장 결핍된 것은 숲에서 보내는 시간이다.

내 아이가 친구들과 노는 걸 보면 수풀이 무성하여 공간의 깊이가 있는 곳일수록 깊이 있는 놀이를 촉발하는 듯하다. 커다란 나무 아래 고사목과 뒤엉킨 하층식생과 덤불 속엔 온갖 구멍과 수변과 둔덕과 작은 골짜기가 숨겨져 있어, 익숙한 세계로부터 아이를 끄집어내어 다른 세상으로 들어서게 해준다. 숲은 즉시 온갖 생명으로 득실대는 장대한 전설과 신화의 무대가 되고, 언제나 같지만 또 언제나 새로운 캐릭터로 변신한 아이는 영원히 늙지 않는 이야기의 주인공이 된다. 이곳에서 유전자의 기억이 부활하고 고대의 충동이 되살아나며, 수많은 세월 동안 다듬어진 놀이와 발견의 의식이 재현된다.

야외놀이가 실내놀이와 다른 점은 바깥 세상이 선사하는 끝없는 놀라움에 있다. 각본 없는 즐거움, 혼자 발견하는 기쁨. 물에서 뛰어오르는 돌고래, 노래하는 나이팅게일, 폭발하듯 비상하는 멧도요, 바스락거리는 뱀 때문에 놀라는 아이가 더 이상 없을 거라는 사실은, 이 생물들이 우리가 한때 놀던 곳에서 사라지고 있는 사실만큼이나 슬픈 일이다.

나는 모든 학교가 일주일에 한 번은 오후에 아이들을 숲으로 데리고 나가 마음껏 뛰놀게 했으면 좋겠다. 많은 도시 어린이들은 숲에서 멀리 떨어져 있어서 이를 실행하기란 아마 보통 일이 아닐 것이다. 앞으로 모든 주택단지마다 아이들이 자유롭게 놀 수 있는 야생의 땅이 포함되도록 개발할 순 없는 걸까?

도시만이 아니다. 세계의 낮은 곳에서 숲은 지워졌다. 그런데 보조금의 중단으로 농업을 더 이상 지속할 수 없는 곳에서, 아이와 어른 모두가 신나게 탐험했던 야생의 자연을 배제시켰던 울타리가 없어지고 상황이 역전되는 현상이 목격되고 있다.

이 책에서 간추려 전달하고자 하는 나의 비전이 다른 사람들의 관점과 상충할 수도 있다는 점을 잘 안다. 나라마다 구체적인 상황이 다르지만 골자는 대체로 비슷하다. 자연을 억누르는 농업, 어업, 임업 종사자들은 자신의 분야가 지역사회의 경제, 문화, 전통을 유지하는 데 필수적이라고 생각한다. 나는 캐나다의 벌목꾼과 어민, 노르웨이의 농부, 일본의 고래잡이 어부들과의 갈등을 보았다. 이러한 갈등은 중요하며 가볍게 다룰 수 없는 것들이다. 내가 구체적으로 다루고자 하는 사례는 웨일스만의 특수한 것이지만 그 핵심 내용은 보편적일 것이다. 그것은 현재 땅을 소유하거나 이용하는 사람들과 땅과 다시 관계를 회복하고 싶지만 지금은 아무것도 못하게 되어 있는 사람들 간에 벌어지는, 이유 있는 입장의 충돌이다.

성 다비드의 날*이다. 갯버들의 잎눈이 터지려 하고 있었다. 포엽을 싼 비단결 막이 팽팽하게 당겨져 수은처럼 반짝였다. 자작나무는 잔가지에서 스며 나오는 진액에 연보라색으로 변했다. 길가의 수선화는 차가 지나갈 때마다 곧은 줄기에 달린 잎망울이 흔들렸다. 이것 말고는 겨울의 감옥에서 봄이 탈출한 징후는 전혀 보이지 않았다. 초원은 겨울을 난 황갈색

---

\* 웨일스의 수호성인 성 다비드 축일로, 3월 1일이다(옮긴이).

그대로였다. 겨우내 눈에 파묻혔던 작년의 고사리는 적갈색을 띠며 산에 매달렸다. 카더이드리스, 애런포디산, 타렌헨드러산 등의 봉우리는 아직도 얼룩덜룩한 모습 그대로였다. 죽은 초지는 남아 있는 흰 눈과 대비되어 더 진한 갈색으로 보였다.

햇빛이 너무 밝고 그림자의 윤곽이 너무 분명한 것이, 마치 영화촬영장에 와 있는 것만 같았다. 올해로 전형적인 영국 날씨 — 낮은 따뜻하고 밤은 서늘한 동풍 부는 봄, 비에 텁텁하게 젖은 여름, 그리고 잔잔하고 따뜻한 가을 — 가 뒤집힌 지 벌써 4년째이다.

캄브리아산맥 깊은 곳의 울퉁불퉁한 길을 따라 운전하다 돌로 된 작은 농가에 도착했다. 주위의 초록 들판에는 판다 같은 눈과 우스꽝스러운 검정 코를 한 웨일스의 점박이얼굴 양이 풀을 뜯고 있었다. 깨끗한 안마당 한쪽에 단을 높인 연못이 있었고 연못 두둑 너머에서 맑은 물이 흘러들어갔다. 흰 털에 갈색이 도는 양치기 개 한 마리가 묶인 채 나를 향해 짖었다.

다피드 모리스 존스와 그의 어머니 델리스가 나를 맞아주었다. 훨씬 더 나이 든 사람을 상상했는데 20대의 젊은이가 나타났다. 푸른 눈의 잘생기고 꾸밈없는 얼굴에다, 한쪽 귀에만 귀걸이 두 개를 하고 있었다. 양 치는 농부답게 구레나룻이 수북했다. 델리스는 빛나는 눈이 아들과 닮아 있었다. 흰 머리가 어깨까지 내려왔고 매우 건강하고 강해 보였다.

캄브리아산맥협회가 이곳의 생태와 경관에 대해 갖고 있

는 입장에 문제의식을 가지고 연락을 취하다가 알게 된 사람이 바로 다피드이다. 산맥협회가 내 편지를 그에게 전달했던 것이다. 나는 그가 쓴 글에 전부 동의하지 않았지만 그의 명석한 사고와 폭넓은 지식이 인상적이어서 한 번 만날 것을 제안한 터였다.

델리스는 나를 집 안으로 데려가 응접실로 안내했다. 그녀가 가진 최고의 도자기와 그릇을 진열한 웨일스식 장식장이 벽 하나를 차지했다. 다피드의 할아버지가 어렸을 때 장식장 위로 올라가려다 넘어져 그릇이 다 깨지는 바람에 증조할아버지가 못으로 박아 벽에 고정했다고 한다.

모리스 존스 가족은 1885년에 이곳에서 소작농을 시작했고 1942년에 땅을 샀다. 다피드는 증조할아버지 대에 지은 헛간 한 채의 지붕을 고치면서 기존의 슬레이트를 재활용했다. "앞으로 150년은 갈 겁니다." 그는 내게 말했다.

스콘에 차를 마신 후 그는 나를 데리고 땅을 보러 나갔다. 양들은 집 아래쪽 초지에 있었다. 그는 암양과 숫양을 합쳐놓는 시기를 다른 농장보다 늦춘다고 했다. 양들이 실내보다 들판에서 새끼를 낳게 하기 위해서라고 그는 설명했다. "들판에서는 해가 져야만 새끼를 낳습니다. 헛간에서는 밤낮없이 낳고요. 단, 새벽에 분만이 시작되면 반드시 일찍 일어나야 합니다. 까마귀들이 울타리에 줄지어 앉아 기회만 노리고 있다가 아직 제대로 나오지도 않은 새끼 양의 눈을 그냥 쪼아가거든요. 까마귀들을 쫓아내려면 곁에서 지키고 있어야 합니다."

토지를 가로지르는 길을 따라 걸으면서 나는 내 동행이 매우 명석한 두뇌의 소유자임을 알게 되었다. 그는 두어 시간 동안 수력터빈을 저렴하게 만드는 방법, 로마인들이 사용했던 원거리 신호체계, 중국 산성폐기물 관련 문제, 버려진 슬레이트 광산을 통과하는 새 굴착 통로, 각종 톱니바퀴의 성능에 대한 비교 등 온갖 주제에 관해 편안하면서도 진지하게 설명했다. 내 방문에 대비해 공부도 미리 한 듯했다. 내가 얘기하고자 하는 주제와 관련된 주요 문헌을 읽고 자신의 것으로 소화한 상태였다. 내가 자주 쓰는 표현은 아니지만, 그는 매우 명민한 젊은이였다. 원하는 것이라면 무엇이든 다 할 수 있는 사람이었다. 하지만 그는 가장 고되고 가난한 직업을 선택했다. 그에겐 보통 사람들에게 없는 한 가지가 또 있었다. 그는 스스로가 어떤 사람인지 알고 있었다. 나는 그런 그가 부러웠다.

다피드는 카디프대학에서 웨일스어로 학위를 취득했다. 자기 시간의 반은 농장 일을 하고 나머지 반은 번역 작업(주로 겨울철)과 야외 교육(주로 여름철)에 할애했다. 그는 침엽수 조림을 지역사회의 숲으로 바꾸는 일에 참여하는 등 이 계곡의 삶에 깊숙이 관여하며 살고 있었다. "이곳의 역사는 땅에 쓰여 있습니다." 그가 내게 말했다.

낮게 뜬 태양은 양이 바짝 깎아놓은 땅에 어지럽게 긁힌 자국을 선명히 비추었다. 풀에 반쯤 묻힌 돌담이 하나 있었는데, 1680년에 만들어진 것으로 자신의 농장이 걸쳐 있는 양쪽의 영지를 구분하는 용도였다고 다피드는 설명했다. 품루몬에서 코미스트위스에 이르기까지 황야와 산지에 걸쳐 길게 뻗은 것이었다. 한쪽의 영지는 전통에 따라 카드놀이로 잃었고, 그로 인해 증조할아버지가 이 농장에 처음 정착했을 때부터 이렇게 두 영지에 걸쳐 세워졌다고 한다. 저 멀리 여러 둔덕과 수풀 사이를 가리키며 그는 청동기시대의 무덤, 중세 가옥의 토대, 그리고 위치가 좀 이상하지만 연못으로 보이는 것들이 있다고 알려줬다. 맞은편의 울퉁불퉁한 동산은 1,500년이나 된 것으로서 웨일스 전설인 『마비노기온Mabinogion』에 언급된 어떤 농장의 소유였다고 한다.

길 옆에는 돌로 된 네 벽의 흔적만 간신히 남은 집터가 수풀에 파묻혀 있었다. "어머니가 근무한 학교에서 일하던 요리사의 집인데 1916년까지 여기에 살았습니다."

나는 그를 따라 풀이 더 연하고 부드러운 곳으로 올라갔다. 오래된 수세탐광水洗探鑛의 흔적이 남아 있는 곳이라고 그가 말했다. 로마 또는 중세 중 어느 시대의 것인지 고고학자들이 결론짓지 못했다고 한다. 나는 수세탐광이 무슨 뜻인지 모른다고 고백했다.

그것은 예전에 이 골짜기에서 납을 캐던 광산의 일부였다고 그는 설명했다. 광부들이 캐고자 하는 광상鑛床 위에 댐을 짓고 수로를 통해 아래로 물을 공급했다. 저수지에 물이 꽉 차면 댐을 부수고 물을 한꺼번에 흘려보내 그 힘으로 광상을 무너뜨려 채굴하는 것이었다. 말하자면 디젤 엔진의 도움 없이 호라이마의 금광에서 금을 캐는 방식과 같은 것이었다.

산을 오를수록 풀과 땅은 더 거칠어졌다. 녹색 보조금(보조금 2군)을 받기 위해 겨울에는 양이 산으로 못 가게 했다고 다피드는 설명했다. 그는 여름철 방목지인 황소산, 미니드 이르 이켄으로 나를 데려갔다. 아직도 겨울의 검은 수의를 걸친 짧은 히스 덤불이 초원 속에서도 버티고 있었다. 작년의 마른 꽃이 줄기에 매달려 흔들렸다. 산등성이에 이르자 황색 고원이 펼쳐졌다. 지형은 늘 실제보다 작아 보이는 품루몬포르산을 향해 살짝 융기해 있었다. 회색과 황색 언저리는 가문비나무 몇 그루가 장식했다. 바람 부는 소리뿐, 사방이 고요했다. 전형적인 캄브리아 지대답게 새소리도, 풀숲이 바스락대는 소리도 없었다.

이곳에 난 히스 덤불이 산 이름의 유래를 설명한다고 다피드는 말했다. 소는 구리를 많이 섭취해야 하는데 구리는 바로 히스에 풍부하게 들어 있다. 그래서 황소산이라 불리는데, 이는 말을 동력원으로 이용하던 시대 이전에 붙여진 이름임을 시사한다. 청동기시대에서 수세기 전까지만 해도 중노동이 필요한 일엔 황소가 동원되었던 것이다. 집 근처의 겨울 목초지와 산 사이에 세워진 경계는 양의 방목을 관리하기 위한 것이라고 그가 말해줬다. 내리막 끝에 경계를 세워 아래쪽 초원의 풀이 줄어들면 양이 산으로 갈 수 있지만, 위쪽은 경계를 세우지 않아서 농부들이 결정하기 전까지는 양이 돌아올 수는 없도록 만든 구조였다.

산비탈 아래에는 벽이 허물어진 작은 돌집이 있었다. "예전엔 거위 집이었습니다. 매일 밤마다 할머니가 거위를 재우러 왔어요. 거위는 풀과 히스 덤불의 끄트머리를 먹었죠. 옛날의 농업은 지금과 달리 한 농장에서 이것저것 함께 길렀습니다. 2000년까지 저희 농장에는 증조할아버지 대부터 전해 내려온 헤리퍼드종 소 몇 마리가 남아 있었습니다."

다피드는 이웃 농장 건물이 서 있던 곳들을 가리켰다. 어떤 곳은 30~40년 전에 문을 닫았다. "옛날에는 계곡에서 보면 농장의 불빛이 반짝반짝했습니다. 지금은 다 사라졌죠."

그는 한때 이 계곡이 매우 활발히 이용되던 통행로였다고 설명했다. 교회나 학교, 지금은 문 닫은 선술집에 갈 때 오가던 길이었다. 성지순례로 시토회의 스트라타 플로리다 수도원에 오던 이들도 오래전에 없어진 애버리스트위스 항구를 거쳐 이 길을 걸어왔다고 한다. 가축을 몰던 사람들이 라야더를 거쳐 런던으로 갈 때 이용하던 오래된 길이었다.

"우리의 역사는 구전으로 전해 내려오지만 땅에 뿌리를 두고 있습니다. 옛날에 이곳 사람들이 하던 놀이가 하나 있어요. 한 명이 자기 모자를 산 어딘가 바위 위에 올려놓습니다. 그러고는 선술집에 가서 친구한테 그 바위의 이름을 알려줘요. 필요한 정보는 그게 다였습니다. 그러면 친구는 달려 나가 모자를 찾아야 했죠. 바위마다 이름이 다 있었어요. 제 삼촌은 전부 다 외웠죠. 한번도 문자로 기록된 적이 없습니다."

다피드의 얘기를 들으면서 우리의 대화가 더 이상 존재하지 않는 것을 좇고 있음을 깨달았다. 그의 머릿속은 이 산과 계곡이 사람들로 북적이던 시절로 가득 차 있었다. 내 머릿속은 야생의 생물로 넘쳐 나던 시절로 가득 차 있었다.

우리는 산의 서쪽 사면을 타고 낮은 가시금작화와 히스 덤불을 지나 다피드의 집 뒤편의 짙푸른 초원에 도착했다. 농장 문으로 들어서는데 델리스가 흰머리를 날리며 건초 더미를 실은 트레일러를 사륜 오토바이로 끌고 나타났다. 마치 마차를 탄 전설적인 여왕 부디카 같았다. "점심 드실 거죠? 벌써 다 차려놨어요." 그녀가 말했다.

"어머니가 물리적으로 힘이 드는 일을 덜 하시게 하려고 노력하는데 농부의 피가 흘러서 도저히 못 말립니다. 오토바이도 벌써 네 번이나 뒤집어버리셨다니까요." 다피드가 말했다.

델리스는 양에게 먹이를 준 다음 우리를 식당으로 데려가, 직접 키운 칠면조에 순무와 당근을 넣어 만든 카울 수프와 오븐에서 갓 구워 따끈따끈한 흑빵을 내놓았다. 식사를 하면서 그들은 농장과 지역사회에 대해 이야기하기 시작했다.

이곳의 농지는 1640년대에 정리되었다. 주민이 쫓겨나진 않았지만 이미 자신들이 농사짓고 있고 자기 땅으로 여긴 지도 오래된 땅에 머물기 위해서 돈을 내야 했다. 처음 땅주인은 웨일스 귀족들이었다. 프라이스, 본, 존스 등 오와인 글린두르의 봉기를 지지한 가문들이었다. 그들은 전통문화와 언어를 지키려고 노력했다. 땅의 동쪽 절반을 소유했던 하포드 우크트리드 영지의 존스 가문은 지하에서 웨일스어 출판물을 제작했다.

1833년에 뉴캐슬 공작이 영지를 사들였다. 토지 임대의 조건 중 하나는 감리교 대신 영국 국교회로 개종하는 것이었다고 델리스는 설명했다. 이를 어기면 농장을 잃었다. 다피드의 증조할아버지는 당신이 모르는 말로 찬양하고 예배를 했다. 그러나 증조할머니는 감리교회에 나가길 고집했다. 하느님과 영어로 대화할 순 없다는 것이었다. 증조할아버지는 매우 두려웠다. 모든 것을 잃을 수 있는 상황이었다.

"우리의 지식은 무가치하게 치부되었습니다. 농장 사람들이 가장 아둔하니 그들의 머릿속에 있는 것도 별 볼 일 없다는 게 정설이었죠. 아무도 뭔가를 문자로 기록할 생각도 안 했습니다. 우리 아버지는 글을 거의 쓸 줄 몰랐습니다. 양에 대한 정보와 가격 등등을 다 외워야 했지요. 오늘날 우리의 뇌를 이 정도로 활용하는 일은 없습니다." 델리스가 이야기를 이어나갔다.

다피드는 과거 웨일스의 숫자 세는 법을 독학으로 공부하고 있었다. 동물의 수를 세기 위해서 목동들이 개발한 것이었는데 10, 15, 20의 배수로 된 것이었다. "양 손가락으로 수를 세는데, 한쪽으로 무리를 세고 다른 쪽으로 개체를 셌습니다. 세는 속도가 무척 빨랐죠. 새로운 수체계로는 양이 뛰어다니는 속도에 맞춰 셀 수가 없습니다. 그래서 대문을 통과시켜 속도를 줄여야 합니다. 1970년대 이후로 웨일스에서도 십진법을 가르쳤습니다. 그것의 가치도 알겠지만 동시에 뭔가를 잃어버린 것도 사실입니다."

델리스 말에 의하면 다피드는 양의 무게를 눈짐작으로 오차범위 1킬로그램 이내로 맞힌다고 한다. 늘 정확해서 언제부턴가 저울을 쓰지 않았다. 눈으로 재는 게 훨씬 빠르기 때문이다. 델리스 또한 남다른 능력을 발휘한다. 먼 거리에서 양이 서거나 눕는 자세만 보고도 어디가 아픈지 진단할 수 있다. 막 출산을 하려고 할 때도 정확히 판단한다.

다피드는 우리가 이견을 가진 주제로 완곡하게 접근했다.

"활생에 대해 제가 가진 우려는 사람을 제외시킨다는 것입니다. 사람이 사라진 세상을 상상하는 후기낭만주의 이데올로기로 보입니다. '와일드랜드 네트워크Wildland Network'*가 홈페이지 하단에 적은 말을 보십시오. '인간의 개입으로부터 자유롭고 최소한으로만 관리되는 땅을 지향한다'고 되어 있습니다. 제게 이 말은 '추방'으로 들립니다."

지역 주민들이 나무심기에 대해 뿌리 깊은 적대감을 가진 것은 사실이라고 그가 설명했다. 그것은 20세기 중반에 삼림청이 저지른 기물파손 행위의 결과라고 한다. 웨일스의 다른 지역과 마찬가지로, 삼림청은 이곳에 일종의 문화혁명 같은 것을 일으키려 했다. 당시 청위병들은 오래된 건축물과 농장을 압수해 다이너마이트로 폭파시켰다. 쇠퇴하는 마을을 통째로 없애버리고[9] 당이 일방적으로 결정한 대로 곳곳에 똑같은 가문비나무 조림지를 조성했다. 아무런 대화나 존중도 없는 명백한 범죄행위였다.

"미헤린(다피드의 농장 동쪽의 마을) 사람들은 강제로 쫓겨났습니다. 압력을 견디지 못하고 집과 땅을 팔았거든요. 삼림청은 그들이 살았던 17,000헥타르 땅에 가문비나무를 심었습니다. 삼림청이 매입한 열 채 중 세 채만 남았습니다. 두 채는 허물어졌고 하나는 간이숙소가 되었죠. 나머지는 그냥

---

\* 북미의 단체와 동명의 영국 단체로, 현재는 비활성이거나 해산된 상태이다.

나무 밑으로 사라졌습니다. 뿌리는 남아 있던 잔해마저 다 부숴버렸어요. 지역사회의 모든 것을 없애버렸습니다.

제가 새로운 것을 싫어하는 것은 절대 아닙니다. 하지만 활생이 이미 있는 것으로부터 변화하고 발전하는 것이어야지 싹 밀어버리는 것이어서는 안 됩니다. 무턱대고 야생으로 전부 되돌리면 기록되지 않은 역사와 인간으로서의 정체성과 장소성을 상실합니다. 책을 불태우는 것과 같습니다. 우리 같은 사람들에 대한 책은 없습니다. 땅에서 우리 존재의 증거를 전부 삭제하면, 웨일스의 심장부에서 웨일스 말을 쓰며 사는 사람들의 근본 생업을 해치게 됩니다. 그것은 우리를 부정하는 것입니다. 우리는 가진 게 이것뿐입니다.

자연보전은 자연 속에서 사는 것이어야 합니다. 자연으로부터 이탈해버리면 우리가 자연을 여전히 인간의 관점에서 보고 있다는 사실을 잊고 맙니다. 저는 야생으로의 복귀는 모순어법이라고 생각합니다. 윌리엄 크로넌William Cronon이 말하듯이 야생을 위한 것이라고 주장하는 것 자체가 인간의 관점을 적용하는 일입니다.[10]

사람들은 포식자를 재도입하고 싶다고 합니다. 왜죠? 늑대가 여기에 오고 싶어 해서가 아닙니다. 우리 스스로 환경에 저지른 것에 대한 죄책감 때문에 늑대를 복원시키려 하는 겁니다. 그것은 인간의 목적을 충족시키려는 것이지 야생의 목적을 위한 것이 아닙니다. 모두 우리의 가치판단에 의거한 것입니다. 제게 활생은 후기낭만주의 정원 가꾸기 같은 것입니다. 로코코양식으로 지은 저택에서 옛 풍습을 흉내 내는 것 말이죠.

저도 여기에 풍력발전기보다 나무가 세워지는 게 낫습니다. 하지만 두 가지 다 이곳의 학교가 문을 열고, 동네 가게가 돌아가고, 선술집이 다시 영업하게 해주진 않습니다. 영국 농부의 평균 연령은 현재 62세입니다. 그것도 매년 한 살씩 오르고 있죠. '늙은' 언어로 말하는 늙은 사람들 외엔 아무도 없는 세상에 살고 있습니다. 얼마나 섬뜩한 일인지 모릅니다."

델리스도 거들었다. "시각적인 효과도 있습니다. 나무가 없으면 계곡 건너편의 다른 농가 불빛이 보입니다. 그러면 외롭지 않아요. 숲은 우리를 차단시킵니다. 조심하지 않으면 절망에 빠지기 쉬워요."

나는 혼란스러운 기분으로 농장을 나섰다. 다분히 일리가 있는 주장이었다. 나에게 무척 중요한 두 가지의 가치체계가 서로 충돌하고 있었다. 양 목축이 영국 고지대의 생태계와 세계 다른 곳에서 일으킨 폐해에 대해서 나는 너무나 잘 알고 있었다. 조류 조사 결과와 기타 증거들은 이 여파가 더 강화되고 있음을 나타낸다. 이러한 파괴를 자행하는 산업은 여기와 다른 많은 나라에서 공적 보조금에 의존해서 돌아간다. 자연을 계속해서 공격하고 생태계가 회복되지 않도록 막아서는 두 가지 목적을 위해 지불되는 돈이다.

그럼에도 불구하고 야생을 위해 다피드와 델리스, 그리고 그들 같은 사람을 몰아낸다는 생각 또한 도저히 받아들일 수 없었다. 그들의 역사가 지워지고 그들의 문화가 제거되는 것을 나는 원치 않는다. 그들의 삶이 층층이 쌓인 퇴적층을 쓸어버리는 것을, 그들의 목소리를 잠재우는 것을 보고 싶지 않다.

다피드의 주장에 나도 할 말이 없는 건 아니었다. 이 땅과 그것을 바탕으로 한 경제는 지난 반세기 동안 급격히 변화했다. 한때 다피드와 델리스 같은 사람들을 지원하는 데 쓰였던 공공기금은 이제 자기 농장에 살지도 않고 필요할 때만 찾아오는 목장 경영자들이 차지한다. 웨일스 중부 지방에 가면 이 원거리 농업경영의 증거를 쉽게 찾을 수 있다. 트레일러에 사륜 오토바이를 실은 랜드로버들이 사방을 휘젓고 다닌다. 이 땅을 구매한 사람들은 역사나 문화에 대한 관심이 적다. 그들은 다피드와 델리스 같은 사람들의 윤리적 권위에 기대어 이들의 생존권을 내세우는 것 말고는 과하기 짝이 없는 보조금을 정당화하는 것조차 하지 못한다.

원거리 목장경영 방식이 발전할수록 농장의 고용창출은 감소하는 현상이 세계 곳곳에서 나타난다. 웨일스의 농업 생산성은 자연보호 지역보다 더 많은 땅을 사용하면서도 야생 동식물을 유지해서 발생하는 수익의 4분의 1 이하 수준으로 낮다. 목양업을 통해 현재 수준 또는 더 높은 고용을 창출하는 것을 목표로 하는 산지농업 계획을 나는 본 적이 없다. 다피드처럼 농장에 남아 있는 농부들은 농업 이외의 활동으로 수입의 상당 부분을 충당한다. 반면에 활생은 자연을 좋아하는 방문자들을 끌어모을 잠재력이 매우 크다. 캄브리아산맥은 웨스트미들랜드 광역권과 가깝지만 사람들이 잘 찾아가는 곳은 아니다.

활생 초기에는 많은 노동력이 필요하다. 나무를 심고, 사라진 동식물을 재도입하고, 울타리를 이동하고, 가문비나무나 도망친 양 같은 침입 외래종을 관리해야 한다. 생태계가 점차 회복될수록 활생 관련 필요 인력은 줄어들겠지만 관광 수입을 발생시킬 잠재력은 커진다. 양을 없애는 것과 사람을 없애는 것은 다르다. 과거에 농민이었던 사람들이 앞으로는 공원관리인이나 관광가이드로 일하는 활기찬 지역사회를 얼마든지 그려볼 수 있다. 그들은 지방경제를 살리는 숙박업소, 특산물 판매소, 자전거 대여점, 사격 연습장, 승마와 낚시와 활쏘기 체험장 등의 서비스 업종에 종사할 수 있는 것이다.

북미의 연구자들이 채취형 산업이 야생의 자연에 자리를 내준 곳을 조사했다. 결과는 반반이었다. 한 논문은 "'야생' 자치주는 '자원 채취' 자치주보다 고용 및 1인당 소득이 증가"했다고 밝히고 있다.[11] 또 다른 논문은 삼림을 보호하기 위해 벌목을 중단한 지역 중 "경제적 웰빙이 높아진 곳도, 낮아진 곳도 있으며 아무 변화가 없는 곳도 있었다"고 보고한다.[12] 변화의 부정적 또는 긍정적 영향은 국가마다 다를 수 있기 때문에 신중하게 평가해야 하지만 목양업보다는 활생이 학교가 문을 열고, 동네 가게가 돌아가고, 선술집이 다시 영업하게 하는 데에 더 크게 일조할 수 있는 것만은 분명하다.

책을 불태우는 것과 같은 행위로 말할 것 같으면, 바로 내가 우리 동네 산을 걸을 때마다 목격하는 것이다. 농부나 광부들조차 수세기 동안 보존했던 오래된 참나무가 그 밑에서 풀을 뜯어 먹는 양에 의해 파괴되는 것을 본다. 생울타리가 파헤쳐지고, 돌담이 철조망으로 바뀌고, 과거에 농장 간의 경계를 표시하던 오래된 나무들이 잘려 태워지는 것을 본다. 물론 활생이 지역의 문화와 역사에 위협이 될 수 있다. 하지만 역사를 소중하게 여긴다는 농민들 스스로 그것을 파괴하고 지역사회가 그것을 묵인하는 상황도 우리 눈앞에서 버젓이 벌어지고 있다.

활생은 생태계 자체보다 인간이 필요로 하기 때문에 해야 하는 것이다. 나에겐 그것이 핵심이다. 늑대를 도입한다면 그것은 늑대보다 인간을 위해서이다. 활생이 벌어진다면 그것은 우리가 공공기금으로 키운 양으로 유지하는 열악한 환경보다 생물학적으로 풍부한 환경에 가치를 두기 때문일 것이다.

이 장의 초고를 집필하고 나서 다피드에게 보여줬더니 늑대를 복원할지 말지 여부는 다음과 같은 질문을 바탕으로 국민이 결정해야 한다고 답장을 보내왔다.

첫째, 어느 나라, 어느 국민인가요? 가장 목소리가 큰 사람들? 가장 교육을 잘 받은 사람들? 전체 인구에서 가장 높은 비율을 차지하는 부류? 여기에 또 하나의 가치판단이 개입됩니다. 이미 존재하는 지역사회 주민들의 생업을 유지하는 것보다 외부인의 삶의 질을 향상시키는 것을, 지역 주민보다 웨스트 미들랜드와 같은 타 지역 사람들의 위락과 정신적 복지를 더 우위에 둘 것이냐. 리버풀에 필요한 물을 대기 위해 트리위린을 희생하여 저수지를 지었던 일이나, 국토 방위를 위한 군사훈련의 목적으로 땅(에핀트와 페니버스)을 사유화한 일이나, 삼림청이 늘어나는 전국의 목재 수요를 충당하기 위해 행한 삼림녹화 사업 등을 정당화했던 것과 같은 논리가 아닌가요?

하지만 양도 농부들이 먹으려고 키우는 것은 아니다. 어디까지나 외부인에게 팔아 자신들의 삶의 질을 높이고 풍요롭게 만들기 위한 것이다. 땅의 소유권이 아니라 용도의 변경은 이 관계에 영향을 주지 않는다. 그러나 과거 삼림정책의 일환으로 자행되었던 몰수와 강탈은 전혀 다른 얘기이다. 활생을 위한 것이라 하더라도 그것을 위해 땅을 농부에게서 억지로 뜯어낸다면 당연히 반대한다. 활생을 한다면 그곳에서 일하고 있는 사람들의 동의와 참여가 전제되어야 한다.

어쨌든 이 모든 논의가 다피드와 델리스가 제기했던 논지의 핵심을 반박하지는 못한다. 그들의 이야기에 나 역시 깊이 공감한다. 그들은 활생을 토착민과 그들의 문화를 땅에서 지워버리는 기나긴 경제적 변화와 배제의 과정의 일부로 보는 것이다.

나는 인지적 불협화에 빠졌다. 서로 상충하는 생각과 가치를 조화시키지 못한 내 마음은 불편하고 혼란스러웠다. 어느 한쪽의 입장도 부정할 수 없었지만, 한쪽을 취한다는 것은 다른 쪽의 부정을 의미했다. 활생과 생태계의 복원을 지지하면서 동시에 다피드와 델리스의 삶과 문화를 지탱해온 목양업도 지지할 수는 없었다. 양쪽 모두에 파괴와 슬픔이 있었다. 나는 그렇게 심란한 상태로 몇 주를 보냈다.

그러던 어느 날 아침, 거친 풀밭에 드물게 자리를 잡은 작은 자작나무 군락을 지나다가 문득 해답이 떠올랐다. 너무나 간단하고 상식적인 것이어서 왜 여태껏 그 생각을 못했나 의아할 정도였다.

앞에서 언급했듯이 웨일스 산지에서 양을 키우는 농부는 연간 평균 53,000파운드의 보조금을 받지만 농장 일로 버는 연간 평균 수입은 33,000파운드이다. 다른 말로 하면 가축을 키움으로써 매년 2만 파운드의 손해가 발생하고 있는 것이다. 물론 양고기의 가격이 오르면 이 차이는 줄어들 수 있다. 그런데 공동농업정책 아래에서 보조금을 받기 위해 해서는 안 되는 한 가지가 바로 아무것도 안 하는 것이다. '양호한 농업 및 환경 조건' 규칙이 명확히 밝히고 있는 것은 땅을 깨끗하게 유지하지 않으면 모든 것을 잃는다는 점이다. 그 땅에서 반드시 뭔가를 생산해야 되는 것도 아니요, 그저 자연으로 돌아가는 것만은 막아야 한다. 그래서 땅을 갈거나, 동물이 풀을 뜯게 하거나, 그냥 자라나는 식생을 자르면 되는 것이다. 생태계가 회복되지 않도록 하는 것이 바로 정책의 목적이다.

어쩌면 나를 심란하게 만들었던 수수께끼의 해답이 여기 있는지도 모른다. 이 규칙이 없어져야 한다. 오직 돈 때문에 양을 키우는 농부라면 비 맞으며 양을 쫓아다닐 바에야 어디 해변에 누워서 쉬는 쪽을 금방 택할 것이다. 규칙을 없애고 다피드와 델리스처럼 자신의 생업에 진정한 가치를 두고 단순 이익을 넘어서는 목적을 추구하는 사람들은 계속해서 농업을 하면 된다. 양 사육이 자신의 삶과 지역사회 모두에 중요하고 가치 있다고 여기는 곳에서는 계속될 것이다. 그렇지 않은 곳에서는 멈출 것이다. 넓은 면적의 땅이 야생으로 돌아가고, 그 땅을 가진 농부들은 거기서 발생하는 수익은 물론, 생태계가 제대로 회복되기 위해 필요한 다양한 식재 및 도입 등의 일을 수행하여 진정한 의미에서 녹색 보조금의 수혜도 입을 수 있을 것이다. 현재로선 보조금 체계가 강제하는 의무적 농업이 유일한 대안처럼 자리 잡고 있다.

물론 이 단순한 발상을 발전시켜야 한다. 지금의 보조금 제도는 매우 퇴행적이다. 부자와 가난한 자 모두로부터 거둔 세금으로 충당하는 기금이지만, 그 가장 큰 수혜자는 큰 땅의 소유주들이다. 토지의 면적에 따라 지급받는 현행 체계 안에선 부득이한 결과이다. 『누가 영국을 소유하는가Who Owns Britain』의 저자 케빈 카힐Kevin Cahill에 의하면 여기 인구의 0.6퍼센트가 땅의 69퍼센트를 차지한다.[13] 자기 가정 하나 유지하기 위해 분투하는 사람들이 이곳에 살지도 않는 토지 주인과 투기꾼, 영국과 유럽의 막대한 농지를 소유한 억만장자와 귀족과 자산가에게 적선하는 작금의 현상은 매우 심각하게 잘못된 것이다.

이러한 부당함을 해소하기 위해 나는 유럽연합이 보조금 지급(보조금 1군)에 상한선을 도입하는 조치가 필요하다고 생각한다. 내가 생각하는 적정선은 토지 면적 100헥타르 이하의 농민, 사업체 또는 법인만을 보조금 수령 대상에 넣는 것이다. 이러면 공공기금을 크게 절약하고 작은 농장(보통 더 노동집약적이다)이 큰 농장에 비해 이점을 갖게 할 수 있다. 또한 점점 심해지는 토지 소유의 집중화 현상도 막을 수 있다.

보조금 지불을 관장하는 공동농업정책의 재협상 과정에서 영국 정부는 앞에서 제안한 상한선 제도에 반대했다. 경쟁력을 높이는 '합병'이 촉진되지 않을 것이 우려된다는 이유에서였다.[14] 다른 말로 하면, 정부는 토지 소유가 더욱 집중되길 원하는 것이다.

다피드는 땅주인에게 농업을 의무화하지 않으면 외부인의 토지 구매가 늘어나고 가격이 상승하여 결과적으로 농민들이 밀려나게 될 것이라고 지적한다. 이는 매우 실질적인 위험요소이다. 그러나 땅을 가진 농민(가격 상승으로 이득을 볼 사람)의 경우와 지금은 땅을 빌려 쓰고 있지만 향후에 구매 의사가 있는 농민의 경우 그 여파는 각각 다르게 미칠 것이다.

하지만 현행 보조금 제도는 동일한 여파를 미친다. 기존의 토지 임차인 또는 새로 빌려 쓰고자 하는 사람들(농업을 하고자 하는 이들)을 희생양으로 토지 가격을 부풀리는 결과를 낳는다. 그 어떤 보조금 제도라도 이런 결과를 비껴갈 순 없다. 농장 보조금이 있는 이상 토지 가격은 올라갈 수밖에 없다. 보조금 상한선을 적용하면 이런 부작용을 어느 정도 억제할 수 있다. 땅에서 얻는 수익이 시원찮으면 부유한 사람들이 땅에 덜 몰려들 테니 말이다.

지금으로서는 이 모두 야심 찬 이야기이다. 하지만 뭔가는 바뀌어야 한다. 현행 보조금 제도는 경제적으로, 정치적으로,

생태적으로 지속 불가능하다. 언젠가 유럽 전체에서 제도는 망가질 것이다. 우리는 그 순간에 대비해 분명한 대안을 준비해야 한다. 방치 금지의 규칙을 없애면 농민에게 강제적이기는커녕 행동할 자유와 행동하지 않을 자유 모두를 향상시킬 것이다. 국민도 한 종류의 농촌만을 위해 세금을 낸다고 생각할 필요도 없어질 것이다. 어디는 자연을 위해, 어디는 문화를 위해, 또 다른 곳에서는 특정 생태적 가치를 위해 돈을 지불하고, 그 각각의 배정은 자연스럽게 결정되면 된다.

농부의 자유는 타인의 자유를 창조한다. 벌목과 화전과 목축을 멈추기로 한 땅에는 변화가 빨리 찾아올 것이다. 양 우는 소리와 바람 소리 외에는 적막이 흐르는 지금의 황폐한 땅에는 곧(초기에 약간의 도움을 전제로) 나무와 새와 곤충이 다시 찾아올 것이다. 리치가 캄브리아사막의 황량한 구석 땅에서 성공했듯이 말이다. 생태계가 회복되면서 어떤 곳은 울창한 삼림으로 바뀌고, 다른 곳은 가시금작화나 히스 덤불, 또는 오리나무, 버드나무, 사시나무가 우점하는 습지 숲의 단계로 들어설 것이다. 그런 다음에 오랫동안 이 산지에서 사라졌던 큰 포유류를 재도입하게 된다면, 까마귀와 양지꽃 말고는 없는 이곳이 세계 유수의 국립공원 못지않을 만큼 풍부한 생물의 터전이 될 수 있을 것이다.

야생동식물과 더불어 사람도 돌아올 것이다. 그 어떤 생활공간도, 자연 은신처도 없이 길조차 음침하게 묻혀버린 땅도 다시 사람을 품고 환희와 열정을 불러일으킬 수 있다. 자연을 탐험하는 여정이 아무것도 없는 갈색 풀 위에서 출발했다가 같은 곳에서 끝나던 때와는 달리, 풍부한 생태계가 아이와 어른 모두에게 끝없는 발견과 놀라움 가득 찬 모험을 선사할 것이다. 활생이 이루어진 곳 중에는 걸어서 통과하기에 한나절로 부족할 만큼 넓은 곳도 있기를 희망한다. 무한성은 많은 부유한 국가들이 공통적으로 결여하고 있는 공간의 특성이다. 한 30분 동안 숲속을 걷다가 갑자기 끝이 나고 이어진 들판과 구분 짓는 울타리 경계에 다다를 때면, 이제 겨우 시작된 것이 너무 일찍 끝나버린 느낌이 든다. 내 몸과 마음이 경외와 발견에 열리고, 틀에 짜인 사고로부터 막 자유로워지려던 찰나에 갑자기 불연속적으로 중단되는 것이다.

한때 추방당했던 곳으로 자연이 스스로 되돌아오는 일도 세계 곳곳에서 관찰된다. 미국 동부에서는 과거의 숲이 개간되어 농업과 벌목이 진행되다가 중단된 곳 중 3분의 2가 다시 숲으로 덮였다고 한다.[15] 또 다른 연구에 의하면 농업 보조금 제도가 그대로 유지된다 하더라도 2030년이면 유럽 대륙에서(변동이 없을 것으로 예상되는 영국을 제외하고) 농민의 농지 이탈로 3,000만 헥타르의 땅이 비워질 것이다. 이는 거의 폴란드 전체 면적에 육박한다.[16] 변화는 어떤 정책이나 계획에 따라 일어나지 않는다. 오히려 많은 유럽 국가의 정부는 농민이 땅에 남게 하려고 안간힘을 쓰고 있다. 하지만 젊은이들이 직장과 모험을 찾아 농촌을 떠나고 대체 인력이 없는 상황에서 여러 곳에서 일어나고 있는 농업의 쇠퇴는 이제 어쩔 수 없는 현상으로 보인다.

이 모든 것에 슬픔이 배어 있다. 내가 프랑스 남부의 아르

데슈 숲을 걸으면서 느꼈던 바로 그 슬픔이다. 마치 정글 속 마야문명의 잔해처럼 돌담과 돌계단, 포석 도로, 오래된 다리 등이 밤나무에 점령당해 있었다. 아예 벽을 뚫고 자라는 수북한 수풀 사이로 멧돼지가 활보하고 담비가 뛰어놀았다. 돌아온 야생의 자연을 확인한 나의 기쁨은, 다피드와 그의 어머니와 같은 사람들이 수많은 세대에 걸쳐 손으로 일군 역사가 그토록 원했던 후대를 보지 못한 채 묻혀버린 것을 본 충격으로 상쇄되었다. 문명이 지워진 것이었다.

이런 후퇴의 양상은 슬픔과 기쁨이 섞인 채 유럽의 고지대를 위시한 많은 곳에서 일어난다. 농민과 그의 후손이 땅을 떠나지 못하게 강제하지 않는 이상 현실을 받아들이고 대책을 마련하는 수밖에 없다. 농민이 떠나면서 비워지는 땅의 총량은 매우 넓을 것이다. 유럽 대륙의 사람들이 마음먹기에 따라 이미 회복의 조짐을 보이고 있는 늑대, 곰, 스라소니, 바이슨뿐 아니라 코끼리, 코뿔소, 하마, 사자, 하이에나조차 재도입할 수 있을 만큼 큰 면적이다.

얼토당토않은 얘기로 들리는가? 아마 그럴 것이다. 유럽인들도 아직 준비가 안 되었다는 건 말할 필요도 없으리라. 하지만 땅이 충분하고, 분산되어 있지 않아 모아서 크게 합치는 게 가능하고, 전체적으로 보호될 수 있다면 생물학적인 장애물은 별로 없는 일이다. 최근까지도 이 모든 동물(또는 친척 종)이 유럽을 누볐고 우리의 토착 동식물은 이들에 적응하고 생존하며 진화해왔다. 가장 주요한 것은 역시 정치적·문화적 장애물이다. 그러나 늑대에 대한 태도가 유럽 곳곳에서 크게 변한 것을 보면 상황이 언제까지나 똑같지는 않을 것이다. 어쩌면 대형 고양잇과 동물조차 관리가 필요 없는 날이 올지도 모른다.

전 세계의 자연이 점점 없어지고 있는 지금, 대형 동물을 가장 먼저 잃은(그리고 중형 동물도 상당수 잃은) 유럽이야말로 활생을 통해 지구상에서 생물학적으로 가장 부유한 곳이 될 수 있다. 너무나 많은 나라에서 생물다양성이 소실되고 있는 충격적인 소식에 비통한 나머지 우리가 놓치고 있는 게 하나 있다면, 그것은 어쩌면 유럽 땅에서 소란스러운 여름날을 곧 보게 될지도 모른다는 사실이다.

*그리고 이 광활한 세상에 나와 퓨마가 있을 자리가 있
다고 생각했다.*

*그리고 저 세상에 가더라도 크게 개의치 않을 사람이
수백만 명일 거라 생각했다.*

*하지만 세상에 이런 간극이 있구나! 노랗고 늘씬한
몸의 그리운 퓨마의 얼굴이여!*

D. H. 로런스, 「퓨마」

검은 티셔츠와 바지를 입은 대머리 체코인 네 명이 눈을
번뜩이며 총기를 만지작거렸다. 낮고 긴장된 목소리로 얘기
가 오갔다. 긴장과 흥분의 기운이 역력했다. 이미 100년 전에
끝난 전쟁이 그들에겐 아직 현재진행형인 모양이었다. 제1차
세계대전 때 이곳 소차 전선은 60만 명의 전사자를 냈을 정
도로 치열했지만 북유럽에서 거의 잊힌 곳 중 하나이다. 솜강
의 싸움과 비견되는 혹독한 환경에서 이탈리아군과 오스트
리아-헝가리군이 슬로베니아 서쪽의 소차 계곡과 산속에서

맞붙었는데, 이 황량한 산의 단단한 얼음과 바위를 깨 참호를 파면서 때로는 몇 미터밖에 안 되는 거리를 사이에 두고 대치하기도 했다.

우리는 율리안알프스산맥의 옛 보급선을 따라 걸었다. 콘크리트 포상砲床과 한 봉우리에서 다른 봉우리로 장비를 운반했던 전신 지소를 보았다. 온갖 언어로 친근하게 인사하는 밝은색 차림의 등산객과, 산지의 초원에서 되새김질을 하는 산양이나 치즈 조각을 받아먹는 고산 까마귀에게서 과거 치열했던 전선의 공포는 잘 연상되지 않았다. 그러나 여기 코바리드 박물관에서 만난 이야기와 지도와 안내판을 통해, 여기까지 걸어오면서 봤던 광경과 이곳에서 벌어진 살육의 끔찍한 규모가 머리에 들어오기 시작했다.

대머리 사나이들이 빛바랜 사진을 보며 씩씩거리는 동안 내 동행이 나를 불러 세우며 뭔가를 가리켰다. 그것을 보자마자 나는 그 자리에 얼어붙고 말았다. 사진들은 고산지대든 계곡이든 찍힌 곳과 상관없이 같은 것을 보여주고 있었다. 사진은 철조망과 굳은 얼굴의 남자들, 총과 말 너머로 보이는 대상을 추적하고 있다. 뭔가 믿기 힘든, 그리고 그곳에 없는 무엇인가를.

방금 본 것 또는 보지 않은 것의 정체를 되새기며 나는 햇빛으로 걸어 나왔다. 주변의 산을 둘러보며 사진과 비교했다. 어떤 사진은 바로 이 근처나 우리가 머물고 있는 소차 계곡 지형과 같은 것으로 보아 어디서 찍은 것인지 금방 알아볼 수 있었다. 지금은 눈앞에 펼쳐진 저 높고 울창한 숲이 서 있는,

그러나 사진으로 본 과거에는 아무것도 없었던 바로 그곳이다. 계곡에서 출발해 첩첩이 늘어선 산을 넘어 해발 수백 미터 높이에 도달했다가 저 아래 낮은 소나무 덤불지대까지 쭉 이어지는 광활한 숲이었다. 그런데 제1차 세계대전 당시 슬로베니아 서쪽에서 찍은 박물관 속 사진에는 거의 나무 한 그루도 보이지 않았다.

어떤 나라가 웨일스와 같은 크기라고 했을 때, 그것을 곧이 곧대로 받아들이는 사람은 드물 것이다. 웨일스가 워낙 자주 비교 대상으로 거론돼 측정 단위처럼 쓰이는 탓이다. "웨일스 크기의 아마존 숲이 파괴되었다"라든가 "웨일스만 한 면적이 물에 잠겼다" 또는 "구조대는 웨일스만 한 넓이를 수색해야 한다" 식의 말을 들은 게 한두 번이 아닐 것이다. 하지만 이번의 경우는 드물게도 거의 정확한 비교이다. 슬로베니아는 웨일스와 크기가 거의 비슷하다.* 슬로베니아의 인구(2백만)는 웨일스보다(3백만) 약간 적고, 내가 방문하던 바로 전해의 GDP는 살짝 높았다.** 유사점은 딱 여기까지다.

지난 세기에 웨일스의 고지대가 계속해서 개간되었던 것에 반해, 같은 기간 슬로베니아의 산지 식생은 초지와 덤불에서 깊은 삼림으로 바뀌었다. 나무가 너무나 높고 웅장하게 산

---

\* 슬로베니아의 면적은 20,273제곱킬로미터로 20,779제곱킬로미터인 웨일스의 98퍼센트 크기이다.

\*\* 2009년 1인당 GDP는 슬로베니아가 18,000유로로,[1] 웨일스가 14,800파운드(당시 환율로 약 17,000유로)였다.[2]

을 뒤덮고 있어 생태학적 시간으로 최근이라 할 수 있는 과거 전쟁 사진에서 보았던 곳과 같은 공간이라는 것을 믿기 어려울 지경이다. 파괴의 과정을 보는 것에 너무 익숙한 나머지, 이곳의 현재 모습과 오래된 사진 속 과거 모습을 나란히 보는 것이 마치 영화필름을 거꾸로 돌리는 것처럼 느껴졌다.

우리는 너도밤나무가 굽어보는 얕은 물로 배를 밀어 띄웠다. 배가 일으키는 물결이 매끄러운 수면 위로 번지면서 황색, 녹색, 갈색, 푸른색의 초가을 색상을 환각적인 리놀륨처럼 말았다 풀었다 했다. 우리는 배를 타고 노를 저어 강 가운데로 나아간 다음 멈추었다. 배가 물살에 닿자 수면에 떨어진 낙엽처럼 빙그르 돌아 강을 따라 떠내려가기 시작했다. 우리는 침묵했다.

왼편으로 슬로베니아가, 오른편으로 크로아티아가 지나갔다. 양쪽 다 깊은 숲에 가려 있었다. 너도밤나무, 단풍나무, 사시나무가 물가에 서서 긴 가지를 물살에 늘어뜨렸다. 콜파 강 양쪽의 가파른 석회암 언덕에는 높은 전나무가 활엽수층을 뚫고 솟아 있었다. 새소리가 숲에서 흘러나와 수면 위로 흩어졌다. 슬로베니아 측의 좁은 강변도로를 달리는 차 한두 대가 내는 소리와 보 주변에서 물보라 이는 소리를 제외하곤 사방이 고요했다.

나는 배 위에 누웠다. 강과 하늘은 잎의 테두리 안에 있었다. 딱새와 할미새가 잎 사이로 얼룩덜룩 비치는 햇살을 받으며 물가 갯버들 주위에서 까딱거렸다. 머리 위 하늘로 지빠귀

하나가 강을 건너 지나갔다. 태양에 비친 날개는 마치 은빛 천 같았다.

곧 물살이 세지면서 첫 번째 보가 나타났다. 그냥 지나치기 전에 제대로 보기 위해서 우리는 배를 자갈 모래톱 위로 밀어 올렸다.

물론 그럴 리 없지만, 마치 인간이 발을 들여놓은 적이 없는 곳 같았다. 모래톱의 상류 쪽 끝에서 불어오는 페퍼민트향이 너무 강해 마치 냄새가 덤불에 걸려 있는 모습을 볼 수 있을 것만 같았다. 허리 높이로 길게 늘어선 덤불을 스치자 곤충 한 무더기가 날아올랐다. 보까지 닿은 모래톱의 반대쪽 끝은 버드나무와 잡목으로 덮여 있었다. 수풀을 뚫고 들어가다가 버려진 오리 둥지를 발견했다. 솔새가 가지 사이로 넘나들었다. 수풀을 헤치고 나가자 오래된 방앗간 수로 위로 나이트셰이드가 잔뜩 자라 있었다. 꽃에서 노란 수술이 가시처럼 돋아나 있었다. 개천에서는 붉고 검은 점박이강송어가 수면으로 올라왔다. 잠시 바라보다 다시 수풀을 통과해 되돌아와 보의 반대편으로 물이 미끄러져 내려가 물보라를 일으키며 부서지는 모습을 지켜보았다.

보 위의 물은 마치 팽팽하게 잡아당긴 것처럼 매끄럽게 살랑거렸다. 아까보다 송어가 더 많았다. 송어는 바위에 부서지는 물에 꼬리를 흔들며 수면을 떨치고 날아오르려는 날도래를 눈여겨보다가, 휙 솟아올라 한입에 번쩍 삼켜버렸다. 수면에 일으킨 파장은 조용히 퍼져나갔다.

물이 자갈에 부딪혀 달그락거리는 소리를 들으며, 보를 향해 미끄러져 가는 가을 낙엽 위로 하얗게 부서져 내리는 물보라를 보며, 내가 좋아하는 대영박물관의 어떤 순록을 떠올렸다. 가을에 수컷과 암컷이 급물살의 강을 건너며 겨울 초지를 찾아 나선 나머지 무리를 향해 남쪽으로 발걸음을 재촉하는 장면을 새긴 조각 작품이다. 물을 건너면서 수컷은 암컷의 엉덩이에 턱을 대고 있는데, 콧구멍을 벌렁거리며 뿔은 뒤로 젖힌 채, 에너지와 욕망으로 눈이 돌출되어 있다. 마치 순록이 거칠게 몰아쉬는 숨소리가 들리는 듯하고, 겨울을 대비해 길어진 털을 축축하게 적시는 물이 턱 밑에서 찰싹거리는 것이 느껴지는 듯하다. 이 모든 게 13,000년 전에 누군가 부싯돌 하나로 당근 크기의 매머드 상아에 조각해놓은 것이었다.

우리가 보를 빠져나오는 광경은 그리 아름답지 못했다. 뒤로 갔다 앞으로 갔다가, 노와 팔이 마구 엉켰다. 내 머릿속에서 점수판을 든 심판관들이 전부 0점을 주었다.

곧이어 우리는 배를 돌려 넓고 얕은 물길로 나아갔다. 저 앞에서 누군가가 햇빛을 받으며 슬로베니아에서 크로아티아 방향으로 사각형 평저선을 장대로 몰아 강을 건너고 있었다. 우리는 그녀의 집을 지나쳤다. 물가에 사과나무가 있었다. 강변의 소용돌이에 천천히 떠밀리며 저 멀리 하류에서 이따금씩 햇빛에 반짝이는 빨간색, 초록색 사과를 바라보았다. 몇 개는 건져 먹었다.

좀 더 품위 있게 보 몇 개를 지나고 나서 석회암 언덕 사이로 좁고 깊게 난 물길로 들어섰다. 나는 물속을 바라보았다. 수심이 5미터는 족히 넘었지만 강물이 너무 맑아 바닥이 다

보였다. 마치 생기려다 만 생각 같은 물고기 그림자가 스쳐 지나갔다.

협곡에서 나오면서 나는 여태껏 한번도 본 적이 없는 생물과 마주쳤다. 우중충한 회색 바탕에 크고 검은 반점, 큰 머리에 구부러진 턱, 늑대 같은 차갑고 노란 눈, 강꼬치고기처럼 길고 마른 몸. 우리는 거들떠보지도 않고 강변을 훑어가며 사냥에 집중하는, 다뉴브강 유역의 육봉형 육식 연어인 '후큰 huchen'이었다. 약 1~2킬로그램 정도밖에 안 되어 보이는 걸 보니 아직 어렸지만 다 크면 25킬로그램이 넘기도 한다.

아드리아해로 흘러드는 북쪽의 강들에도 괴물이 산다. 그곳에 사는 대리석송어marbled trout는 후큰처럼 25킬로그램까지 자랄 수 있다. 소차강변에서 만난 한 낚시꾼은 작은 물고기를 잡아 망으로 건져내려 하는데 갑자기 거대한 송어가 바위 뒤에서 나와 물고기를 가로채 한입에 삼켰다고 했다. 슬로베니아의 숲이 되살아나면서 강도 돌아왔다. 나무뿌리가 토양을 꽉 붙들어 고정시킴으로써 더 이상 유실되지 않았고 그로 인해 강물이 맑아졌다. 살충제나 비료로 오염되지 않았으며, 숲이 빗물을 천천히 방류했기 때문에 홍수나 가뭄의 극단적인 피해로부터 안전했다.


토마시 하르트만은 한 시간 넘게 코체브스키 로그를 통과하는 숲길을 운전했다. 높이 자란 너도밤나무와 전나무가 어떤 곳에서는 서로 닿을 만큼 뻗어 있었다. 이끼 낀 바위가 뿌리에 휘감겼다. 석회암 바위에는 용식함지溶蝕陷地라 불리는 구멍이 뻥뻥 뚫려 있었다. 카르스트 분화구이다. 협곡과 바위, 용식함지와 구멍, 통로와 평지 등으로 구성된 석회암 지대를 카르스트 지형Karst topography이라 하는데, 이곳 슬로베니아의 크라스Kras 또는 카르스트Karst 고원이라 부르는 곳에서 따온 이름이다. 그 이름은 '황량한 땅'이라는 뜻이다. 카르스트 지형에서 방목을 하면 땅이 빠른 속도로 헐벗게 되는데, 내 눈앞에 펼쳐진 광경과 그 용어의 의미가 합치되지 않았다.

언덕 끝에 붙은 도로를 달릴 때엔 수 킬로미터 떨어진 디나르산맥까지 볼 수 있었다. 햇빛을 받고 있는 아래쪽 나무들이 경치를 액자처럼 꾸며주었다. 물결치는 푸른색의 산맥은 과거 유고슬라비아였던 곳까지 뻗어나갔다. 지형 전체가 숲으로 덮여 있었다. 길이 아래로 굽은 곳에 들어서면 사방이 어두워졌다. 겹겹의 녹음이 쌓이면서 공기층이 무거워지는 것이 느껴졌다. 길에서 멀지 않은 곳에 여우가 앉아서 우리를 바라보았다. 그림자 아래 잉걸불처럼 빛나는 구릿빛 털은 뾰족한 귀 끝에서 숯처럼 까맣게 식었다. 여우는 검은 스타킹을 신은 듯한 발로 서더니 어둠 속으로 성큼성큼 사라졌다. 길앞에 딱따구리들이 오갔다.

머리 위에서 너도밤나무의 잎이 은빛으로 반짝였다. 창처럼 곧은 거대한 전나무는 태양을 찌르는 듯했다. 언제나 그곳에 있었던 것만 같았다.

"이 모든 게 1930년대 이후에 자란 겁니다." 토마시가 말했다.

우리는 주차를 하고 숲길로 들어섰다. 길가에는 버섯이 낙엽층을 뚫고 고개를 내밀었다. 주홍색과 병든 듯한 녹색의 맛젖버섯이 일본 도자기처럼 모습을 드러냈다. 구멍장이버섯, 붉은덕다리버섯, 꽃송이버섯이 썩은 나무둥치에 붙어 자랐다. 다홍색, 담자색, 황금빛의 무당버섯이 숲 바닥을 다채롭게 꾸미고 있었다.

우리는 토마시의 안내로 울퉁불퉁한 석회암 길을 따라 지난 세기 동안 재생된 울창한 삼림의 핵심부 역할을 했던 처녀림지대에 도착했다. 산을 타고 가다 옅은 구름이 낀 곳에 올라섰다. 사방이 조용했다. 안개 속에서 나무들이 어두운 형체를 드러냈다. 토마시는 걸으면서 숲의 역동성에 대해 설명했다. 숲은 정적인 상태에 머무는 법이 없이 끊임없는 변화의 순환 속에 있다고 말했다. 그는 몇 가지 변화의 양상을 짚어주었는데 기후가 따뜻해지면서 더 많이 발견될 것이라고 했다. 스스로를 삼림관리원 또는 자연보전론자라고 불렀지만, 이 순환에 개입하거나 천이 과정이 특정 단계에서 멈추기를 바라지 않았다. 그는 자신의 직업이 허락하는 데까지 그저 사람으로부터 숲을 보호하고 싶을 뿐이었다.

이젠 60대에 이른 그는 한평생 이 숲을 걸었다. 흰 수염이 난 온화한 인상에 부드럽고 친절한 남성으로, 삶이 평화로운 사람 같았다. 가족과 함께 숲에서 일하는 데서 사람이 삶에서 기대할 수 있는 모든 기쁨과 의미를 얻었다고 그는 말했다. 일을 하지 않을 때에는 숲속에서 부러진 가지와 잎과 눈으로 조각을 했다. 나중에 자연적으로 소멸하는 임시적인 조각품을 말이다.

어떤 검고 묵직한 것이 우리 앞을 쏜살같이 지나가 덤불 속으로 사라졌다. 야생 멧돼지라고 토마시가 알려줬다. 언제 들어섰는지 알아채지도 못한 채 우리는 어느새 원시림의 한 가운데에 서 있었다. 오는 길에 봤던 나무들도 퍽 인상적이었 지만, 이곳은 완전히 다른 차원이었다. 코끼리 가죽 같은 수 피로 덮인 너도밤나무의 매끄러운 기둥은 30미터 높이까지 는 가지 없이 뻗어 올라가다가 저 끝 우듬지에서 거대한 치자 나무처럼 잎이 만발했다. 전나무도 질세라 45미터까지 치솟 았다. 그 나무들은 쓰러져 땅에 널브러져야 비로소 그 엄청난 크기를 실감할 수 있었다.

숲은 여태껏 토마시가 한번도 보지 못한 주기로 접어든 상 태였다. 거대한 나무 여럿이 죽었다. 선 채로 죽은 나무에는 말굽버섯과 자작나무버섯, 딱정벌레와 딱따구리 구멍이 가득 했다. 바람 한 점에 넘어갈 것처럼 보였다. 어떤 나무는 바위 나 분화구 위에 걸쳐 있어 우리의 길을 막기도 하고, 머리 위 에 아슬아슬하게 걸려 있기도 했다. 땅에 쓰러진 나무 중엔 그 너머가 보이지 않을 정도로 둥치가 굵은 것도 있었다. 나무가 쓰러진 곳은 빛을 찾아 뻗어 난 어린 식물로 빽빽했다. 죽은 나무에 버섯과 곤충이 넘쳐 나는 걸 보며 나는 생태학자들의 오래된 경구를 되새겼다. 산 나무보다 죽은 나무에 더 많은 생 명이 산다. 수많은 나라에서 행하는 소위 깔끔 떠는 삼림관리 가 얼마나 많은 생물의 서식지를 앗아가는지 모른다.

토마시는 이끼로 온통 뒤덮인 채로 쓰러져 있는 커다란 나 무에서 뭔가 네 발로 할퀸 듯한 하얀 자국을 보여주었다. 곰이 발톱을 갈면서 난 줄이 평행으로 나 있었다. 이 숲에서 곰은 실컷 보았지만, 이곳에 많이 살고 있는 늑대나 스라소니는 한번도 보지 못했다고 토마시는 얘기했다. 하지만 그들이 여기에 있다는 사실만으로 자신이 이 숲에서 보내는 매 순간이 풍요롭고 짜릿해졌다고 했다. 숲은 가능성으로 꿈틀거렸다. 감히 오든Auden의 시를 바꾸어 인용하자면, 자연 밀림의 생장은 거침없었으며, 그의 과장된 괴물들은 부끄러움을 몰랐다.[3] 이 위대한 활생은 인간이 저지른 끔찍한 비극이 낳은 우연적 결과였다고 토마시는 설명했다.

지금은 삼림이 95퍼센트를 차지하는 코체베 지역은 약 150년 전만 해도 30퍼센트만이 나무로 덮여 있었다. 숲의 많은 부분이 아우어슈페르크 왕자들의 사냥터로 보존되었다. 왕자들이 대부분 그렇듯, 이들도 사냥에 너무나 심취한 나머지, 슬로베니아와 크로아티아의 합스부르크 왕족들과 함께 곰에 대해 공식적인 우정의 관계를 맺는다는 선포식을 열어 서명을 하고 인장을 찍었다. 계속해서 곰을 사냥하기 위해 그 수를 유지하는 데 합의한 것이다. 그 과정에서 곰이 어떤 역할을 했는지는 기록되어 있지 않다.

1848년에 일어난 혁명이 중부 유럽의 봉건주의를 종식시켰다. 지역 농민들은 공공지대에서 방목할 권리를 잃었지만 그 대신 자신만의 사유지를 획득했다. 비슷한 시기에 뉴질랜드에서 들여온 값싼 양모가 유럽의 업계에 타격을 주고 있었다. 19세기 말엽에는 수많은 노인이 땅을 팔고 도시로 가거나 미국으로 이주했다. 1930년대의 대공황으로 더 많은 사람들이 떠나자 숲은 코체베의 50퍼센트 수준으로 늘어났다. 하지만 가장 본격적인 확장은 이후 10년 동안 일어난 일 때문이었다.

약 33,000명에 이르는 남서슬로베니아 인구의 대부분은 게르만 민족이었다. 그들은 산에 양과 염소를 키우고 마을의 상권을 대부분 쥐고 있었다. 제2차 세계대전 발발 10년 전 알렉산다르 왕의 독재 기간 동안 유고슬라비아의 50만 독일인은 차별과 배척을 겪어야 했다. 그 결과 그중 많은 이들이 독일 민족주의 운동에 가담했고, 어떤 이들은 곧 나치에 가담했다. 히틀러의 군대가 유고슬라비아를 침공한 1941년쯤에는 게르만인의 60퍼센트가 문화연맹Kulturbund이라는 조직에 가입했다. 이 조직은 민족대책본부Volksdeustche Mittelstelle라고 아주 완곡하게 이름 지어진 나치군 사령관 힘러의 조직 또는 게르만 민족의 복지사무소*에 흡수되었다.

히틀러가 남서슬로베니아를 이탈리아에 양도하고 나서 나치는 '민족적 순수성'을 보존하고 당파적 공격으로부터 보호한다는 미명하에 유고슬라비아 독일인의 상당수를 나치스 치하의 독일, 이른바 제3제국으로 강제 이주시켰다. 코체베 독일인 중 일부는 동부 슬로베니아로 이주당했고, 또 일부는 독일 치하의 다른 곳으로 옮겨졌다.

1990년대에 유고슬라비아가 겪은 공포는 제2차 세계대전

---

* 토마시를 비롯해 내가 만난 몇몇 슬로베니아인으로부터 들은 것을 바탕으로 했고, 추방된 독일인 연구소에서 출간한 자료를 참고했다.[4]

에 일어났던 사건의 먼 메아리 같은 것이었다. 수많은 민족 및 종교 단체가 전쟁의 참상보다 더 참혹한 폭파와 학살과 인종청소, 잔학행위를 자행했다. 나치의 침공으로 일어난 유고슬라비아의 사회적 갈등으로 거의 백만 명이 사망했다. 이 중에는 독일계 유고슬라비아인이 포함된 프린츠 오이겐 나치 친위대 외인부대가 저지른 범행도 있었다. 그들은 유태인 그리고 그들을 동정하는 것으로 간주되는 공산주의자와 당원들을 학살했다.

티토 장군의 공산주의 정부는 연합군에 맞선 추축국 세력을 몰아낸 뒤 각종 세력이 저지른 만행을 게르만 민족에게 뒤집어씌우는 것이 용이하다는 것을 알아챘다. 이것이 진실을 마주하는 것보다 쉬웠다. 실제로는 크로아티아, 세르비아, 보스니아, 알바니아, 헝가리, 나치, 공산주의, 왕정주의, 기독교 정교회, 가톨릭교, 이슬람교와 관련된 세력이 저지른 잔혹행위가 다양하게 있었다. 추축군과 함께 나라를 탈출하지 않은 유고계 독일인 대부분은 티토 정부에 의해 추방당하거나 강제노동수용소에 끌려갔다. 어떤 이들은 소비에트연방의 붉은 군대에 잡혀 우크라이나 수용소에 보내졌다. 유고슬라비아 전쟁의 말년쯤엔 인구 중 독일인의 비율이 약 98퍼센트 감소했다.[5]

제3제국과 협력했던 수많은 사람이 사살되었다. 슬로베니아 국방군의 6개 대대가 1945년 5월에 후퇴하는 독일군을 따라 오스트리아로 도망갔다.[6] 이들은 영국에 의해 강제로 본국 송환되었다. 토마시와 함께 코체브스키 로그의 숲속을 통과하면서, 길가에 쓰러진 토템폴 같은 굵은 나무줄기에 조각가 스타레 야름Stare Jarm이 기독교 순교자들의 고통스러운 형상을 새겨놓은 것을 여럿 보았다. 그들은 적의 협력자들을 모아 세워놓고 기관총으로 학살한 구덩이를 표시해두었다. 총살 후 당원들은 폭발물을 이용해 구덩이를 무너뜨려 시체를 묻었다.

코체베의 척박한 땅은 그곳의 사람들이 처음에는 나치에 의해 그다음에는 사회주의 정부와 붉은군단에 의해 이주되고 흩어진 후로는 생물이 서식하지 못했다. 농장이 버려지고 초지에서 더 이상 양과 염소가 풀을 뜯지 않자, 인근 숲에서 비처럼 쏟아지던 씨앗들도 다시는 발아하지 못했다. 지금 코체베 땅은 나무들이 차지하고 있다.


우리는 북서슬로베니아의 소차 계곡에서 슬로베니아 정부 어느 부처의 수장을 맡고 있는 예르네예 스티리티히를 만났다. 류블랴나에서 처음 만난 그는 덥수룩한 턱수염과 멋진 콧수염을 가졌고 똑똑하고 말수가 적었는데, 자기 농장 앞의 친구가 운영하는 식당으로 우리를 데려갔다. 식당 주인은 관광객을 겨냥해 치즈를 만들고 약간의 볼거리도 제공할 겸 양을 몇 마리 키웠다. 안 그래도 그날 오전에 누런 털을 길게 늘어뜨린 이 거대한 짐승들을 트렌타 축제에서 전시한 것을 보았다. 축제에서 일등상을 수상해 받은 도금 잔 하나가 엷은 태양빛을 받으며 테이블에 올려져 있었다. 구레나룻이 북슬북슬한 가죽조끼 차림의 그는 친구들과 술을 마시면서 얘기를 나눴다. 그러다가 이따금씩 몸을 숙여 앞에 놓인 덜시머를 연주했고, 친구들은 아랑곳없이 이야기를 이어나갔다.

예르네예는 식사하는 동안 자신이 이 지역의 마지막 목동이라고 설명했다. 계곡에서 더 이상 아무것도 경작하지 않기 때문에 몇 마리 남은 양은 언제나 저지대에 머물고 산으로 올라가지 않는다고 했다. 코체베와는 달리 여기에서는 지역 주민 전체를 강탈하는 일은 일어나지 않았다. 이곳에서는 또 다른 사회적 전통이 형성되었다. 티토가 1950년대에 염소 사육을 금지한 것이다. 표면적인 명분은 환경보호였지만, 실은 마르크스와 엥겔스가 말했던 '농촌생활의 백치 상태'로부터 농민을 끌어내어 도시 프롤레타리아에 복속시키고자 했던 것이었다(동유럽의 농민은『공산당 선언』의 예측과는 달리 "현대공업의 면전에서 몰락하여 결국 사라지지" 않았다). 덤불을 먹어 없애주는 염소가 없어지자 초지는 양에게 부적합한 곳이 되었다.

슬로베니아 서편의 활생, 즉 숲의 빠른 재생과 곰, 늑대, 스라소니, 멧돼지, 아이벡스, 담비, 수리부엉이를 비롯한 온갖 생물의 복원이 가능했던 것의 이면엔 인간의 희생이 있었다. 그렇다고 지금까지도 사회적 비극이 계속되고 있는 것은 아니다. 오히려 이곳은 자연으로 인해 고급 관광지가 되어 활황을 맞은 지역경제를 뒷받침해주고 있다. 슬로베니아의 강은 유럽 최고의 제물낚시터라고 한다. 하루 날을 잡아 소차강을 따라 올라가보기로 했다. 물살 위로 날아다니는 파리 한 마리를 바라보며 석회암 협곡 사이로 흐르는 옥색 물을 따라갔다.

출발했던 곳으로 돌아갈 때는 계곡을 따라 난 길에서 차를 하나 얻어 탔다. 그 지역 화물차 운전자였다.

"이렇게 물이 찼는데 낚시를 하시나요?"

"네, 지금밖에 할 기회가 없어서요."

"오늘은 고기 못 잡아요. 몇 마리나 잡았는데요?"

"열 마리 잡았습니다."

"거봐요. 못 잡는다니까."

아이벡스와 샤무아 등 야생동물이 돌아온 산과 숲, 피부가 매끄러운 핑크색이라 이곳 사람들이 '인간 물고기'라 부르는 양서류 '올름'이 사는 동굴, 래프팅하기 좋은 물살이 힘찬 강, 생명이 다시 깃들여 눈부시게 아름다운 이곳을 보러 슬로베니아는 물론 유럽 전역에서 사람들이 찾아온다. 슬로베니아 사람들과 대화를 나눠보며 이를 확실히 느낄 수 있었다. 온전한 자연환경은 그들의 국가적 자랑이었다.

숲으로 인해 생겨난 산업도 있다. 코체베로 가는 길에 리브니카를 지나는데 우연히도 삼림장터가 열리는 날이었다. 우리는 멈춰서 족히 100개는 돼 보이는 부스를 구경했다. 낫자루와 갈퀴, 분쇄기와 압축기, 대비와 빗자루, 바구니와 망태기, 스툴과 나무통, 요람과 흔들 목마, 선반과 밀방망이 등 온갖 물건을 팔고 있었다. 조끼와 원뿔꼴 모자 차림의 콧수염 난 남자들이 아코디언을 연주하며 군중 속을 비집고 걸었다. 시장의 광장엔 상이 여럿 차려져 있었고 지자체에서 주관하는 바비큐 파티에는 수백 명이 참석했다. 이날 팔린 목제품은 중세시대 때부터 번창한 가내수공업 생산물의 일부에 불과했다. 당시 합스부르크 황제가 이 지역의 빈곤을 퇴치하기 위해 이곳에서 생산되는 제품을 제국 전역에 판매할 수 있는 무제한적 권리를 하사했다. 그 덕택에 백만장자가 된 사람은 없었지만, 이곳 주민들의 삶과 지역경제가 살아났다.

하지만 이 모든 이야기가 불편한 진실을 부정하지는 못한다. 슬로베니아도 전 세계적으로 나타나는 현상의 한 가지 사례일 뿐. 이곳을 포함해 지금까지 지구에서 일어난 활생의 대부분은 인재人災의 결과이다.

16세기에 아메리카대륙에 처음 도착한 유럽인들은 북, 중, 남 할 것 없이 그곳에 많은 인구가 밀집해서 살고 있고 대단위 농업이 벌어지고 있다고 보고한다. 본국 사람들이 이런 보고를 믿지 않은 경우도 허다하다. 1542년에 아마존강을 따라 여행했던 프란시스코 데 오레야나와 가스파르 데 카르바할 형제는 수천 명이 살고 있는 성벽으로 둘러싸인 도시, 강변을 따라 잘 닦인 도로와 광활한 농경지를 보았다고 진술한다.[7] 그 후 다른 탐험대가 같은 곳을 찾았을 때에는 아무런 흔적도 없었다. 그저 울창한 숲이 강가까지 빽빽하고, 수렵과 채집으로 사는 몇몇 원주민 집단이 흩어져 있을 뿐이었다. 오레야나와 카르바할의 보고는 탐험지의 상업적 관심을 높이기 위해 만들어낸 헛소리로 치부되었다.

애나 루스벨트Anna Roosevelt[8]와 마이클 헤켄버거Michael Heckenberger[9]와 같은 고고학자들의 조사가 행해진 21세기 말이 되어서야 그 보고가 사실일 가능성에 무게가 실리기 시작했다. 사람이 거의 살지 않았던 것으로 여겨졌던 아마존 지역에서 헤켄버거와 동료들은 대규모 토목공사, 격자구조에 맞춰 세워진 말뚝 울타리, 넓은 횡단로 등으로 구성된 전원도시의 흔적을 발견했다. 둑길, 다리, 운하의 흔적이 출토된 곳도 있었다. 도시는 광범위한 도로망으로 위성 마을과 연결되었다. 어류 양식장과 작물 재배지, 과수원 등을 운영할 만큼 발전된 농업 문명이었던 것이다.[10] 탐험가와 초기 정복자들이 남미의 카리브 해안으로 들여온 천연두, 홍역, 디프테리아 등의 유럽 질병이 교역로를 통해 대륙 내부로 전파되어 유럽인이 도착하기도 전에 정착민들을 감염시킨 것으로 보인다. 무섭게 자라는 아마존의 식생은 멸망한 문명의 흔적 정도는 몇 년 안에 완벽히 지울 수 있다. 18~19세기 탐험가들의 모험심을 그토록 자극했던 거대한 나무들과 웅대한 '바르제아várzea(범람원)' 밀림은 그들이 상상했던 것만큼 원시적인 생태계는 아니었을 것이다.

아메리카대륙의 다른 곳에 있는 식물상과 동물상도 마찬가지이다. 초기 수렵채집민들이 서반구의 거의 모든 대형 동물을 몰살시켰다. 유카탄반도의 마야인과 같은 토착 문명이 넓은 면적의 숲을 파괴하기도 했다. 훗날 '무주지terra nullius' 또는 '야생지informem terris'* 또는 인간의 손이 닿지 않은 처녀지라 부른 곳 중에는 첫 번째 탐험가가 당도하기 전에 수많은

---

* '무주지'는 로마법에서 공식화한 개념으로 누구의 소유도 아닌 땅을 말한다. '야생지'는 고대 로마의 타키투스가 만들어낸 말로서 형태가 없거나 척박한 땅을 말한다.

사람이 살았던 곳이 많다. 작가 랜 프리어Ran Prieur는 저널 『어두운 산Dark Mountain』에서 다음과 같이 썼다.

> 북미의 엄청나게 풍부한 생물상 또한 추락 직후의 현상이다. 며칠 동안 하늘을 까맣게 채웠던 나그네비둘기 떼, 대평원을 달리는 수천만 마리의 바이슨 떼, 배를 띄우기도 힘들 정도로 연어가 득실대던 강, 생명으로 넘치는 해안, 다람쥐가 한 번도 땅에 내려오지 않고 대서양 연안에서 미시시피까지 갈 수 있었던 울창한 숲. 인간이 아예 없는 북미의 모습이 어떠했을지는 알 수 없지만, 적어도 '인디언'이 살던 때에 이와 같지는 않았을 것이다. 유골 출토 증거를 보면 1400년대에도 북미에 나그네비둘기는 그리 흔하지 않았다. '인디언'들은 옥수수나 견과류를 선점하기 위해 임신한 사슴이나 산란기 전의 칠면조를 일부러 골라 죽였다. 인간이 사용하기에 편하도록 주기적으로 숲을 태웠다. 그리고 연어와 조개를 잡아먹음으로써 이들을 먹는 다른 개체군을 억제하는 효과를 얻었다. 인구가 급락하자, 인간 외 생물들이 폭증했다.[11]

우연한 사고든 고의적인 학살이든 여러 잔혹한 사건들로 인하여 아메리카 인구의 대부분과 그들이 창조한 정교하고 풍요로운 사회가 사라졌다. 마치 홀로코스트 소설처럼 살아남은 생존자라곤 수렵채집민밖에 없는 곳이 많았다. 오래전부터 그렇게 살아온 부족도 있었고, 문명의 쇠망으로 어쩔 수 없이 옛날의 방식으로 돌아간 이들도 있었다. 질병은 도시를 위험한 곳으로 만들었다. 흩어져 사는 사람들만이 유행병을 피할 수 있었다. 작은 무리를 이루고 사는 수렵채집 사회로는 복잡한 경제가 불가능했다. 숲은 과거의 기억을 지워버렸다. 인류의 실은 자연의 득이었다.

아메리카 대학살은 북반구 전역에까지 그 여파가 미쳤다. 스탠퍼드대학의 리처드 네블Richard Nevle과 데니스 버드Dennis Bird는 재생하는 숲이 대기로부터 빨아들인 이산화탄소의 양이 워낙 방대해서(10ppm) 소위 소빙하기로 불리는 16~17세기의 기온 저하 현상을 일으켰을 수 있다고 말한다.[12] 짧은 여름과 긴 겨울, 템스강의 빙상축제, 피터르 브뤼헐이 묘사한 혹독한 추위도 아메리카 원주민 몰살이 그 원인의 일부였을 수 있다(오늘날 활생의 시행으로 소빙하기가 도래한다 해도 전혀 위험하지 않을 것이다. 인간의 활동으로 이미 대기 중 이산화탄소 농도가 100ppm으로 상승했기 때문이다).

이런 종류의 추측을 또 하나 해본다면, 아마 아메리카 원주민 문명도 비슷한 영향을 미쳤을지 모른다. 생물학자 펠리사 스미스Felisa Smith는 중석기시대 사냥꾼들이 아메리카대륙에 사는 대형 동물을 몰살시킴으로써 약 12,800년 전부터 1,300년 동안 이어진 신드리아스기*라는 소빙하기의 원인을

---

\* 당시 기후에 적응한 툰드라의 꽃 '드리아스 옥토페탈라Dryas octopetala'에서 이렇게 이름 붙여졌다.

제공했을지 모른다고 추정한다.[13]

아메리카의 야생 초식동물들은 소나 양처럼 많은 양의 가스를 배출했다. 스미스의 계산에 의하면 그들은 매년 약 1천만 톤의 메탄가스를 생산했다. 메탄은 이산화탄소보다 수명이 짧지만 대기 중에 있는 동안에는 20배나 더 강력한 온실가스이다. 야생 초식동물이 멸종하면서 메탄가스의 양이 급격히 감소함으로써 같은 시기에 기온 저하를 불러왔을 것이다(지구 전체 평균 기온 섭씨 9~12도 하락). 이 계산이 맞는다면(이 외에도 다른 가설들이 있다) 아메리카 첫 인류의 역사는 재앙과 기후변화로 시작된 것이다.

사이먼 샤마Simon Schama는 걸출한 저작 『경관과 기억Landscape and Memory』에서 이른바 나치식 활생 사업이라 할 수 있는 것들을 유발한 내러티브와 경향을 탐구한다.[14] 게르만 민족주의의 가장 강력한 전설 중 하나는 '토이토부르거 발트Teutoburger Wald'라고 하는 베저강 주위의 거대한 원시림에서 2,000년 전에 일어난 사건을 바탕으로 하고 있다. 로마 역사가 타키투스에 따르면 이 숲에 살던 사람들은 자유로운 자연인으로, 숲의 신에게 인간 제물을 바치고 나무 밑에서 신을 섬겼다. 사치라곤 모르고 가죽이나 천만 걸친 이들은 순결하고, 강하고, 거대했다고 그는 주장한다. 타키투스가 아르미니우스Arminius라 부르고 독일인들이 헤르만Hermann이라 부르는 남자가 바로 이 체루스키Cherusci 부족민이다.

헤르만은 로마에 포로로 잡힌 게르만 장수의 아들이었다.

그는 로마군에 징집되어 승진을 거듭했지만 자신의 부족적 정체성을 절대 잊지 않았다. 그는 원시림에서 반군을 일으켜, 기원후 9년에 야생 부족민을 이끌고 푸블리우스 쿠인틸리우스 바루스가 이끄는 로마군을 매복 공격했다. 체루스키 전사들은 겨울철 숙소로 가기 위해 숲속을 행군하던 로마 황제의 군대를 늪과 숲 사이에 가두고는 몇 명의 약골만 남겨놓고 전부 창으로 찔러 죽였다. 이 믿기 힘든 승전의 이야기로부터 매우 강력하고도 위험한 전설이 탄생한 것이다.

15세기 말엽 이후로 독일인들은 숲속 이상향에서 순결하게 사는 야생 또는 자연인의 후손으로 스스로를 묘사하기 시작했다. 18세기 중엽에 이르자 헤르만이 로마 대군을 무찌른 숲을 이른바 진정한 조국으로 형상화하기 시작했다. 자유롭고 강한 야생의 조국 말이다.

독일어로 발트Wald와 포크Volk, 즉 숲과 사람은 나치 이데올로기와 강하게 연결되어 있다. 독일군이 1941년에 소련을 공격하고 동폴란드로 치고 들어갔을 때 당시 독일국방항공대 루프트바페의 사령관이었던 헤르만 괴링은 수세기 동안 왕립 사냥터로 보존되었던 원시림 비아워비에자 숲을 점령하고 자신의 개인 소유지로 선포했다. 그가 세웠던 정부 보전 기관은 이 오래된 숲을 중심으로 광대한 국립공원을 만드는 작업에 착수했고, 그 과정에서 주민들을 나치식으로 무자비하게 쫓아냈다(살해당한 이도 있다).[15] 폭력으로 활생이 이루어진 것이다.

괴링이 동폴란드에서 벌였던 잔혹함은 과거 노르만족이

영국에서 자행한 것의 극단적인 형태였다. 그들이 세운 삼림법은 넓은 면적의 농촌을 합병시켰다. 그들에게 '숲'이란 나무가 자라는 곳이 아니라 법 바깥의 땅을 의미했다. 그 밖의 땅은 대체적으로 공유지로 사용되었는데 왕족들의 사냥터로도 활용되어야 했기에 그에 따른 엄격한 조건에 부합해야 했다. 삼림법에 따라 주민들이 축출당하거나 삶과 권리가 축소되기도 했다. 괴링처럼 윌리엄 1세와 그의 왕족들은 너무도 사냥에 집착한 나머지 새로운 사냥터를 만드는 것을 승전에 따른 특전으로 보았다. 에드워드 파머 톰슨E. P. Thompson의 저서 『휘그파와 사냥꾼Whigs and Hunters』에 잘 기록되어 있듯이 삼림법은 18세기에 제정된 '흑법Black Acts'에 의해 연장되어 무자비하게 집행되었다.[16] 새로 도입된 교수형 처벌 조항은 왕의 사슴과 사냥이 지역 주민들의 작물과 권리를 잠식해가는 상황에서 저항이 일어나지 못하도록 고안된 것이었다.

삼림법의 골자는 영국의 식민지로 그대로 수출되었다. 케냐에서는 식민 관료들이 지역 주민들을 몰아내고 사냥터로 쓰던 곳들이 나중에 국립공원 또는 보호지역으로 지정되었다. 야생동물 보존과 사람들과 가축의 생활이 양립할 수 없다는 이유가 주민들의 축출을 정당화하는 근거였다. 발 딛는 대륙마다 도살장으로 만든 사람들이 할 얘기는 결코 아니었다. 영국이 동아프리카에 도착할 때까지도 초식동물이 풍부하게 서식하고 있었던 것은 토착민들이 동물들을 말살하지 않아서였고, 바로 그 이유로 유럽인들이 그 땅을 무력으로 합병하고 보전하고 싶어 했던 것이다. 삼림 관리인과 감시원 그리고 돈을 내는 관광객만이 이 공원과 보호지역에 출입할 수 있었다. 원래 그 땅에 살던 사람들이 돌아오려고 하면 무단침입자나 밀렵꾼으로 치부되었다.

내가 동아프리카에서 일하던 1990년대 초에 이러한 공유지의 사유화 과정이 케냐와 탄자니아에까지 확대되고 있었다. 마사이족은 이미 건기 방목지 두 곳을 제외하고 다 빼앗겼고 나머지도 위태위태한 지경이었다. 영국 보전단체의 도움에 힘입어 정부는 탄자니아 북부의 므코마지 동물보호구역에서 마사이족을 쫓아냈다. 그들은 주변의 농경지로 내몰렸고 그곳에서 무단침입으로 검거되어 벌금까지 물었다. 보호구역으로 돌아오려던 사람들도 무단침입으로 검거되고 벌금형을 받았다. 그들이 키우던 소는 굶어 죽었다.

내가 케냐에서 만난 어떤 목동은 자신의 건기 방목지로 돌아오려다가 케냐 야생동물국 직원들에게 폭행을 당해 병원 신세를 지게 되었다. 당시 기관장을 맡고 있던 리처드 리키 박사에게 이러한 정책에 대해 의문을 제기하자 그는 그곳의 인클로저 정책을 잔인하리만치 기능주의적인 논리로 변호했다. "관광산업을 키우고 야생동물을 보전하기 위해 땅을 확보하는 일은 전략적 사안입니다. 주민들을 땅에서 내모는 것의 윤리는 밀밭이나 보리밭 조성이든, 수력발전소 건설이든, 생태관광지 마련이든 다 동일하게 적용됩니다. 기본적으로 국가가 작동하려면 불가결한 일입니다."[17]

세계 최초의 국립공원인 미국의 옐로스톤 국립공원을 만들기 위해 벌어졌던 캠페인도 잠재적인 관광수입으로부터 도움을 받았다. 옐로스톤 운동에 앞장섰던 토머스 미거, 코닐리어스 헤지스, 퍼디낸드 헤이든 등의 행동은 땅에 대한 애정에서 비롯되었지만, 실질적으로는 북태평양철도를 소유한 제이 쿡의 결정과 재정적 지원에 크게 좌지우지되었다.[18] 쿡은 관광산업이 그의 철도 수익을 크게 늘릴 것으로 기대했다(그러나 1872년 공원이 지정되고 나서 이듬해인 1873년에 쿡의 회사가 망하는 바람에 이득을 보지는 못했다). 국립공원으로 지정한 법은 다음과 같이 명시한다.

> 본 토지는 미합중국의 법에 따라 정착, 점유 또는 매매가 불허되며 보존된다. 본 토지의 일부에 머물거나 정착하거나 점유하는 자 중 별도로 정하는 예외조항에 해당되지 않는 이상 무단침입으로 간주되어 본 지역으로부터 이송될 것이다.[19]

여기에 더해, 미국 서부지역이 급속도로 개발되던 시기여서 유럽 출신 미국인에 의해 공원이 잠식되지 않도록 땅의 특질을 보존하기 위한 조항이 나중에 추가되었다. 하지만 이미 11,000년 동안 이곳에 정착한 사람들이 있었고 지금도 크로Crow, 쇼숀 투카디카Shoshone Tukadika, 블랙풋Blackfoot* 등의 인디언 부족이 여전히 살고 있다는 사실을 의회는 인정하지 않았다. 원주민들은 하루아침에 무단침입자가 되어 결국 땅에

---

* 누구나 이에 동의하진 않는다. 수전 휴스Susan Hughes는 북서부 와이오밍 전설

서 강제 이주당했다. 옐로스톤 보존의 기틀이 되었던 법은 토착민의 축출까지 포함하여 추후 미국 전체는 물론 세계적으로 국립공원 지정의 모델이 되었다.

근대 야생동물 기관들의 관행을 나치와 비교하는 것은 온당치 않으나 유사한 면이 발견되는 것도 사실이다. 제3제국 건설 한참 전부터 존재했고 제국의 패망 이후에도 계속되었던 어떤 과정과 경향성은 강제적 활생으로 불러도 무방할 것이다.

샤마의 책이 출간된 이래 나치가 자연에 대해 가졌던 태도와 그들이 시도했던 활생에 대한 새로운 연구 결과들이 나오고 있다. 보리아 색스Boria Sax와 마르틴 브뤼Martin Brüne이 공저한 무척 흥미로운 논문은 최근에 발견된 콘라트 로렌츠Konrad Lorenz의 어두운 면을 잘 요약해준다.[21] 오스트리아 출신의 로렌츠는 동물행동학을 현대적 학문으로 정립한 일등공신이다. 이 분야에서 노벨상도 수상했다. 그러나 나치 이데올로기의 비과학적인 교리를 세우는 데에 상당히 관여했다는 사실이 뒤늦게 밝혀졌다. 인간의 본성을 야생화시키는 목적의 우생학 사업을 제창했던 그는 인류로부터 문명의 유전적 유산을 제거해야 한다고 주장했다.

로렌츠는 인간의 문명화를 동물의 가축화와 등가로 보았

---

속 '시프이터sheepeater'로 알려진 쇼쇼 투카디카 부족은 중세 야만인과 전형적 인디언에 대한 고정관념에서 비롯된 존재에 불과하다고 주장한다. 옐로스톤 국립공원에 시프이터 부족이 살았던 적이 없을 수도 있다.[20]

던 프리드리히 니체의 생각을 과학적으로 정당화하고자 했다. 두 가지 모두 유전력의 감소와 니체가 칭송했던 본능적 행동의 교란이 공통된 결과였다. 그로 인해 사회의 몰락, 퇴행, 무분별한 번식, 애국심 결여 그리고 인간의 멸종에까지 이른다고 그는 보았다. 또한 고대 그리스인의 사상을 옹호하면서 "잘생긴 남자는 절대로 나쁠 수 없고, 못생긴 남자는 절대로 좋을 수 없다"라고 했다.[22] 인간의 문명화와 동물의 가축화로 나타난 물리적 특징으로 그는 둥근 머리, 짧아진 팔과 다리, 불룩한 배를 지적했다. 이는 나치가 유태인에 대해 가졌던 전형적인 관상이기도 했다. 그는 이 '변신'을 지칭하는 용어를 개발했다. 이름하여 페어하우스슈바이눙Verhausschweinung, 즉 돼지의 가축화였다.

독일이 오스트리아를 합병한 직후인 1938년에 로렌츠는 나치 당원이 되었다. 인종정책사무국에서 근무했던 그가 제창한 유전학 사업은 하인리히 힘러가 감독한 사업보다도 한발 더 나아간 것이었다. 로렌츠는 인간을 인공적으로 교잡함으로써 물리적 이상은 물론 윤리적 이상에도 도달할 수 있다고 믿었다. 그는 '가축화된' 신체를 가진 사람만이 아니라 '가축화된' 본능을 가진 사람도 번식을 불허해야 한다고 주장했다. 한편 번식을 위해 선택된 자들은 지배자 인종을 만드는 것만이 아니라 본능적이고 야생적인 지배자 '종'을 만드는데 이용 될 것이었다. 그는 "윤리적으로 하등한 인간의 제거"를 변호했고, 독일인과 폴란드인 간의 결혼에서 나온 아이에 대한 연구를 수행하여 유전적으로 하자가 있는 것으로 판단

된 이들을 강제수용소로 보냈다.[23]

인종적 순수성에 대한 그의 생각은 나치가 가졌던 야생의 개념과 합치했다. 자연을 무법의 혼돈으로 보았던 19세기 유럽의 주류 사상과는 달리, 나치는 자연을 질서정연하고 표준화된 것으로 보았다. 그들은 스스로를 야생 포식자에 비유하면서 태생적으로 생태계를 지배할 자격을 갖는다고 믿었다. 로렌츠는 전쟁 이후에 이 비유를 다른 형태로 발전시켰다. 그는 개의 유전적 조상이 두 갈래라고 주장했다(이는 사실이 아니다). 바로 북방 늑대와 메소포타미아 자칼이라는 것이었다. 늑대 계통의 개는 "어떤 상황이든 똘똘 뭉치고 목숨을 걸고 서로 돕는, 외부에 배타적이고 내부에 충성스러운 무리"를 이루는 동물의 특성을 물려받는다고 그는 주장했다.[24] 반면 자칼 계통의 개는 순종적이고 유아적이며 충성심이 없다는 것이었다. 전자는 나치가 게르만 민족의 조상으로 본 북방 '아리안' 민족의 특성에 해당하고, 후자는 유태인의 혈통인 남쪽의 '하등한' 인종의 특성에 대응된다고 그들은 주장했다.

대형 포식자에 대한 선호는 사람을 싫어하는 성향이나 인종차별주의, 극우파와 관련되는 경우가 많다. 이번 장을 열면서 인용했던 D. H. 로런스의 시 「퓨마」는 이러한 연결점을 암시한다. 『영국 소설The English Novel』의 저자 테리 이글턴Terry Eagleton에 따르면 로런스가 "파시즘이 중산층 문명의 위기에 대한 허위 해결책"이라고 보긴 했지만, 그의 사상은 인종차별주의와 반유태주의 요소가 발견되는 등 파시즘에 상당히 근접했다.

그의 가장 위험한 생각 중 하나는 이성 자체를 폐기하라고 촉구하는 것이다. 그는 이성을 일종의 자기소외 현상으로 여기면서 혈통이나 인종적 충동으로 사고하라고 한다. 바로 이런 면이 아우슈비츠와 직결되는 것이라고 버트런드 러셀도 지적한 바 있다.[*25]

2000년에 숨진 영국의 백만장자 존 애스피널은 도박 소굴에서 부를 축적했다. 그렇게 번 돈으로 켄트에 하울렛동물원과 포트림동물원 등을 세우고 번식 사업이 크게 성공하면서 명성을 얻었다. 그는 자신이 사육한 호랑이를 숭배의 대상으로 여겼다. 그는 사육사들로 하여금 호랑이와 친밀한 관계를 갖도록 독려했고, 그 결과 세 명이 근무 중에 사망했다(두 명은 코끼리에 밟혀 죽었다). 암 투병 중에는 호랑이가 자신을 공격하게끔 했다.

그에게 인류는 '해충' 같은 존재였고[26] "이로운 집단학살이 영국의 인구문제에 대한 해결책"이라고 선언하기도 했다.[27] "인간 생명이 신성하다는 개념은 철학이 퍼뜨린 가장 파괴적인 생각"(그의 동물원 운영 방침은 이러한 믿음과 일맥상통한다)이라는 것이 그의 견해였다.[28] 히틀러의 우생학

---

* 로런스가 이성을 폐기하길 촉구한다는 것에 대해서는 다소 이견이 있다. 조너선 하이트와 안토니오 다마지오와 같은 학자들이 보여주듯이 폐기할 게 별로 없기 때문이다. 테리 이글턴과 버트런드 러셀이 말하려는 것은 로런스가 보편주의를 폐기할 것을 주장한다는 것이라고 나는 생각한다. 보편적 원칙을 일관되게 적용하는 것보다 혈통과 문화가 우선시된다면 타인을 짓밟는 행위도 정당화될 수 있다.

사상을 지지하면서[29] 자신의 세 번째 부인을 두고 "우두머리 수컷을 섬기고 삶을 내조하는 이상적인 영장류 암컷"이라고 묘사했다.[30] 그는 망고수투 부텔레지와 협력하여 아프리카 민족회의의 활동을 방해함으로써 남아공에 다수결의 원칙이 실현되는 것을 막으려 했다. 그는 (자기 자식의 보모를 몽둥이로 때려죽이고 자취를 감춘) 루컨 경과 재력가인 제임스 골드스미스 경과 함께 해럴드 윌슨의 노동당 정부를 뒤엎을 쿠데타의 실행계획을 의논하기도 했다.[31]

케냐에서 어린 암사자를 키우다 풀어준 조이 애덤슨Joy Adamson의 자전적 이야기 『본 프리Born Free』가 1960년에 출판되었을 때 결과는 무척 성공적이었다. 책에 등장하는 그녀 자신에 대한 묘사와 행동, 그리고 이 이야기를 바탕으로 만들어진 오스카상 수상 영화는 그러나 모두 지어낸 얘기였다. 실제로 그녀는 사이코패스라 부를 만한 기질의 소유자로, 교묘한 술수나 난폭한 행동으로 원하는 것을 얻는 사람이었다. 사자와 표범과 치타는 끔찍이 돌보면서 사람들을 무자비하게 대하는 것에는 아무런 거리낌이 없었다. 특히 아프리카 하인들이 그녀의 주된 희생양이었다.

애덤슨의 전기를 쓴 캐럴라인 캐스의 기록에 따르면, 부엌에서 일하던 소년이 차를 너무 늦게 내오자 애덤슨이 차를 그의 얼굴에다 끼얹어 화상을 입혔다고 한다.[32] 요리사가 수프를 흘렸을 때에는 치안판사 앞으로 끌고 가서 경찰이 그 사람을 내려칠 것을 요구했다. 사고로 3도 화상을 입은 하인에게 부주의에 대한 처벌을 명목으로 차로 병원까지 데려다주길 거부하며 12킬로미터 거리를 걸어가도록 강요했다.

애덤슨이 세계 순회강연을 시작한 1961년의 첫 공개강연회 제목은 '열등한 종으로서의 인간'이었다. 그녀는 시드니 동물원의 사육사들이 사자를 소홀히 대한다면서 총으로 쏴버리겠다고 협박했다. 또 케냐에서는 자신의 애완동물을 키우기 위해 원주민이 소유한 120제곱킬로미터 면적의 땅을 달라고 식민 정부에 요구했다. 애덤슨이 결국 전 하인에게 살해당했을 때에는 범인으로 의심되는 사람이 너무 많아서 조사가 연기되기도 했다. 캐스는 다음과 같이 기록한다. "조이가 아프리카인에 의해 살해당했다는 소식에 놀라는 이는 거의 없었다. 조이가 워낙 현지인들을 함부로 대하고, 임금을 체불하고, 복지에 무관심하며, 매우 무례하게 쫓아내는 행동을 일삼았기 때문에 당해도 싸다는 게 지배적인 여론이었다."[33]


자연의 질서를 재창조하려 했던 나치의 관심은 단지 포식자에만 머물진 않았다. 그들은 원시림의 생태계를 복원하길 원했다. 그리고 재창조된 원시림에는 오록스가 필요했다.

마지막 거대 오록스는 1627년 폴란드에서 죽었다. 비교적 최근까지 존재했던 동물이라 폴란드 문화와 언어에서 여전히 그 흔적을 엿볼 수 있다. 거구의 남성을 가리킬 때 영국처럼 "벽돌 변소처럼 건장하다built like a brick shithouse"라고 하지 않고 "오록스같이 건장하다built like an aurochs"라고 표현한다. 매우 적절한 비유가 아닐 수 없다.

나는 약 25년 전에 고고학자들과 함께 청동기시대 사람들이 쓰레기장으로 사용했던 작은 분지가 있는 멘딥 구릉지대를 방문했을 때 오록스의 흔적을 발견한 적이 있다. 고사리와 덤불로 뒤덮여 있어서 바위틈 사이로 난 입구가 위에서는 잘 보이지 않았다. 어렵사리 몸을 비집고 들어가자 고고학자들이 입구에 매달아놓은 흔들사다리가 발에 느껴졌다. 사다리를 타고 내려가 석회암 바닥에 발이 닿자 헤드램프로 동굴의 내부를 비추었다.

안쪽은 사람이 설 만한 높이였다. 동굴의 벽과 바닥과 안에 있는 모든 것이 방해석 수정체로 덮여 있어 불빛에 번쩍거렸다. 광물질의 막 아래로 반쯤은 어둠에 가려진 보물들이 모습을 드러냈다. 깨진 도자기, 해골, 각종 형태와 크기의 뼈. 공기는 차고 눅눅했지만 퀴퀴한 냄새가 나진 않았다. 바위와 물 냄새만 났다.

고고학자 한 명이 허리를 구부리더니 뭔가를 주워 내게 건네며 물었다. "이게 뭘까요?" 날개처럼 뻗은 납작한 모양의 뼈였다. 손바닥만 한 크기에 중간에 큰 구멍이 뚫려 있었다.

"1번 척추요."

"맞아요. 그런데 무슨 동물의 것일까요?"

"음, 붉은사슴?"

"아뇨, 이건 청동기 사람들의 소입니다. 그 당시 소는 지금 우리의 소보다 작았죠. 덱스터종의 크기 정도로요. 그럼 이건 뭘까요?"

그는 뭔가를 집어 들어 두 손으로 받쳤다. 20센티미터 정도 너비에 몇 킬로그램은 돼 보였다. 나는 램프 불빛 아래 놓인 물체를 멍청하게 바라보았다.

"마… 맘모스의 척추인가요?"

"네? 청동기시대에요?"

"저는 전혀 모르겠네요."

"아까 본 것과 같은 종입니다."

이 동물을 가지고 가축화된 소를 육종한 것이라고 그는 내게 말했다. 야생 암소는 지금의 소보다 약간 컸지만, 수소의 덩치는 훨씬 더 컸다고 한다. 넓은 어깨의 육중한 몸에 엄청나게 큰 뿔이 달린 짐승이었다. 뼈를 손으로 돌리고 무게를 느껴보면서 나는 청동기시대의 유물이 가득한 그 동굴에 서서 마치 세월을 거슬러 과거를 경험하는 듯 짜릿한 전율을 맛보았다. 둔중한 뼈의 무게감과 그게 어떤 동물의 것인지에 대한 깨달음, 너무나 깨끗하고 새것으로 보이던 그 뼈, 그것에 달린 머리를 쳐들었던 동물이 3,000년 전뿐 아니라 최근에도 사냥되고 도살당했다는 사실, 그저 팔만 뻗으면 그 널찍한 몸에 난 땀과 털을 만질 수 있을 것만 같은 느낌이 팔을 타고 머리까지 올라와 정신이 번쩍 들게 만들었다. 어쩌면 바로 그 순간에 시작된 상상의 여행이 수년 후 이 책을 탄생시켰는지도 모른다.

동물원 관리가 정치적인 활동이었던 나치 시대에 각각 베를린동물원과 뮌헨동물원의 원장을 지낸 루트비히 헤크Lud-wig Heck와 하인츠 헤크Heinz Heck 형제는 오록스를 상상 속에서 부활시키는 것만으로는 만족하지 못했다. 그들은 진짜로

한 마리를 재창조하고 싶었다.[34] 영화 〈쥬라기 공원〉의 과학자들처럼 그들은 유전자를 가지고 오록스와 현대 말의 조상을 부활시키려 했다. 말의 경우는 야생말의 후손에서 발견되는 유전자를 활용했다. 콘라트 로렌츠가 인간을 대상으로 시도하고자 했던 것처럼, 그들은 소의 가축화된 속성을 제거함으로써 문명의 속박과 열등한 가죽을 벗어던진 짐승이 울부짖으며 뛰쳐나오길 원했던 것이다.

나치의 많은 선전물들이 그렇듯이, 유전자를 이용해 동물을 창조하는 역발상에 성공했다는 헤크 형제의 주장은 매우 과장된 것이었다. 그들은 단 12개월 만에 오록스를 재창조하는 데 성공했다고 발표했다. 그러나 그들이 해낸 것이라곤 고작 털색이 오록스와 비슷할 뿐, 덩치가 훨씬 작고 신체 비율도 다르며 제대로 번식이 불가능한 소를 만든 것뿐이었다.[35] 이 실망스러운 생물이 오록스를 닮은 부분은 별로 없었다. 문명의 공세로 쇠퇴한 독일의 진정한 생태계를 복원하기 위해 힘러가 그리 칭송해 마지않던 '아리안'다운 아름다움과 힘러 본인이 거의 무관했던 것처럼 말이다. 결국 루트비히 헤크는 이 오록스 대용 몇 마리를 괴링이 폴란드로부터 빼앗은 비아워비에자 숲에다 풀어주었다.

이제 '오스트파르더르스플라선Oostvaardersplassen'이라고 하는 네덜란드의 커다란 간척지에서 벌어지고 있는 활생 사업에서 이 동물들의 후예가 활용되고 있다. 이곳은 앞에서 언급한 정치적 함의로부터 자유롭다. 동물들은 수의사나 사육장이나 사료 없이, 과거 오록스가 했던 역할(물론 포식자나 경쟁종이 없고 이주를 할 수 없다는 것이 과거와 비교해 큰 차이점이다)을 수행하며 5,000헥타르 넓이의 보호지역을 자유롭게 누빈다.[36] 이 사업을 일으킨 프란스 베라는 헤크의 소가 강건하고 대중이 좋아할 만한 외모를 가지고 있어서 선택한 것으로 보인다.[37]

하지만 '터무니없는 삼단논법'의 함정에 빠지지 말 것을 사이먼 샤마는 경고한다. 현대의 환경주의는 역사적으로 전체주의와 어떤 관련이 있다고 생각하는 것에 대한 경고이다. 어쨌든 활생을 억지로 했을 경우 일어날 수 있는 문제와 선례를 충분히 고려하지 않으면 일이 얼마나 잘못될 수 있는지를 보여주는 교훈으로 삼는다면 그것으로 충분하다. 활생은 강제가 되어선 안 된다. 만약 하게 된다면, 그 땅에 살고 땅의 산물을 먹고 사는 사람들과 적극적으로 협의해서 동의를 얻었을 때에만 시행되어야 한다. 동아프리카와 보츠와나의 정부들이 그랬던 것처럼 가난한 사람들의 땅을 가지고 부유한 사람들의 낙원을 만들어선 안 된다. 강제 이주나 축출이 포함된 활생이라면 진행되지 않는 것이 옳다.

강요는 필요하지 않다. 앞서 제안한 활생의 아이디어나 영국의 고지대와 유럽, 북아메리카와 세계 곳곳에서 곧 벌어질 것으로 예상되는 활생 사업에서 살펴봤듯이, 자연계와 생태계를 대규모로 복원하는 일은 누군가에게 손해를 끼치지 않고도 얼마든지 가능하다. 이를 통해 우리의 문명을 고양하고 삶을 활생시켜, 지금은 상상조차 하기 힘든 이 황무지에 신비와 경외를 되돌릴 수 있을 것이라고 나는 굳게 믿는다.

축축함과 야생을 제거해버린 세상

그건 무엇이 되겠는가? 그대로 있게 하라

오, 야생과 축축함이 그대로 있게 하라

잡초와 야생이여 영원하라.


제라드 맨리 홉킨스, 「인버스네이드」


나는 열대에서 생태학을 배웠다. 전공으로 공부했던 것을 BBC의 자연사 제작부서에서 몇 년 일하면서 실전에 약간 적용했다. 하지만 내 조국 영국을 떠나 서파푸아, 다음엔 브라질, 그다음엔 동아프리카까지 차례로 방문하면서 비로소 이 멋진 과학의 진면목을 제대로 깨닫게 되었다. 여러 영양단계와 다양성과 역동성을 온전히 갖춘 생태계 안에 살면서부터 자연이 어떻게 돌아가는지 겨우 이해하기 시작했다.

나는 아마존에서 생태학의 최전선에 선 과학자들을 만나

그들의 흥미로운 연구에 대해 알게 되었다. 그들의 연구는 지구의 생명계에 대한 이해를 완전히 바꿔놓고 있었다. 내가 방문했던 세 곳 모두에서 반복적으로 얻은 교훈은 자연의 다양성과 복잡성이 유지되려면 교란이 적어야 한다는 것이었다. 벌목이나 가축의 방목 같은 대규모 교란은 생태계를 급속하게 단순화시켰다. 너무 당연한 얘기라 더 강조할 필요도 없을 것이다.

그런데 집에 돌아오고 꽤 시간이 지나서야 뭔가 이상하다는 걸 알아챘다. 여기서 자연보전을 하는 사람들은 정반대로 믿는 듯했기 때문이다. 즉 자연의 다양성, 온전함, 그리고 '건강'은 인간의 개입, 심지어 때로는 매우 강도 높은 개입에 의존하는 것으로 보고 이 개입을 '관리' 또는 '책무'라 불렀다. 상당히 많은 경우 이는 벌목을 하거나, 소나 양을 이용해 식생의 재생을 막는 것을 의미한다. 소위 부유한 국가 중 많은 곳에 이와 같은 믿음이 퍼져 있다. 자연보전단체 중엔 동물만이 아니라 나무도 두려워하는 곳이 있다. 그들은 무질서하게, 무계획적으로, 무구조적으로 재생되는 자연을 두려워하는 듯하다.

바람이 거세게 불어 선선한 6월 어느 날, 나는 캄브리아산맥의 아름다움을 잘 보여준다는 글라슬린Glaslyn 자연보호구역을 방문하기 위해 마킨레스와 라니들로스 사이에 난 산길을 따라나섰다. 글라슬린을 소유한 단체의 말을 빌리면 이곳은 "정말 야생 그대로이다! 몽고메리셔 와일드라이프 트러스트Montgomeryshire Wildlife Trust가 관리하는 보호구역 중 가장 넓을 뿐 아니라 야생이 가장 살아 있고 지역적으로 가장 중요한 곳이다."[1] 나는 사막 한가운데에 솟은 비옥한 오아시스를 기대했다. 캄브리아 산자락에서 4년이나 살았지만 나는 아직도 기대치를 낮추는 법을 몰랐다.

길가에 차를 세우자 하늘에서 종달새 노래가 들려왔다. 구름은 찬 북서풍을 받으며 태양을 지나갔다. 나는 보호구역의 중심에 있는 호수를 향해 길을 따라 걸었다. 마치 오래된 구리접시에 담긴 물처럼 검은 히스 덤불 사이로 수면이 빛나는 것이 보였다.

호숫가로 내려가는 길에서 잠깐 벗어나 울타리 하나를 뛰어넘어 히스 덤불을 향했다. 어디든 히스는 30센티미터도 채 되지 않았다. 하얀 블러셔 브러시처럼 돋아난 황새풀 약간, 이끼 더미와 깎인 월귤나무, 드문드문 핀 갈퀴덩굴꽃과 링, 그리고 나머지는 양지꽃 천지였다. "정말 야생 그대로"인 이곳에 있는 거라곤 그게 다였다. 충격적이었지만 단서는 이리저리 널려 있었다. 히스 덤불 전체가 양 똥밭이었다. 나는 보호구역 반대편 끝의 울타리까지 가서 글라슬린의 협곡으로 내려가는 위험천만한 길 아래 초원과 숲을 내려다보았다. 가파른 경사면엔 마가목 몇 그루가 버티고 있었다. 협곡의 양 사면은 침식으로 도랑이 깊게 파여 있었다. 노출된 바위와 흙이 마치 아프가니스탄의 지형을 보는 듯했다. 공중엔 까마귀도 없었고, 갈매기 한 마리만 상승기류를 거스르며 사우스 듈러스 계곡의 들판으로 내려가고 있었다. 쉼 없이 불어닥치는 찬바람만 협곡과 덤불을 휘돌았다.

다시 호수로 가는 길로 되돌아갔다. 이미 짧아진 히스를 더 바짝 뜯어 먹고 있는 양 떼를 만났다. 풀을 질겅질겅 씹으면서 양들은 백치 같은 얼굴로 내가 지나가는 모습을 물끄러미 바라보았다. 양 떼를 만날 때마다 생기는 충동을 억누르며 그 곁을 지나갔다. 그것은 그들에게 말을 걸고 싶은 충동이다. 나는 그들에게 늘 묻고 싶다. 여기서 대체 뭘 하고 있느냐고.

밟으면 유리 깨지는 것 같은 소리가 나는 고운 자갈이 호수 주위를 둘러쌌다. 방문자의 발에 눌린 돌이 이탄층으로 움푹 들어간 곳에선 황갈색 지의류가 자라났다. 조용한 물결이 수변에 일렁거렸다. 내 무릎 높이도 오지 않는 히스를 제외하고는 나무 한 그루, 덤불 하나 없었다. 보호구역은 적갈색의 옛날 사진처럼 흐리고 칙칙했다. 지난해 가을에 갔던 린 크레그이피스틸 주변의 초지만큼이나 음울하고 텅 빈 암담한 곳이었다.

덤불 속에 양치식물 한 무더기가 자라고 있었다. 나는 잠시 양지꽃에 앉은 히스 나비 한 마리를 보았다. 노랑과 회색의 털이 달렸고 날개 끝에 검은 눈 모양의 반점이 있었다. 그날 보호구역 전체에서 본 유일한 곤충이었다. 월귤나무는 거의 뿌리까지 뜯겨 있었다. 먹을 수 있는 건 모두 먹어치워서 꽃이나 열매가 하나도 없었다. 히스 덤불에는 양털이 잔뜩 걸려 있었다. 저 멀리에 있는 두 마리의 종달새, 이따금씩 히스 주위에서 나타나는 밭종다리, 웬만한 곳에 다 있는 캐나다기러기 말고 다른 새는 보이지 않았고 소리도 들리지 않았다.

캄브리아산맥의 간판스타라고 하는 이곳에 살고 있는 동식물은 이 축축한 사막의 나머지 지역에 잔존하는 초라한 생물상과 거의 동일했다. 대서양 우림이 파괴되고 남은 그 단조롭고 빈곤한 황무지 말이다.

호숫가에는 흰 얼굴을 한 암양의 무리가 수변에 가까운 울타리 근처에서 햇볕을 쬐며 앉아 있었다. 내가 가까이 다가가자 일어나더니 약간 떨어진 더 큰 무리와 합류하기 위해 덤불 속으로 걸어 들어갔다. 어떤 녀석들은 아직 깎지 않아 텁수룩한 털을 울타리에다 문질러대기 시작했다. 작은 양털 뭉치가 철망에 걸렸다.

울타리 대문에 걸린 표지판은 "웨일스 흰 양이 보호구역에서 풀을 뜯고 있다"라고 알려줬다. 양들은 보이지 않았지만 대지는 과도하게 뜯기고 한마디로 맛이 가 있었다. 땅은 밟히고, 파이고, 다져졌다. 여기는 히스 덤불도 없이, 거의 뿌리가 시작되는 데까지 뜯긴 풀, 보라색 꽃차례에 막 꽃이 핀 엉겅퀴아재비 몇 포기, 골풀 정도가 다였다. 즉 양에게 시달린 다른 방목지와 하나도 다를 게 없어 보이는 여기도 몽고메리셔의 "야생이 가장 살아 있고 지역적으로 가장 중요한 곳"의 일부였다.

호수 저편의 물은 잔잔하다가 잔물결이 파도가 되면서 마치 산산이 부서진 자동차 유리처럼 여러 작은 물길로 갈라져 흘렀다. 호수의 물은 투명하게 맑았다. 수변은 다양한 모양으로 깎인 갈색 돌로 덮여 있었다.

나는 소 방목장을 지나 밝은 녹색의 이끼로 뒤덮인 잡목지대를 헤치고 나아갔다. 이어서 경사면을 올라가보니 두껍게 자란 황새풀로 폭신폭신했다. 이 자연보호 구역 안에 있는 모든 것은 양과 소를 제외하고 다 무릎 높이 아래였다. 나는 울타리를 뛰어넘고 품루몬을 향해 남쪽으로 갔다. 길이 작은 언덕을 돌아가는 곳 저편의 덤불에 두 그루의 나무가 튀어나와 있는 것이 보였다. 쌍안경으로 무엇인지 확인하자 욕이 절로 나왔다. 가문비나무였다! 씨앗이 조림지에서부터 바람을 타고 산을 건너온 모양이었다. 저 두 그루는 아무도 가까이 갈 수 없는 협곡에 난 몇 그루를 제외하고 보호구역에 남은 유일한 나무였다. 하얀 역병이 전부 제거해버린 것이다.

글라슬린 보호구역은 과학적 가치가 있는 곳으로 지정된 품루몬 지역에 속해 있다. 이 지역으로 가는 길에 살짝 오르막인 곳에 도달하자 계곡 아래로 소시지 모양의 린 부겔린 호수가 보였다. 멀리서 갈까마귀가 바람을 갈랐다. 호수 위쪽엔 버려진 농장 건물이 있었다. 그리고 한때 건물 주위로 울타리가 있었을 법한 곳에 드디어 나무들이 나타났다.

나는 뒤쪽에 있는 무너진 헛간에 들어가 나뒹구는 돌 위에 앉아 점심을 먹었다. 빛바랜 참나무 서까래가 주위에 아무렇게나 널려 있었다. 양치식물, 분홍바늘꽃 그리고 작은 마가목 하나가 양의 입이 닿지 않는 돌 더미 사이로 솟아 있었다. 이끼 끼고 구멍 난 나무기둥을 쐐기풀이 둘러쌌다. 벽 밑에는 담쟁이덩굴과 황새냉이가 자랐다.

밖에는 커다란 물푸레나무가 헛간 위로 가지를 드리운 채 서 있었고 노쇠한 티가 역력한 이끼 덮인 마가목이 있었다.

그 뒤엔 좀 더 작은 물푸레나무와 자라다 만 플라타너스가 한 그루씩, 옹이가 많은 나이 든 산사나무들이 줄지어 자랐고, 오래된 생울타리의 잔해가 있었다. 나무 아래 바닥은 자갈이 흩뿌려져 있었다. 뿌리는 흙 속으로 들어가는 길을 다시 더듬 듯 울퉁불퉁한 땅을 거머쥐었다. 나무 사이로 부는 바람 외엔 아무 소리도 나지 않았다.

나는 황야로 돌아갔다. 화창한 햇살을 받으며 호수를 바라 보는 뱅크 부겔린이라는 동산으로 올라갔다. 남쪽으로 품루 몬산이 솟아올랐다. 뭉툭하고 해진 듯한 연한 카키색이 주변 의 땅과 비슷했다. 보호구역 전체의 4분의 1가량이 눈에 들 어왔다. 나는 쌍안경으로 경관의 구석구석을 면밀히 살펴보 았다. 농장 건물 주변에 모여 난 나무들, 호숫가의 작은 갯버 들 군락, 가문비나무 두 그루, 그리고 양이 오르기에 경사가 너무 심한 벼랑에 붙은 마가목 몇 그루가 전부였다. 이것 말 고는 그토록 칭송받는 이 2,000헥타르의 땅에 나무가 전무했 다. 주위에 과도한 방목으로 이탄층이 침식된 흔적이 보였다. 수렁이 내려앉아 생긴 검은 흙의 작은 둔덕이 그 증거였다. 뭔가 심각하게 잘못된 곳이었다.

공허하고 비참한 기분으로 차에 돌아왔다. 시동을 켜고 사 이드브레이크를 푼 다음 길로 나아갔다. 한 50미터쯤 갔을까, 나는 급브레이크를 밟았다. 좁은 길가에 최대한 붙여서 차를 세우고 뛰쳐나갔다. 눈앞의 광경을 보고도 믿을 수 없었다.

길가에 난 풀의 색채는 런던의 로드 메이어 쇼보다 생생했 다. 그곳엔 붉은수영, 퀘이커 교도의 보닛처럼 생긴 황금빛

벌노랑이, 섬세한 히코리나무 꽃차례, 분홍과 푸른색의 히스애기풀, 빨간 동자꽃과 잎이 뾰족한 이질풀이 있었다. 또 달걀노른자 색의 중심에 작고 하얀 꽃이 핀 좁쌀풀, 손으로 만지면 묘한 냄새를 풍기는 현삼, 보라색 수레국화, 분홍과 흰색 서양톱풀, 디기탈리스, 히스 꼬리풀, 돼지풀과 분홍바늘꽃이 있었다. 수풀을 뚫고 갯버들과 마가목의 작은 묘목이 고개를 내밀었다.

도로를 따라 몇백 미터 더 가다가 또 멈춰 섰다. 길 가장자리에 더 큰 마가목과 갯버들이 자라고 있었고, 산사나무와 딱총나무도 있었다. 그 주위에 난 히스 덤불은 내 허리 높이까지 왔다. 월귤나무에 토실토실하게 열린 검은 열매는 거품벌레가 낸 거품 범벅이었다. 작은 히스 나비와 옅은 색 나방과 깔따구 애벌레가 식물 주위를 떼 지어 다녔다. 머리와 배는 금속성의 무지갯빛 녹색이고 겉날개는 밝은 구릿빛인 녹색장발풍뎅이가 월귤나무 꽃 위로 기어 다니며 기묘하게 생긴 삼발이 더듬이를 이리저리 움직였다.

산맥의 다른 곳에서도 이와 똑같은 양상이 관찰되었다. 도로의 가장자리만이 풍부한 생명의 보고였다. 양이 접근할 수 없다는 것이 한 가지 이유였다(어느 경험 많은 생태학자에 의하면 도로에서 나오는 흙과 먼지가 가장자리에 비료를 주는 것과 같은 효과를 낳았기 때문일 수도 있다고 내게 말해줬다. 하지만 또 다른 과학자는 그 효과가 오히려 생물다양성을 줄일 것이라고 말했다). 자연유산을 보전하는 일을 하는 기관보다 도로에 양이 들어가지 못하게 한 도로공사가 자연보전 및 생물다양성에 더 혁혁한 공을 세우고 있는 것이다. 글라슬린 보호구역에서 나는 효율적인 관리의 부재와 총체적인 실패를 보았다고 생각했다. 하지만 실상은 그보다 더하다는 것을 곧 깨닫게 되었다.

여기서 얘기를 더 진행하기에 앞서, 몽고메리셔 와일드라이프 트러스트를 콕 집어서 비판하려는 의도가 없음을 밝히고자 한다. 그 단체는 양심적인 사람들에 의해 성실히 운영되고 있다. 뒤에서 언급하겠지만, 그들은 단체 소유의 땅을 관리함에 있어서 선택의 여지가 별로 없다고 여긴다. 그들을 여기 소개할 사례로 선택한 이유는 그들이 특별해서가 아니라 전형적이기 때문이다. 그 단체가 글라슬린을 대하는 방식은 수많은 영국 고지대의 자연보호구역 관리방식을 잘 대변한다.* 국립공원의 실상은 이보다 더 심각하다. 보호구역이 아닌 곳과 별반 차이가 없이 관리되는 국립공원의 수많은(15곳 중 10곳) 양 목장을 보며 외국인들은 놀라움을 감추지 못한다. 영국이 극단적 사례에 속하긴 하지만 이렇게 파괴적인 형

---

* 나의 관점에서 이렇게 황폐한 상태로 자연을 관리하는 것을 보전으로 여기는 곳은 다음과 같다. 잉글랜드에서는 킬더헤드Kielderhead, 화이틀리 무어Whitelee Moor, 버터번 플로Butterburn Flow, 하보틀 크래그스Harbottle Crags, 무어 하우스-어퍼 티스데일Moor House-Upper Teesdale, 도브 스톤Dove Stone과 겔츠데일Geltsdale. 스코틀랜드에서는 아일 오브 럼the Isle of Rum, 라호이 힐스Rahoy Hills, 벤 모르 코이가히Ben Mor Coigach, 코타스카스-랜덜 모스Cottascarth-Rendall Moss, 버세이 무어스Birsay Moors와 오아Oa. 웨일스에서는 큼 이드왈Cwm Idwal, 카데르 이드리스Cadair Idris, 이 버윈Y Berwyn과 이르 이드파Yr Wyddfa. 북아일랜드에서는 아가티루르케Aghatirourke와 부어린Boorin.

태의 자연보전 사업은 유럽 곳곳에서 일어나고 있다.

글라슬린을 방문한 직후로 나는 이 단체의 보호구역 관리 방침을 찾아봤다. 놀랍게도 나머지 사막과 구분이 불가능한 그 상태가 의도적인 것이었다. 보호구역을 현 상태 그대로 유지하는 것, 즉 바짝 깎인 히스 덤불로 덮여 있도록 하는 것*이 방침의 목적이었다. '침입종'과 '비선호종'은 제거될 것이라고 명시되어 있었다. 대체 무슨 뜻인가? 트러스트에 확인한 결과 침입종과 비선호종은 마가목, 갯버들, 자작나무, 산사나무와 같은 토착종을 말했고 그들이 원래의 서식지로 돌아오는 것을 막는다는 것이었다. 심지어는 협곡에도 현재 있는 것 외의 다른 나무가 자라는 것은 금지된다고 한다.

트러스트가 출간한 또 다른 문서에는 보호구역 내 초지의 "풀 길이가 평균 10센티미터가 되도록 소를 키워 유지한다"고 밝히고 있다.[3] 또한 "소의 영향을 극대화하기 위해 초지를 구간별로 나누어 방목을 촘촘하게 진행한다"고 한다. 이것이 바로 이 단체가 '대표' 보호구역이라고 내세우는 곳의 자연을 가장 잘 보호하는 방식이다.[4] 한마디로 고비용이 드는 이러한 방식을 고집함으로써 핵겨울의 분위기를 연출하겠다는 것이다.

왜 이런 일이 일어나는가? 답은 자기 꼬리를 삼키는 뱀인 우로보로스 같은 것이다. 한 바퀴 쭉 돌고 나면 출발점에 다

---

* "고지대의 히스가 다른 식생으로 변하는 천이과정은 일어나지 않아야 한다"고 쓰여 있다.[2]

시 돌아와 있다.

이 무자비한 관리 방침이 명시하고 있는 목적은 해당 구역의 히스 덤불과 수렁 습지를 '양호한 보전 상태'로 유지하기 위한 것이다(이조차 완전히 실패하고 있지만 일단 이 점은 차치하기로 하자). 방침에 따르면 "본 구역은 납 생산을 위해 나무를 자른 인간 활동의 결과로 생겨난 곳"이다. 자연보호 구역이 되기 이전에 농부들이 화전을 하고 가축을 방목해서 나무가 없는 상태로 유지했던 곳이다. 바로 그 상태 그대로, 오래된 사진을 닮은, 시간이 정지된 듯한 그 모습 그대로 유지되어야 한다고 말한다. 그다음에 나올 수밖에 없는 질문은 이것이다. 도대체 왜?

나는 몽고메리셔 와일드라이프 트러스트 임직원 세 명과 웰시풀에서 점심을 같이 했다. 놀랍게도 그들은 내 의견에 대부분 동의했다. 그렇다면 대체 왜 그렇게 관리하고 있단 말인가? 답은 간단하다고 그들은 말했다. 문제는 법이라고.*

"보호구역마다 지정된 목표에 따라 일을 해야 합니다. 그대로 이행하지 않으면 큰일 나요. 저희도 글라슬린의 큰 협곡으로 숲이 자연스럽게 천이되는 것을 원합니다. 울타리를 쳐서 그렇게 만들고 싶어요. 그러다가 얼마나 고생했는지 모릅니다."

---

* "기준을 충족시키지 못하면 법을 위반한 것이 됩니다. 공간이 어떠해야 하는지 지정이 되어 있어요. 저희는 하라는 대로 정확히 지키는 것뿐입니다. 협상의 여지가 전혀 없어요."

나는 보호구역의 관리 방침을 정하는 웨일스 지방자치 농촌의회의 의장인 모건 패리를 만나 물어보았다. 그는 트러스트 직원들이 했던 말의 일부를 부정하면서도* 어떤 규칙은 재검토할 수 있을 것이라고 말했다.

땅의 주인은 특정 동식물, 서식지, 지리적 특성 등 "주요 매력 포인트"를 "양호한 상태"로 유지해야 한다.[5] 이에 대한 규정은 매우 엄격하다. 예를 들어 글라슬린처럼 대습원과 고지대 히스 덤불이 있는 곳에서는 나무와 관목이 습원의 10분의 1,[6] 히스의 5분의 1[7] 이하의 면적만 차지할 수 있다고 되어 있다.

위의 기준은 각국이 보호해야 하는 공간을 등재한 유럽법을 반영한다.** 개중에는 습한 히스, 진퍼리새, 대습원 등 글라슬린처럼 양이 초토화시켜 만드는 지형이 포함된다.[8] 이런 곳이 선정된 공식적인 이유는 그곳에서 '주요 종의 집합'이 발견되므로 국제적으로 중요하다는 것이다.[9]

빌어먹을 히스, 아무것도 없는 수렁, 산성 초원 등 양 떼가 짓밟은 공간을 보존해야 하는 국제적 의무가 있다는 것이다. 특정 동물, 식물, 균류, 지의류의 집합이 발견되기 때문이라는 이유 때문에. 하지만 열대우림이든 기찻길 옆이든 모든 서

---

* 모건 패리는 다음과 같이 말했다. "저희는 상당히 유연성 있게 대처했다고 생각합니다. 아마 담당자들에게 물어보면, 고지대 환경을 황량하게 유지하는 것이 아닌 다른 목표치에 대해서도 협의를 통해 거리를 상당히 좁혔다고 말할 거라고 봅니다."
** 한 공간에 있을 수도 있는 식물이 차지하는 비율에 관한 규칙은 유럽법에 대한 각국의 자체적 해석의 결과이다.

식지마다 다른 곳에서는 볼 수 없는 특정 종의 집합이 존재한다. 그 집합은 물리적 서식지의 결과이다. 한 가지 종의 조합을 보호하기 위한 목적으로 땅을 관리하면, 또 다른 종의 조합이 생기는 것을 막는 결과를 낳는다.

예를 들어 글라슬린 보호구역의 입구에 세워진 안내판은 붉은뇌조, 흰머리딱새, 종달새, 목도리지빠귀 등의 종을 보호하고 있다고 설명한다. 구역의 관리 방침은 이들의 개체군을 최대화하는 목적을 포함한다. 하지만 왜? 네 종 모두 "유럽의 가장 시급한 자연보전 대상"의 목록에서 맨 아래에 해당하는 동물이다.[10] 영국에서 그 수가 줄어들고 있는 건 사실이지만 (특히 목도리지빠귀의 경우) 그건 훨씬 더 심각한 상황에 놓인 여타 많은 조류도 마찬가지이다. 사실 이 새들이 영국과 유럽에서 비교적 많은 수로 존재하는 이유가 바로 방목의 결과이다. 모두 인간이 모질게 깎고 다 잘라버린 텅 빈 서식지에 생존할 수 있는 종으로서, 바로 그들밖에 살 수 없는 곳을 만들어놓고서 이제는 그들을 보호해야 하기 때문에 서식지를 그 상태로 유지해야 한다고 말한다. 순환논리의 극치에 머리가 핑핑 돌 지경이다.

네 종의 조류 중 현행 보전정책의 광기를 가장 잘 보여주는 동물은 바로 붉은뇌조이다. 유럽에 워낙 수가 많기 때문에 유럽의 시급한 자연보전 대상에 올라 있지 않다. 영국에서도 매년 수천 마리가 사냥되고 고급식당에서 거의 날것으로 판매될 정도로 그 수가 많다.

영국에 붉은뇌조의 개체수가 이 정도로 유지되는 것은 훨씬 더 귀한 동물을 무자비하게 박해함으로써 얻은 결과이다. 사냥감으로서 뇌조의 가치가 너무나 높은 나머지, 다른 동물을 박해하는 행위가 불법이고 꽤 중한 처벌을 받을 수 있음에도 불구하고(물론 이론적으로 그러하고 실제로는 드물다) 여전히 자행된다. 스코틀랜드 정부가 뇌조 사냥터에서 발견된 검독수리, 붉은솔개, 송골매, 흰꼬리수리의 사체를 분석한 결과 사인이 독극물로 밝혀졌다.[11] 영국에서 유일한 스코틀랜드의 검독수리 번식 개체군은 너무 많은 수가 이런 방식으로 죽임을 당해 충분히 회복될 수 없을 정도로 작아졌다. 흰꼬리수리는 스코틀랜드가 많은 노력과 비용을 들여 재도입한 종으로서 이제 겨우 연안 지방에 정착하기 시작했다. 서덜랜드 스키보 영지의 한 사냥관리인은 스코틀랜드의 맹금류 전체를 여섯 번 죽이고도 남을 양의 불법 살충제 카보퓨란을 소지한 혐의로 붙잡혔다. 그의 땅에서 세 마리의 검독수리 사체가 발견되었다. 몸에 카보퓨란이 가득한 붉은뇌조 한 마리도 쇠말뚝에 박힌 채 미끼의 신세가 되어 있었다. 하지만 그는 겨우 3,300파운드의 벌금형을 받았다.[12]

이들 지역은 붉은뇌조가 먹는 어린 줄기와 같은 먹이가 늘 풍부하게 유지되도록 황야의 히스를 자르고 태워서 다른 식물이 자라지 못하게 만드는 방식으로 관리된다. 이런 체제는 다른 새가 고지대로 찾아오는 것을 미연에 차단한다.

따라서 글라슬린 보호구역을 관리하는 트러스트가 붉은뇌조를 "지표종 중 하나"로 부르는 것은 매우 불편하고 이해할 수 없는 일이다.[13] 무엇에 대한 지표란 말인가? 답은 "고지대 경관의 히스"다. 이 맥락에서 히스는 무엇을 의미하는가? 고지대의 붉은뇌조는 저지대의 까치와 비슷한 존재이다. 인간이 일으킨 변화의 수혜자들이다. 붉은뇌조에게 건강한 곳은 다른 종에게는 건강하지 않은 곳이며, 검은뇌조, 캐퍼케일리, 들꿩(영국이 숲을 다 잃지 않았다면 살았을지도 모른다) 등 다른 뇌조에게도 좋지 못하다. 붉은뇌조의 수를 인공적으로 높이기 위해 맞춤형 서식지를 만들면 다른 귀한 종이 필요로 하는 서식지를 파괴하게 된다. 그러면 대체 왜 붉은뇌조가 "주요 지표종"인가? 그것은 "매력 포인트"―나무 하나 없는 빌어먹을 고지대 히스―라는 요건을 트러스트가 충족시켰음을 보여주기 때문이다. 다시 뱀의 머리로 돌아온 셈이다.

붉은뇌조와는 달리 이곳에서 추구하는 특정한 집합에 속한 종 중에 귀한 동물도 있는 것이 사실이다. 하지만 선택되지 않은 종 중에 훨씬 귀한 것들도 많다. 바로 관련 단체들이 그토록 보전하고자 하는 "매력 포인트" 때문에 그 귀한 종들이 살 수 있는 서식지가 남아나지 않았기 때문이다. 보전단체와 관련 정부기관 모두 생태학자의 자문을 받는다. 생태학자들은 환경을 생각해서 동식물을 변호하기도 하지만, 자신이 연구하는 종이기 때문에 변호하기도 한다. 황야 바구미 생태학자는 바구미 보호론자가 된다. 바구미 생태학자는 캐퍼케일리에 큰 관심이 없고, 만약 캐퍼케일리나 살쾡이나 스라소니의 서식지를 늘리는 계획이 바구미에게 해가 되면 적대적으로 반응할 것이다. 하지만 웨일스에는 캐퍼케일리, 살쾡이, 스라소니가 없고 그래서 연구하는 학자도 없기 때문에, 바구미가 사는 황야 대신 캐퍼케일리가 사는 숲을 위해 싸우는 지역 연구자나 단체도 없다. 보전정책이 자기강화의 함정에 빠진 것이다.

특정한 공간을 보호하는 공식적인 이유가 두 가지 더 있다. 바로 '높은 위험부담'과 '급격한 감소'이다. 몽고메리셔 와일드라이프 트러스트가 자신들의 관리방식을 정당화하려는 이유도 여기에 있다. 그들은 히스 황야가 "유럽에만 분포하는 드문 서식지"라고 했다.[14] 하지만 이는 정확하지 않다. 영국 안에만 2백만~3백만 헥타르의 히스 고지대가 있다.[15] 그런데 인공적으로 만들어진 서식지가 감소한다고 해서 굳이 보존해야 하는 이유가 무엇인가? 산업시설로 오염된 땅, 폐탄광과 자갈밭도 유럽에서 급격히 감소하고 있는 공간들이다. 기준을 공평하게 적용하면 이런 공간과 그곳에 사는 극히 적은 수의 생물조차 보전의 대상이 되어야 할 것이다.

자연의 섭리를 억누르는 것보다 땅이 제 갈 길을 스스로 찾게끔 하는 것이 좋지 않겠는가? 글라슬린 같은 곳이라면 우림, 습지숲, 관목 그리고 히스의 혼합림으로 변할 것으로 예상된다. 그러면 현재 보존되어 있는 이 19세기 생태적 재앙보다 훨씬 풍요롭고 흥미로운 곳이 될 것이 틀림없다.

어떤 보전단체는 나무가 듬성듬성한 탁 트인 경관이 산지의 '자연스러운' 모습이라고 주장한다. 그들은 헤크 소를 활용해 네덜란드의 활생 사업을 일으킨 프란스 베라Frans Vera의 방식을 자주 인용한다. 베라는 지난 5,000년간 지속된 따뜻하고 습한 기후에서 대부분의 땅의 자연적 상태라는 것은 약간의 나무가 있는 초원이라고 주장한다. 오늘날 양과 소가 그러듯이, 야생동물이 풀을 뜯어 먹어서 숲을 조절함으로써 탁 트인 공간이 유지된다는 것이다.[16] 흥미로운 발상이지만 실제 증거는 이 주장을 전혀 뒷받침해주지 않는다.*

또 어떤 이들은 양이나 소나 말을 키우면 그 땅의 생물다양성을 극대화해준다고 주장한다. 무슨 말인고 하니 나비나 야생화와 같이 탁 트인, 양지바른 곳을 선호하는 특정 종류의 다양성만을 지칭하는 것이다. 하지만 딱정벌레, 거미, 버섯, 조류 등 나머지 다수를 세면 가장 풍요로운 꽃밭보다 천연림의 생물다양성이 훨씬 높다.** 대부분의 동물은 포식자로부터 숨고, 몸이 너무 빨리 마르지 않게 하고, 바람이나 급격한 온도 변화로부터 안전한 곳을 필요로 한다. 탁 트인 공간에는

---

*  화석 기록을 보면 인간과 가축이 숲을 없애기 전까지 나무 화분이 압도적으로 발견된다. 즉 땅의 대부분이 울창한 숲으로 덮여 있음을 의미한다.[17] 수렁의 이탄층에 파묻힌 나무줄기는 곧고 가지가 없는데, 이는 주변의 나무와 햇빛 경쟁을 했음을 의미한다.[18] 반대로 공원의 나무는 지면과 가까운 높이에서 가지를 뻗기 시작한다. 인구가 증가하기 전에 개체수가 많았던 딱정벌레는 깊은 숲에 사는 종이었다.[19] 과거에 매머드, 곧은상아코끼리, 메르크코뿔소나 좁은코뿔소, 하마나 물소와 같이 교란을 유발하는 대형 초식동물이 북유럽에서 멸종하기 전인 마지막 간빙기에도 가장 지배적인 식생은 수관부가 닫힌 빽빽한 숲이었다.[20] 야생 초식동물도 베라가 말하는 것처럼 탁 트인 경관을 만들지 못한 것으로 보인다.[21] 참나무와 개암나무는 깊은 숲속에서 자라지 못한다는 그의 주장과 달리, 과거에도 자랐고 지금도 잘 자란다는 증거가 넘쳐 난다.[22]

**  클라이브 햄블러와 수전 캐니는 "초원의 천이과정 중 극상 상태를 두고 '종이 풍부하다'고 하지만 보통 개화식물을 제외한 나머지 종은 열악한 경우가 대부분이다"라고 지적한다.[23]

이런 은신처가 하나도 없다.

스코틀랜드 하일랜드의 케언곰에서 수행한 연구에 따르면 국가 주요 종을 기준으로 봤을 때 숲의 생물종이 초원보다 11배, 황야보다 13배 더 풍부했다.* 영국 내 타 지역에서는 발견되지 않는 종만 놓고 보면 결과는 더 분명해진다. 해당 종은 총 223가지로, 그중 100가지는 숲이나 나무와 관련된 종이다. 여기서 월귤나무 잎에 사는 균류 딱 1종만 생존을 위해 황야를 필요로 한다. 고지대 자연보호구역은 대단히 심각한 오해를 바탕으로 관리되고 있다. 나무와 덤불을 없애는 것이 야생동물을 가장 잘 보호하는 일이라는 생각 말이다.

몽고메리셔 와일드라이프 트러스트가 발행한 책자를 보면, 화전과 같은 전통적인 황야 관리방식을 등한시한 나머지 히스 황야의 질이 하락하고 있다고 경고한다.[25] 열대 생태학자가 이를 보고 어떻게 반응할지 상상해보라. 영국의 환경운동가들이 개발도상국에서 화전농법으로 서식지가 파괴되는 것을 막으려고 수십 년 동안 노력해왔는데 정작 자국에서는 필수적인 환경보전 방법이라고 주장하고 있다. 충분히 자르고 태우지 않은 환경은 문제가 있다고 생각하는 환경운동은 갈 길을 잃어도 한참 잃은 것이다.

영국과 유럽 국가들이 좋다고 말하는 생태계를 고르는 기

---

* 숲은 주요 종 39퍼센트의 서식지인데도 케언곰 전체 면적의 17퍼센트만을 차지한다. 반면 황야는 케언곰 주요 종의 3퍼센트만이 사는데도 전체 면적의 42퍼센트를 차지한다.[24]

준은 매우 임의적이며, 제대로 검토되거나 설명된 적이 없는 충동을 바탕으로 이루어진다. 우리가 내린 결정은 과학의 언어로 치장된 역사적, 문화적, 미학적 결정이다.*

우리는 언제나 자연을 문화적으로 접하기 때문에 이러한 결정 자체에 반대하진 않는다. 하지만 우리가 보호하기로 한 고지대 서식지가 주차장처럼 초라하고, 우울하고, 구조적으로 빈곤한 것을 보면 마음이 달라진다. 이는 완전히 주관적인 관점이 아니다. 나무, 대형 포식자, 야생 초식동물, 썩은 나무 등 활발한 생태계에서 발견되는, 이러한 구성 성분 없이는 생명의 복잡한 실타래에서 겨우 몇 줄만 덩그러니 남은 곳이 된다. 왕성한 생명활동과 영양단계, 예상치 못한 상호작용, 끊임없는 놀라운 발견 등 통제를 벗어난 자유로운 생태계가 선사하는 즐거움과 짜릿함은 모두 금지되는 것이다.

고지대에 대한 현행 관리방식이 스스로 표방한 바에 비춰봤을 때에도 완전히 실패하고 있다는 사실을 감안하면 상황은 더욱 심각하다. 글라슬린 보호구역이 포함된 품루몬은 과학적 가치를 인정받은 곳이다. 이곳에서 보호하고 있다고 표방한 조류를 조사한 결과 대대적인 감소가 나타나고 있음이 발견되었다.** 심지어는 웨일스 전역과 비교했을 때 보호구역 안에서 더 빠르게 감소했다. 보호구역 관리기관들이 스스

---

* 이 중 몇 가지는 1977년에 나온 데릭 랫클리프Derek Ratcliffe의 『자연보전 논평A Nature Conservation Review』에서 유래하는데, 그는 준자연적 공간도 보전의 대상으로 포함시켰다.

** 글라슬린의 1984년과 2011년 사업계획서를 보면 그 구역이 8종의 '매우 중요

로 설정한 기준으로 보았을 때에도 이 극단적인 관리방식은 성공적이지 않다는 것이 자명하다.

생태학자들은 이 실패를 두고 어리둥절해한다. 목표로 삼은 종을 보호하기에는 애초에 보호구역이 잘못 설계됐는지도 모른다. 양은 서식지를 계속해서 파괴하고, 더 오래 있을수록 더 많이 파괴한다. 양이 땅을 밟아서 단단하게 경화시키는 바람에 새들이 필요로 하는 곤충의 애벌레 숫자가 줄어들 수 있다. 또는 생태계를 특정한 상태로 유지하려고 하면 그곳의 생물이 기후변화나 산성비(실제로 습한 지역에서는 큰 문제이다) 등의 환경변화에 잘 적응하지 못하게 만드는 결과를 낳기 때문일 수도 있다. 어쨌든 현시점에서 분명한 것은 지금의 자연보전 모델이 실패했다는 것이다. 트러스트도 사업계획서에서 1982년 이래 보존하고자 노력했던 글라슬린은 "양호하지 못한 상태"에 있다고 스스로 인정하고 있다.[28] 웨일스의 주요 야생동물 보호구역의 60퍼센트가 이와 유사한 실패의 성적표를 받아 든 상태이다.[29]

어떤 이들은 애초에 보호하려 한 서식지 규모가 너무 작았

---

한' 조류를 보호한다고 기술하고 있다.[26] 그중 쇠부엉이는 1984년과 2011년 조사 모두에서 관찰 사례가 기록되지 않았다. 또 잿빛개구리매는 1984년에 0마리였던 것이 2011년에 1쌍으로 늘어났다. 두 번의 조사 기간에 모두 기록된 조류로 송골매 1쌍이 있었다. 나머지는 모두 급감했다. 붉은뇌조, 종달새, 흰머리딱새 모두 50퍼센트 감소했다. 검은가슴물떼새는 92퍼센트가 사라졌다. 목도리지빠귀는 두 번째 조사에서 나오지도 않았다. 보고서는 "본 구역에서 발견되는 종의 대부분이 크게 감소하는 것으로 나타난다"고 결론짓는다.[27]

다는 데에 탓을 돌린다. 해답은 '경관 규모' 보전으로 나아가는 것이라고 그들은 말한다.* 즉 똑같은 걸 더 큰 데서 하면 된다는 뜻이다. 하지만 분명히 크기만의 문제일 리는 없지 않은가? 방법은? 강도 높은 관리로는 안 된다는 사실은? 어떻든 간에 기온이 올라가면서 변화는 일어날 것이다. 조건이 바뀌면서 특정 동식물의 조합을 그대로 유지하는 일은 갈수록 어려워질 것이다. 이에 적응하지 못한다면 생태계의 풍요로움, 구조와 복잡성은 지금보다도 더 급격히 쇠퇴할 것이다.

글라슬린의 계획서에서 트러스트는 진행하는 사업과 현 관리방식의 바탕이 되는 논리에 대한 홍보를 통해 대중의 인식을 긍정적으로 전환할 수 있을 것이라고 기술한다. 사람들이 현재 벌어지고 있는 보전사업과 논리를 더 잘 이해하면 오히려 반대의 효과가 있지 않을까 싶다.


그동안 종을 보호함으로써 서식지를 보호한다는 것이 보전의 약속이었다. 벵골호랑이가 살기 위해서는 정글이 필요하므로, 호랑이를 보호한다는 건 호랑이를 떠받치는 풍부하고 신비로운 생태계를 보호하는 것이었다. 하지만 역사적으로 영국에서 보호하기로 선택한 종은 파괴되거나 황폐화된 공간과 연관된 것들이고, 따라서 그들을 보호하기 위해선 계속해서 생태계를 그 상태로 유지해야 한다. 자연보전의 이름으로 자원봉사단이 동원되어 자연적인 작용이 일어나는 걸

---

\* 이것이 그 유명한 존 로턴 경의 보고서가 취한 대략적 입장이다.

방지하는 데 투입된다. 땅에 식물이 재생하지 못하도록 철저하게 가축을 방목한다. 나무의 밑동을 바짝 잘라 그 부위에서 새순이 돋아나게끔 유도하는 저림작업은 과거 저림작업의 영향을 존속시키기 위해 계속된다. 생물학자인 클라이브 햄블러Clive Hambler와 마틴 스페이트Martin Speight는 자연보전 운동에 대해 비판적으로 쓴 논문에서 저림작업이 여러 곳에서 살 수 있는 나비에겐 유리하지만, 숲 말고 다른 곳에서 살 수 없는 숲딱정벌레와 나방에겐 유해하다고 지적한다.[30] 영국 내 150종의 삼림 곤충이 위협에 처해 있는데 그중 단 3종(2퍼센트)만이 저림작업의 감소로 타격을 받는 한편 무려 65퍼센트가 오래된 나무나 고사목의 제거로 인해 피해를 입는다고 한다(그렇다고 저림작업이 생태적 효과가 전혀 없다는 것은 아니다. 많은 삼림 생물이 코끼리가 일으키는 서식지 교란에 적응해 살도록 진화했다).

때로는 자연보전을 하는 사람들이 사냥터 관리인을 닮기도 한다. 그들은 우리의 토착종 중 일부는 좋고 보존의 가치가 있다고 보는 한편 일부는 나쁘고 통제해야 한다고 본다. 다만, 사냥터 관리인처럼 토착 야생동물을 '해충'이라 부르지 않고 '원치 않는, 침입종'이라고 말한다. 그들은 자연을 억누르고, 천이과정이 일어나는 것을 막고, 생태계를 특정 단계에 고정시키길 원한다. 그들 입장에서는 아무것도 변해서는 안 된다. 자연은 인간이 시키는 대로 해야 한다. 아직도 구약성서의 자연관에 갇혀 있다. 자연은 가만히 놔두면 어떤 야생적 본능이 고개를 들지 모르니 훈련시키고 통제해야 한다.

결과는 앞뒤가 뒤바뀐 자연보전이다. 동물보호단체들은 지난 세기에 농촌 서식지에 살았던 동식물을 보호하길 원할 뿐, 한 발 물러서면 어떤 생물이 살 수 있을지 상상해보지 않는다. 그들은 붉은뇌조, 석송, 미소나방처럼 인간이 큰 변화를 가한 곳에서 잘 사는 종을 골라 이들의 생존에 가장 유리한 상태로 땅을 유지하는 관리계획을 수립한다. 그렇게 함으로써 다른 종이 자연스럽게 정착하거나 재도입될 수 있는 기회를 박탈한다.

나무가 없는 고지대의 열악한 서식지를 유지한다는 건 양을 키운다는 걸 의미한다. 영국의 산지에 가서 농부든, 공무원이든, 동물보호단체 관계자든 그 누구랑 얘기해도, 질문이 뭐든 간에 어김없이 '양'이라는 대답이 돌아온다. 토지 관리 방식에 대해 문제를 제기하면 예외 없이 나오는 말은 '과소방목'의 공포이다. 하지만 어떻게 이곳의 천연 생태계가 메소포타미아에서 온 반추동물에 의해 '과소방목'될 수 있단 말인가? 우리의 야생동물이 미국밍크에 의해 '과소사냥'되고 있기라도 한단 말인가? 우리의 강변이 히말라야 발삼나무에 의해 '과소우점'되었고, 우리의 강이 붉은시그널가재에 의해 '과소침입'되었고, 우리의 길가가 호장근에 의해 '과소차지' 되어 있는가?

어떤 단체들이 양의 대안으로 제시하는 소나 말의 방목 역시 우리 인간 없이는 서식지가 있을 수 없다는 것을 의미한다. 북유럽의 날씨가 다시금 따뜻하고 습해졌던 과거 북방기와 대서양기 동안 거대 오록스 또는 야생 소는 삼림의 동물이었다. 뼈의 탄소와 질소 동위원소를 분석하면 삼림 식물을 먹었다는 것이 드러난다. 반면 북유럽에서 처음 출현한 가축화된 소는 인간이 벌목한 공간에서 자란 풀을 주로 먹었다. 뼈의 화학적 조성이 워낙 달라서 이 특성은 야생 소와 가축 소를 구분하는 데 쓰인다.[31]

야생말은 영국에서 약 9,000년 전(마지막 빙하가 후퇴하고 나서 약 2,000년 후)에 사라졌다.*[32] 인간의 사냥으로 인해 야생말의 멸종이 앞당겨졌음은 분명하지만, 기후변화로 숲이 확장되면서 말이 선호하는 서식지인 고원의 초지가 줄어든 것도 한몫했다. 다른 말로 하면 야생말은 이곳에서 사자[33]와 사이가영양[34]이 멸종한 후, 그리고 순록이 멸종하기 전에[35] 사라졌던 것이다. 말과 오록스 모두 무분별하게 사냥되었지만 오록스는 더 오래 살아남았다. 영국에서는 3,500년 전, 유럽 대륙에서는 17세기까지도 남아 있었다. 이는 말이 사라지게 된 주요 원인이 사냥이 아니라 기후변화라는 것을

---

* 말에 대한 고고학적 기록보다 오래된 자료는 두 가지가 있다. 첫 번째는 켄트의 해리슨연구소가 소장하고 있는 것으로 8,000년 된 것으로 전해진다. 하지만 연구소에 확인한 결과 사람들이 기원전(BC)을 현재 이전(BP)으로 착각하는 경우가 있는 것으로 보인다. 연구소에서 탄소연대측정을 실시한 결과 실제로는 9,760년 전의 것이라고 한다. 두 번째는 글로스터셔 해즐턴의 신석기 무덤에서 나온 이빨 한 개로 약 5,700년 전의 것이나. 출토지에서 나온 시료 분석에 침여한 고고학지 로버트 헤지스와 생물학자 클라이브 햄블러에게 문의해보니 이빨 자체의 연대를 측정한 것이 아니며, 그것이 출토된 무덤의 연대와 동일할 것이라 추정될 뿐이라고 설명했다. 신석기시대 사람들이 다른 곳에서 발견한 이빨을 무덤으로 옮긴 것일 수도 있다. 신석기시대 후반에 가축화된 말이 돌아오기 이전에도 말이 오랫동안 영국에 있었다면 화석 증거가 지금까지 나온 것보다 훨씬 더 많이 발견되어야 할 것이다.

뒷받침하는 여러 증거 중 하나이다.[36] 말하자면 현재의 기후 조건에서 말은 우리의 토착종이라 하기에는 매머드만큼이나 멀다. 원래 우리 생태계의 일원이었지만 지금은 없는 대형 초식동물은 4,000년 전에 과도한 사냥으로 사라진 말코손바닥사슴 또는 엘크로 불리는 종이다.[37] 말코손바닥사슴은 숲속 또는 숲 주변에서 잎을 뜯어 먹는 동물이다.

하지만 소와 말이 토착 초식동물을 대체한다 하더라도 포식자가 없다는 사실로 인해 그들이 생태계 내에서 작용하는 방식은 완전히 바뀐다. 자연보전주의자들이 영국 고지대에 도입한 방목 체제는 그것이 양, 소, 말, 야크 또는 그 어떤 초식동물을 대입하든 간에 자연 본연의 원리와 무관하다.

세계 곳곳에서 자연보전이라 부르는 것이 실은 과거의 농경 체제를 보존하는 것인 경우가 많다. 많은 보전단체들이 이상적으로 상정하는 경관은 언제를 기준으로 세든 간에 불과 100여 년 전에 지배적이었던 경치이다. 자연의 침입으로부터 땅을 보호함으로써 바로 이것을 보존하고 재창조하고자 하는 것이다. 보호지역은 마치 식물원처럼 관리 대상으로 다루어진다. 좋아하는 것만 골라다 심은 다년초 화단처럼 잡초를 뽑고 야생이 집어삼키지 못하도록 가꾸면서 말이다. 리치 타셀이 냉소적으로 말하듯이 "우리가 오기 전에는 대체 자연이 어떻게 제 앞가림을 했는지 의아할 지경"이다.

약간의 땅을 과거 농경문화의 박물관으로 보존하거나, 현재의 특정 상태로 초원을 아름답게 보호하는 것 자체에 반대하지는 않지만, 그런 곳은 문화적 보존지역이라 부르는 것이

마땅하다. 나는 인간의 집중적인 관리 없이는 생존할 수 없는 멸종위기종을 위한 보호지역에도 반대하지 않는다.* 또한 농지에 더 많은 야생동물이 작물 및 가축과 함께 공존하는 것을 모색하기 위해 새롭게 대두되고 있는 농법을 활생이 대체해야 한다고도 생각하지 않는다. 그것은 그것대로 일어나기를 원한다. 하지만 자연보전 및 활생의 지지자들이 원하는 것처럼 자연보호가 더 넓은 지역으로 확대되려면[39] 우선 우리가 무엇을, 왜 성취하려는 것인지에 대한 근본적인 재평가가 필요하다고 생각한다.

평가의 결과는 멸종위기종을 보호하는 가장 효과적인 방법이 활생이라는 것을 보여줄 것이다. 학회지 『생물학적 보전Biological Conservation』에 실린 한 논문에 의하면 영국에서 1800년 이래 멸종한 생물 중 40퍼센트가 산림에서 서식하는 종이었으며, 그중 5분의 2가 생존하는 데 수령이 높은 나무나 썩은 나무가 필요했다. 논문에 의하면 "산림과 습지의 복원 없이는 영국의 생물 멸종률은 이번 세기에도 계속해서 증가할 것"[40]이다.

새로운 평가를 통해 우리는 어떤 곳에 이미 존재하는 종과 서식지에 집착하기보다 그곳에 돌아올 수 있는 생명에 초점을 맞출 수 있을 것이다. 양이 초토화시킨 고지대의 나무 없는 서식지를 지속시키는 대신, 인간 관리의 영향을 점차 줄이

---

* 햄블러와 캐니는 활생이 그 어떤 방법보다 더 많은 수의 멸종위기종을 보호한다고 논증한다.[38]

면서 나무가 되돌아오게 하고, 심지어는 한때 그곳에 살았던 야수들을 재도입할 수도 있을 것이다. 자연을 억눌렀던 농법을 약간 변형한 상태로 유지하는 것보다 그것이 훨씬 더 고무적이고 값진 비전이라고 나는 생각한다. 누구든지 이렇게 자연이 스스로 일군 땅을 곁에 두고 살 수 있어야 한다.

조금씩 태도가 바뀌고 있다. 웨일스 농촌의회가 "생장과 천이의 자연적인 순환"을 허락하고, 식물상이 "잠재력을 충분히 발휘하도록" 놔둔다는 얘기를 하기 시작했다.[41] 의장인 모건 패리를 인터뷰했을 때 그는 다음과 같이 말했다. "지금과는 다른 세계가 가능하고 그것이 우리가 더 원하는 세계라는 데 동의합니다. 농경 때문에 유지해야 하는 것 말고도 얼마든지 다른 경관이 있을 수 있다는 가능성에 우리 모두가 더 열려 있어야 한다고 생각합니다."

고지대를 나무 없는 황량한 곳으로 유지해야 한다는 생각이 '재검토'되어야 한다고 그는 인정했다. 적용되는 규칙에 대해서도 마찬가지 의견을 피력했다. "앞으로 땅에 대한 정책도 사전에 너무 고정적으로 정하지 않는 방향으로 가는 것을 강력히 지지합니다." 하지만 그 변화는 정부나 관련 당국으로부터 나올 수는 없다고 그는 말했다. 캠페인을 통해 대중이 이를 변화시켜야 한다는 것이다.

어떤 곳에서는 활생 같은 현상들이 조금씩, 더디게 일어나고 있다. 레이크디스트릭트의 에너데일에서 내셔널 트러스트와 삼림청과 한 수자원 회사가 힘을 합쳐 자연보전의 감옥으로부터 자연을 잠시 풀어주려는 시도를 하고 있다. 아주 좋은 시작이다. 하지만 지역 농부들과 갈등을 피하기 위해[42] 꼭 농업을 포함시키려 하고 있고, 땅에 소가 어느 정도 있어야 한다고 주장하고 있다.

에식스와 서퍽의 일부 지역에서는 해안을 침식과 태풍으로부터 보호하기 위해 농경지가 염습지로 전환되도록 놔두고 있다. 변화는 급속도로 일어나고 있다. 단 몇 년만 물이 차게 놔둔 덕분에 생겨난 야생 보리밭에 샘파이어, 가숭어, 가자미, 게, 조개 그리고 큰 무리의 섭금류가 돌아왔다.

동잉글랜드의 저지대에서는 정부기관과 야생동물 트러스트가 '위대한 소택지 프로젝트'라는 사업을 일으켜 오래된 이탄 소택지가 물에 잠기도록 하고 있다. 엄격히 따지자면 활생은 아니며 여전히 일종의 관리적 접근으로 운영되고 있기는 하다. 하지만 100년 전이 아닌 400년 전 경관의 모습, 즉 방목지와 갈대밭, 숲과 습지가 섞인 땅을 재창조하고자 한다는 점에서 여느 자연보전 사업과는 다르다.[43] 이 사업의 운영자들은 언젠가 저어새나 황새와 같은 조류가 돌아올 것을 희망하고 기대한다. 현재 영국에 이와 유사한 사업 10여 가지가 진행되고 있다. 대부분 기존의 자연보전과 활생이 합쳐진 형태로서 자연에 좀 더 많은 자유를 주고자 한다. 하지만 역시 가축과 관리에 대한 집착을 떨쳐내지 못한 경우가 많다.

북미나 세계 전체를 차치하고, 유럽만 놓고 보았을 때에도 영국은 자연에 대한 묘한 두려움을 가지고 있다. 영국의 자연을 보전하고자 하는 사람들은 손을 놓는 것을 두려워한다. 독일과 프랑스와 슬로바키아는 국립공원의 일부 또는 전체가 야생으로 돌아가도록 내버려둔다. 유럽 대부분의 나라는 자연이 스스로 일군 땅을 넓은 면적으로 가지고 있다.[44] 부산하게 깔끔 떠는 걸 좋아하는 네덜란드조차도 자연이 알아서 제 갈 길을 찾도록 놔두고 있다. 과거 프랑스어를 쓰는 내 지인 여성이 직설적으로 표현했듯이 우리는 "꽉 막히고 불편한" 인간들이다.

이래야만 하는 것은 아니다. 머지않아 이 모든 것이 바뀔 거라고 나는 확신한다. 자연보전을 하려면 자연을 꽉 쥔 그 손에서 힘을 빼야 한다. 많은 사람들은 이미 그럴 준비가 되어 있다. 변화는 이미 시작되었다. 지금은 죽음처럼 절망적인 곳이 풍요롭고 복잡한 생명으로 넘쳐 나는 곳으로 눈부시게 바뀌는 변화 말이다.

잠자는 크라켄의 그림자에 엷은 햇볕도 도망을 친다.

수천 년 자란 거대한 해면동물이 그 위로 솟아오른다.

그리고 저 멀리 희미한 빛 어딘가에서

수많은 지저분한 것과 비밀스러운 세포로부터

헤아릴 수 없고 거대한 폴립에서 거대한 녹색 다리가

돋아난다.

앨프리드 로드 테니슨, 「크라켄」

이틀 전 란스글로디온Llansglodion의 암초 끝에서 발견되었다. 대이동은 이미 시작되었고 정찰병도 미리 도착했다. 곧 나머지가 들이닥칠 것이다. 혹시라도 밟을까 봐 걸음을 내딛기가 힘들 정도로 큰 대대가, 사단이, 군단이 몰려올 것이다. 그러고서 2주면 사라지고 없다. 연말이 되면 유령 같은 껍데기만 해변에 뒹굴 것이다. 오늘처럼 조용하고 따뜻한 날을 그냥 보낼 수는 없다.

참나무에서 새로 돋아나는 이파리는 쥐 발바닥처럼 작은

톱니 모양이었다. 마을의 마로니에나무에 벗어놓은 장갑처럼 걸린 잎들은 점점 벌어졌다. 고사리는 차원분열도형처럼 작은 이파리 하나하나를 폈다. 나는 란스글로디온 해변에 서서 우울한 거리를 바라보았다. 빛바랜 페인트가 벗겨진 민박집과 덧문 닫힌 창문들, 비슷하지만 하나도 같지 않은 회색과 베이지색 톤의 집과 가게들, 촌스러운 아이스크림 간판으로 한층 더 칙칙해진 분위기에서 고개를 돌려 반대쪽을 바라보았다. 썰물 30분 전이었다. 바닷물이 방파제보다 훨씬 멀리 달아나 햇빛에 드러난 저 아래쪽 해변이 거울처럼 반짝였다. 만은 가느다란 초승달 모양이 되었다. 북쪽 수평선에 펜린과 이니스엔리의 흐린 실루엣이 낮게 걸린 구름처럼 수면에 앉아 있었다. 밀려드는 파도로 굵은 띠가 새겨진 바다는 은회색으로 빛났다.

나는 방한 잠수복에 후드까지 당겨 쓰고서 해변 끝의 바위에 널브러진 해초 위를 엉거주춤 걸어갔다. 암초 반대편 끝에서 물이 허리까지 차는 바위 웅덩이 안에 들어가 미끼용 새우를 잡는 남자를 만났다. 내가 아는 사람이었다. 그럼요, 여기에 있습니다. 그가 말했다. 나는 물안경을 쓰고 스노클을 물고서 바다로 들어갔다. 물의 차가운 손가락이 내 몸을 감쌌다.

파도가 바위에 부딪히는 곳엔 흙탕물이 일어나 눈앞이 흐렸기에 물이 더 맑은 곳으로 나아갔다. 내 거친 숨소리가 머릿속에서 울렸다. 물속으로 진흙 바닥에 흩어진 조개껍데기가 간신히 보였다. 고개를 숙이고 수영하면 마치 팔이 더 자란 것처럼 추진력이 생긴다. 전진하는 동작의 기운을 즐기며 나는 더 멀리 나갔다. 고개를 들었을 때에야 내가 다시 바위를 향해 가고 있음을 깨달았다.

다시 고개를 물에 담그고 출발했다. 그때 마치 무술 마니아의 집에서나 발견할 법할 이국적인 무기 같은 것이 보였다. 물이 너무 흐려서 얼마나 크고 얼마나 깊이 있는지 가늠이 되지 않았다. 대륙붕의 가장자리를 배회하는 해저 괴물 같은 저 것의 정체를 알려면 진녹색 심연으로 1킬로미터나 내려가야 하는 건 아닌가 싶었다. 뾰족한 가시를 곤두세우며 웅크린 모습이 마치 당장이라도 튀어나갈 태세였다. 직접 내려가 확인해도 될지 확신이 안 섰다.

나는 깊은 숨을 들이쉬고 수직으로 잠수했다. 오리발이 없어서 약 4.5미터 깊이까지가 내가 잠수할 수 있는 한계였다. 나는 녀석을 만졌다. 그러자 몸 뒤에 있던 집게발을 들어 올렸다. 나는 숨이 차 수면으로 올라왔다. 흐린 물에서 위치를 잃을까 봐 서둘러 다시 시도했다. 이번에는 녀석 아래로 손을 집어넣는 데 성공했다. 하지만 녀석의 발이 바닥에 거의 박혀 있어서 들어 올리기도 전에 숨이 차 다시 올라와야 했다. 나는 흥분한 채 힘든 것도 잊고 다시 첨벙 들어갔다. 녀석을 두 손으로 잡고 바닥을 발로 차면서 부력을 이용해 올라갔다. 그 무게가 놀라웠다. 수면으로 나와 너무 공기를 힘껏 들이마시는 바람에 스노클의 스톱밸브가 막혔다. 또다시 시도했지만 마찬가지여서 거의 질식사할 뻔했다. 스노클을 벗어 던지자 물이 왈칵 입으로 들어왔다. 거의 패닉 상태로 나는 머리를 젖혀 기침하며 바닷물을 토해냈다. 그 와중에도 잡은 것을 절대 놓지 않았다. 물에 뜨느라 발버둥을 치는 동안에도 필사적으로 가슴팍에 끌어안았다. 진화생물학자들이 '목숨/저녁밥 법칙'이라고 이름 붙인 현상을 발견했다. 포식자가 먹잇감을 사냥할 때 전자보다 후자가 더 노력한다는 것이다. 사냥하는 자는 실패해도 저녁밥을 굶을 뿐이지만, 사냥당하는 자는 실패하면 목숨을 잃기 때문이다. 내 경우에는 이 법칙이 거꾸로 적용된 셈이었다.

나는 거친 숨을 몰아쉬며 누워서 바위를 향해 물장구를 쳤다. 턱을 쳐들고 똑바로 서면 발이 간신히 닿을 만한 곳까지 갔다. 까치발로 암초까지 간 다음 해초 위로 미끄러져 헉헉거리며 바위에 털썩 주저앉았다. 여전히 녀석을 잠수복에 붙인 채로 말이다. 이윽고 바위에다 올려놓고 관찰했다. 고철상에서 폐차를 들어 올리는 기계 같은 외형을 하고 있었다. 오돌토돌한 돌기로 덮인, 강력해 보이는 집게발은 길이가 60센티미터는 돼 보였고 끝이 단단했다. 모든 다리의 끄트머리는 검고 뾰족했는데 이것을 바닥에 박고 있었기에 들어 올리기 어려웠던 것이다. 이 거대한 대게가 지금은 몸을 웅크리고 죽은 체하고 있었다. 유일한 움직임이라곤 껍질 아래에서 보글보글 나오는 거품뿐이었다.

아직 탈피를 안 했는지 껍질이 해초와 해면으로 덮여 있는 것이 마치 로마 병사의 갑옷처럼 울룩불룩했다. 고딕양식의 건물에 솟은 첨탑 같은 가시가 몸을 감쌌고, 가시마다 자유의 여신상의 왕관처럼 뾰족한 톱니와 짧은 털이 돋아 있었다. 눈 사이에 튀어나온 것은 중간에 뿔처럼 갈라졌다. 괴물 등껍질 반대쪽은 잘 짜 맞춘 판으로 덮여 있었다. 마치 살아 움직이는 바위 같았다. 기계적 관절과 광물 껍질 아래에 생명체가 있다고 믿기 어려웠다. 겨울의 끝자락에 심연으로 조용히 모여들어 기어 다니는 녀석들의 모습을 상상했다. 무표정한 껍질 아래로 어떤 영혼이 움직이는지, 신경절의 뭉치인 갑각류의 뇌로 그들은 무엇을 인지하는지 궁금했다. 녀석은 수컷이었다. 그렇다면 내가 데리고 가도 되는 것이었다.

나는 맑은 물을 찾아 해안을 따라 올라갔다. 란스글로디온 북쪽으로 3킬로미터쯤에 사구가 깨끗한 모래로 이어지는 곳이 있었다. 나는 해변으로 걸어 내려가 바다로 들어갔다. 햇빛이 물속을 바닥까지 환하게 비추었다. 여기라면 길을 잃을 리가 없었다. 바닥에 치는 물결은 북에서 남으로 흘렀고, 파도가 해안으로 들어오면서 작은 모래바람을 동쪽으로 일으켰다. 머리를 박고 세상에 몸을 맡겨도 될 곳이었다.

여기는 바닷게 세상이었다. 경단고둥, 좁쌀무늬고둥, 소라 등 고깔과 나선의 헬멧을 쓴 집게들이 해변에 가까운 물속에서 파도에 고꾸라지며 기어 다녔다. 좀 더 깊은 물로 가자 가면게들의 영토로 변했다. 밴텀종 달걀 크기의 가면게는 족집게 기구처럼 생긴 집게발이 몸길이의 2배였다. 한 마리가 깨부순 조개를 입에 밀어 넣고 있었다. 바닷가 꽃게들은 내가 다가가자 잽싸게 도망쳤다.

밀물이 시작된 지 한 시간 반가량 되었다. 나는 차갑고 푸른 물을 얼굴로 가르며 수평선을 향해 수영했다. 약 3미터 아래 모랫바닥에 자몽 껍질 비슷하게 생긴 생물이 기어갔다. 한

번에 잠수해서 집어 올렸다. 손이 가시에 찔릴 뻔했다. 암컷이었다. 그래서 바로 놔주었더니 바닥으로 가라앉으며 균형을 맞추려는 듯 약간 물장구를 쳤다. 계속 헤엄치며 더 깊은 곳에 다다랐을 때 훨씬 큰 녀석을 발견했다. 나는 목표물을 발견한 매처럼 그 위에 떠 있다가 공기를 크게 삼키고 물속으로 뛰어 들어갔다. 녀석을 끌어 올리는 데 양손이 필요했다. 란스글로디온에서 잡았던 괴물과 비슷한 크기의 또 다른 수컷이었다.

녀석을 해변 바위틈의 물속에 놓고 다시 수영하러 나갔다. 바다의 찬 물줄기와 푸른 심연을 뚫고 들어오는 햇빛, 반짝이는 모래알을 감상하면서 힘차게 전진했다. 더 이상 바닥이 보이지 않는 곳 너머의 에메랄드빛 바다로 나아갔다. 너무 오래 수영한 나머지 손이 차가워져서 손가락을 구부릴 수가 없었다. 그런데도 돌아가기가 싫었다. 마침내 뭍으로 나왔을 때 내 피부는 쭈글쭈글해지고 하얗게 질려 있었다.

그 2주 동안 날씨가 허락하는 날에 나는 세 번 더 게를 잡으러 나갔다. 가을 낙엽처럼 해변에 쌓이는 게의 숫자가 느는 것을 지켜보았다. 게들이 해변에 모이는 덕에 나는 수영할 필요도 없이 썰물에 나가 바위 밑에서 그냥 손으로 건지기만 하면 됐다. 간조 수면 바로 아래에서 부서지는 파도 사이로 노을빛을 받으며 해초 사이에 모인 게들의 모습은 마치 무장한 우주선 같았다. 게살은 달고 단단한 것이, 민물가재보다 담백하고 바닷가재보다 부드러웠다. 큰 게 한 마리면 세 명이 먹을 수 있었다. 5월 말이 되자 게들은 나타났을 때 그랬던 것처럼 불현듯 사라졌다. 늦여름엔 게들이 벗어던진 밝은 분홍색 껍데기가 해변에 씻겨 올라왔다. 어떤 때는 몇 킬로미터씩 길 게 쌓이기도 하는 그 껍데기는, 게들이 심연으로 돌아가기 전에 지구인에게 마지막으로 남긴 선물과도 같았다.

이 해안가에서 어릴 적부터 쭉 살아온 나이 지긋한 분들에 의하면 이곳에 대게가 대규모로 나타나기 시작한 건 불과 20~50년밖에 되지 않는다고 한다. 란스글로디온에서 낚시가게를 운영하는 한 남성은 '침공'이라고 표현했다. 어떤 이들은 바다가 따뜻해지면서 게들이 북상한 것이라고 추정했다. 게는 수온에 민감하기 때문에 그럴 가능성이 충분하다. 실제로 1962~63년 사이의 혹독한 겨울 동안 잉글랜드 남동 해안에서 대게가 싹 사라졌다. 또 어떤 이들은 게를 먹거나 게와 경쟁관계에 있는 물고기가 없어지면서 게 숫자가 폭증했다고 말한다. 뉴펀들랜드의 그랜드뱅크스에서 비슷한 일이 일어난 적이 있다. 과도한 어획으로 대구의 씨가 마르자 게와 바닷가재 수가 확 늘어났다.

어느 설명이 맞든 간에 이 동물의 이주는 한때 보편적으로 나타나던 자연의 풍요로움을 다시금 일깨워준다. 어떤 사람은 대게를 '바다의 영양羚羊'이라고 부르기도 했지만[1] 사실 이 종의 개체수가 특별히 두드러진 것은 아니었다. 바다든 육지든 모든 생태계는 한때 세렝게티를 방불케 했다. 거대한 무리의 동물들이 대이동을 위해 오가는 곳 말이다. 자연 상태란 믿을 수 없이 풍요로운 상태이다.

캘럼 로버츠Callum Roberts의 『바다의 비자연사The Unnatural

History of the Sea』는 매우 훌륭한 저서임에도 불구하고 불행히 세간의 집중을 받지 못했다. 이 책에서 그는 한때 영국의 해안을 찾아오던 청어 떼를 회고한다.[2] 어떤 경우는 물고기 떼가 무려 20~40제곱킬로미터의 면적으로 퍼져서 이 지역의 바다 전체로 들어오는 햇빛을 다 막을 정도였다고 한다. 그가 인용하는 올리버 골드스미스는 1776년의 전형적인 청어 떼를 다음과 같이 묘사한다. "각각 길이 8~10킬로미터, 폭 5~6킬로미터의 종대로 나뉘어 움직이는데 물고기 떼가 전진하면 물이 알아서 길을 터주듯이 양옆으로 갈린다. 물 자체가 살아 움직이는 듯하며, 너무나 시커멓게 멀리까지 퍼져서 끝이 없는 것처럼 보인다."[3]

골드스미스는 청어 떼를 쫓아 영국의 해안가에 나타나는 돌고래, 상어, 긴수염고래와 향유고래에 대해 얘기한다. 참다랑어와 날개다랑어, 청새리상어, 악상어, 진환도상어, 청상아리, 그리고 때로는 백상아리가 청어 떼를 따랐고, 이 외에도 헤아릴 수 없는 대구, 돔발상어, 토우프상어, 별상어 등도 가세했다. 청어가 바다 바닥에 낳은 알이 2미터 높이로 쌓이는 곳도 있었다.

물고기 떼를 쫓던 이런 괴물들은 지난 세기까지만 해도 영국의 해안을 누볐다. 정어리와 청어를 잡는 어부들이 '푸른 고등어' 또는 '왕고등어'라 불렀던 참다랑어가 영국의 해협 전역을 돌아다녔다. 전문 낚시인 마이크 트러셀의 기록에 의하면 1920년대 북해의 청어 떼에 섞여 나타나던 거대한 물고기에 대한 무용담이 낚시꾼들 사이에서 회자되곤 했다.

1930년에 요크셔의 스카보로 연안에서 이 물고기 다섯 마리가 처음으로 잡혔는데 무게가 180~315킬로그램 정도 나갔다.[4] 1932년에는 같은 곳에서 잡힌 참다랑어가 세계기록을 갈아 치웠다. 1933년에는 385킬로그램의 월척을 낚아 그 기록마저도 갈아 치웠다. 이들 초기 사냥 중 일부는 영상으로도 남아 있다. 작은 배에 트위드를 입은 남녀가 탄 채 기계장치도 없는 기본 낚싯대로 이 물고기의 왕을 잡으려는 모습이 담겨 있다. 낚시꾼들이 어획물을 모으던 증기 저인망어선에 엄청난 몸집의 참치 아홉 마리가 놓여 있는 장면도 볼 수 있다.[5]

어쩌면 바로 이런 행동이 물고기의 감소에 기여했는지도 모른다. 1950년대에는 취미 낚시가 중단되었기에, 제2차 세계대전 이후에 시작된 청어와 고등어에 대한 어업도 한몫했을 것이다. 그 이래로 여기저기에서 어획은 계속되었다. 아일랜드 해안에서 잡힌 544킬로그램짜리 괴물을 포함해서 말이다.

내수면으로 이주하는 어류의 사정도 별반 낫지 못했다. 벌목과 경작으로 유실된 토사에 파묻히고 둑으로 틀어막히고 오염되기 이전에 유럽의 강물은 아마 맑았을 것이다. 그 당시 유럽 내수면의 물고기 양은 유럽인들이 북아메리카에 처음 도착했을 때 보았을 물고기 떼와 비견되었을 것으로 보인다. 그곳에서 유럽인들은 무려 5미터가 넘는 철갑상어가 떼 지어 강을 왔다 갔다 하는 것을 보았다. 한 영국인 방문자는 다음과 같이 기록한다. "하루는 3킬로미터도 채 안 되는 구간에서 몇 명이 카누를 타고 600마리 넘게 잡았다. 그냥 갈고리를 물밑으로 내려 물고기에 닿는 느낌이 들면 들어 올리기만 하면

되었다."[6] 이게 어느 강의 얘기인가? 오늘날 워싱턴시를 흐르며 악취 나는 하수구로 전락한 포토맥강이다.[7]

과거에는 이 강의 바닥을 기는 철갑상어 위로 헤엄쳐 다니던 에일와이프와 전어(청어과의 이주성 어류)의 수가 워낙 많아 물보다 물고기가 많아 보였다고 캘럼 로버츠는 전한다. 유럽 정착민들은 1832년에 포토맥강에서만 이들 물고기를 8억 마리나 잡았다고 한다. 또 다른 강에는 연어가 어찌나 많이 몰렸던지, 어느 영국 군인이 말하기를 물고기를 맞추지 않고 물에다 총을 쏘는 게 불가능했다고 한다.

하구나 항만의 암초에 붙은 굴은 선박을 위협할 지경이었다. 정착민들은 바위틈 웅덩이에서 9킬로그램짜리 바닷가재를 건져내고서 어떻게 해야 할 줄 몰라 미끼나 돼지 먹이로 썼다.[8] 길이 2미터 가까이 되는 넙치는 잡아서 머리와 지느러미만 먹고 몸통 살은 넘쳐 나는 다른 물고기만 못하다며 버렸다.[9]

훼손되지 않은 생태계라면 유럽이라고 해서 어류와 조개류의 양이 북미와 달랐을 이유는 없다. 인간이 유럽에 도착한 게 오래전 일이고, 북미 원주민에 비해 당시 유럽 사람들이 더 침해적인 기술을 가졌고 더 강도 높은 수확을 했기 때문에 그들의 시대 이전의 상황은 잘 알려져 있지 않다. 강과 바다를 누비던 거대한 동물의 무리는 많은 경우 기록되기도 전에 사라지기 시작했을 것이다.

그러나 오래된 문헌에서 과거의 모습을 짐작해볼 수 있다. 영국에 있었다는 사실조차 잊힌 거대한 회유성어족이 한때 강을 가득 메웠다. 전어, 칠성장어, 철갑상어가 연어 및 바다송어와 부대꼈다. 아마도 과도한 남획으로 인하여 바닷고기로 식단이 바뀌기 이전인 11세기까지만 해도 민물고기는 영국의 주요 식량원이었다. 13세기쯤 되자 철갑상어가 너무나 귀해져서 왕만이 먹을 수 있었다. 하지만 대규모 어획이 시작되던 당시만 해도 해양 생태계는 일찍이 신대륙을 찾았던 여행자들이 보았던 그 풍부한 상태와 가까운 모습이었을 것이다. 스코틀랜드 북부의 옛 바이킹 거주지를 살펴보면 오늘날 연안에서 잡히는 물고기를 훨씬 웃도는 크기의 대구, 명태, 수염대구의 잔해가 많은 것이 특징이라고 로버츠는 보고한다.

어느 바다든 간에 그곳에 살았던 동물은 지금보다 더 많고 크기도 컸다. 1.5~2미터짜리 대구는 예사였다. 심지어는 지금의 백상아리조차 예전만 못하다. 로버츠의 설명에 의하면 "요즘 도감은 백상아리의 최대 크기가 6미터라고 설명하지만, 아주 구체적인 기록이 담긴 다수의 18~19세기 문헌을 보면 8~9미터에 이르는 상어도 그리 드물지 않았던 모양이다. 당시 상어의 크기를 고래에 비교하곤 했다." 해덕은 한때 4.5미터까지 컸다. 가자미는 펼쳐서 보는 도로지도 크기였고, 터버트넙치는 식탁만 했다. 생선코너에서 보는 녀석들은 거의 다 어린 개체로서, 자랄 수 있는 최대 크기의 10분의 1도 되기 전에 잡힌 것들이다.

대형 고래들의 유전자를 분석한 결과 고래잡이가 시작되기 전 고래의 수는 생물학자들이 생각했던 것보다 많았을 가능성이 높다는 결과를 얻었다. 원래의 개체군이 크면 클수록, 지금

남아 있는 개체군 내의 유전적 다양성이 높다. 『사이언스』에 실린 유전자료 분석결과를 보면 북대서양에서만 26만 5,000마리의 밍크고래, 36만 마리의 긴수염고래, 24만 마리의 혹등고래가 살았다.[10] 오늘날 밍크고래는 극심한 개체군 감소를 겪은 후 14만 9,000마리로 회복되었고, 5만 6,000마리의 긴수염고래와 1만 마리의 혹등고래가 있다. 과거 고래들은 북대서양 전역을 누볐다. 하지만 11세기에는 영국 해협과 북해 모두에서 사냥을 당했다.[11]

육지와 마찬가지로 바다 생태계는 과학자들이 상상하는 것보다 훨씬 복잡하다. 대양의 영양단계 캐스케이드는 이제야 발견되고 있으며, 육지 생태계보다 더하면 더했지 전혀 간단치 않다. 어부와 수산과학자들은 오랫동안 남극해에서 고래를 없애면 고래가 먹는 물고기와 크릴의 수가 증가하리라 여겨왔다. 지금도 고래를 잡는 일본 정부가 자국의 행동을 합리화하는 데 이 논리를 적용하고 있다.[12]

하지만 최근 연구에 의하면 고래 개체수의 감소는 오히려 반대의 효과를 가져올 수 있다. 고래의 수가 감소하면서[13] 크릴도 1980년대와 비교했을 때 5분의 1 수준으로 감소했다.[14] 크릴의 감소는 최근까지도 많은 이들을 어리둥절하게 만들었다. 그러나 이제는 바다의 표층수에 영양을 공급하는 데 고래가 얼마나 핵심적인 역할을 하는지 알려지고 있다. 물을 그대로 두면 먹이사슬의 맨 아래에 있는 식물성플랑크톤이 투광층(바닷속에서 햇빛이 투과해서 도달하는 층으로, 식물이 자랄 수 있는 깊이) 밑으로 가라앉는다. 플랑크톤과 함께 그들이 몸에 지닌 영양분도 가라앉아 다른 생물이 사용할 수 없게 된다. 그 결과 표층수에서 특히 철과 같은 필수 광물이 급격히 고갈되어 생물의 생장이 저해된다. 식물성플랑크톤이 활발하게 번식하는 여름에 바람과 파도가 잔잔해지면 가라앉는 속도는 더 빨라진다. 플랑크톤을 먹는 동물들의 분변도 마찬가지이다.

『네이처』에 실린 한 연구에서 계산한 바에 따르면, 오늘날에도 바다에서 동물의 움직임이 일으키는 효과는 바람, 파도와 조수에 비견된다.[15] 게다가 이는 보수적인 산출의 결과이다. 고래가 많았을 때에 이 효과는 더 강했을 것이다. 단순히 물속을 위아래로 왕복함으로써 고래는 표층수에 플랑크톤이 순환하도록 유지시킨 것이다. 하지만 그들이 일으키는 효과는 그 이상이다. 고래는 종종 심연에서 먹이활동을 하고 수면 가까이에서 배변활동을 함으로써 철분이 가득한 비료의 구름을 일으켜 투광층의 식물에 공급하고 크릴이나 물고기 등이 먹을 수 있게 만든다. 다른 한 논문은 개체수가 줄어들기 전에 고래가 남극해의 표층수에 필요한 철분의 12퍼센트를 순환시켰다고 추정한다.[16] 고래가 많으면 영양분의 순환도 활발해지고, 이로 인해 더 많아진 플랑크톤을 먹고 더 많은 물고기와 크릴이 살아간다.

메인만을 연구한 또 다른 논문에서는, 사냥당하기 이전 시대에 고래와 물개가 수면 가까이에서 배변하고 영양분을 순환시킴으로써 물에 공급하는 질소의 양은 바다가 대기로부터 직접 흡수하는 양보다 3배 더 많았을 것이라고 추정한다.[17] 만을 찾는 고래는 보통 먹이를 먹으러 100미터 이상을 잠수하고 거기에서 수확한 영양물질을 수면으로 가지고 올라온다. 바다의 식물성플랑크톤의 부피는 지난 세기 동안 조사 범위 전체에서 감소했다. 주된 원인은 인간 활동에 의한 기후변화가 일으킨 수온 상승이다.[18] 그러나 해양생물학자 스티브 니콜Steve Nicol에 의하면, 이러한 감소 추세는 고래와 물개가 가장 심하게 남획된 곳에서 가장 가파르게 나타난다.[19] 자기가 잡으려는 물고기를 먹는다며 고래와 같은 포식자를 없앨 것을 주장한 어부는, 오히려 자신의 어획량을 줄이는 결과를 자초했는지도 모른다.

플랑크톤의 생산이 줄어들면 심해의 탄소 운반도 줄어든다. 철을 재순환시켜 플랑크톤 번식을 유도한 어떤 연구는 남극해의 향유고래가 매년 대기에서 흡수하는 탄소량이 40만 톤에 육박한다고 밝혔다.[20] 식물들은 이산화탄소를 흡수하고 표층수에 잠시 머물다가 심해로 가라앉기 때문에 탄소를 아주 오랫동안 저장한다. 고래들은 호흡으로 20만 톤의 탄소를 배출하므로 결과적으로 총 20만 톤의 탄소를 포집한다고 할 수 있다.

향유고래가 여러 고래 종 가운데 하나이고, 남극해가 바다의 일부에 불과하며, 지금의 고래 수는 예전에 비해 극히 적다는 점을 감안하면, 고래가 한때 몇천만 톤 단위의 어마어마한 양의 탄소를 저장하는 역할을 했다는 사실을 깨닫게 된다. 이 정도면 대기의 조성에도 작지만 분명한 영향을 줄 만한 양이다. 또 다른 논문에 의하면 고래잡이 업계가 고래를 기름

등 기타 제품으로 변환시켜 태워버리거나 산화시키는 바람에 20세기 동안 1억 톤의 탄소를 바다에서 대기로 옮기는 효과를 낳았다고 한다.[21] 고래의 수를 회복시키는 것은 일종의 소프트한 지구공학적 접근으로 볼 수 있다.

고래의 개체수 급감 이후에 일어난 대형 상어의 몰살 또한 비슷한 효과를 냈다. 지느러미를 얻기 위해 잡거나, 다른 종을 잡으려던 그물에 혼획된 대형 상어는 엄청나게 빠른 속도로 사라졌다. 예를 들어 1972년부터 35년 동안 미국 동해안의 뱀상어가 97퍼센트, 홍살귀상어가 98퍼센트, 황소상어와 귀상어와 무태상어가 99퍼센트 감소했다.[22] 그 결과 대형 가오리와 홍어 그리고 소형 상어처럼 대형 상어를 제외하곤 포식자가 드문 종들이 폭발적으로 늘었다. 10배 이상 늘어난 종도 많다. 예를 들어 체서피크만 한 곳에만 카우노즈가오리 약 4천만 마리가 산다.

카우노즈가오리는 조개류를 먹는데, 체서피크만의 개체군은 연간 약 84만 톤을 소비한다. 이는 버지니아와 메릴랜드에서 잡히는 모든 조개류를 다 합친 양의 3,000배에 달한다.[23] 2004년에는 노스캐롤라이나의 가리비 양식업을 초토화시켰고, 이젠 굴과 백합조개와 우럭조개로 옮겨 가고 있다. 대형 상어가 없어지면서 생긴 경제적 손실은 그들을 잡아서 얻는 수익과 비교도 안 되게 크다.

미국 동북부 대구 어장의 몰락은 반대의 효과를 낳았다. 포식자가 없어지자 새우, 게, 바닷가재 등 경제적 가치가 있는 조개 및 갑각류가 폭증하여 몰락한 산업의 자리를 차지하고도 남게 되었다. 하지만 이들 역시 과도하게 남획되고 있다.[24] 하지만 그랜드뱅크스와 대서양 연안에 모이던 어마어마한 물고기 떼와 그들을 쫓는 참치, 상어, 돌고래, 고래가 어우러진 생명의 축제처럼 이 세상 가장 위대한 자연의 장관이 파괴된다는 것은 그것과 관련된 경제적 효과와 상관없이 정녕 비극이 아닐 수 없다.

예전에는 대구가 풍부했지만 어업이 중단된 이후에도 어장은 회복되지 않는 곳들이 있다. 아마도 그 이유는 대구가 자기에게 맞는 생존환경을 만드는 동물이기 때문일 것이다. 그랜드뱅크스의 대구는 고등어와 청어를 주로 먹는다. 대구가 대부분 사라지자 고등어와 청어가 폭증했고 그 결과 둘의 관계가 역전되었다. 이제는 고등어와 청어가 대구알이나 치어가 성숙하기 전에 먹어치우면서 대구의 주된 포식자가 된 것이다.[25] 비슷한 현상이 발트해에서도 일어났는데, 여기서는 청어와 작은 청어(스프랫)가 대구알을 먹었다.[26]

거북도 자신에 맞도록 환경을 바꾸는 동물이다. 한 연구에 의하면 콜럼버스가 카리브 해안에 도착했을 당시 그곳 바다에만 3,300만 마리의 바다거북이 있었다.[27] 오스트레일리아 동쪽 해안을 비롯하여 열대 및 아열대 바다 전체가 바다거북 천지였다. 지금은 전 세계에 고작 2백만 마리가 있다. 바다거북은 얕은 물의 바닥에 넓게 자라는 '거북 풀'이라는 해초를 주식으로 먹었다. 이곳은 바다의 사바나였다. 바다소의 일종인 듀공과 매너티, 초식어류 그리고 상상을 초월하는 규모의 (지금의 바다거북보다 장수하고 몸의 평균 크기도 더 컸던)

바다거북 등 초식동물의 거대한 무리가 풀을 뜯기 위해 모였다. 모여든 초식동물은 또한 바다의 사자, 하이에나, 치타가 살아갈 수 있게 해주었다. 대형 포식 어류와 포유류, 그리고 어떤 곳엔 거대 바다악어도 있었다.

19세기 직전에 거북들이 몰살당하자 남아 있는 거북으로는 광대한 거북 풀밭을 감당하기에 역부족이었다. 그러자 풀잎이 길어지면서 해저면이 그늘에 가려졌고 풀에 파묻힌 침전물이 해류로부터 보호되었다. 먹히지 않은 해초는 노화하고 썩으면서 그 찌꺼기가 바닷물의 흐름이 적은 바닥에 쌓이기 시작했다. 이는 기생충의 먹이원이 되었고, 기생충은 풀을 죽이기 시작했다(이것이 생물학자들이 '거북 풀 썩음병'이라 부르는 것이다). 바다거북이 분포했던 전역에서 거북 풀이 죽는 현상이 관찰된다.[28] 베링 육교 고원의 매머드와 비슷한 사연이다. 풀을 뜯어 먹던 매머드가 죽임을 당하자 풀이 길게 자라면서 유기물 찌꺼기가 쌓였고, 이것이 흙을 단열시키면서 땅이 이끼 덮인 툰드라로 변했던 것이다.

아마도 영양단계 캐스케이드와 관련된 가장 유명한 사례는 동태평양 해안의 해달일 것이다. 한때 수가 많았던 해달은 원주민과 모피 상인들에 의해 거의 절멸되었다. 그 결과 해안 생태계가 거의 붕괴되다시피 했다. 해달이 먹는 여러 종의 생물 중엔 성게가 포함된다. 성게는 켈프를 먹는데, 길고 두껍게 자라는 해초인 켈프는 조건만 허락하면 육지의 숲처럼 높고 빽빽하게 자란다. 켈프 숲에는 매우 다양한 물고기와 기타 생물이 서식한다. 해달이 급감하자, 성게가 켈프 숲을 싹쓸이

함으로써 나머지 생태계까지 붕괴시켰다.[29] 해달이 살아남아 다시 늘어나고 있는 몇 안 되는 곳에선 켈프 숲도 다시 회복되고 있다. 옐로스톤 국립공원에 늑대가 재도입되면서 나무가 다시 자라기 시작한 것처럼 말이다. 그러나 해달의 마지막 보루인 알류샨열도마저도 또 다른 생태적 교란으로 인해 해달의 생존을 위협하고 있다. 인간이 물개와 물범을 사냥한 탓에 먹이를 잃은 범고래들이 해달을 먹기 시작한 것이다.[30]

어업은 대부분의 사람들이 아는 것 이상으로 모든 바다의 생명과 삶을 바꾸어놓았다. 육지에서와 마찬가지로 바다에서도 개체수가 많은 종을 제거하면 그에 따른 결과가 수반되며, 그 영향은 생태계 전반에 파급된다. 가령 굴을 살펴보자. 앞에서 미국에 처음 도착한 유럽 탐험가들이 동부 해안가에 너무나 풍부했던 굴을 보고 놀랐던 사실을 언급했다. 그 당시엔 다른 많은 바다에서도 그와 비슷한 수준으로 굴이 풍부했던 것으로 보인다. 저인망어업이 처음 시작되고 500년 후인 1883년에 만들어진 북해 지도에는 웨일스 크기의 굴 암초지대가 표기되어 있다.[31] 저인망어업과 준설의 시대 이전에 북해 대부분의 해저가 굴에 덮여 있었을 수 있다. 그리고 굴이 정착할 수 없는 다른 퇴적층은 다른 종의 조개가 점령했을 것이다.

그로 인해 지금의 잿빛 바다가 한때는 맑았으리라 짐작할 수 있다. 다른 쌍각 조개처럼 굴은 바닷물을 정화한다. 또한 해저의 침전물을 안정화한다. 그러면 흙탕물이 덜 생기고, 밖에서 유입된 흙은 빠르게 정화되었을 것이다. 해저면이 저인망어선과 굴 준설선으로 박살이 나면서, 켜켜이 쌓였던 생명의 지층과 함께 바다의 필터가 동시에 망가졌고 그로 인해 아래에 묻혀 있는 진흙이 풀렸다. 지금은 헤지펀드의 소득세 신고처럼 탁한 물이 흐르는 진흙탕의 험버강 어귀조차 옛날엔 굴 암초로 덮여 있었다. 그곳 갯벌에는 "수백 년 동안의 조수 간만에 반들반들해진" 굴 껍데기가 아직도 있다고 캘럼 로버츠는 말한다. 단단한 껍질의 층이 누적되면서 다른 굴이 그 위에 또 부착한다. 굴은 이와 같은 방식으로 대구나 바다거북처럼 자신에게 맞는 환경을 만든다. 또한 다른 많은 종이 부착할 수 있는 기질을 제공함으로써 더 많은 야생동물을 위한 서식지를 창조한다.

미국 대서양 연안의 체서피크만에는 한때 굴이 워낙 많아서 그 "해역의 물을 사흘에 한 번 완전히 정화했다"고 한 신문은 보도했다.[32] 초기 정착민들이 땅을 망가뜨리기 시작하면서 많은 흙과 영양분이 바다로 흘러 들어갔다. 바로 이러한 부영양화는 주기적으로 일어나는 식물성플랑크톤 대발생의 원인으로 지목된다. 엄청난 숫자로 불어난 플랑크톤이 죽어서 썩거나 야간 호흡을 하면서 용존산소를 전부 빨아들여 다른 동물을 죽게 만든다. 플랑크톤 중에는 물을 오염시키는 적조를 발생시키는 종도 있다. 그런데 신기한 점은 1750년 이래로 엄청난 양의 영양물질이 체서피크만에 버려졌음에도 불구하고, 인간이 굴을 다 잡아버린 1930년대에 들어서야 이러한 재앙이 일어나기 시작했다는 것이다.[33] 굴이 플랑크톤을 먹고 물을 정화함으로써 적조현상 등으로 생태계가 망가지는 것을 막은 것이다. 1930년대 이후로 피해는 저절로 계속되었다. 굴의 수가 너무 줄어들어 물을 맑게 유지할 수 없게 되자, 굴도 산소 부족과 늘어난 침전물을 견디지 못했다. 이로 인해 질병에 취약하게 되었고 수는 더더욱 줄어들었다. 이와 같은 현상을 기술한 보고서는 지금의 체서피크만, 발트해, 아드리아해, 멕시코만 일부를 '박테리아 우점 생태계'로 분류한다.[34]

흑해도 우점종을 제거하면서 모든 게 확 바뀌어버린 곳이다. 상업적 어업으로 돌고래, 가다랑어, 고등어, 블루피시Pomatomus saltatrix와 같은 포식자가 줄어들자 플랑크톤을 먹는 어류가 급증했다. 그 결과 동물성플랑크톤이 급감했고, 이어서 식물성 및 식물 유사성 플랑크톤이 증가하여 물을 오염시키고 산소를 고갈시켰다.[35] 이어서 포식 물고기의 먹이였던 멸치가 남획되고, 1980년대에 선박의 평형수에 담긴 빗해파리가 대서양에서 건너와 망가진 생태계를 독차지하면서 파괴는 완성 단계에 이르렀다.

가장 두드러진 것은 어류에서 해파리로의 변화이다. 이 책의 두 번째 장에서 묘사한 나의 낚시 여행은 내가 사는 연안에서 뭔가를 약간이라도 건진 마지막 경험이었다. 그 후로 3년간 열 번도 넘게 카약을 타고 나갔지만 두 마리 이상을 잡아본 적이 없다. 내가 웨일스에 처음 왔을 때 보았던 풍요로움과 비교하면 충격적이다. 그때는 한 번 나가서 잡은 물고기로 온 가족이 한 계절 동안 먹고도 남았다. 어떤 날은 몇 시간 만에 고등어 150마리에 위버, 성대, 민대구, 북대서양대구,

작은대구, 갈고등어 등을 다 잡은 적도 있다(좀 더 보기 드물고 작은 물고기는 풀어줬다). 참으로 짜릿한 순간들이었다. 하늘에서 휘도는 슴새 무리, 카약 옆으로 첨벙 뛰어드는 얼간이새, 물 위로 뛰어오르며 물을 뿜는 돌고래. 낚시는 동물성 단백질을 쉽게 얻는 가장 지속 가능한 방법이었다. 적어도 그때는 그랬다. 정확한 이유는 모르겠지만 내가 웨일스에서 보낸 첫 2년을 포함해 그 풍요로운 시대는 짧게 끝나버렸다. 이 문제를 가지고 수산 공무원과 과학자와 얘기를 나눠봤지만 놀랍게도 아무도 설명을 하지 못했을뿐더러 관련 데이터도 없었다. 내 예상대로 개체군이 급감했다고 할 때, 아무도 그 것을 연구하고 있지 않은 것이다.

변한 것은 또 있다. 최근 2년 사이 카디건만은 해파리로 가득해졌다. 내게 익숙한 투명한 달 모양의 작은 해파리 말고 지난 3년간 거의 본 적이 없는 종류의 해파리가 넘쳐 난다. 대부분 배럴해파리로, 제법 단단한 막을 가진 축구공만 한 크기의 해파리이다. 창백하고 섬뜩한 모습으로 깊은 물속을 떠다니는 이들이 때로는 너무 많아 물 반 해파리 반으로 보일 정도다(이것은 정량화하지 않은 나의 개인적인 인상이지 과학적인 조사를 토대로 한 얘기가 아니라는 점을 강조하고 싶다. 불행히도 카디건만에 관한 연구자료가 없다).

카디건만의 변화가 측량되지는 않았지만 내가 웨일스에 오기 한참 전부터 아이리시해 전체의 생태계가 해파리로 점령당하고 있는 것은 사실로 보인다. 이를 연구한 논문은 1970년대 아일랜드 해안의 청어 어장에서 벌어진 남획에 수온 상승이 겹쳐 이러한 결과가 초래되었다고 밝힌다.[36] 당시 어부들은 쌍끌이 저인망어업으로 어린 청어까지 쓸어 담아 어분으로 만들었다.[37] 어분은 돼지나 닭 사료에 갈아 넣거나, 농작물 또는 잔디를 위한 비료로 쓰였다. 이 엄청난 낭비는 그것을 제대로 표현할 방법이 없을 정도이다.

이러한 상황은 '연쇄적인 시스템의 전환'을 일으켜 해파리에게 유리한 조건이 생성되게끔 했다. 해파리는 플랑크톤을 사이에 둔 먹이 경쟁자가 사라진 덕에 폭증할 수 있었다. 청어 어장이 회복되면서 상황은 역전될 수도 있지만, 고등어가 없어진다면 해파리는 또다시 경쟁 종이 없는 복을 누릴지도 모른다.

같은 이유로 비슷한 전환이 나미비아 연안, 일본, 흑해, 카스피해, 베링해 등지에서 일어났다.[38] 모두 해파리와 경쟁하며 어린 해파리를 먹기도 하는 청어, 정어리, 멸치 등 플랑크톤을 먹는 작은 물고기가 남획으로 크게 줄어든 곳이자 해파리가 떼로 몰려든 곳이다. 또한 해파리는 폭증한 플랑크톤으로 산소가 고갈된 물에서 물고기보다 훨씬 잘 살아남는다. 바다 곳곳에서 산소가 고갈되어 생겨나는 데드 존dead zone에서 살 수 있는 몇 안 되는 생물 중 하나이다. 그리고 어망의 파괴력에도 대항하는 희한한 능력의 소유자들이다. 몸이 어망에 찢겨도 다시 몸을 재생하기 때문이다.

한 논문은 '끝없는 해파리의 폭주'를 경고한다.[39] 해파리 수가 특정 밀도에 다다르면, 청어가 줄어든 대구 개체군에 작용했던 것과 유사한 효과를 줄어든 청어 개체군에 발휘한다.

알과 치어를 먹어치워서 회복 불가능하게 만드는 것이다. 그렇게 하고 나면 해파리가 살기는 더더욱 좋아진다. 그래서 수를 더욱 늘려 다른 물고기까지 다 없애고, 젤리 형태의 단일종으로만 구성된 바다를 만들 수 있다.

육지와 바다를 막론하고 이러한 생태계 연구로부터 반복적으로 얻는 교훈은 핵심종을 없애면 재앙이 일어날 수 있다는 것이다. 과도하게 사냥하거나 남획하지 않는 한, 자연생태계는 토착종이 폭증하는 것을 막고 외래종의 침입을 조절하는 능력이 있다. 또한 기후변화, 오염, 질병, 태풍 등 다른 교란에 대한 대항력도 강하다. 먹이그물이 망가지기 전의 지구는 우리가 상상하는 것 이상으로 동식물에 의해 자체 조절되었다. 생태계의 원리와 관련해 점점 축적되고 있는 이러한 증거들은 지구 전체가 하나의 자체 조절 시스템으로 작동한다는 제임스 러블록James Lovelock의 '가이아 가설'을 지지한다.

산지에 대한 인식에서와 마찬가지로 이런 이슈에 대한 우리의 이해는 기준점 이동 증후군에 갇혀 있다. 우리가 접하는 모든 생태계에 다 적용되지만, 특히 바다에서 그 효과는 더욱 강력하다. 수산과학자들이 연구를 막 시작할 때를 기준으로 어장이 예전 상태로 회복되어야 한다고 권고하지만, 그들은 당시 어장이 이미 매우 고갈된 상태였다는 것을 모르는 경우가 많다. 옛날의 풍요로운 바다를 그린 탐험가, 연구가, 뱃사람들의 이야기는 어부들의 무용담쯤으로 치부한다. 내가 소속된 다소 특이한 낚시꾼 집단을 대표해서 말한다면, 전혀 대표성이 없고 아주 예외적인 경우에 한해서 우리도 과장을 하기도 한다. 하지만 대규모 어업이 시작되기 전에 바다가 얼마나 장대하게 풍요로운 곳이었는지를 증명하는 좀 더 신뢰할 만한 자료 또한 존재한다.

『네이처』에 실린 한 논문은 1889년까지 거슬러 올라가는 정부 어업 자료를 활용하여 북해 어장이 얼마나 고갈되었는지를 추산했다.[40] 이 연구의 결과는 당시에 얼마나 많은 생물이 살고 있었는지에 대한 우리의 생각을 완전히 바꿔놓았다. 어류 개체군이 크게 감소하지 않은 것처럼 보이는 단순 어획량 대신, 전체 어획량을 물고기를 잡는 데 쓰인 어업 동력으로 나눈 단위 어획량을 측정했다. 즉, 어업에 나선 선박들의 크기와 어획 능력(더 큰 엔진, 더 좋은 어망, 전자 어류추적 장치 등)을 고려한 것이다.

영국 정부가 처음으로 자료를 수집할 당시, 돛으로 가는 저인망어선이 증기선으로 대체되고 있었다. 북해의 저인망어업은 이미 500년 동안 해온 것이기에 1889년쯤이면 생태계가 상당히 고갈된 상태였다고 추측된다. 그럼에도 불구하고 어장의 감소는 그 이후에 더욱 가파르게 일어났다. 지금까지는 1889년부터 118년 동안 어장이 약 30~40퍼센트 감소했다는 것이 수산업계의 정설로 받아들여졌다. 그러나 과학자들이 어획의 강도를 감안해 다시 계산해보니, 감소율은 평균 94퍼센트였다. 다른 말로 하면 1889년에 존재했던 물고기 총량의 17분의 1만이 21세기의 문턱까지 살아남았던 것이다. 그들은 항만에 하역되는 어획량의 감소가 일어나기 한참 전부터 어장이 붕괴한 사실을 발견했다. 어획량이 유지된 것은 더욱 강력해진 선박과 효과적인 장비로 더 넓은 바다를 샅샅이 뒤졌기에 가능했을 뿐이다.

북해에서 해덕은 과거 대비 1퍼센트대로, 핼리벗넙치는 0.2퍼센트로 감소했다. 하지만 논문이 도출한 가장 인상적인 결과는 이것이다. 원시적인 수제 장비의 돛단배로, 어부의 운과 솜씨에 의지했던 1889년 당시의 어선이 첨단장비와 어류탐지 기술을 갖춘 지금의 어선보다 무게로 2배 이상의 물고기를 건져 올렸다는 사실이다.

영국의 바다는 물론 세계 곳곳에서 다른 방법을 적용한 연구에서도 결과는 마찬가지이다. 통상적으로 어류 개체군은 90퍼센트 이상 감소했다.[41] 하지만 기준점 이동 증후군이 어찌나 강력한지 전문 생태학자조차도 여전히 이에 시달리는 경우가 있다. 예를 들어 영국의 국가생태계평가는 일반적으로 자연의 상태를 알려주는 신뢰성 있는 정보원으로 알려져 있다. 그런데 "영국의 지느러미 물고기 어장의 절반가량이 번식력의 최대치 상태에 있으며 지속 가능하게 어획되고 있다"라고 보고한다.[42] 어장의 상태에 대해 이와 같은 주장을 하기 위해 기준 삼고 있는 연도는 1970년이다. 그때쯤이면 이미 '번식력의 최대치'에서 멀어져도 한참 멀어진 상태였다.

잡히는 물고기의 크기에 대해서도 같은 얘기가 적용된다. 낚싯대라곤 한번 들어보지도 않은 의심 많은 사람들이 흔히 불신하는 그런 종류의 얘기 말이다. 최초의 원해어업을 조사한 위대한 수산과학자 랜섬 마이어스Ransom Myers가 발견한 것처럼, 20년 만에 잡힌 참치의 평균 무게가 반토막이 났고, 청새치는 4분의 3 수준으로 떨어졌다.[43] 지금은 없으나 용이 살던 시대가 있었다.

산업화 훨씬 이전부터 남획은 팽배했다. 과도한 남획을 고발하는 첫 생태적 민원으로 알려진 것은 1376년에 에드워드 3세 앞으로 보낸 탄원서였다.

크고 긴 철로 된 원드레숀이 너무나 바닥을 깊게 파서 고기잡이를 할 때마다 해저의 꽃과 더불어 굴, 홍합 그리고 큰 물고기가 먹는 다른 물고기까지 파괴하고 있습니다. 이 기구를 사용한 어부들은 작은 물고기가 너무나 많이 잡히는 바람에 어찌할 바를 몰라 그것을 돼지 살찌우는 데에 쓰고 있습니다. 이는 공공영역을 크게 훼손하고 어장을 파괴하는 일입니다.[44]

원드레숀wondryeshone은 참으로 황당한 물건이다. 이 탄원서는 돛단배가 이끄는 저인망어선에 관한 것이었다. '해저의 꽃'은 그곳에 사는 생물에 대한 무척 훌륭한 표현이다. 한때 우리 해저에 수북이 깔려 있던 연산호, 흑가시산호, 가시선인장, 새날개갯지렁이, 키조개 및 온갖 다양하고 섬세한 생물(테니슨의 시 「크라켄」에 묘사된 것과 같은 "수천 년 자란 거대한 해면동물 (…) 헤아릴 수 없고 거대한 폴립")이 지금은 거의 모든 곳에서 귀해지거나 아예 사라졌다. 그리고 어린 물고기를 잡아 돼지에게 먹인다? 앞서 언급한 아일랜드 청어잡이 저인망어선의 경우와 마찬가지로, 별로 변한 것이 없다.

초기 어업도 엄청난 파괴를 일으키곤 했다. 가령 서발트해 스코네 지역의 청어는 어망 기술의 발전으로 중세시대에 멸종되었다.[45] 심각한 생태계 파괴는 그 이전에도 일어났다. 예를 들어 (잉글랜드 남해안에 있는) 와이트섬 해저의 볼드너 클리프에서 나온 중석기시대의 발굴지에서는 8,100년 전의 조선소로 보이는 흔적이 발견되었다. 여기서 사용되던 목공 기술은 그로부터 2,000년 이후의 신석기시대에 처음 영국에 도입되었다고 여겨지던 종류이다. 출토품 중에는 통나무배를 만들기 위해 참나무를 갈라 자른 나무판과, 둑이나 부두로 사용했을 법한 축대도 포함되었다.[46] 인간은 아주 오래전부터, 우리가 상상했던 것보다 훨씬 강력한 어업 기술을 소유했다고 볼 수 있는 대목이다. 사람들은 새로운 어장을 발견하면 언제나 큰 동물부터 잡는다. 당시에 어떤 괴물들을 물에서 힘차게 잡아 올렸는지 그 누가 알겠는가? 남은 것은 잔존하는 난쟁이 동물들뿐인데, 동물들의 크기와 규모가 왜소해질수록 우리의 기대치도 감소한다. 무의식적으로 현재 보이는 한계치에 점점 도달할 때까지 말이다.

이미 많이 알려진 수산업계의 파괴적인 측면을 여기서 또 장황하게 늘어놓고 싶지는 않다. 하지만 정책이 근본적으로 변해야 한다는 필요성을 강조하기 위해, 어쩌면 사람들이 잘 모를 법한 몇 가지만 잠시 다루고자 한다.

유럽연합은 국민의 세금으로 서아프리카의 어장을 샅샅이 훑는 유럽 저인망어선에 매년 19억 유로를 지급한다.[47] 이들 어선은 과거에 종 다양성이 매우 높았던 이곳의 대륙붕을 초토화시켜 생태계는 물론 훨씬 작은 어선을 가진 지역 어민들의 삶도 파괴했다. 생선은 서아프리카 지역사회에서 주요 단백질원인데 외국 어선단에 의해 여러 어장이 몰락했다. 이곳에서 저인망어선 한 척이 한 번 조업으로 목표 종이 아닌 물고기를 잡았다가 버리는 양을 추산해본 자료에 따르면 지역 주민 34,000명이 연간 소비하는 양에 해당한다고 한다.[48] 저인망어선 회사들이 이 어장을 고갈시키는 과정에서 내야 하는 면허세의 90퍼센트가 유럽연합이 제공하는 보조금에서 충당된다. 이것이 세금을 잘 쓰는 방법이라고 생각할 납세자가 누가 있을까 궁금하다.

스코틀랜드에서 벌어진 6,300만 파운드 규모의 불법어업 사건 조사 결과 정부기관인 '시피시Seafish'(수산업계의 모든 분야를 지원하는 기관)가 43만 4,000파운드의 수익을 챙긴 것으로 드러났다.[49] 시피시는 영국에 하역되는 물고기에 세금을 징수하는 기관이다. 이 기관은 스코틀랜드에 불법어업에 의한 어획물이 들어오는 것을 알고 있으면서도 변호사들과 의논 후 여전히 세금을 걷기로 했다고 밝혔다. 시피시의 크리스 미들턴이 내게 말하기를 돈을 정부에 "돌려줄 이유도 없고, 그러라는 지시도 없었다"고 했다. 환경단체들은 시피시가 어장의 남획을 감시하려는 노력을 방해하고 수산업계의 파괴적 관행에 대한 개혁을 가로막는다고 비판한다. 시피시는 이를 모두 부인한다. 다른 공공기관은 정부에 의해 폐쇄되거나 축소되고 있지만, 시피시는 여전히 검열도 받지 않고 구조개혁에 나서지도 않고 있다.

유럽의 어장은 자국으로 수입하는 물고기의 자연 상태에 무관심한 일본 정부에 필요한 물량을 공급한다. 일본의 시장은 오히려 귀한 종으로 활력을 얻는 듯하다. 다큐멘터리로도 제작된 찰스 클로버Charles Clover의 책『텅 빈 바다The End of the Line』를 보면 세계 참다랑어 시장의 40퍼센트를 소유한 일본의 전자회사 미쓰비시가, 다랑어가 상업적으로 멸종하고 나면 지금 가격의 몇 배로 올려 팔 수 있도록 냉동 다랑어를 대량으로 비축하고 있다는 정황 증거가 제시된다. 미쓰비시는 이를 부인한다.

카타르 도하에서 열린 국제회의에서 이제는 호랑이나 코뿔소만큼이나 멸종위기에 처한 참다랑어의 국제 거래를 규제하자는 안건에 대해 일본 정부는 고래 협상 때 그랬던 것처럼 약소국의 표를 사서 이를 부결시켰다. 그리고 이 멋진 동물을 보호하려는 노력을 우롱하기라도 하듯이, 투표가 있기 몇 시간 전에 일본 대사관이 주최한 연회에서 참다랑어 초밥을 손님들에게 대접했다.[50] 같은 회의장에서 일본은 산호초와 샥스핀 요리의 재료인 지느러미 때문에 사냥당하는 일부 상어 종의 국제 거래를 규제하려는 안건까지 모두 막는 데 성공했다.

코뿔소의 뿔과 마찬가지로 참다랑어에 대한 수요는 그것이 귀해진다고 해서 전혀 줄어들지 않는다. 오히려 더 비싸진다. 2012년 일본에서는 참다랑어 한 마리가 47만 파운드에 팔리기도 했다.[51] 이 생선을 경매로 산 식당 주인은 "일본에 활기를 불어넣기" 위해 낙찰가를 높게 써냈다고 했다. 그러고는 구매가격보다 싼값으로 살코기를 팔아서 고객들의 찬사를 얻었다고 한다.

우리는 이런 종을 멸종에 치닫게 만드는 무책임한 행위에 분노한다. 하지만 영국의 진보적이고 잘 교육받은 나의 친구나 친지라고 해서 저들과 크게 다르지 않다. 그들이 구독하는 신문지상에서 지속 가능하지 않은 어업의 영향을 보면서도 황새치, 핼리벗, 왕새우처럼 심각한 멸종위기에 처해 있거나, 얻어내는 과정에서 생태계를 심각하게 파괴할 수밖에 없는 종을 계속해서 구매하기 때문이다.

끝없는 수요를 충당하기 위해 수많은 저인망어선이 전 세계의 대륙붕을 박박 긁어내고 있다. 바다 밑바닥에 사는 바다의 나무들이 사라지는 속도는 육지의 숲이 벌목되는 속도의 150배이다.[52] 다른 말로 하면 지구 대륙붕 전체의 절반이 매년 저인망어업을 당한다. 이런 빈도로 어망과 철봉과 갈퀴와 사슬이 바닥을 긁어버리면 생물이 정착하기란 불가능해진다. 육상에서 농업과 특정 종류의 보전활동이 땅에 미치는 영향과 마찬가지로, 어업도 바다의 복잡한 삼차원적 서식처를 아무 특징도 없는 평원으로 전락시키고 만다.

최근까지만 해도 암석으로 된 해저면은 어망을 손상시킨다는 이유로 저인망으로부터 안전했다. 다른 곳에서 쫓겨나는 생물이 찾아오는 피난처였다. 하지만 1980년대 말에 개발되어 이제는 광범위하게 쓰이는 록호퍼 장비는 그 어떤 구석도 그냥 넘어가지 않는다. 해안가를 탐험하기 좋아하는 우리는 함부로 돌을 들추지 말라는 경고를 듣곤 한다. 아래 또는 위에 사는 생물에게 해를 입히고 서식지를 훼손할까 봐 하는 경고이다. 하지만 록호퍼 저인망어선은 최대 25톤의 바위를 뒤집어엎으며 넓은 바다를 활보한다.[53] 돌 틈에 사는 어류와 갑각류를 그대로 찍어버리거나 쫓아내며 자행하는 서식지 파괴는 불도저가 밀림을 밀어버리는 것만큼 효과적이다.[54]

유럽 경제의 작은 일부분에 불과한 수산업계가 대체 어떻게 장관과 국회의원에게 이러한 영향력을 발휘하는지 의아할 때가 있다. 그들의 정치적 숙적을 물밑에 가라앉히는 역할을 하나? 그들이 사용하는 마약을 배달하나? 물론 이 정도로 극적인 이유는 아닐 거라 생각되지만(어쩌면 이탈리아만 빼고), 이 업계의 정치적 힘은 그저 놀라울 따름이다. 아마도 많은 사람들이 이러한 파괴에 반대하긴 하지만, 파괴를 지속하려는 업계만큼 이것을 저지하려는 관심이 크지 않기 때문일 것이다.

사냥꾼과 농부가 수천 년에 걸쳐 육상의 생물에게 입힌 피해를, 산업적 어업이 단 30년 만에 바다의 생물에게 입혔다. 하지만 이 광란의 고기잡이가 통제된다면 해양생태계를 복원하는 것은 육상생태계의 경우보다 더 쉽다. 그 이유는 다음과 같다. 첫째는 대형 동물을 포함하여 대륙붕에 사는 생물 중 아직 완전히 멸종된 것은 없기 때문이다(반면 심해 해산에 사는 동물은 사정이 다를 것이다. 대부분 한 곳에서만 발견되고 거의 기록된 적이 없으며 성장이 느린 이들 동물이 이제는 저인망어선에 의해 큰 피해를 입고 있다). 물론 그 심각한 처지가 잘 알려진 스텔러바다소나 카리브해몽크물범과 같은 예외도 있다. 하지만 상어, 참다랑어, 거북처럼 원래 개체군의 1퍼센트 이하로 줄어든 동물들도 여전히 살아남아 있다. 영원히 없어지는 것을 막을 시간이 아주 없지는 않다.

둘째는 바다의 특정 서식지에서 사라진 동물은 대부분 다시 재도입할 수 있다는 점이다. 성체 동물의 이동성이 아주 좋거나(많은 어류나 포유류가 수백 또는 수천 킬로미터를 이동한다), 어린 개체나 알을 플랑크톤처럼 풀어주면 해류를 타고 민들레 씨앗처럼 멀리 이동하기에 가능한 것이다.

바다의 생태계를 보호하고 복원하는 아주 확실한 방법이 하나 있다. 그것은 해양보호구역을 조성하는 일이다. 이 구역 안에서는 어업이나 기타 산업을 모두 중단하고 이동성 및 정착성 생물이 모두 회복될 수 있도록 보호하면 된다. 다른 말로 하면, 활생이다.

2002년에 열린 두 번의 세계정상회의에서 각국 정부들은 2012년까지 바다의 최소 10퍼센트를 보호하기로 약속했다.[55] 이듬해인 2003년에 열린 세계국립공원회의에서는 같은 시일 내 바다의 모든 서식지의 20~30퍼센트를 보호할 것을 공표했다.[56] 하지만 35만 제곱킬로미터의 면적을 차지하는 오스트레일리아의 대보초 국립공원 같은 소수의 대형 보전구역을 제외하고는, 이 글을 쓸 당시에 전 세계에서 조금이라도 보호받는 바다는 2퍼센트 이하였다.[57] 그중에서도 어업이 완전히 중단된 곳은 극히 일부에 불과했다.[58]

영국 정부의 공식 자문기관인 왕립환경오염위원회는 2004년에 영국 해역의 30퍼센트를 어업과 채취로부터 안전한 보호수역으로 지정할 것을 제안했다. 같은 목적을 달성하기 위해 2009년에 환경연맹이 결성되어 영국 해역의 30퍼센트를 엄격히 보호하라는 탄원서에 국민 50만 명의 서명을 받아 제출했다.[59] 그러나 내가 이 책을 집필할 당시, 영국보다 경제적으로 뒤처진 여러 나라조차 영해의 상당 구역에서 어업을 중단하기 시작했음에도 불구하고, 영국은 영해의 겨우 0.01퍼센트만을 보호하는 기염을 토하고 있다. 고작 손수건세 장만 한 영국의 해양보호구역은 다음과 같다. 브리스틀 해협의 런디섬, 애런섬의 램래시만, 그리고 요크셔의 플램버러가 전부이다. 명목상으로 보호되는 곳은 훨씬 더 많지만, 육상의 국립공원이 농업으로부터 안전하지 않듯이 이들 보호구역도 산업적 어업으로부터 안전하지 못하다.

어업이 중단되면 그 효과는 괄목할 만하다. 지정된 지 몇 년밖에 안 된 곳을 포함하여 세계의 해양보호구역 124곳을 조사한 연구에 따르면, 보호구역으로 지정된 시점부터 평균적으로 동식물의 총 질량이 4배 증가했다.[60] 그곳에 사는 동물의 크기도 커졌고 다양성도 높아졌다. 대부분의 경우 이 변화는 2~5년 사이에 이미 육안으로 확인할 수 있을 정도였다.[61] 성장이 느린 종이 천천히 회복되면서 정착성 생물이 다시 자라나고 산호초와 조개가 정착하면서 해저면의 구조적 다양성이 복원된다. 이곳 생태계의 크기와 풍부함은 계속해서 증가할 전망이다.

뉴잉글랜드 해안의 조지스뱅크에서 상업적 어업이 금지되고 5년 후 가리비 수는 14배나 뛰었다. 런디섬이 보호구역으로 지정된 지 18개월 만에 바닷가재 성체의 수가 3배 증가했다.[62] 4년 후에는 보호구역 바깥보다 5배 더 많아졌고,[63] 5년 후에는 6배 더 많아졌다.[64] 필리핀의 아포섬은 보호구역으로 지정되고 나서 18년이 지나자 포식 어류의 총 질량이 17배나 늘었다.[65] 몸집이 더 커진 물고기는 더 많은 알을 낳고, 번식하는 개체가 성숙하면서 알의 질도 향상되고, 결국 더 많은 새끼가 살아남는다. 테니슨의 시에 등장하는 크라켄처럼, 억눌려 있던 바다의 생명은 언제든지 다시 모습을 드러낼 태세가 되어 있다.

없어진 개체군 모두가 회복 가능한 것은 아니다. 가장 악질적인 어업 방식이라 할 수 있는 심해 해산 저인망어업이 파괴하는 생물 중엔 다시 회복되려면 수천 년이 걸리는 것들도 있다. 많은 수가 고유종으로서 한곳에서만 산다. 거기서 멸종되면 어느 곳에서도 볼 수 없다. 또한 어떤 물고기들은 특정 산란장과 유기적으로 연관되어 있다는 사실이 최근에 발견되었다. 가령 태어난 강으로 돌아오는 연어처럼, 모든 대구 무리는 자신만의 이동 경로가 있고, 해저의 보이지 않는 강을 따라 특정 암초나 해안을 찾아가 번식한다. 이는 대구 어장이 어업이 중단되고 나서도 회복하지 못하는 경우에 대한 또한 가지 이유가 될 수 있다. 한 무리가 파괴된다고 해서 다른 무리가 그 빈자리를 채운다는 보장은 없다. 템스강에서 연어가 없어졌다고 트위드강에서 태어난 연어가 그 자리를 대신하지 않는 것처럼 말이다. 몸집이 크고 나이가 많은 물고기가 보통 이동을 주도하는데, 남획으로 제일 먼저 사라진 물고기

가 바로 이들이다.[66]

보호구역만 지정하면 다 된다고 생각해서도 안 된다. 어업을 허용하는 경우에도 사용 가능한 장비에 대한 제약이 있어야 하며, 어선의 크기와 조업 시간 그리고 의도치 않게 잡힌 어류를 버리는 일도 통제되어야 한다. 보호구역이 효과를 발휘하려면 어업의 압력이 완화된 바다로 둘러싸이는 것이 좋다. 예를 들어 보호구역 인근에서는 낚시만 허용하는 식으로 말이다. 그러나 바다의 곳곳을 활생시키는 가장 핵심적인 조치를 취하지 않고서는 그 어떤 보호도 거의 무의미하다 할 수 있다.

육상에서는 활생을 하려는 자와 그 땅에서 먹고살려는 자 간의 갈등이 생기지만, 바다에서는 활생이 어민들과 그 정도로 대치 국면을 만들지 않는다. 오히려 매우 강력한 파급 효과가 생물학자들에 의해 발견되었다. 해양보호구역 안에서는 산란하는 물고기와 그들이 낳는 새끼도 보호 아래 성장하여 이동하기 때문에 그 주위의 어장이 더 풍부해지는 것이다.

어민들은 보통 해양보호구역이 만들어지기 전에는 반대했다가, 일단 만들어진 후에는 어획량이 증가하면서(어떤 경우는 상상을 초월하는 규모로 증가한다) 지지하는 쪽으로 돌아서곤 한다. 예를 들어 앞서 언급한 아포섬 보호구역 주위 바다의 어획량은 이전의 10배로 증가해 그 상태가 지금까지 유지되고 있다.[67] 일본, 뉴질랜드, 뉴펀들랜드, 케냐 등지에서도 비슷한 결과가 나타났다.[68]

해양보호는 비용 대비 효과가 월등히 높다. 왕립위원회의 계산에 따르면 북해의 30퍼센트를 보호하면 그로 인해 어획량이 2~3퍼센트만 늘어나도 보호구역을 관리하는 비용을 다 충당할 수 있다.[69] 실제로는 200~300퍼센트의 이득이 발생할 공산이 크다.

뉴이코노믹스파운데이션이 발간한 보고서에 의하면 어장을 제대로 보호하지 않음으로써 유럽연합이 얻는 손해는 연간 30억 유로와 82,000개 일자리의 상실이다.[70] 해양의 활생은 바다 생명을 보호하는 가장 좋은 방법인 것은 물론, 이 생명을 수확해서 사는 사람들의 생계를 가장 잘 보호하는 방법이기도 하다. 전 세계 어획량은 1988년에 정점(무게 기준)을 찍었다. 수치를 부풀리려는 중국 관료들의 시도에도 불구하고 그때 이후로 어획량은 매년 1백만 톤씩 줄어들고 있다.[71] 이 현상을 되돌리는 가장 확실한 방법은 거대한 해양보호구역의 네트워크를 구축하는 일이다.

하지만 언제나 그렇듯 단기적 관점이 전체의 사회적·환경적 이득은 물론 중장기적 안목까지 압도하는 현상이 관찰된다. 예를 들어 웨일스 펨브로크셔 해안 스코머섬 주위의 단 1,100헥타르에서 게와 바닷가재 어업을 금지하는 정책이 제안되었지만, 이런 보호구역이 어획량을 크게 향상시킨다는 증거에도 불구하고 이를 결정하는 위원회 소속의 어민들이 반대표를 던져 무산되었다.[72] 보호구역이 생기고 첫 한두 해 동안에 어획량이 잠시 떨어진다는 사실이, 그 이후 영원히 더 높은 어획량을 가져다준다는 약속보다 중요하다고 본 것이다.

바다의 생명을 보호하기로 약속한 영국 정부가 계속해서

말을 바꾸고 망설이는 것에도 수산업계의 반대가 한몫할 것이다. 2004년에 왕립위원회는 "19세기 중엽 이래로 영국의 바다는 매우 자세하게 조사되었다"고 설명했다. 존재하는 자료만으로도 "영국 해역의 대표성을 띤 종합적인 해양보호구역 네트워크를 적합하게 만들기에 충분하다"고 위원회는 말한다. 그러나 그로부터 8년이 지난 이 글의 집필 당시까지도 웨스트민스터 정부는 "여전히 과학적 근거가 부족한 부분들이 많다"는 이유로 어물거리고 있다.[73]

정부는 원래 영국의 바다 127곳을 보호하기로 계획했다. 지금은 그 목록을 점점 줄이는 중이다. 한발 더 나아가, 이제는 바다 서식지 중 가장 '취약한 요소'만 보호하겠다는 입장이다. 이미 대부분의 취약한 서식지가 저인망어선에 의해 박살이 난 상태이다. 이 논의에 깊이 가담하고 있는 환경운동가가 말하기를, 정부는 "압정같이 좁은 곳을 지정해서 보호하고 그 나머지에 저인망어업을 전부 허용한다. 어떤 사람이 이를 두고 비유하기를, 참나무 한 그루를 중심으로 경작지를 조성하는 것과 같다고 했다. 참나무 하나만 보호하고 나머지는 다 갈아엎는 것이다."[74]

이 초라한 보호조차 목록에 오른 몇 개의 장소에만 적용될 예정이다. 어떤 지역을 해양보호구역으로 지정한다고 해서 "그곳에서 자동적으로 어업이 제한된다는 것을 의미하지는 않는다"고 정부는 말한다.[75] 대다수는 이름뿐인 보호구역이 될 것이다. 뭔가가 바뀌지 않는 이상, 어업이 벌어지지 않는 영국의 해양보호구역은 전체의 0.5퍼센트쯤에 머무를 전망이다. 이는 해양 생물을 효과적으로 보호하기 위해 왕립위원회가 권고한 수준의 60분의 1 수준이다.

웨일스의 사정은 더 나쁘다. 웨일스 정부는 "3개 또는 4개 지역 이상을 고려하지 않을 것"이며[76] 이는 바다의 0.15퍼센트에 해당된다.[77] 현재까지 이 비참한 목표치를 향한 별다른 진척도 보이지 않는다. 이미 존재하는 '보호구역'은 한마디로 전혀 보호구역이 아니다. 예를 들어, 우리 동네 해안에는 카디건만 특별보호구역이라는 곳이 있다. 특별보호구역이라 하면 유럽법 아래 가능한 최고의 보호를 받는 곳이어야 한다. 정부의 공식 보전기구는 이런 지역을 "엄격히 보호되는" 곳이라고 표현한다.[78] 그러나 카디건만 특별보호구역의 경우, 유럽 최대의 큰돌고래 개체군[79] 외의 생물에 대해서는 모든 형태의 상업적 어업이 무제한적으로(비보호구역에 적용되는 보호 법령을 제외하고) 벌어진다. 관리계획상 이행사항으로 명시한 것이라곤 그곳에서 벌어지는 어업의 '검토'와 '평가', 좀 더 나은 어업 방식에 대한 '권고'(안 좋은 어업 방식에 대한 계도는 없이), 그리고 혹시라도 돌고래를 우연히 잡거나 죽이면 기록을 당부한다는 것뿐이다.[80] 이것이 바로 '엄격한 보호'의 실상이다.

그 결과 빔트롤과 오터트롤을 이용한 저인망어업, 그리고 딱 한 가지만을 제외한 모든 형태의 산업적 어업이 횡행한다. 이런 수준의 '엄격한 보호' 아래에서는 해저면과 생태계가 과거에 일어난 파괴에서 회복될 가능성은 없다. 그리고 돌고래들이 그토록 필요로 하는 어장이 회복될 가능성 또한 없다.

특별보호구역에서 금지되는 어업 방식이 딱 한 가지 있다. 그것은 바로 가리비 준설이다. 다이너마이트를 사용해서 물고기를 잡는 것을 제외하고, 서식지와 그곳에 사는 생물 모두를 이보다 더 효과적으로 파괴하는 어업은 없다. 가리비 준설은 긴 금속 이빨이 달린 기구를 이용해 해저면에 붙어 있는 조개를 힘으로 긁어 내고, 쇠사슬 갑옷처럼 생긴 철망 안에다 모으는 방법이다. 금속 이빨은 앞에 무엇이 있든 간에 찢어발기며 전진하기 때문에 미처 피하지 못한 물고기, 게, 바닷가재까지 전부 죽인다. 이빨을 용케 피한 동물은 철망에 짓이겨진다. 스쿠버다이버들이 준설이 일어난 곳의 전과 후를 비교하는 비통한 사진을 올리곤 한다. 준설기가 지나간 곳은 마치 갈아엎은 들판처럼 부서진 조개껍질만 덩그러니 남은 채 황폐하다.

마치 '엄격한 보호'란 무엇인지 본때를 보여주려는 듯이 웨일스 정부는 보호구역 한가운데에 가리비 준설선의 조업을 허용하기로 했다. 정부의 공식 자문기구인 웨일스 농촌의회는 "준설이 진행된다면 카디건만 특별보호구역에 상당한 여파를 끼칠 것"이며 "특히 돌고래 개체군에 부정적인 영향을 미칠 것"이라고 경고했다.[81] 이 경고는 묵살당했고, 결국 보호구역의 핵심에 설정한 넓은 사각형 안에서 준설이 허용되었다. 물론 관리감독이 거의 전무한 상황에서 이 사각형을 살짝 벗어나 보호구역의 다른 곳을 파헤치기란 식은 죽 먹기이다.

이 결정의 책임자는 당시 지방정책 담당관인 엘린 존스로,

일전에 나와 농업정책과 관련해서도 매우 답답하게 소통했던 적이 있는 인사이다. 나는 고지대 관리에 대해 질문하고 나서 가리비 준설로 화제를 옮겼다. 돌아온 대답은 "준설이 보호구역에 해를 끼친다고 전혀 생각하지 않는다"는 것이었다. 웨일스 농촌의회가 이에 반대하는 의견을 냈다는 것은 알고 있지만, '환경·수산·양식 과학 센터The Centre for Environment, Fisheries and Aquaculture Science, CEFAS'라고 하는 다른 단체의 권고를 듣기로 했다는 것이었다. 이 기관은 "수산업계와의 협력[82] 및 과학적 평가와 관련된 어민의 필요를 충족하는 것"[83]을 임무로 명시하고 있다. 농촌의회의 경고는 무시하면서 이 기관의 권고는 채택한 이유가 무엇인지 나는 존스에게 물었다.

"그야 농촌의회보다 CEFAS의 권고가 더 설득력이 있었기 때문이죠."

"어떤 부분이 설득력이 있었나요?"

"지금 상황에서 정확하게 기억이 나진 않습니다."

나는 그 결정에 대해 계속 추궁했다. 존스는 "바다 보호의 필요성과 이곳의 해안 어업을 보호하고 발전시키는 것" 사이의 균형을 추구하려 했다고 말했다. 나는 대부분의 준설선이 스코틀랜드와 맨섬에 와서 몇 주 동안 가리비를 잡고 가는데 어떻게 웨일스 해안 어업에 도움이 되는 것인지 되물었다.

"애버리스트위스와 마킨레스에 사는 사람들이 카디건만에서 나온 관자를 먹을 수 있죠. 이 지역 사람들이 먹는 가리비가 최대한 가까이에서 잡힌 것이면 좋습니다."

하지만 여기서 잡히는 가리비의 대부분이 스페인과 프랑

스를 비롯한 유럽 국가들로 수출된다는 점을 나는 지적했다.

"네, 그것이 현재의 약점이고 바로 우리가 개선하려는 점입니다. 유럽 어업기금을 통해 기금을 조달해서 애버리스트위스와 카디건만의 항만 인프라를 향상시켜서 이곳에서 잡히는 수산물이 전부 이 지역에서 소비되도록 하려고 합니다."

내가 만난 이 지역 어민에 따르면 카디건만에서 매년 6백만 파운드에 달하는 가리비가 잡힌다고 한다. 그러나 만 주변의 마을은 작고 매우 빈곤하다. 준설 산업이 존재하는 이유는 고수익의 해외시장이 있기 때문이다. 웨일스 지역 주민들이 갑자기 아침, 점심, 저녁으로 프랑스 가리비 요리 코키유 생자크를 먹는 기이한 일이 발생하더라도 해외시장을 이겨낼 방법은 거의 없다 할 수 있다. 관료들이 내뱉는 수많은 허언 중 이보다 더 황당한 말은 없을 것이다.

어느 10월, 나는 친구와 함께 난고배스 협곡을 찾았다. 라임나무가 자란다는 것을 발견한 지 2년 만이었다. 이곳이 예전 원시 우림의 일부였음을 보여주는 실개천 북쪽의 숲길로 가는 대신 우리는 협곡의 가파른 남쪽 경사면으로 내려갔다. 수년 동안 아무도 걷지 않은 곳을 걸으며 세상의 발이 잘 닿지 않는 이곳에 어떤 나무들이 자라고 있는지 보기 위해서였다.

이 숲의 조각이 남아 있을 수 있었던 것은 지형 덕분이리라. 땅의 경사가 심해서 벌목하기도 마땅치 않고, 양을 키우기에도 위험하다. 나무들이 자라고 있는 바위를 얇게 감싼 양토 위로 우리는 미끄러져 내려갔다. 저 아래로 강이 좁은 물길을 지나 폭포로 떨어지면서 굉음을 냈다. 발을 헛디뎌 미끄러졌다면 협곡 아래로 떨어져 명을 달리했을 것이다. 노출된 뿌리, 묘목의 줄기, 튀어나온 미끈한 바위를 손가락으로 꽉 붙들어가며 천천히 계곡 아래로 내려갔다.

강에 다다라서 우리는 급물살과 폭포가 일으키는 물보라의 안개 속을 헤치며 이끼로 덮인 바위 사이로 길을 찾았다. 경사면에 툭 튀어나온 두 개의 바위 사이로 쏟아지는 하얀 급류에 도착했다. 바위 하나를 딛고 서서 나는 아래를 조심스레 내려다보며 말했다.

"갑자기 연어가 이 급류에서 뛰어오르면 엄청날 것 같지 않아?"

"그러면 소원이 없겠네."

"이 강에는 안 올 것 같아. 그리고 아마 지금은 철이 아닐… 헛, 세상에!"

마치 부름에 화답하기라도 하듯이 구릿빛으로 번쩍이는 뭔가가 물에서 호를 그리며 솟구쳐 올랐다가 급류의 윗부분에 도달하지 못하고 다시 아래로 떨어졌다.

"방금 봤어?"

"아니, 뭘 봐?"

"나 연어 봤어."

"장난치지 마."

"봐봐."

1분 후에 또 한 마리가 공중으로 솟구쳤다. 우리는 바위에 앉아 점심을 꺼내 먹으며 한 시간가량을 구경했다. 크고 작은 연어가 물에서 뛰어올라, 공중에서도 좀 더 전진을 하려는 양 꿈틀거리다가, 하얀 혼돈 속으로 다시 빠져 사라지는 광경을 보았다.

그들이 위로, 위로 올라가길 응원하며, 그들의 비행에 상기되어, 물고기가 나타날 때마다 숨을 멈추며 나는 도취되었다. 그 순간 나와 생태계를 가로막는 보이지 않는 문을 통과해, 더 이상 방문자가 아니라 거주민이 된 듯한 기분에 휩싸였다. 마치 2,000년 만에 이 옛 숲(아마 실제로 곰이 생존했던 마지막 공간 중 하나였을 것이다)으로 돌아와 급류 위로 입을 크게 벌리고 털은 물에 젖은 채, 물과 물고기와 밝고 선 바위 외엔 아무것도 없는 세상 속 한 마리의 곰처럼 말이다.

그때 나는 깨달았다. 나의 활생이 이미 시작되었다는 것을. 나를 고취시키는 땅과 물을 찾아가서 자연에 활기를 되찾으려는 시도가 내 삶의 활기를 회복시켜주고 있었다. 내 원대한 자연 복원의 꿈이 실현되기 전에, 내가 그토록 돌아오길 갈망했던 길들여지지 않는 영혼이 이미 돌아와 있었던 것이다. 과거에 대한 지식을 갖추고 더 풍요롭고 거친 미래를 상상하면서 나는 내 생태학적 권태를 몰아냈다. 세상은 이제 의미와 가능성으로 넘치는 곳이 되었다. 나무는 코끼리의 흔적을 품었고, 협곡에서 생존한 나무는 늑대의 귀환을 예고했다. 아무것도 예전 같지 않았다. 어느 순간 무無에서 돌아온 연어처럼, 고갈된 육지와 바다는 이제 가능성으로 풍부했다. 몇 년 만에 처음으로 내가 이 세상의 일원임이 느껴졌다. 이제부턴 아무리 황폐한 곳으로 삶이 나를 인도할지라도, 이 가능성과 가능성을 통한 소속감이 나에게 있으리라는 것을 깨달았다. 희망이 없다고 생각한 곳에서 희망을 찾은 것이다.

차츰 회복되기 시작하고 있는 물고기는 연어만이 아니다. 심해저의 동물은 어장을 폐쇄하기 전까지는 회복될 수 없지만, 광활한 먼바다를 누비는 자유로운 영혼인 원양 동물들은 조건만 맞으면 해양의 생명이 얼마나 멋지게 부활하는 능력을 가졌는지를 보여준다. 아이리시해와 다른 바다에서 어분 조업이 중단되고, 또 청어 개체군의 일부가 점진적으로 회복되면서 한때 그곳에 흔했던 동물들이 다시 돌아오고 있다.

2009년에 범고래 한 마리가 카디건만에 사는 돌고래 무리에 합류했다. 한번은 란스글로디온 해변에서 1킬로미터도 안 되는 바다에 나타났다. 언제나 같은 커다란 수컷이 동반하는 작은 고래 무리는 벌써 8년째 5월이 되면 어김없이 펨브로크셔 해안을 찾는다. 지난 수십 년간 관찰되지 않았던 많은 수의 밍크고래와 긴수염고래가 같은 바다로 돌아온다. 지구상에 존재하는 두 번째로 큰 동물인 긴수염고래는 2011년에 역사상 처음으로 여름은 물론 겨울에도 펨브로크셔 바다에서 뛰노는 것이 확인되었고,,[84] 같은 해에 켈트해 심해에서 21마리가 관찰되었다.[85] 2005년에는 혹등고래가 웨일스의 해안가에 나타났다. 2010년에 아이리시해에 2마리가 더 도착했고, 한 마리는 아일랜드 해안에서 5킬로미터 떨어진 곳에서 물 밖으로 뛰어오르는 장관을 선사했다.[86] 그들과 함께 바다에서 카약을 타는 그날을 나는 상상한다.

요크셔 해안의 고등어 떼를 괴롭히는 거대한 물고기 소식, 어느 놀란 낚시꾼의 낚싯대에서 줄을 다 풀어 가져가버린 월척의 소식이 또다시 북해로부터 들려오고 있다. 참다랑어는 심각한 멸종위기에 처한 종이지만, 이 줄어든 개체군 중 몇 마리가 먹이를 쫓아 원래 오던 바다를 다시 찾아오고 있는 것이다.[87] 몇 년 전에는 비교적 더 흔한 날개다랑어가 아일랜드 해안의 청어 떼를 못살게 굴었다. 내가 사는 곳에서 1킬로미터밖에 떨어지지 않은 해안가에서는 물 밖으로 높이 뛰어오르는 날개다랑어 떼가 3년 연속 관찰된다고 어부들은 이야기한다. 바로 이 사실을 알고 나서 최소 한 달 동안이나 내 생애 가장 멍청하고 위험한 모험을 떠나게 되었던 것이다.

*몇 번이고 나는 심해에서 보석을 훔쳐*
*내 사랑하는 해변에 갖다 주었다.*
*늘 침묵으로 받아들지만 나는 계속 준다*
*나를 언제나 환영하므로.*

칼릴 지브란, 「파도의 노래」

아무리 아니라고 나 자신을 설득하려고 해도, 마음속으로는 내가 날개다랑어를 찾거나 잡을 가능성이 없다는 것을 잘 알고 있었다. 나중에 알고 보니 녀석을 잡기 위해 물속으로 미끼를 끄는 최소한의 속력을 내려면 카약으로는 어차피 역부족이었다. 애초에 내 생각이 얼마나 허황되었는지 알았더라면 아마 시작도 하지 않았으리라. 내가 잡아먹으려는 의도가 없는 이상 어느 동물도 죽이거나 고통을 줄 의향이 없었다. 그리고 운 좋게 한 마리를 낚았다 하더라도 그걸 가지고 뭘 할

지도 전혀 몰랐다. 하지만 그 상상만으로도 반짝이는 10월의 어느 날, 나를 책상머리에서 끌어내기에 충분했다.

여름에 쉼 없이 내린 비로 불어난 강은 바다를 향해 세차게 흘렀다. 바위에 처음 부딪히는 곳에서 물은 분수처럼 튀어 올랐다. 강물은 하류에서 물거품을 일으키며 갈라져 도랑을 만들고 급류가 되어 강변을 휘돌아 나갔다. 굽이치는 물은 물보라를 하늘로 뿌리다가 그다음에 만나는 바위에서 다시 한 번 하얗게 부서졌다. 길이 4미터짜리 카약으로 다니기에 꽤나 흥미로운 곳이었다.

나는 강어귀에서 철썩하는 소리와 함께 파도와 만났다. 강한 서풍이 해변으로 파도가 길게 치도록 물을 밀고 있었다. 나는 마음먹고 파도 속을 헤치려 안간힘을 썼지만 거의 지는 싸움이었다. 파도가 물러날 때 조금 전진하다가 다시 밀려오는 파도에 후진하는 걸 반복하는 게, 아무래도 전혀 앞으로 나아가지 못하는 것 같았다. 하지만 마침내 파도의 후면으로 뚫고 나와 보니 눈앞에 내가 여태껏 본 중에서 가장 감동적인 바다가 펼쳐졌다.

바다는 너무나 아름답게 어질러져 있었다. 남서풍이 만든 바다 너울이 서풍과 만나 엎치락뒤치락했다. 파도마다 모양이 다 달랐다. 서로 다른 파도의 마루와 골이 만나 상쇄되기도 했는데, 나는 그 사이로 뗏목처럼 납작하고 잔잔하게 고립된 물에 갇히기도 했다. 그러다가도 파도는 또 모두 하나로 합쳐졌다. 갑자기 내 밑의 바다가 꺼지면서 쑥 빨려 들어가는가 싶더니 다음 순간 두세 개의 파도가 힘을 합쳐 카약을 시퍼런 낭떠러지 끝에 받쳐 들고 있다가 아래로 철썩 내동댕이치며 굉장한 물보라를 터뜨렸다. 어디선가 말굽 소리와 함께 백마가 나타나 내 어깨 위로 떨어졌다.

일기예보에 의하면 저녁때엔 바람이 잠잠해진다고 했지만 아직은 생기 넘치고 짜릿했다. 파도에 넘실거리는 햇빛을 가리는 것이라곤 수평선의 옅은 새털구름과 몇 뭉치의 뭉게구름뿐이었다. 파도에 다시 밀려가지 않을 만큼 충분한 거리로 노 저어 나온 다음 나는 낚싯대를 준비하기 시작했다. 하지만 전진을 멈추자 배는 파도가 지나갈 때마다 휘청거리며 나를 바다에 빠뜨릴 것처럼 기우뚱했다. 까딱 잘못했다간 손에 들고 있는 걸 모두 잃게 될까 봐 나는 겨우 균형을 잡고 아주 조심스럽게 장비를 꺼냈다. 내가 가진 것 중 가장 튼튼한 낚싯대, 새 릴, 낚싯줄 수백 미터, 모두 오늘의 탐사를 위해 새로 장만한 것들이다. 노를 발로 밟아 고정시키고, 큰 낚싯바늘이 가려지도록 고리에 고무로 된 가짜 오징어를 달았다. 애들이 장난칠 때 쓰는 물건처럼 조잡했다. 고무 밑창에 밧줄이 묶인 내 낚시 가방에는 여분의 바늘, 물통, 샌드위치 그리고 방수 카메라가 들어 있었다. 기대 반, 두려움 반으로 바라는 일이 행여나 일어난다고 해도 사진을 남기지 않으면 아무도 믿지 않을 것이기 때문이다. 낚싯대의 아래쪽 끝을 앉은 자리 뒤의 구석에 꽂고, 바다에 빠지지 않은 것에 감사하며 출발했다.

내 계획은 이랬다. 우선 육지에서 북서 방향으로 출발해 해안에서 3킬로미터 정도 나아간 다음 거기서 남쪽으로 방향을 바꾸어서 긴 호를 그리며 미끼를 끌다가, 그다음에 해안선과 평행으로 몇 킬로미터 더 전진하고서 다시 강어귀로 돌아오는 것이었다. 이쪽 바다에 빠삭한 나이 든 뱃사람 몇 명이 입을 모아 말하기를, 지금은 물고기들이 이동하는 중이라 먹이를 찾지 않을 것이라고 했다. 이 상황에서 날개다랑어를 잡을 확률은 극히 작다는 것을 나는 알고 있었다. 그리고 그런 기적이 일어난다 해도 누가 누구를 잡았는지 아마 판가름하기 어려울 것이다. 하지만 그 말도 안 되는 망상 자체와 어린 시절부터 기억 속에 메아리치는 무용담에 자극받고 터무니없는 영광에 대한 동경에 도취되어 나는 거의 내 의지에 반해서 이 거친 바다로 스스로를 끌고 나온 것이었다.

해가 나지 않았더라면, 하늘과 파도가 수정이 아니라 석판을 잘라 만든 것이었다면, 바다가 지금처럼 온화한 곳이 아니라 금지된, 무시무시한 곳처럼 느껴졌을 것이다. 하지만 우리는 단순한 동물이다. 눈에 뭐가 씌기만 하면 그냥 다 잊고 만다.

탐험의 목적이 그토록 유혹적이지 않았더라면, 여행이 조금이라도 덜 짜릿했다면 더 이상 먼 바다로 나가는 것이 과연 괜찮은 짓인가 자문했을 것이다. 한마디로 어리석은 생각으로 출발한 여행이 이제 걷잡을 수 없는 광란으로 치닫고 있었다는 것을 그때는 미처 몰랐음을 우회적으로 고백하는 바이다. 다시 힘을 받은 바람은 남서로 방향이 바뀌어 불었다. 얼마간 더 가서 뒤돌아봤을 때에는 이미 해안에서 3킬로미터는 멀어진 상태였다.

해안선을 따라 노를 저으면서 예정보다 일찍 낚시를 시작하기로 했다. 무거운 낚시 릴을 돌려 우스꽝스러운 가짜 오징어가 푸른 물속으로 사라질 때까지 줄을 풀었다. 몸을 앞으로 숙이고 노로 물살을 가르고 파도와 싸우며 뱃전을 에워싼 바닷물을 온몸으로 즐겼다. 그런데 내 위치를 확인하려고 돌아본 순간 길을 잃었다는 것을 알아챘다. 그때서야 내가 얼마나 큰 곤경에 처했는지를 깨달았다. 나는 재빨리 바늘을 거두어 가방에 넣고 배 아래에 안전하게 고정시킨 뒤 낚싯대도 배 안으로 집어넣었다. 서두른다고 했지만 이미 해안에서 북쪽으로 상당히 멀어진 상태였다. 다시 강해진 바람은 이제 내 전진 방향과 정반대인 남쪽에서 불어왔다. 하구에 가까운 조약돌 해변은 암석지대로 변했고, 바람이 나를 밀고 가려는 북쪽에는 낭떠러지가 기다리고 있었다. 물결이 일면서 남서풍이 물을 강하게 때렸다. 파도는 고속도로를 달리는 자동차 같은 굉음을 냈다.

나는 고개를 숙이고 바람을 파고들었다. 카약은 물결이 높게 이는 바다를 통과할 수 있는 훌륭한 배이다. 바람만 세지 않다면 말이다. 바람 앞에서는 별로 맥을 못 춘다. 풍속이 18노트 이상이 되면 거의 나아가질 않는다. 그 정도 되면 사람의 몸과 노가 일으키는 저항이 나아가는 힘과 비슷해진다. 나는 가까스로 집에 돌아가는 방향으로 400미터 정도를 나아갔지만 바람은 다시 거세졌다. 이번엔 사방에서 불어닥쳐 나를 이쪽저쪽 파도로 내던졌다. 다시 백마들이 나타나 히힝거리며 몸을 일으더니, 내가 등에 타오르자 몸을 굽혀 뒷발을 치고 달아났다. 30분가량 말을 타다가 해변의 지형지물을 살펴보니 겨우 50미터 전진해 있었다. 그러다가 배가 멈추었다. 갑자기 누군가 배 후미에 줄을 묶어 당기는 느낌이 들었다. 아무리 열심히 노를 저어도 꿈쩍하지 않았다. 오히려 천천히 반대로 후진하는 것 같았다.

나한테 주어진 선택권을 검토했다. 노 젓기를 포기하면 언덕 쪽으로 끌려갈 것이다. 해변에서 1킬로미터 떨어진 여기서부터 배를 버리고 헤엄쳐서 가면, 배는 확실히 잃고 나는 가다가 지쳐 아마 해변에 도착하더라도 파도에 떠밀려 위험한 바위에 내던져질 것이었다. 물론 카약을 살리려면 위험하게 파도 위로 가는 것보다 밑으로 살짝 들어가는 방법도 있긴 했다. 하지만 어떤 형태로든 바위로 떠밀리는 건 내키지 않았다.

전방 200미터쯤에 아직 밀물에 다 잠기지 않은 모래톱이 하나 보였다. 그곳만 빼고는 커다랗고 무시무시한 바위투성이였다. 바람을 뚫고 거기까지 가기에 내가 있는 위치가 괜찮아 보이기는 했지만 잘못하다간 너무 정면으로 목표물에 부딪힐 수 있는 각도였다. 육지에 다다를 때는 파도가 바로 뒤에 있는 것이 좋다. 그래야 그때 배를 조정하는 것이 가능하기 때문이다. 하지만 나에게 더 이상의 선택권은 없었다.

각도를 잘못 맞추거나 너무 멀리 가면 모래톱을 놓치고 바위까지 가버릴 수 있었다. 그런데 정확한 위치를 잡기엔 파도가 너무 제멋대로였다. 나는 파도 위로 미끄러지고 휘청거리고 요동치면서 해변을 향해 전속력으로 전진했다. 몇 분 만에 모래톱의 한끝에 접근했는데, 너무 속도가 붙은 나머지 지나칠 공산이 컸다. 나는 온몸의 근육세포가 긴장되는 것을 느끼며 배가 모래톱의 기슭에 닿도록 사력을 다해 노를 저었다.

그러고는 모래톱의 가장자리 위로 올라가기 위해 배를 돌렸다. 그때 뒤에서 충격적인 소리가 들렸다.

나는 뒤돌았다. 그날, 아니 그해 보았던 것 중 가장 커다란 파도가 내게 다가오고 있었다. 포말과 조약돌이 박힌, 더러운 갈색의 어지러운 물의 벽이었다. 파도가 내 위로 솟아오르며 햇빛을 가렸다. 이런 파도를 영상에서는 본 적이 있었다. 물에서 스케이트를 타는 것 같은 서퍼들의 날씬하고 검은 몸이 거대한 파도 위를 가르는 걸 보면서 그들의 용기와 우매함에 감탄하곤 했다. 그런데 지금은… 파도가 나를 번쩍 들어 올리자 마치 발코니 위에서 내려다보듯이 시커먼 바위들이 눈에 들어왔다. 뱃머리가 앞으로 기울면서 내 배도 꺼지는 듯했다. 무시무시한 속도로 물이 나를 내보냈다. 나는 휘둥그런 눈으로 몸을 뒤로 젖혔다. 아무것도 할 수 없었다. 노를 사용하면 배를 바로잡기는커녕 뒤집히게 할 가능성이 컸다. 공포의 한가운데에서도 그 광경은 장대했다. 순간적으로 내 마음엔 두려움과 짜릿함이 비등비등했다. 그때 파도가 나를 어디로 데려가는지 보였다. 짜릿함은 촛불처럼 꺼졌다. 파도는 모래를 지나 바위 위로 나를 데려가고 있었다. 막 뛰어내리려는 순간 배가 뒤집혔다.

파도는 카약 바깥으로 나를 쏟아냈다. 나는 물밑 바닥에 쭈그리고 앉아 내 머리 위로 쏟아지려는 배를 위로 힘껏 밀쳐 올렸다. 그러자 뒤따라오던 파도가 엄청난 힘으로 배를 바위에다 내쳤다. 꽝 하고 울리는 소리가 해변 뒤의 언덕까지 퍼졌다.

나는 파도 밖으로 나왔다. 발이 바닥에 닿기 시작했다. 이내 물이 허리 높이밖에 안 된다는 것을 깨달았다. 나는 노를 집고 첨벙거리며 모래로 나아갔다. 배는 파도에 이끌려 잠시 뒤로 물러났다가 다시 불시착하며 바위 사이에 끼었다. 배를 뒤집어 해변으로 끌고 나왔다. 낚싯대는 여전히 뱃전에 묶여 있었고 놀랍게도 멀쩡했다. 하지만 낚싯바늘이 든 가방은 없었다. 바위에 부딪힐 때 끈이 끊어진 모양이었다. 오늘같이 물결이 높은 날에 저 거친 바다에서 되찾을 희망이라곤 없었다. 다음 날 찾으러 오리라 다짐했지만, 이런 바다에서 바람까지 가세하는 연안표류를 생각하면, 가방을 되찾을 확률보다 애초에 날개다랑어를 잡을 확률이 더 높았을지도 모른다.

나는 바다를 노려보며 스스로를 향해 욕을 했다. 이런 멍청함은 이제 졸업한 줄 알았는데. 스스로를 이렇게 위험한 상황에 놓이게 만들다니, 믿을 수가 없었다. 내 애인과 딸에 대한 책무를 떠올렸다. 방금 찬물에서 나왔지만 나는 수치심으로 타올랐다. 게다가 아직도 완전히 탈출한 게 아니라는 걸 깨닫기 시작했다.

내가 도착한 곳은 웨일스 해안에서 가장 인적이 드문 곳 중 하나였다. 이 계절에 언제나 그렇듯 해변에는 아무도 없었다. 가장 가까운 도로는 무척 멀리 있었다. 주위는 낮지만 오를 수 없는 빙력토 절벽으로 둘러싸여 있었다. 빙하가 운반해 쌓은 미끄러운 점토와 둥근 바위로 된 지층이었다. 바다와 언덕 사이에 내가 서 있는 곳은 고작 1미터 조금 넘는 너비였고, 시계를 보니 아직도 밀물이 오고 있었다. 해변은 언덕에서 떨어져 나온 회색과 황갈색 돌로 어지럽게 덮여 있었다. 파도가 뿌리는 물보라로 흐릿한 해변을 바라보며 나는 진한 고독감에 휩싸였다.

튀어나온 바위 위로 배를 끌고 오기는 불가능했고, 울퉁불퉁한 해변에서는 채 1미터도 끌기 힘들다는 것을 곧 깨달았다. 유일한 방법은 파도의 힘을 빌리는 것이었다. 하지만 그게 얼마나 어려운 일인지 곧 알게 되었다. 배는 파도가 들어올 때 1~2초쯤 나아가다가도 바로 뒤집혀 빙그르르 돌아 내 다리를 치는 것이었다. 파도가 나갈 때 또 조금 움직이다가 이내 바위틈에 박혀 꼼짝도 하지 않았다. 파도가 되쓸려 나갈 때에만 진도를 나갈 수 있었다. 그래서 파도가 들어올 때 가만히 잡고 기다리다가 물이 잔잔해지는 찰나에 급하게 앞으로 밀고 나갔다. 하지만 배는 해변에서 쿵 하고 다시 멈추었다.

해변에 처음 왔을 때 이미 녹초가 되었던지라 금세 진이 빠지기 시작했다. 배가 뒤집힐 때마다 물이 배 안으로 쏟아져 들어왔다. 더 무거워지면서 배는 더 위험해졌다. 물을 비우기 위해 배를 파도에서 꺼내 바위 위로 끌고 가면서 피로는 한층 더 심해졌다. 이 상태에서 집에 돌아갈 수 있을지, 그마저도 내 가장 소중한 물건들을 버리지 않고서는 불가능하다는 생각을 하고 있을 때쯤 놀라운 일이 일어났다.

보는 순간 알아봤지만 믿지 않았다. 결코 있을 수 없는 일이라 순간적으로 나는 환영을 보고 있다고 생각했다. 도저히 일어날 수 없는 일이 일어났다. 마치 백화점 의류 코너에서 얼룩말이 숨으려는 것을 본 기분이었다. 그전까지 한 번도 본

적이 없었고 거리도 50~60미터나 됐지만, 그것을 보는 순간 나는 곧바로 정체를 알아챘다. 상대는 긴 목을 늘렸다 당겼다 하면서 약간 끊어지는 동작으로 묘하게 걸었다. 뾰족한 머리에 꼬리가 없고, 길고 옅은 분홍색 발이 있었다. 마치 어린 닭이 장대 위에서 걷는 듯했다. 자고새나 다른 종류의 새라고 나는 믿고 싶었다. 하지만 아니었다. 녀석은 날아가려 하지 않았다. 대신에 바위 뒤에서 황급히 왔다 갔다 하며, 한순간 해변을 따라 도망치려다가 다음 순간에는 언덕으로 오르려다 미끄러져 날개를 퍼덕이며 떨어졌다. 나는 바위 점토 위로 날아오르려고 안간힘을 쓰는 새와 같은 높이의 물에 한 2~3미터 거리를 두고 섰다. 이제는 추호의 의심도 없었다. 날개의 밤색 깃, 닭을 닮은 뾰족한 부리, 등에 난 아름다운 그물 무늬 깃털, 해변 위쪽으로 가려고 발버둥치는 움직임에 헝클어진 검은색과 담황색의 몸통. 메추라기뜸부기였다.

유럽 대륙에서는 흔하지만 영국에선 매우 귀하고 웨일스에서 서식하지 않은 지는 이미 수년이 되었다. 내 집에서 몇 킬로미터 떨어진, 소위 사막에 사는 80대 농부의 말로는 어린 시절에 이 새에 대해 들었던 기억은 있지만 그 이후로 이곳에서 번식하는 것은 못 봤다고 했다. 영국과 아일랜드의 개체수는 1970년대에서 1990년대까지 매우 가파르게 감소했다.[1] 보전사업의 도움으로 천천히 회복되고 있기는 해도 말이다.[2] 내가 서 있었던 중부 웨일스의 그 고독한 해안선으로부터 가장 가까운 무리가 사는 곳은 아마 서스코틀랜드(물론 수는 더 적지만)와 북아일랜드일 것이다.

처음에는 그냥 뭔가 잘못되었다고 느껴졌다. 이 섬세한 생물이 돌투성이의 잿빛 해변에 있다는 사실이, 이렇게 집에서 먼 곳에 조난을 당한 것이 마치 자연이 합선된 것처럼 느껴졌다. "의기양양하게 한껏 하늘로 치솟았던 매가 쥐를 잡아먹는 올빼미에게 채여서 죽었다 하오이다."(『맥베스』2막 4장)[3] 하지만 순간 그 이유가 떠올랐다. 남쪽으로 해안선을 따라 이동하던 중, 녀석 또한 나를 못살게 굴던 그 바람을 잘못 만나 지친 상태로 해변에 떨어진 것이었다. 나처럼 일기예보를 잘못 본 모양이었다. 상황이 이해가 되기 시작하자 내가 본 것에 흥분되기 시작했다. 이 작고 쇠약한 새와 일종의 연대감마저 느껴졌다. 둘 다 점점 짧아지는 이 해변에 똑같이 고립되어, 똑같은 자연의 힘에 맞서고 있었다.

한 동물을 쫓다가 다른 동물을 만났다. 날개다랑어와 만나는 것만큼이나 황홀하고 만족스러운 만남이었다. 나는 활생이 이룩한 초기 결과를 보기 위해 나섰던 것인데, 천신만고 끝에 성공한 것이다. 방금 일어난 거의 치명적인 사고가 아니었다면 실패했을 것이다.

새가 해변 저편으로 물러나는 걸 보며 나는 기운을 회복했다. 붕붕 뜨는 황홀한 기분이었다. 바위와 바다 위로 1킬로미터 가까이를 거의 행군하다시피 걸었다. 곧 해변이 넓어졌고 거기서부터는 만조의 조석점 위로 드러난 작은 자갈밭 위로 배를 끌고 갈 수 있었다. 그리고 메추라기뜸부기를 본 지 약 한 시간 만에 밀물로 물이 차오른 하구에 도착했다. 나는 물속으로 뛰어들어 배를 끌었다. 곧 물이 깊어지는 바람에 헤엄치며 카약을 끌어서 반대편 자갈 해변에 도착했다. 그 너머에는 얕은 웅덩이뿐이라 주차해둔 곳까지 배를 끌고 갈 수 있었다.

지친 몸으로 카약에 주저앉아 바닷물에 잠기는 노란 태양을 바라보았다. 파도가 뿌려대는 짠 물보라 위로 갈매기들이 바람을 타며 휙휙 움직였다. 파도는 커다란 턱을 벌려 햇빛을 한가득 머금었다. 나는 수치심과 승리감이 묘하게 섞인 기분에 휩싸였다. 나는 무심한 자연의 힘에 맞섰고, 살아남았다. 승리는 아니었다. 아무도 자연에 승리하진 못한다.

다음 날 나는 차를 몰아 스노도니아의 기다란 빙하계곡을 통과했다. 나무와 고사리는 어느새 색이 변해 있었다. 늦여름의 침침한 녹색이 하룻밤 만에 적갈색, 암갈색, 황토색 그리고 화염과 같은 붉은색이 되었다. 나는 가방을 잃어버렸던 해변에서 북쪽으로 약 2킬로미터 떨어진 지점, 그러니까 도로에 가장 근접한 곳까지 가서 멈추었다.

날이 화창했다. 여전히 강한 남풍이 불었고(불쌍한 메추라기뜸부기를 떠올렸다), 썰물이라 저 먼 곳에서 파도가 일었다. 차를 캠프장에 주차하고 콘크리트 계단을 내려가 해변을 바라보았다. 내가 목적하는 바의 불가능성을 나는 마주하고 있었다.

가방은 해변 어딘든 가 있을 수 있었다. 지금쯤이면 포스마도그에 가 있거나, 먼바다로 떠내려갔거나, 모래나 해초에 파묻혔을 수도 있다. 지금 선 곳과 어제 도착했던 곳 사이 2~3킬로미터 구간의 해변 어딘가에 있다 하더라도 수백 명의 탐색대를 동원해야 겨우 찾을까 말까 할 것이다. 게다가 썰물 때에는 해변의 폭이 족히 400미터는 되었다. 내 밑으로 회색 바위가 튀어나온 모래사장이 넓게 펼쳐져 있었다. 물과 가까운 곳에 거친 바위와 웅덩이가 있었고 해초와 다시마가 수북이 나 있었다.

하지만 여기까지 오는 데 기름을 1리터 가까이 쓴 데다가 썰물인데 바로 포기할 순 없었다. 나는 작은 개울을 건너 해변으로 내려갔다. 옅은 햇빛이 금빛 낙엽처럼 모래에 흩뿌려 있었다. 물 위의 연무가 하늘을 밝혔다. 밝은 바다를 배경으로 바위는 검게 빛났다. 밀물이 들어와 문을 걸어 잠글 때까지 나는 가방 찾기를 즐기리라 마음먹었다.

3미터쯤 걸었을까. 나는 멈추었다. 모래 위로 파랗게 툭 튀어나온 것이 보였다. 잠시 멍청하게 쳐다보았다. 내 물통 뚜껑 같았다. 머리의 톱니바퀴들이 이를 맞춰 천천히 돌아가기 시작할 때까지 나는 좀 더 쳐다보았다. 내 물통 뚜껑이 맞았다. 그 주위에 검은 물체의 끝이 모래 밖으로 조금 튀어나와 있었다. 뇌의 기저핵은 시각 정보를 받아들였지만 두뇌의 의식을 담당하는 쪽에까지 전달되는 데는 하세월이었다. 물통이 꽂혀 있는 내 낚시 가방이었다.

가방을 찾을 확률은 미미했다. 해변에 가자마자 30초 이내에 찾을 확률은… 1만 분의 1 정도 될까? 십만? 백만? 나는 개처럼 모래를 파헤쳐 가방을 꺼냈다. 모래로 꽉 차 있었지만 닫힌 상태였다. 어찌나 무거운지 족히 50킬로그램은 되는 느낌이었다. 눈을 껌벅거리며 바라보다 등에 메고 비틀거리며 걸어갔다. 가방에서 흐른 물이 다리를 타고 내려왔다.

집으로 돌아와 아연 도금을 한 쓰레기통에 물을 채워 가방의 내용물을 쏟아내고 바늘이 어딘가에 있다는 걸 상기하며 모래 속을 조심스럽게 뒤졌다. 유원지에서 선물 뽑기를 하는 아이처럼 흥분된 심정이었다. 내 물건부터 하나씩 꺼내기 시작했다. 처음엔 낚시 릴, 다음엔 미끼와 낚싯줄로 뒤엉킨 카메라, 이어서 릴 또 하나, 그리고 작은 바늘까지. 하나도 빠짐없이 다 있었다.

낚시 릴과 카메라는 모래 범벅이었다. 그 후 며칠에 걸쳐 나는 세 가지를 모두 분해했다. 릴을 고치는 건 어렵지 않았지만 카메라는 가망이 없어 보였다. 모래 한 사발을 떨어내고 부품을 말린 다음에 다시 조립했지만 아무런 반응이 없었다. 물건 버리는 걸 싫어하기에 그냥 선반에 올려놓았다. 2주 후에 별생각 없이 카메라를 다시 집어 들어 전원 버튼을 눌렀다. 잠깐 켜지더니 다시 꺼졌다. 배터리를 충전하고 다시 해봤지만 결과는 같았다. 일주일이 지나서 다시 시도해보자 30초간 켜졌다가 다시 꺼졌다. 그 후 2개월에 걸쳐 한 번 켤 때마다 한 가지 기능을 회복하며 천천히 부활의 과정을 거쳤다. 성탄절쯤엔 완전히 정상이었다.

*종마다 자신과 닮은 것을 찾는 바다인 마음.*
*그러나 마음은 그 모든 것을 초월하며*
*다른 세상, 다른 바다를 창조한다.*
*만들어진 모든 것을 없애며*
*녹색 그늘에 가린 녹색 생각으로 만든다.*

앤드루 마벌, 「정원」

하고 싶은 얘기가 한 가지 더 있다. 날개다랑어를 찾아 나서고 며칠 후, 나는 일찍 퇴근해서 그해 마지막으로 배를 띄워 바다로 향했다. 나는 웨일스를 떠나기로 결심했다. 좋은 이유로 결정한 일이었는데도, 거기엔 슬픔이 배어 있었다.

암초 위로 물결이 일긴 했지만 비교적 조용한 날이었다. 나는 파도를 때리며 앞으로 나아갔다. 저 멀리 얼간이새가 있었지만 내가 다가가기도 전에 모두 날아갔다. 해안으로부터 몇 킬로미터 나아간 다음에 북풍의 힘을 빌려 해안가를 따라 내려갔다. 물고기를 찾지 못하고 2시간을 보내고 나서 나는 바람과 파도를 거슬러 돌아오기 시작했다. 바다에 뜬 부표와 멀리 보이는 집들이 없었다면, 그냥 한곳에서 물만 젓고 있는 것처럼 느껴졌을 것이다. 곧 해가 지면서 바람도 잦아들었다. 처음에는 수면에 마치 깨진 와인병이 깔린 것처럼 파도가 조가비꼴로 넘실거렸다. 얼마 안 있어 물결이 얕게 일다가 사라졌고 수면은 잔잔해졌다. 이제는 배가 마치 끈에서 풀려난 것처럼 정지된 물을 매끄럽게 갈랐다.

해안에서 몇 미터 떨어진 곳에서 나는 노 젓기를 멈추고 낚싯대에 줄을 감았다. 밀려드는 파도에 흔들리며, 바다 건너 펜 셰인Pen Lleyn의 어르 에이블Yr Eifl 너머로 해가 지는 것을 바라보았다. 마치 산이 별을 붙잡아 개미귀신처럼 땅으로 끌어 내리려는 것처럼 보였다. 붉게 타오르는 새털구름을 배경으로 쪽빛 구름이 대포 연기처럼 하늘에 걸려 있었다.

나는 만 주위를 둘러보았다. 점점 어두워지고 있었지만 초승달 모양의 만 전체를 볼 수 있었다. 남쪽으로는 부드럽게 융기하는 캄브리아사막이 몇 개의 불빛이 반짝이는 저 멀리 팸브로크셔로 이어졌다. 내가 앉은 곳에서 더 가까운 쪽에는 카다르 이드리스Cadair Idris의 노란 사면이 방금 전보다 더 풍요로운 색상으로 옅게 빛났다. 북쪽으로는 스노도니아산의 꼭대기가 엷은 파란색이었다가 해가 진 지점으로 갈수록 진해졌다. 바다 위로 웅장하게 치솟은 펜 셰인의 능선은 사위가 어두워지면서 더욱 선명해졌다. 그 너머에는 어니스 엔시Ynys Enlli가 고래 등처럼 고요한 물에 잠겨 있었다.

내가 떠나는 곳들, 그곳의 과거와 미래에 대해 생각했다. 황량한 산비탈에 나무가 돌아오고, 만에 물고기와 고래가 돌아오는 장면을 마음속으로 그렸다. 내 아이, 내 손자 손녀가 여기서 무엇을 발견하게 될지, 이 야생의 비전이 실현된다면 이 땅과 바다를 일구며 사는 사람들의 삶은 어떻게 더 윤택해질지 상상했다. 자연이 가진 자기 재생의 힘과, 한때 쫓겨났던 곳으로 되돌아오는 야생의 잠재력에 대해 지난 5년간 조사하면서 내 삶이 얼마나 풍요로워졌는지 되돌아보았다. 이제는 어디를 가더라도 야생의 삶을 내 안에 품고 갈 것이다. 너무나 오랫동안 듣지 못했던 환희의 소리가 다시 울려 퍼지는 곳을 만드는 데에, 그리고 가장 귀하고도 소중한 가치인 희망을 찾는 데에 내 삶을 헌신할 것이다. 붉은발도요와 검은머리물떼새의 검은 실루엣이 해변을 배회했다. 남쪽에는 달빛이 마치 판화처럼 물에 빛의 홈을 파고 있었다.

내 뒤로 진흙에 빠진 장화를 빼내는 듯한 소리가 났다. 뒤돌아봤지만 마치 거대한 송어가 파리를 삼키고 들어간 것처럼 커다랗고 동그란 파문만 일고 있었다. 2~3미터 떨어진 연보랏빛 바다에서 지느러미 하나가 나타났다가 사라지더니 다시 내 곁에 올라왔다. 아기였다. 작년에 태어난 돌고래 새끼 중 한 마리였다. 노와 닿을 듯 가깝게 배 주위를 한 바퀴 빙그르 돌더니 이내 어둠 속으로 사라졌다.

# 찬란한 활생의 꿈

나에겐 일상에서 바라는 소원이 하나 있다. 그것은 단 하루라도 자연 파괴의 소리를 듣지 않고 지내는 것이다. 과장이 아니다. 정말 단 하루도 주어지지 않기 때문이다. 이 나라는 전기톱, 전동드릴, 굴삭기, 잔디깎기 기계 등이 일으키는 소음으로부터 자유로운 날이 없다. 소음도 싫지만, 소음의 의미가 가장 견디기 힘들다. 그것은 파괴와 교란의 굉음, 시간을 두고 차곡차곡 생성된 어떤 세계를 단칼에 잘라 헤집어놓는 소리이기 때문이다.

물론 내가 사는 집, 내가 걷는 길 모두 인간의 이러한 손길 덕택에 있는 것들이다. 하지만 뭔가를 자르고, 뽑고, 파고, 뚫고, 쪼개고, 부시는 일이 휴일이나 주말 할 것 없이 매일, 정말 매일 벌어진다면 뭔가 문제가 있다는 것이다. 정말 필요할 때에만 일어나는 일이라면 애초에 이런 글을 쓰고 있지도 않았으리라. 그만큼 자주 과거의 것을 부정하고 뒤집어엎어야 할 필요성을 강하게 느끼고, 자연을 건드리지 않고서는 좀이 쑤시는 지경이 된 것이다. 외국에서 온 친척이 "왜 한국은 언제나 공사 중이냐"고 물은 것도 같은 맥락이다.

인간이 사는 곳만 이런 식으로 다룬다면 그나마 상황은 좀 나을 것이다. 그러나 손을 대야만 직성이 풀리는 성향은 분야를 가리지 않고 나타난다. 그것을 가장 잘 드러내주는 단어가 바로 '방치'이다. 자연이 있는 그대로의 모습으로 그냥 자라도록 놔둔 곳을 두고 우리는 그곳을 '방치했다'라고 표현한다. 물론 관리의 책임을 다하지 않았음을 힐난하는 어조로 말이다. 여기서 관리의 의미는 바로 나를 1년 내내 괴롭히는 그 소음의 진원지에 해당되는 행위들이다. 그리고 그 행위들은 결코 방치를 좌시하지 않겠다는 의지의 표현들이다.

가령 어떤 이들은 습관적으로 나무를 자른다. 왜 자르냐고 물으면 대체적으로 '나무는 잘라줘야 한다'라든가 '잘라줘야 잘 자란다'는 식의 대답이 돌아온다. 하지만 나무는 인간의 손길에 의지하며 진화한 존재가 아니다. 잘라줘야 하는 당위는 당연히 어디에도 없다. 그런 논리에 따르면 사람과 상관없이 자란 깊은 산속의 나무는 제대로 자라지 못한 열등한 상태에 있다는 말밖에 되지 않는다. 하지만 열대우림에 우뚝 선 정령과 같은 나무들을 바라본 이라면 그것이 얼마나 사실과 다른지 잘 안다. 자연은 사람의 손길을 거둘 때 오히려 훨씬 풍성해지고 융성한다.

자연이 알아서 제 갈 길을 찾도록 두는 것. 야생의 잠재력이 충분히 발휘되길 도모하는 것. 그것이 활생의 철학이다. 그리고 오늘날 자연을 대하는 우리의 태도가 가장 결여하고 있는 태도이다. 인간의 손길이 전혀 불필요하다는 말이 아니다. 이미 벌어진 생태계 파괴로 인해 당장의 조치가 필요한 경우도 있고, 생명의 안전을 위해 당장의 위험요소를 제거해야 할 때도 있다. 그러나 그것은 어디까지나 예외이어야 한다. 평소에는 자연의 원리와 섭리가 자연스럽게 작동되도록 보조하고 섬기는 태도가 기본 원칙이어야 하는 것이다.

물러서는 자세와 더불어 요구되는 또 한 가지가 있다. 얼핏 보면 완전히 반대되는 것처럼 보일 수도 있는 일이다. 왜냐하면 어떤 적극적이고 능동적인 개입을 말하기 때문이다. 그러나 그것은 원천적인 개입이 아니라 과거에 발생한 문제를 바로잡는 차원으로, 문제가 해결되면 다시 한 발 물러서는 자세로 돌아간다는 의미의 개입이다.

그것은 다름 아닌 야생 동식물의 보전과 복원이다. 극소수만 남은 종을 보호하고, 한때 있었지만 지금은 사라진 종을 되돌려놓는 작업은 자연을 있는 그대로 두는 것만큼이나 중요하다. 왜냐하면 우리가 목격하고 있는 오늘날의 대멸종과 생물다양성의 소실은 결코 자연적인 현상이 아니며, 그 속도가 너무 급격해서 생태계가 이에 충분히 대응 및 적응할 수 없기 때문이다. 파괴와 교란의 행위를 멈추어 자연에게 최소한의 운신의 폭을 제공하는 노력과 함께, 하루아침에 와르르 무너지고 있는 공 든 탑의 조각들을 최대한 모으고 보존하는 노력도 병행되어야 한다. 그리고 지역적으로 사라진 종은 최대한 복원해야 한다.

그중에는 소위 무서운 동물도 포함된다. 다른 동물을 잡아먹는 포식자, 특히 먹이 피라미드의 꼭대기에 위치한 최상위 포식자의 중요성이 최근 각광받고 있다. 그들이 먹이 동물을 사냥하고 잡아먹음으로써 생태계의 위에서부터 아래로 퍼지는 탑다운top-down 효과가 상상 이상의 위력을 발휘한다는 사실이 각종 연구를 통해 속속 밝혀지고 있다. 사납고 위험하다는 이유로 문명이 배척했던 이 동물들은, 바로 그 동일한 야성으로 자연의 체계를 안정화시키는 역할을 한다는 것을 우리가 이제야 서서히 깨닫기 시작한 것이다. 그리고 그렇게 다양한 동식물이 온전하게 갖춰진 생태계일수록 탄소 흡수 및 저장 능력이 높아 기후위기에 대응하는 데 매우 효과적이라는 사실에도 서서히 눈뜨고 있는 것이다.

우리나라의 경우를 봐도 단번에 와닿는 이야기이다. 산림 생태계의 토착 일원인 멧돼지와 고라니를 박멸과 퇴치의 대상으로 치부하는 우리 사회의 태도는 이들을 조절하는 최상위 포식자가 없어진 배경에서 나타난 현상이다. 만약 예전에 그랬던 것처럼 한반도에 포식자가 다양하고 풍부했더라면 당연히 있지 않았을 일이다. 통상적으로 어떤 지역의 생태계가 얼마나 풍부한지를 포식자로 판단하기도 한다. 원래 이 땅은 포유류만 보아도 호랑이, 표범, 늑대, 여우, 삵, 담비, 족제비, 오소리, 반달가슴곰, 스라소니 등의 쟁쟁한 포식자들이 대거 포진해 있던 곳이다. 그토록 풍부했던 생태계가 이토록 빈약해진 것이다. 그래서 진정으로 활생을 이루려면 시대를 초월한 상상력이 필요하다. 그런 세상을 다시금 만들어낼 수 있다고 꿈꾸는 능력이 필요하다.

21세기의 첨단 인류문명도 야생과 함께할 수 있다고, 아니 그렇게 공존해야만 한다고 믿고 실행하는 이들이 세계적으로 점점 많아지고 있다. 숲이나 바다를 보호하는 기존의 자연 보전 노선에서 한 발 더 나아가, 보다 야생적인 서식지로 거듭날 수 있도록 사라진 대형 동물을 복원하고 이를 통해 생태적 원리가 더욱 효과적으로 작동하도록 하는 것이다. 갈수록 입지가 좁아지는 몇 개의 국립공원을 겨우 지켜내는 수준의 이야기가 아니다. 보호 지역은 물론 농경지와 주거 지역에서도 야생의 자연이 다시 찾아오게끔 하여 무늬만이 아니라 실체가 있는 역동적이고 생생한 공종과 공생의 비전이다.

활생이라는 꿈의 선봉에 있는 사람 중 한 명이 바로 조지 몽비오이다. 활생에 관해 연구하는 학자는 많지만, 이를 대중적으로 널리 알리고 사회운동이나 정책 반영 등에 그보다 지대한 영향력을 발휘한 사람은 아마 없을 것이다. 『가디언』의 칼럼과 탐사보도, 각종 저서로 유명한 조지 몽비오는 영국과 유럽에서 활발히 전개되고 있는 활생 운동의 핵심 인사이다. 여러분이 읽고 있는 바로 이 책이 그 움직임을 촉발시킨 도화선이라 해도 과언이 아닐 것이다.

필자는 조지 몽비오를 딱 한 번 잠시 만날 기회가 있었다. 지난 2019년 2월, 영국 캠브리지에서 열렸던 활생 컨퍼런스

(Rewilding Conference)에서 몽비오는 기조강연을 맡았다. 그의 강연이 열리는 날, 수백 명을 수용하는 규모의 강연장은 옆자리 하나를 비워둘 여유도 없이 꽉꽉 들어찼다. 그만큼 활생에 대한 열기와 몽비오의 강연에 대한 관심이 뜨거웠던 것이다. 강연이 시작되기 전 막간을 이용해 나는 몽비오에게 인사를 건넸다. 낯선 이방인을 무척 친절하게 맞이해주던 기억이 지금도 생생하다. 당시에 하고 싶었지만 시간이 없어서 하지 못했던 그와의 인터뷰를 한참 뒤 이 책의 번역을 마친 후에 하게 되었다. 이왕이면 만나서 하고 싶은 마음 간절했지만 코로나 시대에 맞게 이메일로 대신하는 것으로 만족해야 했다. 짧지만 명료하게 답변해준 인터뷰를 『활생』의 독자를 위해 아래와 같이 싣는다. 이를 끝으로 한반도와 세계의 찬란한 활생의 꿈을 여러분과 함께 품기를 기대해본다.

**김산하**　영어의 'rewilding'은 한국어에 마땅한 번역어가 없고 직역을 하면 '재야생화'가 되어 다소 길고 어색한 표현이 됩니다. 그래서 저는 '생명을 활발히 소생케 한다'는 의미로 '활생'이라는 단어를 대체 번역어로 사용하기로 결정했습니다. 이 단어가 선생님께서 생각하시는 'rewilding'의 개념과 잘 합치된다고 생각하십니까?

**몽비오**　매우 훌륭한 번역이라고 생각합니다.

**김산하**　일각에서는 '야생'이라는 개념 자체가 인간

중심적이며, 아무도 손대지 않은 자연에 대한 낭만주의적 상을 전제로 한다는 비판이 있습니다. 이에 대해 어떻게 생각하십니까?

**몽비오** 소위 말하는 '야생의 땅(wilderness)'의 개념의 경우 이런 비판은 합당하다고 생각합니다. 과거에 제국주의 세력이 자기가 식민 지배를 하기 위해 도착한 땅에 아무도 살지 않는다는 의미로 이 단어를 쓰곤 했습니다. 그러나 '야생(wild)'이라는 개념도 같은 문제가 있다고 말하는 것은 적절치 않습니다. '야생'은 길들여진 종과 길들여지지 않은 종과 서식지를 구분하는 데 유용합니다. 정의상 우리는 '야생의 땅'을 만들 수는 없습니다. 하지만 좀 더 '야생'인 땅과 바다를 만들어낼 수 있고, 그곳에서 자연의 원리가 더욱 융성하게 작동하도록 할 수 있습니다.

**김산하** 책에 보면 낚시에 관한 얘기가 많이 나옵니다. 현재 한국에선 낚시가 큰 인기인데, 이로 인한 생태적 여파도 커지고 있습니다. 이와 더불어 지역 축제에서 동물을 잡거나 만지는 것을 주요 콘텐츠로 내세우고 있습니다. 어떤 이들은 이러한 활동은 인간의 본성과 맞닿은 것으로서 야생동물에 가까이 다가가는 것이라고 변호합니다. 야생 동식물을 다루는 이와 같은 활동이 인기를 얻고 있는 것에 대해 어떻게 생각하십니까?

**몽비오**　저에게 활생이란 생태계 또는 사라진 종을 복원하는 것만을 의미하진 않습니다. 그 모든 것과 우리의 관계를 회복하는 것도 포함됩니다. 저는 사람들이 야생 동식물 그리고 생태계와 다시 연결되기를 바랍니다. 현재 가장 큰 문제 중 하나는 사람들이 생명의 세계로부터 지나치게 이탈되어 있고 그에 대한 지식이나 이해가 매우 부족하다는 것입니다. 사람을 야생의 자연과 다시 연결시킴으로써 우리의 삶을 더욱 풍요롭게 만들고 다른 종의 삶도 보호하는 일을 할 수 있습니다. 그러나 그 과정에서 득보다는 해를 가하는 일이 없도록 조심해야 합니다. 야생 동식물을 다루는 활동이라고 해서 모두 좋은 것이 아니며 어떤 것은 잔혹하기도 합니다.

**김산하**　아직 한국에서는 활생의 개념이 잘 알려져 있지 않고, 대부분의 보전 활동은 여전히 멸종위기종을 보호하는 데에 그 초점이 맞춰져 있습니다. 많은 경우 해결책이라고 제시된 것이 해당 종을 다른 곳으로 옮기고 원래 살던 서식지는 개발이 이뤄지도록 하는 것입니다. 특히 활생의 관점에서 보았을 때 이러한 조치에 대해 어떤 의견을 갖고 계신지요?

**몽비오**　현재 남아 있는 종을 보호하는 일은 물론 중요하지만, 생태계의 원리와 그것이 파괴되었을 때에 일어나는 일에 대해 배우면 배울수록 그런 조치만으로는 불충분하다는 것을 점점 깨닫게 됩니다. 생명의 세계가 융성하기를 바란다면 단지 보호하는 것만이 아니라 없었던 곳에 복원을 해야 합니다. 그것은 국지적으로 또는 해당 국가 내에서 멸종된 종을 재도입하는 일을 요구하기도 합니다. 물론 어떤 종을 다른 곳으로 옮긴다면 그 서식지에서 제대로 서식할 수 있는지 확신할 수 있어야 합니다. 서식지를 대폭 향상시키지 않는 이상 한 종을 다른 곳으로 옮기는 것은 큰 효과를 가지기 어렵습니다. 어떤 서식지에 이미 어떤 종이 살고 있지 않다면, 그 이유가 무엇인지부터 자문해봐야 합니다.

**김산하** 남북한 사이의 비무장지대(DMZ)는 반 세기가 넘도록 인간의 손이 거의 닿지 않은 채로 유지되었습니다. 한반도가 통일된다면 이곳을 어떻게 해야 하느냐를 놓고 다양한 의견이 있습니다. 비무장지대가 야생의 자연이 잘 보존된 몇 안 되는 곳이라는 점을 감안할 때 어떻게 접근하는 것이 좋겠습니까?

**몽비오** 비무장지대는 우연적 활생의 좋은 사례라 할 수 있습니다. 한반도가 통일된다면 그곳에서 이미 벌어진 생태적 복원은 할 수 있는 한 최대한으로 지속되어야 한다고 생각합니다. 과거에 한반도를 둘로 갈랐던 곳에 자연 보호지역을 만드는 컷은 매우 훌륭한 국가 사업이 될 수 있으며, 통일의 과정에 기여하고 국가적 자부심을 불러일으키는 일이 될 수 있습니다.

**김산하**　오늘날 아이들은 고층 아파트에서 컴퓨터 게임을 즐기며 문 앞까지 배달되는 음식을 먹으며 생활합니다. 미래의 잠재적 활생을 생각해볼 때, 현대 어린이가 겪고 있는 자연으로부터의 거리감 또는 소외의 문제는 얼마나 심각하다고 보십니까?

**몽비오**　우리가 자연으로부터 소외된 현상은 자연을 보호하고 복원하는 데 있어서 가장 큰 걸림돌 중 하나입니다. 사람들에게 풍요롭고 융성한 생태계의 중요성을 설득하기란 매우 어려울 때가 많습니다. 하지만 적어도 유럽에서 제가 관찰한 바에 의하면, 도시 거주민에게서 만큼이나 농촌의 거주민들에게서도 생태계와 생태적 원리를 이해하지 못하는 현상이 나타났습니다. 제 희망은 생태계를 활생시킴으로써 보다 야생적인 자연 속에서 새로운 모험을 감행하면서 우리 자신의 활생도 도모하는 것입니다.

**김산하**　코로나19 사태로 인해 서식지 파괴와 야생동물 거래의 문제가 다시금 부각되었습니다. 야생동물의 소비가 일어나는 주된 지역이 동아시아 또는 동남아시아라는 사실은 잘 알려져 있습니다. 아시아를 선도하는 국가 중 하나로서, 이러한 문제를 개선하고 야생동물을 착취하는 문화로부터 벗어나기 위해 한국이 해야 할 역할은 무엇이라고 생각합니까?

**몽비오**  코로나19 팬데믹이라는 악몽으로부터 한 가지 좋은 결과가 있을 수 있다면 그것은 멸종위기종의 국제적 거래를 종식시키는 일일 것입니다. 세계에서 가장 심각한 멸종위기에 직면한 여러 종들이 이 거래로 인해 위협을 받고 있으며, 생태적 건강에 필수적인 많은 동물들이 서식지로부터 포획되어 사라지고 있습니다. 이러한 이유와 더불어 사람들의 건강을 보호하기 위해서 야생동물의 거래는 신속하고 효과적으로 종식되어야 하고, 이 과정에서 한국이 큰 역할을 할 수 있으리라 믿습니다.

**김산하**  최근 강연에서 활생이 기후변화에 대응하는 효과적인 방법이라고 하셨습니다. 왜 그렇게 생각하시나요? 그리고 기후 위기라는 전 지구적 스케일의 문제에 대응할 수 있을 정도로 전 세계적으로 활생이 이루어질 가능성은 얼마나 된다고 보시나요?

**몽비오**  대체적으로 풍요로운 생태계가 빈약한 생태계보다 더 많은 탄소를 흡수해서 저장합니다. 생태계 복원이 대기 중 탄소의 양을 끌어내린다는 증거가 전 세계적으로 많이 나오고 있습니다. 어쩌면 가장 효과적이고 비용이 적게 드는 방법일지도 모릅니다. 최근 한 연구에 의하면 지금부터 2030년까지 감축해야 하는 온실가스 총량의 3분의 1을 활생 및 생태계 보호로 충당할 수 있다고 추산하고 있습니다. 🐺

## 서문

1  Fred Pearce, 16 September 1996, 'The Grand Banks: Where Have All the Cod Gone?', *New Scientist*.

2  Lori Waters, 11 January 2013, 'Enbridge deleted 1000km²+ of Douglas Channel Islands from route animations', http://watersbiomedical.com/islands/jrp.html

3  Carol Linnitt, 13 April 2012, 'Oil and Gas Industry Rufused to Protect Caribou Habitat, Pushed for Wolf Cull Instead', http://www.desmogblog.com/oil-and-gas-industry-refused-protect-caribou-habitat-pushed-wolf-cull-instead

4  Nature News, 29 June 2011, 'Scat evidence exonerates wolves', *Nature*, vol. 474, p. 545, doi:10.1038/474545d, http://www.nature.com/nature/journal/v474/n7353/full/474545d.html

5  Maggie Paquet, 2009, 'Saving Caribou in BC', *Watershed Sentinel*. vol. 19, no. 2, http://www.watershedsentinel.ca/content/saving-caribou-bc

6  The David Suzuki Foundation, 2010, 'Protecting species that need it', http://www.davidsuzuki.org/issues/wildlife-habitat/science/endangered-species-legislation/left-off-the-list-1/

7  Environment Canada, viewed 7 February 2013, Species at Risk Act, http://

www.ec.gc.ca/alef-ewe/default.asp?lang=en&n=ED2FFC37-1

8  Nathan Vanderklippe, 16 May 2012, 'Reviving Arctic oil rush, Ottawa to auc-
   tion rights in massive area', *The Globe and Mail*, http://www.theglobeandmail.
   com/news/politics/reviving-arctic-oil-rush-ottawa-to-auction-rights-in-
   massive-area/article4184419/

**1**      소란한 여름

1  J. G. Ballard, 2006, *Kingdom Come*, Fourth Estate, London.

2  *Hamlet*, Act 3, Scene 1.

3  T. S. Eliot, 1922, 'The Waste Land', Part 5.

4  *Chambers*, 12th edition.

5  Oliver Rackham, no date given, 'Ancient forestry practices', in Victor R. Squires
   (ed.), *The Role of Food, Agriculture, Forestry and Fisheries in Human Nutrition*, vol.
   II, *Encyclopedia of Life Support Systems*.

6  Dick Mol, John de Vos and Johannes van der Plicht, 2007, 'The presence and ex-
   tinction of *Elephas antiquus* Falconer and Cautley, 1847, in Europe', *Quaternary
   International*, vols. 169-70, pp. 149-53.

7  'Will-of-the-Land: Wilderness among Primal Indo-Europeans', *Environmental
   Review*, Winter 1985, vol. 9, no. 4, pp. 323-9.

8  George Byron, 1818, 'Childe Harold's Pilgrimage', Verse 178.

9  Christopher Smith, 1992, 'The population of Mesolithic Britain', *Mesolithic
   Miscellany*, vol. 13, no. 1.

10 Ibid. Smith estimates that Britain, towards the end of the Mesolithic, covered
   270,000 km$^2$. The land area diminished as sea levels rose (it now stands at 230,000
   km$^2$).

**2**      야생의 사냥

1  Severin Carrell, 24 February 2012, 'Fishing skippers and factory fined nearly
   £1m for illegal catches', *Guardian*, http://www.guardian.co.uk/environ-

ment/2012/feb/24/fishing-skippers-fined-illegal-catches

2 See George Monbiot, 8 August 2011, 'Mutually assured depletion', http://www.monbiot.com/2011/08/08mutually-assured-depletion/

3 Lewis Smith, 1 March 2011, 'Spanish mackerel fleet penalised for quota-busting', http://www.fish2fork.com/news-index/Spanish-mackerel-fleet-penalised-for-quota-busting.aspx

4 See Winston Evans, quoted on the Newquay site, The Seafood of Cardigan Bay, http://www.newquay-westwales.co.uk/seafood.htm

5 European Environment Agency, 2011, 'State of commercial fish stocks in North East Atlantic and Baltic Sea', http://www.eea.europa.eu/data-and-maps/figures/state-of-commercial-fish-stocks-in-n-e-atlantic-and-baltic-sea-in

## 3    전조들

1 Christopher Mitchelmore, 2010, 'Newfoundland & Labrador cod fishery', http://liveruralnl.com/2010/07/17/newfoundland-labrador-cod-fishery/

2 Martin Bell, 2007, *Prehistoric Coastal Communities: The Mesolithic in Western Britain. CBA Research Report 149*, Council for British Archaeology.

3 Ibid.

4 Royal Society for the Protection of Birds, 2009, *The Great Crane Project*, http://www.rspb.org.uk/supporting/campaigns/greatcraneproject/project.aspx

5 BBC, 3 September 2009, 'Cranes to breed on the levels', http://news.bbc.co.uk/local/somerset/hi/people_and_places/nature/newsid_8235000/8235479.stm

6 Bell, *Prehistoric Coastal Communities*.

7 Ibid.

## 4    도망

1 Benjamin Franklin, 9 May 1753, 'The support of the poor', letter to Peter Collinson, http://www.historycarper.com/resources/twobf2/letter18.htm

2   George Percy, quoted by David E. Stannard, 1992, *American Holocaust: The Conquest of the New World*, Oxford University Press, New York.

3   J. Hector St John de Crèvecoeur, 1785, *Letters from an American Farmer and Other Essays. Letter 12*, edited by Dennis D. Moore, Harvard University Press, Cambridge, MA.

**5**      보이지 않는 표범

1   Sion Morgan, 12 December 2010, 'Pembrokeshire "panther" strikes again', *Wales On Sunday*, http://www.walesonline.co.uk/news/wales-news/2010/12/12/pembrokeshire-panther-strikes-again-91466-27810028/

2   Ibid.

3   Mark Lingard, 29 January 2011, 'Big cat sighting in west Wales "100% authentic" ', *County Times*.

4   Translation by Robert Williams, http://www.mythiccrossroads.com/PaGur.htm

5   Merrily Harpur, 2006, *Mystery Big Cats*, Heart of Albion, Market Harborough.

6   Mark Kinver, 30 October 2008, 'Snow leopard wins top photo prize', http://news.bbc.co.uk/1/hi/sci/tech/7696188.stm

7   Harpur, *Mystery Big Cats*.

8   S. J. Baker and C. J. Wilson, 1995, *The Evidence for the Presence of Large Exotic Cats in the Bodmin Area and their Possible Impact on Livestock*, a report by ADAS on behalf of the Ministry of Agriculture Fisheries and Food, http://www.naturalengland.org.uk/Images/exoticcats_tcm6-4645.pdf

9   No named author, 25 January 2010, 'Is the big cat mystery finally solved? Villagers find huge paw prints in snow after 30 years of sightings', *Daily Mail*, http://www.dailymail.co.uk/news/article-1245816/Is-big-cat-mystery-solved-Villagers-huge-paw-prints-snow-30-years-sightings.html

10   No named author, 10 January 2011, 'Do giant paw prints mean big cat is on the prowl in capital?', *Scotsman*, http://www.scotsman.com/news/do-giant-paw-prints-mean-big-cat-is-on-the-prowl-in-capital-1-1489992

11   Patrick Barkham, 23 March 2005, 'Fear stalks the streets of Sydenham after resident is attacked by a black cat the size of a labrador', *Guardian*, http://www.

guardian.co.uk/uk/2005/mar/23/patrickbarkham

12  BBC, 22 March 2005, '"Big cat" attacks man in garden', http://news.bbc.
co.uk/1/hi/england/london/4370893.stm

13  Paul Harris, 9 January 2009, 'Is this the Beast of Exmoor? Body of mystery
animal washes up on beach', *Daily Mail*, http://www.dailymail.co.uk/news/ar-
ticle-1109174/Is-Beast-Exmoor-Body-mystery-animal-washes-beach.html

14  David Hambling, 2001, 'How big is an alien big cat?', *The Skeptic*, vol. 14, no. 4,
pp. 8-11.

15  Richard Wiseman, 2011, *Paranormality: Why We See What Isn't There*, Macmil-
lan, London.

16  See, for example: Dominic Sandbrook, 17 July 2010, 'A perfect folk hero for
our times', *Daily Mail*, http://www.dailymail.co.uk/debate/article-1295459/
A-perfect-folk-hero-times-Moat-popularity-reflects-societyswarped-values.
html; Emily Andrews, Daniel Martin and Paul Sims, 16 July 2010, 'I set up the
Moat Facebook tributes: the single mother behind twisted online shrine', *Daily
Mail*, http://www.dailymail.co.uk/news/article-1295141/Siobhan-ODowd-
set-Raoul-Moat-Facebook-tribute-site.html; John Demetriou, 16 July
2010, 'Raoul Moat: sympathy for the devil?', http://www.boatangdemetriou.
com/2010/07/raoul-moat-sympathy-for-devil.html

## 6    사막을 푸르게

1  www.cambrian-mountains.co.uk/

2  Graham Uney, 1999, *The High Summits of Wales*, Logaston Press, Hereford. Quot-
ed by the Cambrian Mountains Society, http://www.cambrian-mountains.
co.uk/documents/cambrian-mountains-sustainablefuture-low-graphics.pdf

3  Fiona R. Grant, 2009, *Analysis of a Peat Core from the Clwydian Hills, North Wales*.
Report produced for Royal Commission on the Ancient and Historical Monu-
ments of Wales, http://www.rcahmw.gov.uk/media/193.pdf

4  Ibid.

5  See for example, R. Fyfe, 2007, 'The importance of local-scale openness within
regions dominated by closed woodland', *Journal of Quaternary Science*, vol 22,

no. 6, pp. 571–8, doi: 10.1002/jqs.1078; J. H. B. Birks, 2005, 'Mind the gap: how open were European primeval forests?', *Trends in Ecology & Evolution*, vol. 20, pp. 154–6.

6   Richard Tyler, 17 December 2007, quoted in the *Western Mail*.

7   Countryside Council for Wales, 2011, 'Claerwen', http://www.ccw.gov.uk/landscape--wildlife/protecting-our-landscape/special-landscapes--sites/protected-landscapes/national-nature-reserves/claerwen.aspx

8   Daniel Pauly, 1995, 'Anecdotes and the shifting baseline syndrome of fisheries', *Trends in Ecology & Evolution*, vol. 10, no. 10, doi: 10.1016/S0169-5347(00)89171-5.

9   Derek Yalden, 1999, *The History of British Mammals*, T and AD Poyser, London.

10  R. C. Tassell, 2011, *Direct Sowing of Birch on an Upland Dense Bracken Site*, 2002–2011, Coed Cymru, Powys.

11  Trees for Life, no date given, 'Seed dispersal', http://www.treesforlife.org.uk/forest/ecological/seed_dispersal.html

12  Bryony Coles, 2006, *Beavers in Britain's Past*, Oxbow Books and WARP, Oxford.

13  Ibid.

14  Derek Gow, 2006, 'Beaver trends in Britain and Europe', *ECOS*, vol. 27, no. 1, pp. 57–65.

15  Ibid.

16  Ibid.

17  Severin Carrell, 25 November 2010, 'Scotland's beaver-trapping plan has wildlife campaigners up in arms', *Guardian*, http://www.guardian.co.uk/environment/2010/nov/25/beavers-scotland-conservation

18  Richard Vaughan, FUW, quoted by Sally Williams, 8 April 2011, 'Beavers scheme just "crazy", farmers warn', *Western Mail*.

19  The Blaeneinion Project, 2011, *Beaver Fact Sheet*, http://www.blaeneinion.co.uk

20  William J. Ripple and Robert L. Beschta, 2012, 'Trophic cascades in Yellowstone: the first 15 years after wolf reintroduction', *Biological Conservation*, vol. 145, issue 1, pp. 205–13.

21  Åsa Hägglund and Göran Sjöberg, 1999, 'Effects of beaver dams on the fish fauna of forest streams', *Forest Ecology and Management*, vol. 115, nos. 2–3, pp. 259–66, doi:10.1016/S0378-1127(98)00404-6; Krzysztof Kukula and Aneta

Bylak, 2010, 'Ichthyofauna of a mountain stream dammed by beaver', *Archives of Polish Fisheries*, vol. 18, no. 1, pp. 33–43, doi: 10.2478/v10086-010-0004-1.

22  Douglas B. Sigourney et al, 2006, 'Influence of beaver activity on summer growth and condition of age–2 Atlantic salmon parr', *Transactions of the American Fisheries Society*, vol. 135, no. 4, pp. 1068–75, doi: 10.1577/T05-159.1.

23  Robert J. Naiman, Carol A. Johnston and James C. Kelley, 1988, 'Alteration of North American streams by beaver', *BioScience*, vol. 38, no. 11, pp. 753–62, http://www.jstor.org/stable/1310784

24  Mateusz Ciechanowski et al, 2011, 'Reintroduction of beavers *Castor fiber* may improve habitat quality for vespertilionid bats foraging in small river valleys', *European Journal of Wildlife Research*, vol. 57, pp. 737–47, doi: 10.1007/s10344-010-0481-y.

25  Nick Mott, 2005, *Managing Woody Debris in Rivers and Streams*, Water for Wildlife and the Wildlife Trusts, http://www.riou.be/pdf/extern/Woody%20Debris%20Booklet.pdf

26  See fig. 20.22, chap. 20 of the 'UK national ecosystem assessment', http://uknea.unep-wcmc.org/Resources/tabid/82/Default.aspx

27  Mott, *Managing Woody Debris*.

28  Forest Research, 2012, *Slowing the Flow at Pickering: What is the Project?*, http://www.forestry.gov.uk/fr/INFD-7ZUCL6; Forest Research, *Slowing the Flow in Pickering and Sinnington*, http://www.forestry.gov.uk/pdf/Slow_the_flow_Pickering_factsheet.pdf/$FILE/Slow_the_flow_Pickering_factsheet.pdf

29  Naiman, Johnston and Kelley, 'Alteration of North American streams by beaver'.

30  Sally Williams, 8 April 2011, 'Beavers scheme just "crazy", farmers warn', *Western Mail*.

31  Quentin D. Skinner et al, 1984, 'Stream water quality as influenced by beaver within grazing systems in Wyoming', *Journal of Range Management*, vol. 37, no. 2, pp. 142–6.

32  Ripple and Beschta, 'Trophic cascades in Yellowstone'.

33  Ibid.

34  R. J. Naiman and K. H. Rogers, 1997, 'Large animals and system-level characteristics in river corridors', *BioScience*, 47, p. 521, doi: 10.2307/1313120. Cited

in J. A. Estes et al, 2011, 'Trophic downgrading of planet earth', *Science*, vol. 333, no. 6040, pp. 301–6, doi: 10.1126/science.1205106.

35  Lisa Marie Baril, 2009, 'Change in deciduous woody vegetation, implications of increased willow (*Salix* Spp.) growth for bird species diversity, and willow species composition in and around Yellowstone National Park's Northern Range', MSc thesis, Montana State University, http://etd.lib.montana.edu/etd/2009/baril/BarilL1209.pdf

36  Ripple and Beschta, 'Trophic cascades in Yellowstone'.

37  Robert L. Beschta and William J. Ripple, 2006, 'River channel dynamics following extirpation of wolves in northwestern Yellowstone National Park', *Earth Surface Processes and Landforms*, vol. 31, no. 12, pp. 1525–39, doi: 10.1002/esp.1362.

38  William J. Ripple and Robert L. Beschta, 2006, 'Linking a cougar decline, trophic cascade, and catastrophic regime shift in Zion National Park', *Biological Conservation*, vol. 133, pp. 397–408, doi: 10.1016/j.biocon.2006.07.002.

39  Robert L. Beschta and William J. Ripple, 2009, 'Large predators and trophic cascades in terrestrial ecosystems of the western United States', *Biological Conservation*, vol. 142, pp. 2401–14.

40  Douglas A. Frank, 2008, 'Evidence for top predator control of a grazing ecosystem', *Oikos*, 117, pp. 1718–24, doi: 10.1111/j.1600–0706.2008.16846.x.

41  Ripple and Beschta, 'Trophic cascades in Yellowstone'.

42  Ibid.

43  Beschta and Ripple, 'Large predators and trophic cascades'.

44  Adrian D. Manning, Iain J. Gordon and William J. Ripple, 2009, 'Restoring landscapes of fear with wolves in the Scottish Highlands', *Biological Conservation*, vol. 142, issue 10, pp. 2314–21, http://dx.doi.org/10.1016/j.biocon.2009.05.007

45  G. V. Hilderbrand, et al, 1999, 'Role of brown bears (*Ursus arctos*) in the flow of marine nitrogen into a terrestrial ecosystem', *Oecologia*, 121, pp. 546–50.

46  D. A. Croll et al, 2005, 'Introduced predators transform subarctic islands from grassland to tundra', *Science*, vol. 30, 7, no. 5717, pp. 1959–61, doi: 10.1126/science.1108485.

47  S. A. Zimov et al, 1995, 'Steppe–tundra transition: a herbivore–driven biome

shift at the end of the Pleistocene', *The American Naturalist*, vol. 146, no. 5, pp. 765–94.

48  See D. Nogués-Bravo et al, 2008, 'Climate change, humans, and the extinction of the woolly mammoth', *PLoS Biology*, vol. 6, no. 4, p. 79, doi: 10.1371/journal.pbio.0060079.

49  Zimov et al, 'Steppe-tundra transition'.

50  S. A. Zimov, 2005, 'Pleistocene Park: return of the mammoth's ecosystem', *Science*, vol. 308, pp. 796–8, doi: 10.1126/science.1113442.

51  Zimov et al, 'Steppe-tundra transition'.

52  Susan Rule et al, 2012, 'The aftermath of megafaunal extinction: ecosystem transformation in Pleistocene Australia', *Science*, vol. 335, pp. 1483–6, doi: 10.1126/science.1214261.

53  Laura R. Prugh et al, 2009, 'The rise of the Mesopredator', *BioScience*, 59(9), pp. 779–91.

54  James A. Estes et al, 2011, 'Trophic downgrading of planet earth', *Science*, vol. 333, no. 6040, pp. 301–6, doi: 10.1126/science.1205106.

55  Prugh et al, 'The rise of the Mesopredator'.

56  Anil Markandya et al, 2008, 'Counting the cost of vulture decline – an appraisal of the human health and other benefits of vultures in India', *Ecological Economics*, 67 (2), pp. 194–204.

## 7    늑대여 돌아오라

1  Dick Mol, John de Vos and Johannes van der Plicht, 2007, 'The presence and extinction of *Elephas antiquus* Falconer and Cautley, 1847, in Europe', *Quaternary International*, vols. 169–70, pp. 149–53.

2  S. L. Vartanyan, V. E. Garutt and A. V. Sher, 1993, 'Holocene dwarf mammoths from Wrangel Island in the Siberian Arctic', *Nature*, vol. 362, pp. 337–40, doi: 10.1038/362337a0.

3  A. J. Stuart, 2001, 'Occurrence of mammalia relicts at site Trafalgar Square', *European Quaternary Mammalia Database*, http://doi.pangaea.de/10.1594/PANGAEA.64391; J. W. Franks, 1959, 'Interglacial deposits at Trafalgar Square,

London', re-issued 2006, in *New Phytologist*, vol. 59, issue 2.

4   Hervé Bocherens et al, 2011, 'Isotopic evidence for dietary ecology of cave lion (*Panthera spelaea*) in north- western Europe: prey choice, competition and implications for extinction', *Quaternary International*, vol. 245, no. 2, pp. 249-61, http://dx.doi.org/10.1016/j.quaint.2011.02.023

5   Derek Yalden, 1999, *The History of British Mammals*, T and AD Poyser, London.

6   Mary C. Stiner, 2004, 'Comparative ecology and taphonomy of spotted hyenas, humans, and wolves in Pleistocene Italy', *Revue de Paléobiologie*, vol. 23, no. 2, pp. 771-85.

7   Franks, 'Interglacial deposits at Trafalgar Square'.

8   Oliver Rackham, no date given, 'Ancient forestry practices', in Victor R. Squires (ed.), *The Role of Food, Agriculture, Forestry and Fisheries in Human Nutrition*, vol. II, *Encyclopedia of Life Support Systems*.

9   Jonas Chafota, 1998, 'Effects of changes in elephant densities on the environment and other species: how much do we know?', Cooperative Regional Wildlife Management in Southern Africa, http://agecon.ucdavis.edu/people/faculty/lovell-jarvis/docs/elephant/chafota.pdf; J. J. Smallie and T. G. O'Connor, 2000, 'Elephant utilization of *Colophospermum mopane*: possible benefits of hedging', *African Journal of Ecology*, vol. 38, pp. 352-9.

10   Graham Kerley et al, 2008, 'Effects of elephants on ecosystems and biodiversity', in R. J. Scholes and K. G. Mennell (eds.), *Elephant Management: A Scientific Assessment of South Africa*, Witwatersrand University Press, Johannesburg; Peter Baxter, 2003, 'Modeling the impact of the African elephant, *Loxodonta africana*, on woody vegetation in semi-arid savannas', PhD dissertation, University of California, Berkeley.

11   Department for Environment, Food and Rural Affairs, 2008, 'Feral wild boar in England: an action plan', http://www.naturalengland.org.uk/Images/feralwildboar_tcm6-4508.pdf

12   M. J. Goulding and T. J. Roper, 2002, 'Press responses to the presence of free-living wild boar (*Sus scrofa*) in southern England', *Mammal Review*, 32, pp. 272-82, doi: 10.1046/j.1365-2907.2002.00109.x.

13   Department for Environment, Food and Rural Affairs, 'Feral wild boar in England'.

14 Derek Gow, 2002, 'A wallowing good time – wild boar in the woods', *ECOS*, 23 (2), pp. 14–22.

15 Trees for Life, 2008, 'Results from the Guisachan Wild Boar Project', http://www.treesforlife.org.uk/forest/missing/guisachan200805.html

16 Department for Environment, Food and Rural Affairs, 'Feral wild boar in England'.

17 Camila Ruz, 1 September 2011, 'Wild boar cull "not based on scientific estimates"', http://www.guardian.co.uk/environment/2011/sep/01/wild-boar-cull

18 Gow, 'A wallowing good time'.

19 British Wild Boar Organisation, January 2010, 'Interesting happenings occurring with Britain's free-living wild boar', http://www.britishwildboar.org.uk/BWBONewsletterJan2010.pdf

20 Jenny Farrant, 2 February 2012, by email.

21 Northern Potential, 2011, 'The Highlands of Scotland', http://northernpotential.net/the_highlands_of_scotland

22 Alan Watson Featherstone, 2001, 'The wild heart of the Highlands', Trees for Life, http://www.treesforlife.org.uk/tfl.wildheart.html

23 Land Reform (Scotland) Act 2003, http://www.legislation.gov.uk/asp/2003/2/contents

24 Peter Fraser, Angus MacKenzie and Donald MacKenzie, 2012, 'The economic importance of red deer to Scotland's rural economy and the political threat now facing the country's iconic species', Scottish Gamekeepers' Association.

25 Ibid.

26 BBC Scotland, 16 June 2011, 'Mull's economy soars on wings of white-tailed eagles', http://www.bbc.co.uk/news/uk-scotland-scotland-business-13783555

27 RSPB, various dates, 'Mull white-tailed eagles', http://www.rspb.org.uk/wildlife/tracking/mulleagles/

28 BBC Scotland, 'Mull's economy soars on wings of white-tailed eagles'.

29 The Scottish Government, June 2010, *The Economic Impact of Wildlife Tourism in Scotland*, research conducted by International Centre for Tourism and Hospitality Research, Bournemouth University, http://www.scotland.gov.uk/Publica-

tions/2010/05/12164456/1

30   Patrick Barkham, 14 September 2011, 'Record numbers of golden eagles poisoned in Scotland in 2010', http://www.guardian.co.uk/environment/2011/sep/14/golden-eagles-poisoned-scotland-rspb

31   Alan Watson Featherstone, 2010, 'Restoring biodiversity in the native pinewoods of the Caledonian Forest', *Reforesting Scotland*, issue 41, pp. 17–21, http://www.treesforlife.org.uk/images/Reforesting%20Scotland%2041%20Biodiversity.pdf

32   Dan Puplett, no date given, 'Riparian woodlands', http://www.treesforlife.org.uk/forest/ecological/riparianwoodland.html

33   David Hetherington, 13 July 2010, presentation at Rewilding Europe and the Return of Predators. Symposium convened by the Zoological Society of London.

34   Kevin Cahill, 2002, *Who Owns Britain*, Canongate, Edinburgh.

35   Rewilding Europe, 2012, *Making Europe a Wilder Place*, www.rewildingeurope.com/assets/uploads/Downloads/Rewilding-Europe-Brochure-2012.pdf

36   Rewilding Europe, 2012, 'First wild bison in Romania after 160 years', http://rewildingeurope.com/news/articles/first-wild-bison-in-romania-after-160-years/

37   http://www.panparks.org/newsroom/news/2012/wilderness-does-not-stop-at-borders

38   WWF, 2012, 'Danube-Carpathian region', http://wwf.panda.org/what_we_do/where_we_work/black_sea_basin/danube_carpathian/blue_river_green_mtn/; Wild Europe, 2010, 'Towards a wilder Europe: developing an action agenda for wilderness and large natural habitat areas', http://www.panparks.org/sites/default/files/docs/publications-resources/towards_a_wilder_europe.pdf

39   Wild Europe, 2010, Restoration Conference, http://www.wildeurope.org/index.php?option=com_content&view=article&id=56&Itemid=19

40   Wild Europe, 'Towards a wilder Europe'.

41   Pan Parks, 27 June 2012, Genuine wilderness protection in Germany', http://www.panparks.org/newsroom/news/2012/genuine-wilderness-protection-in-germany

42   Twan Teunissen, 3 October 2011, 'Horses to the wolves, wolves to the horses', http://rewildingeurope.com/blog/horses-to-the-wolves-wolves-to-the-hors-

es/

43 Ibid.

44 Suzanne Goldenberg, 8 December 2010, 'How America is learning to live with wolves again', http://www.guardian.co.uk/environment/2010/dec/08/keep-ing-wolf-from-door

45 Wildlife Extra, September 2011, 'Wolf caught on camera trap in Belgium' (Video), www.wildlifeextra.com/go/news/wolf-belgium.html

46 Erwin van Maanen, 2011, 'Wolves marching further west!', http://www.rewild-ingfoundation.org/2011/09/23/wolves-marching-further-west/

47 Rewilding Europe, *Making Europe a Wilder Place*.

48 Ibid.

49 International Union for Conservation of Nature, 2013, IUCN Red List of Threatened Species: *Bison bonasus*, http://www.iucnredlist.org/details/2814/0

50 The Blaeneinion Project, 2011, *Beaver Fact Sheet*, http://www.blaeneinion.co.uk

51 Rewilding Europe, *Making Europe a Wilder Place*.

52 J. D. C. Linnell et al, 2002, 'The fear of wolves: a review of wolf attacks on humans', NINA (Norwegian Institute for Nature Research) Opp dragsmelding 731, http://www.nina.no/archive/nina/PppBasePdf/oppdragsmelding/731.pdf

53 Roger Panaman, 2002, 'Wolves are returning', *ECOS*, vol. 23, no. 2.

54 US Fish and Wildlife Service, 1993, 'The reintroduction of gray wolves to Yellowstone National Park and Central Idaho: environmental impact statement', Gray Wolf Environmental Impact Study, Helena, Montana. Cited by Panaman, 'Wolves are returning'.

55 P. Ciucci and L. Boitani, 1998, 'Wolf and dog depredation on livestock in central Italy', *Wildlife Society Bulletin*, vol. 26, pp. 504-14.

56 Laetitia M. Navarro and Henrique M. Pereira, 2012, 'Rewilding abandoned landscapes in Europe', *Ecosystems*, vol. 15, no. 6, pp. 900-912.

57 Charles J. Wilson, 2004, 'Could we live with reintroduced large carnivores in the UK?', *Mammal Review*, vol. 34, no. 3, pp. 211-32.

58 BBC Technology, 6 August 2012, 'Sheep to warn of wolves via text message', www.bbc.co.uk/news/technology-19147403

59 Guillaume Chapron, 13 July 2010, 'Restoring and managing wolves in Sweden', presentation at Rewilding Europe and the Return of Predators, Symposium con-

vened by the Zoological Society of London.

60   Oliver Rackham, 1986, *The History of the Countryside*, JM Dent and Sons, London.

61   Wilson, 'Could we live with reintroduced large carnivores in the UK?'; Panaman, 'Wolves are returning'.

62   Erlend B. Nilsen et al, 2007, 'Wolf reintroduction to Scotland: public attitudes and consequences for red deer management', *Proceedings of the Royal Society* – B, vol. 274, no. 1612, pp. 995–1003, doi: 10.1098/rspb.2006.0369.

63   Ibid.

64   D. P. J. Kuijper, 2011, 'Lack of natural control mechanisms increases wild-life–forestry conflict in managed temperate European forest systems', *European Journal of Forest Research*, vol. 130, no. 6, pp. 895–909, doi: 10.1007/s10342–011–0523–3.

65   Dan Puplett, 2008, 'Our once and future fauna', *ECOS*, vol. 29, pp. 4–17.

66   Laura R. Prugh et al, 2009, 'The rise of the Mesopredator', *BioScience*, vol. 59, no. 9, pp. 779–91.

67   Nilsen et al, 'Wolf reintroduction to Scotland'.

68   R. D. S. Jenkinson, 1983, 'The recent history of Northern Lynx (*Lynx lynx* Linne) in the British Isles', *Quaternary Newsletter*, vol. 41, pp. 1–7. Cited in David A. Hetherington, Tom C. Lord and Roger M. Jacobi, 2006, 'New evidence for the occurrence of Eurasian lynx (*Lynx lynx*) in medieval Britain', *Journal of Quaternary Science*, vol. 21, no. 1, pp. 3–8, doi: 10.1002/jqs.960.

69   Hetherington, Lord and Jacobi, 'New evidence for the occurrence of Eurasian-lynx (*Lynx lynx*) in medieval Britain'.

70   http://www.cs.ox.ac.uk/people/geraint.jones/rhydychen.org/about.welsh/pais–dinogad.html

71   Darren Devine, 12 October 2005, 'Was Welsh poet right about lynx legend?', *Western Mail*, www.walesonline.co.uk/news/wales–news/tm_objectid=16238211&method=full&siteid=50082&headline=was–welsh–poet–right–about–lynx–legend–name–page.html

72   David Hetherington, 2010, 'The lynx', in Terry O'Connor and Naomi Sykes (eds.), *Extinctions and Invasions: A Social History of British Fauna*, Windgather Press, Oxford.

73 Wilson, 'Could we live with reintroduced large carnivores in the UK?'.

74 David Hetherington, 13 July 2010, 'The potential for restoring Eurasian lynx to Scotland', presentation at Rewilding Europe and the Return of Predators. Symposium convened by the Zoological Society of London.

75 U. Breitenmoser et al, 2000, *The Action Plan for the Conservation of the Eurasian Lynx (Lynx Lynx) in Europe*, Council of Europe Publishing, Strasbourg, France, *Nature and Environmental* Series No. 112. Cited by David Hetherington et al, 2008, 'A potential habitat network for the Eurasian lynx *Lynx lynx* in Scotland', *Mammal Review*, vol. 38, no. 4, pp. 285–303.

76 David Hetherington, 2006, 'The lynx in Britain's past, present and future', *ECOS*, vol. 27, no. 1, pp. 66–74.

77 Hetherington et al, 'A potential habitat network for the Eurasian lynx *Lynx lynx* in Scotland'.

78 Hetherington, 'The potential for restoring Eurasian lynx to Scotland'.

**8** 희망의 작업

1 Bryony Coles, 2006, *Beavers in Britain's Past*, Oxbow Books and WARP, Oxford.

2 Oliver Rackham, 1986, *The History of the Countryside*, JM Dent and Sons, London.

3 Derek Yalden, 1999, *The History of British Mammals*, T and AD Poyser, London.

4 Ibid.

5 R. Coard and A. T. Chamberlain, 1999, 'The nature and timing of faunal change in the British Isles across the Pleistocene/Holocene transition', *The Holocene*, 9, p. 372, doi: 10.1191/095968399672435429; Yalden, *British Mammals*.

6 The Cairngorm Reindeer Herd, various dates, www.cairngormreindeer.co.uk/

7 BIAZA, 2012, 'Eelmoor Marsh Conservation Project', www.biaza.org.uk/conservation/conservation-projects/eelmoor-marsh-conservation-project/

8 Yalden, *British Mammals*.

9 David Hetherington, 2010, 'The lynx', in Terry O'Connor and Naomi Sykes (eds.), *Extinctions and Invasions: A Social History of British Fauna*, Windgather Press, Oxford.

10  Rackham, *History of the Countryside*.

11  Ibid.

12  The Mammal Society, 2011, www.mammal.org.uk/index.php?option=com_
    content&view=article&id=250&Itemid=283

13  Ibid.

14  Yalden, *British Mammals*.

15  Mary C. Stiner, 2004, 'Comparative ecology and taphonomy of spotted hyenas,
    humans, and wolves in Pleistocene Italy', *Revue de Paléobiologie*, vol. 23, no. 2,
    pp. 771–85.

16  Dick Mol, John de Vos and Johannes van der Plicht, 2007, 'The presence and ex-
    tinction of *Elephas antiquus* Falconer and Cautley, 1847, in Europe', *Quaternary
    International*, vols. 169–70, pp. 149–53.

17  Yalden, *British Mammals*.

18  Ibid.

19  Yalden, *British Mammals*.

20  No author given, 18 July 2005, 'Plan to bring grey whales back to Britain', *Daily
    Telegraph*, www.telegraph.co.uk/news/uknews/1494286/Plan-to-bring-grey-
    whales-back-to-Britain.html

21  J. R. Waldman, 2000, 'Restoring *Acipenser sturio* L., 1758 in Europe: lessons
    from the *Acipenser oxyrinchus* Mitchill, 1815 experience in North America', *Bo-
    letín, Instituto Español de Oceanografía*, vol. 16, pp. 237–44.

22  Jörn Gessner et al, 2006, 'Remediation measures for the Baltic sturgeon: status
    review and perspectives', *Journal of Applied Ichthyology*, vol. 22, issue supplement
    s1, pp. 23–31, doi: 10.1111/j.1439-0426.2007.00925.x; F. Kirschbaum and
    J. Gessner, 2000, 'Re-establishment programme for *Acipenser sturio* L. 1758:
    the German approach', *Boletín, Instituto Español de Oceanografía*, vol. 16, pp.
    149–56.

23  P. Williot et al, 2009, '*Acipenser sturio* recovery research actions in France', in
    *Biology, Conservation and Sustainable Development of Sturgeons, Fish & Fisheries Se-
    ries*, vol. 29, III, pp. 247–63, Springer, Germany, doi: 10.1007/978-1-4020-
    8437-9_15.

24  Mull Magic, 2012, 'White-tailed eagles on the Isle of Mull', www.white-tailed-
    sea-eagle.co.uk/

25  Dyfi Osprey Project, 2011, 'History of British ospreys', www.dyfiospreyproject. com/history-of-british-ospreys

26  Forestry Commission, 2012, *Capercaillie*, www.forestry.gov.uk/forestry/capercaillie

27  Trees for Life, 1999, *Species Profile: Capercaillie*, www.treesforlife.org.uk/tfl. capercaillie.html

28  British Birds, 1 August 2010, 'White-tailed-eagle-reintroduction grounded', www.britishbirds.co.uk/news-and-comment/white-tailed-eagle-reintroduction-grounded

29  Tim Melling, Steve Dudley and Paul Doherty, 2008, 'The eagle owl in Britain', *British Birds*, vol. 101, pp. 478-90.

30  D. W. Yalden and U. Albarella, 2009, *The History of British Birds*, Oxford University Press, Oxford.

31  Clive Hambler and Susan M. Canney, 2013 (2nd edition, read in galley proof), *Conservation*, Cambridge University Press, Cambridge.

32  Royal Society for the Protection of Birds, 2012, *Goshawk*, www.rspb.org.uk/wildlife/birdguide/name/g/goshawk/index.aspx

33  Ibid.

34  Wildlife Extra, 2007, 'Great Bustards in the UK', www.wildlifeextra.com/go/news/bw-greatbustards.html

35  Andrew Stanbury and the UK Crane Working Group, 1 August 2011, 'The changing status of the common crane in the UK', www.britishbirds.co.uk/articles/the-changing-status-of-the-common-crane-in-the-uk

36  Peter Taylor, 2011, 'Big birds in the UK: the reintroduction of iconic species', *ECOS*, vol. 32, no. 1, pp. 74-80.

37  Yalden and Albarella, *British Birds*.

38  Yalden and Albarella, *British Birds*.

39  Yalden and Albarella, *British Birds*.

40  BBC News, 23 April 2004, 'Storks set to end 600-year wait', http://news.bbc.co.uk/1/hi/england/west_yorkshire/3653171.stm

41  Royal Society for the Protection of Birds, 2012, 'Something to stork about!', www.rspb.org.uk/community/wildlife/b/wildlife/archive/2012/04/26/something-to-stork-about.aspx

42  Natural England, 12 September 2011, 'Breeding spoonbills return to Holkham', www.naturalengland.org.uk/about_us/news/2011/120911.aspx

43  Natural England, 21 November 2012, by email.

44  Ibid.

45  Ibid.

46  See S. A. Zimov et al, 1995, 'Steppe-tundra transition: a herbivore-driven biome shift at the end of the Pleistocene', *The American Naturalist*, vol.146, no. 5, pp. 765-94.

47  See S. A. Zimov, 2005, 'Pleistocene Park: return of the mammoth's ecosystem', Science, vol. 308, pp. 796-8, doi: 10.1126/science.1113442.

48  www.riverbluffcave.com/gallery/rec_id/104/type/1

49  Nancy Sisinyak, no date given, 'The biggest bear . . . ever', Alaska Department of Fish and Game, www.adfg.alaska.gov/index.cfm?adfg=wildlifenews.view_article&articles_id=232&issue_id=41

50  San Diego Zoo, April 2009, *Extinct Teratorn, Teratornithidae*, http://library.sandiegozoo.org/factsheets/_extinct/teratorn/teratorn.htm

51  For example, Paul S. Martin, 2005, *Twilight of the Mammoths: Ice Age Extinctions and the Rewilding of America*, University of California Press, Berkeley; F. L. Koch and A. D. Barnosky, 2006, 'Late Quaternary extinctions: state of the debate', *Annual Review of Ecology, Evolution, and Systematics*, vol. 37, pp. 215-50.

52  See William J. Ripple and Blaire Van Valkenburgh, 2010, 'Linking top-down forces to the Pleistocene megafaunal extinctions', *BioScience*, vol. 60, no. 7, pp. 516-26, doi: 10.1525/bio.2010.60.7.7.

53  See Ripple and Van Valkenburgh, 'Linking top-down forces'.

54  Josh Donlan et al, 2005, 'Re-wilding North America', *Nature*, vol. 436, pp. 913-14, doi: 10.1038/436913a; Tim Caro, 2007, 'The Pleistocene re-wilding gambit', *Trends in Ecology & Evolution*, vol. 22, no. 6, pp. 281-3, doi: 10.1016/j.tree.2007.03.001.

55  Dustin R. Rubenstein et al, 2006, 'Pleistocene Park: does re-wilding North America represent sound conservation for the 21st century?', Biological Conservation, vol. 132, pp. 232-8, doi: 10.1016/j.biocon.2006.04.003.

56  Peter Taylor, 2009, 'Re-wilding the grazers: obstacles to the "wild" in wildlife management', *British Wildlife*, vol. 51, no. 5 (special supplement), pp. 50-55.

57　Pleistocene Park, various dates, www.pleistocenepark.ru/en/

58　Zimov, 'Pleistocene Park'.

59　Zimov et al, 'Steppe-tundra transition'.

60　www.pleistocenepark.ru/en/background/

61　Mike D'Aguillo, 2008, 'Recreating a wooly mammoth', http://sites.google.
　　com/site/mikesbiowebpage/mammoth-recreation-project; Nicholas Wade, 9
　　November 2008, 'Regenerating a mammoth for $10 million', New York Times,
　　www.nytimes.com/2008/11/20/science/20mammoth.html?pagewanted=all&_
　　r=0

62　Global Invasive Species Database, 2012, 'Clarias batrachus', www.issg.org/data-
　　base/species/ecology.asp?si=62&fr=1&sts=sss&lang=EN

63　Global Invasive Species Database, 2012, 'Rhinella marina(=Bufo marinus)', www.
　　issg.org/database/species/ecology.asp?si=113&fr=1&sts=sss&lang=EN

64　John Vidal, 20 May 2008, 'From stowaway to supersize predator: the mice
　　eating rare seabirds alive', Guardian, www.guardian.co.uk/environment/2008/
　　may/20/wildlife.endangeredspecies

65　Offwell Woodland & Wildlife Trust, 2011, 'The value of different tree species
　　for invertebrates and lichens'. Data extracted from C. E. J. Kennedy and T. R.
　　E. Southwood, 1984, 'The number of species of insects associated with British
　　trees: a re-analysis', Journal of Animal Ecology, vol. 53, pp. 455-78, www.coun-
　　trysideinfo.co.uk/woodland_manage/tree_value.htm

66　Christopher D. Preston, David A. Pearman and Allan R. Hall, 2004, 'Archaeo-
　　phytes in Britain', Botanical Journal of the Linnean Society, vol. 145, pp. 257-94.

67　Jagjit Singh et al, 1994, 'The search for wild dry rot fungus (Serpula lacrymans) in
　　the Himalayas', Journal of the Institute of Wood Science, vol. 13, no. 3, pp. 411-12.

68　Preston, Pearman and Hall, 'Archaeophytes in Britain'.

69　Ibid.

70　Christine M. Cheffings and Lynne Farrell (eds.), 2005, 'Species Status No. 7',
　　The Vascular Plant Red Data List for Great Britain, Joint Nature Conservation
　　Committee, http://jncc.defra.gov.uk/pdf/pub05_ speciesstatusvpredlist3_web.
　　pdf

71　Plantlife, 2011, Pheasant's-eye,www.plantlife.org.uk/wild_plants/plant_species/
　　pheasants-eye

72 Yalden, *British Mammals*.

73 Book V, 12, cited by Yalden, *British Mammals*.

74 Forestry Commission, 29 July 2008, 'Goshawks are stars of the show at Haldon!', www.forestry.gov.uk/newsreel.nsf/WebPressReleases/0163369508A2C-D738025748800522E10; Rob Coope, 2007, 'A preliminary investigation of the food and feeding behaviour of pine martens in productive forestry from an analysis of the contents of their scats collected in Inchnacardoch forest, Fort Augustus', *Scottish Forestry*, vol. 61, no. 3, pp. 3–15.

75 Yalden, *British Mammals*.

76 P. Salo et al, 2008, 'Risk induced by a native top predator reduces alien mink movements', *Journal of Animal Ecology*, vol. 77, no. 6, pp. 1092–8, doi: 10.1111/j.1365-2656.2008.01430.x.

77 Guy Hand, October 2000, 'Planting on barren ground', Trees for Life, www.treesforlife.org.uk/tfl.guyhand.html

78 Dan Puplett, no date given, 'Dead wood', Trees for Life, www.treesforlife.org.uk/forest/ecological/deadwood.html

79 Alan Watson Featherstone, 2001, 'The wild heart of the Highlands', Trees for Life, www.treesforlife.org.uk/tfl.wildheart.html

80 Ibid.

1 The Cairngorm Reindeer Herd, various dates, www.cairngormreindeer.co.uk/

**9      양의 파괴력**

1 Woodland Trust, 2012, *UK Woodland Facts*, www.woodlandtrust.org.uk/en/news-media/fact-file/Pages/uk-woodland-facts.aspx#.Tp7vU3LDD9o

2 Thomas More, *Utopia*, chapter 22.

3 David Williams, 1952, 'Rhyfel y Sais Bach: an enclosure riot on Mynydd Bach', *Journal of the Cardiganshire Antiquarian Society*, vol. 2, nos. 1–4.

4 National Library of Wales, 2004, 'Life on the land: land ownership', http://digidol.llgc.org.uk/METS/XAM00001/ardd?locale=en

5 In evidence submitted to the House of Commons Environment, Food and Rural Affairs Committee, 16 February 2011, 'Farming in the uplands', Third Report

of Session 2010-11, http://www.publications.parliament.uk/pa/cm201011/cmselect/cmenvfru/556/556.pdf

6   Statistics for Wales, 2011, *Agricultural Small Area Statistics for Wales, 2002 to 2010*. SB 75/2011, http://wales.gov.uk/docs/statistics/2011/110728sb752011en.pdf

7   UK National Ecosystem Assessment (2011), chap. 20, fig. 20.8, 'Short-term abundance of widespread breeding birds in Wales 1994 – 2009', http://uknea.unep-wcmc.org/Resources/tabid/82/Default.aspx

8   Royal Society for the Protection of Birds Cymru, 2009, Submission to Rural Development Sub-Committee Inquiry into the future of the uplands in Wales, http://www.assemblywales.org/6_rspb_formatted.pdf

9   UK National Ecosystem Assessment, chap. 20, fig. 20.16, 'Condition of a) riverine species, and b) riverine habitats in special areas of conservation in Wales', http://uknea.unep-wcmc.org/Resources/tabid/82/Default.aspx

10  P. J. Johnes et al, 2007, 'Land use scenarios for England and Wales: evaluation of management options to support "good ecological status" in surface freshwaters', *Soil Use and Management*, vol. 23 (suppl. 1), pp. 176-94.

11  UK National Ecosystem Assessment, 'Condition of a) riverine species, and b) riverine habitats in special areas of conservation in Wales'.

12  UK National Ecosystem Assessment, chap. 20, fig. 20.11, 'Threats to biodiversity in Wales', http://uknea.unep-wcmc.org/Resources/tabid/82/Default.aspx

13  Nigel Miller, vice-president of the National Farmers' Union in Scotland, 2008, quoted in LISS Online, www.oatridge.ac.uk/documents/982

14  Emyr Jones, 26 October 2012, letter to the *County Times*, Powys.

15  Chap. 20, http://uknea.unep-wcmc.org/Resources/tabid/82/Default.aspx.

16  UK National Ecosystem Assessment, chap. 20, fig. 20.31.

17  Statistics for Wales, Welsh Assembly government, 2010, *Farming Facts and figures, Wales*.

18  UK National Ecosystem Assessment, chap. 20, fig. 20.39, 'Imports and exports of food commodities in Wales', http://uknea.unep-wcmc.org/Resources/tabid/82/Default.aspx

19  UK National Ecosystem Assessment, chap. 20, fig. 20.22, 'Flood events in the River Wye from 1923 to 2003', http://uknea.unep-wcmc.org/Resources/tabid/82/Default.aspx

20 UK National Ecosystem Assessment, chap. 13, fig. 13.14, 'a) Long-term rainfall; and b) water balance (evapotranspiration) from the forested (Severn) and moorland (Wye) catchments at Plynlimon', http://uknea.unep-wcmc.org/Resources/tabid/82/Default.aspx

21 UK National Ecosystem Assessment, chap. 20, http://uknea.unep-wcmc.org/Resources/tabid/82/Default.aspx

22 Ibid.

23 UK National Ecosystem Assessment, chap. 22, fig. 22.2, 'Economic values that would arise from a change of land use from farming to multi-purpose woodland in Wales (£ per year)', http://uknea.unep-wcmc.org/Resources/tabid/82/Default.aspx

24 Institute of Biological, Environmental and Rural Sciences, Aberystwyth University, 2011, 'Farm outputs – all sizes. Table B3: Hill sheep farms, 2009/2010', http://www.aber.ac.uk/en/media/0910Iy_11d.pdf

25 DEFRA press office, 26 November 2011, by email.

26 DEFRA press office, 31 August 2011, by email.

27 Office of National Statistics, 2010, *Family Spending 2010 Edition. Table A1: Components of Household Expenditure 2009*, http://www.ons.gov.uk/ons/publications/re-reference-tables.html?edition=tcm%3A77-225698

28 Ibid.

29 Statistics for Wales, *Agricultural Small Area Statistics for Wales*, 2002 to 2010.

30 Official Journal of the European Union, 31 January 2009, 'CouncilRegulation (EC) No. 73/2009 of 19 January 2009, establishing common rules for direct support schemes for farmers under the common agricultural policy and establishing certain support schemes for farmers, amending Regulations (EC) No. 1290/2005, (EC) No. 247/2006, (EC) No. 378/2007 and repealing Regulation (EC) No. 1782/2003. Annex III', http://eur-lex.europa.eu/LexUriServ/LexUriServ.do?uri=OJ:L:2009:030:0016:0016:EN:PDF

31 Miles King, December 2010, *An Investigation into Policies Affecting Europe's Semi-Natural Grasslands*, The Grasslands Trust, www.grasslands-trust.org/uploads/page/doc/European%20grasslands%20report%20phase%201%20final%281%29.pdf

32 BBC Northern Ireland, 19 October 2011, 'Northern Ireland faces more Europe-

an farm subsidy fines', www.bbc.co.uk/news/uk-northern-ireland-15369709; Miles King, 2011, 'Dark days return: farm subsidies drive environmental destruction', http://milesking.wordpress.com/2011/03/09/dark-days-return-farm-subsidies-drive-environmental-destruction/;King, *Europe's Semi-Natural Grasslands*.

33   European Commission, 2011, 'Common Agricultural Policy towards 2020: Assessment of Alternative Policy Options', http://ec.europa.eu/agriculture/analysis/perspec/cap-2020/impact-assessment/full-text_en.pdf

34   Welsh Assembly government, 2010, *Glastir: A Guide to Frequently Asked Questions*.

35   Ibid.

36   Welsh Assembly government, 2010, *Glastir Targeted Element: An Explanation of the Selection Process*.

37   See http://maps.forestry.gov.uk/imf/imf.jsp?site=fcwales_ext&

38   Genesis 1, 26.

39   Charlemagne, 30 October 2008, 'Europe's baleful bail-outs', http://www.economist.com/node/12510261

40   http://maps.forestry.gov.uk/imf/imf.jsp?site=fcwales_ext

41   Scottish Executive, Environment and Rural Affairs Department, 2007, *ECOSSE: Estimating Carbon in Organic Soils Sequestration and Emissions*, http://www.scotland.gov.uk/Publications/2007/03/16170508/16

42   Ibid., Table 3.2.

43   James Morison et al, October 2010, 'Understanding the GHG implications of forestry on peat soils in Scotland', Forest Research, for Forestry Commission, Scotland, http://www.forestry.gov.uk/pdf/FCS_forestry_peat_GHG_final_Oct13_2010.pdf/$FILE/FCS_forestry_peat_GHG_final_Oct13_2010.pdf

44   European Commission, 'Common Agricultural Policy towards 2020'.

45   Environment Agency, 2009, 'Investing for the future: flood and coastal risk management in England', http://knowledgehub.local.gov.uk/c/document_library/get_file?uuid=ef1cd8ec-861d-4dd4-8518-6a59fc91ee1c&groupId=5919398

46   See National Trust Wales, 2008, 'Nature's capital: investing in the nation's natural assets', www.assemblywales.org/cr-lu2_natures_capital_wales_final.pdf

47   BBC Wales, 10 June 2012, 'Wales flooding: victims hoping for return to homes', http://www.bbc.co.uk/news/uk-wales-18384666; BBC Wales, 10 June 2012,

'Flood-risk villagers return home to Pennal in Gwynedd', http://www.bbc.co.uk/news/uk-wales-18387520

48 Wales Rural Observatory, 2007, *Population Change in Rural Wales: Social and Cultural Impacts. Research Report* no. 14, www.walesruralobservatory.org.uk/reports/english/MigrationReport_Final.pdf

**10** 쉬쉬하기

1 Stephen Moss, 2012, *Natural Childhood*, The National Trust, www.nationaltrust.org.uk/servlet/file/store5/item823323/version1/Natural%20Childhood%20Brochure.pdf

2 See, for example, George Monbiot, 28 June 2010, 'A modest proposal for tackling youth', www.monbiot.com/2010/06/28/a-modest-proposal-for-tackling-youth/

3 Jay Griffiths, 2013, *Kith: The Riddle of the Childscape*, Hamish Hamilton. (I read the proof copy.)

4 George Monbiot, 1994, *No Man's Land: An Investigative Journey through Kenya and Tanzania*, Macmillan, London.

5 Richard Louv, 2009, *Last Child in the Woods*, Atlantic Books, London.

6 Andrea Faber Taylor, Frances E. Kuo and William C. Sullivan, 2001, 'Coping with ADD: the surprising connection to green play settings', *Environment and Behavior*, vol. 33, no. 1, pp. 54–77, doi: 10.1177/00139160121972864.

7 Robert Pyle, 2002, 'Eden in a vacant lot: special places, species and kids in community of life', in P. H. Kahn and S. R. Kellert (eds.), *Children and Nature: Psychological, Sociocultural and Evolutionary Investigations*, MIT Press, Cambridge, MA. Cited by Aric Sigman, no date given, 'Agricultural literacy: giving concrete children food for thought', http://www.face-online.org.uk/resources/news/Agricultural%20Literacy.pdf

8 G. A. Lieberman and L. Hoody, 1998, 'Closing the achievement gap: using the environment as an integrating context for learning', Sacramento, CA, CA State Education and Environment Roundtable, 1998, www.seer.org/pages/research. Cited by Sigman, 'Agricultural literacy'.

498

9  Simon Jenkins, 1 September 2011, 'If Britain fails to protect its heritage we'll have nothing left but ghosts', *Guardian*, http://www.guardian.co.uk/comment-isfree/2011/sep/01/britain-industrial-heritage-dylife-wales

10  William Cronon, 1995, 'The trouble with wilderness; or, getting back to the wrong nature', in William Cronon (ed.), *Uncommon Ground: Rethinking the Human Place in Nature*, W. W. Norton & Co., New York, pp. 69-90.

11  R. Rasker and A. Hackman, 1996, 'Economic development and the conservation of large carnivores', *Conservation Biology*, vol. 10, pp. 991-1002.

12  S. Charnley, R. J. McLain and E. M. Donoghue, 2008, 'Forest management policy, amenity migration and community well-being in the American West: reflections from the Northwest Forest Plan', *Human Ecology*, vol. 36, pp. 743-61, doi: 10.1007/s10745-008-9192-3.

13  Kevin Cahill, 2002, *Who Owns Britain*, Canongate.

14  Department for Environment Food and Rural Affairs, January 2011, UK response to the Commission communication and consultation: 'The CAP towards 2020: meeting the food, natural resources and territorial challenges of the future', http://archive.defra.gov.uk/foodfarm/policy/capreform/documents/110128-uk-cap-response.pdf

15  Elizabeth Taylor, 16 November 2012, 'Heeding the coyote's call: Jim Sterba on the fight with wildlife over space in the sprawl', *Chicago Tribune*, http://articles.chicagotribune.com/2012-11-16/features/ct-prj-1118-book-of-the-month-20121116_1_wild-animals-wildlife-wild-game-meat/2

16  The Institute for European Environmental Policy, cited by Rewilding Europe, 2012, *Making Europe a Wilder Place*, www.rewildingeurope.com/assets/uploads/Downloads/Rewilding-Europe-Brochure-2012.pdf

**11**　　내부의 짐승

1  http://www.state.gov/r/pa/ei/bgn/3407.htm

2  http://en.wikipedia.org/wiki/Wales#Economy

3  W. H. Auden, 1965, 'Et in Arcadia Ego'.

4  Institute for Research of Expelled Germans, 2011, 'The forced labour, imprison-

ment, expulsion, and emigration of the Germans of Yugoslavia', http://expelled-germans.org/danubegermans.htm

5    Institute for Research of Expelled Germans, 'The forced labour, imprisonment, expulsion, and emigration of the Germans of Yugoslavia'.

6    Oto Luthar (ed.), 2008, *The Land Between: A History of Slovenia*, Peter Lang.

7    K. Kris Hirst, 2008, 'Lost cities of the Amazon', *National Geographic*, http://archaeology.about.com/od/ancientcivilizations/ss/expedition_week_6.htm

8    Anna Roosevelt, 1989, 'Resource management in Amazonia before the Conquest: beyond ethnographic projection', *Advances in Economic Botany*, vol. 7, The New York Botanical Garden.

9    Michael J. Heckenberger et al, 2003, 'Amazonia 1492: pristine forest or cultural parkland?', *Science*, vol. 301, no. 5640, pp. 1710–14, doi: 10.1126/science.1086112; Michael J. Heckenberger et al, 2008, 'Pre-Columbian urbanism, anthropogenic landscapes, and the future of the Amazon', *Science*, vol. 321, no. 5893, pp. 1214–17, doi: 10.1126/science.1159769.

10   Heckenberger et al, 'Pre-Columbian urbanism'.

11   Ran Prieur, 2010, 'Beyond civilised & primitive', *Dark Mountain*, vol. 1, pp. 119–35.

12   Richard Nevle and Dennis Bird, 17 December 2008, Presentation to the American Geophysical Union, http://news.stanford.edu/pr/2008/pr-manvleaf-010709.html

13   Felisa A. Smith, 2010, 'Methane emissions from extinct megafauna', *Nature Geoscience*, 3, pp. 374–5, doi: 10.1038/ngeo877.

14   Simon Schama, 1996, *Landscape and Memory*, Fontana Press, London.

15   Ibid.

16   E. P. Thompson, 1977, *Whigs and Hunters: The Origin of the Black Act*, Penguin, London.

17   Richard Leakey, quoted by George Monbiot, 1994, *No Man's Land: An Investigative Journey through Kenya and Tanzania*, Macmillan, London.

18   BBC Four, 16 June 2011, *Unnatural Histories*, http://www.bbc.co.uk/programmes/b011wzrc

19   Forty-Second Congress of the United States of America, 1871, Act Establishing Yellowstone National Park (1872), http://www.ourdocuments.gov/doc.php?-

flash=true&doc=45&page=transcript

20  Susan S. Hughes, 2000, 'The Sheepeater Myth of Northwestern Wyoming', *Plains Anthropologist*, vol. 45, no. 171, pp. 63–83.

21  Boria Sax, 1997, ' "What is a Jewish Dog?" Konrad Lorenz and the cult of wildness', *Society and Animals*, vol. 5, no. 1; Martin Brüne, 2007, 'On human self-domestication, psychiatry, and eugenics', *Philosophy, Ethics, and Humanities in Medicine*, vol. 2, no. 21, doi: 10.1186/1747-5341-2-21.

22  Sax, ' "What is a Jewish Dog?" '.

23  Ibid.

24  Ibid.

25  Terry Eagleton, 2005, *The English Novel*, Blackwell, Malden, MA and Oxford, UK.

26  Francis Wheen, 18 September 1996, 'Sir Jimmy and the apeman: calling a Spode a Spode', *Guardian*.

27  Kim Sengupta, 30 June 2000, 'Death of a maverick: millionaire zoo-keeper from another era who cut a swathe through British business loses three-year fight against cancer', *Independent*.

28  Alexander Chancellor, 25 November 2000, 'John Aspinall's unspeakable behaviour was of a kind that would have landed almost anyone else in prison, and yet, to some, he died a hero', *Guardian*.

29  No author given, 30 June 2000, 'Obituary: John Aspinall', *The Times*.

30  Ros Coward, 13 February 2000, 'Profile: John Aspinall', *Observer*.

31  Martin Bright, 9 January 2005, 'Desperate Lucan dreamt of fascist coup', *Observer*.

32  Caroline Cass, 1994, *Joy Adamson: Behind the Mask*, FA Thorpe, Anstey.

33  Ibid.

34  Jamie Lorimer and Clemens Driessen, 2011, 'Bovine biopolitics and the promise of monsters in the rewilding of Heck cattle', *Geoforum*, in press, doi: 10.1016/j.geoforum.2011.09.002.

35  T. van Vuure, 2002, 'History, morphology and ecology of the aurochs (*Bos primigenius*)', Lutra, vol. 45, no. 1, pp. 1–16.

36  F. W. M. Vera, 2009, 'Large-scale nature development – the Oostvaardersplassen', *British Wildlife*, vol. 20, no. 5 (special supplement), pp. 28–36.

37   Lorimer and Driessen, 'Bovine biopolitics and the promise of monsters in the rewilding of Heck cattle'.

## 12   자연보전의 감옥

1   Noticeboard at the entrance of the reserve.

2   Montgomeryshire Wildlife Trust, 2009, *Glaslyn Management Plan 2009-2014*.

3   Montgomeryshire Wildlife Trust, 2010, *The Pumlumon Project. Two Year Progress Report 2008-2010*, http://www.montwt.co.uk/images/user/Pumlumon%20 progress%20report%202010.pdf

4   Montgomeryshire Wildlife Trust, 2009. *Glaslyn Management Plan 2009-2014*.

5   Joint Nature Conservation Committee, 2004, *Common Standards Monitoring: Introduction to the Guidance Manual*, http://jnce.defra.gov.uk/pdf/CSM_intro-duction.pdf

6   Joint Nature Conservation Committee, 2004, Common Standards Monitoring: Introduction to the Guidance Manual, http://jnce.defra.gov.uk/pdf/CSM_ introduction.pdf

7   The European Habitats Directive, 21 May 1992, 'Council Directive 92/43/ EEC of 21 May 1992 on the conservation of natural habitats and of wild fauna and flora', http://eur-lex.europa.eu/LexUriServ/LexUriServ.do?uri=CELEX :31992L0043:EN:HTML

8   Joint Nature Conservation Committee, 2012, *UK Interest Features*, http://jnce. defra.gov.uk/Publications/JNCC312/UK_habitat_list.asp

9   Joint Nature Conservation Committee, 2007, *Species and Habitats Review*, http://jnce.defra.gov.uk/PDF/UKBAP_Species+HabitatsReview-2007.pdf

10  British Trust for Ornithology and Joint Nature Conservation Committee, 2012, 'Red Grouse', http://www.bto.org/birdtrends2010/wcrredgr.shtml; British Trust for Ornithology and Joint Nature Conservation Committee, 2012, 'Sky-lark', http://www.bto.org/birdtrends2004/wcrskyla.htm; British Trust for Or-nithology and Joint Nature Conservation Committee, 2012, 'Wheatear', http:// www.bto.org/birdtrends2010/wcrwheat.shtml; British Trust for Ornithology, 2012, 'Ring Ouzel', http://blx1.bto.org/birdfacts/results/bob11860.htm

11 Patrick Barkham, 14 September 2011, 'Record numbers of golden eagles poisoned in Scotland in 2010', http://www.guardian.co.uk/environment/2011/sep/14/golden-eagles-poisoned-scotland-rspb

12 Severin Carrell, 27 May 2011, 'Gamekeeper with huge cache of bird poison fined £3,300', http://www.guardian.co.uk/uk/2011/may/27/gamekeeper-banned-pesticide-fined

13 Montgomeryshire Wildlife Trust, no date given, Newsletter, http://www.montwt.co.uk/newsletter/grouse%20count%20detail%20article%20final.htm

14 Estelle Bailey, Montgomeryshire Wildlife Trust, 17 June 2011, by email.

15 Powys County Council, 2011, *Upland and Lowland Heath Action Plan*, http://www.powys.gov.uk/uploads/media/upland_lowland_heath_bi.pdf

16 Frans Vera, 2000, *Grazing Ecology and Forest History*, CABI Publishing, Wallingford.

17 J. H. B. Birks, 2005, 'Mind the gap: how open were European primeval forests?', *Trends in Ecology & Evolution*, vol. 20, pp. 154-6; R. Fyfe, 2007, 'The importance of local-scale openness within regions dominated by closed woodland', *Journal of Quaternary Science*, vol. 22, no. 6, pp. 571-8, doi: 10.1002/jqs.1078.

18 Oliver Rackham, 2003, *Ancient Woodland: Its History, Vegetation and Uses in England*, Castlepoint Press, Dalbeattie. Cited in Kathy H. Hodder et al, 2009, 'Can the pre-Neolithic provide suitable models for re-wilding the landscape in Britain?', *British Wildlife*, vol. 20, no. 5 (special supplement), pp. 4-15.

19 N. J. Whitehouse and D. Smith, 2010, 'How fragmented was the British Holocene wildwood? Perspectives on the "Vera" grazing debate from the fossil beetle record', *Quaternary Science Reviews*, vol, 29, nos. 3-4, pp. 539-53, doi.org/10/1016/j/quascirev. 2009.10.010.

20 J. C. Svenning, 2002, 'A review of natural vegetation openness in northwestern Europe', *Biological Conservation*, vol. 104, pp. 133-48.

21 R. H. W. Bradshaw, G. E. Hannon and A. M. Lister, 2003, 'A long-term perspective on ungulate-vegetation interactions', *Forest Ecology and Management*, vol. 181, pp. 267-80.

22 F. J. G. Mitchell, 2005, 'How open were European primeval forests? Hypothesis testing using palaeoecological data', *Journal of Ecology*, vol. 93, pp. 168-77; Hodder et al, 'Can the pre-Neolithic provide suitable models for re wilding the

landscape in Britain?'

23  Clive Hambler and Susan M. Canney, 2013 (2nd edn), *Conservation*, Cambridge University Press, Cambridge (read in galley proof).

24  P. Shaw and D.B.A. Thompson, 2006. The nature of the Cairngorms: diversity in a changing environment. TSO: Edinburgh. 444 pp. ISBN: 9780114973261 http://www.tsoshop.co.uk/bookstore.asp?FO=1160013&ProductID= 9780114973261&Action=Book.

25  Montgomeryshire Wildlife Trust, 2010, Heather Moorland and Bog Habitat Action Plan, http://www.montwt.co.uk/Heathermoorlandandbogactionplan.html

26  Montgomeryshire Wildlife Trust, *Glaslyn Management Plan 2009-2014*.

27  See Heather Crump and Mick Green, 2012, 'Changes in breeding bird abundances in the Plynlimon SSSI 1984–2011', *Birds in Wales*, vol. 9, no. 1.

28  Montgomeryshire Wildlife Trust, *Glaslyn Management Plan 2009-2014*.

29  Dr Barbara Jones, Countryside Council for Wales, February 2007, *A Framework to Set Conservation Objectives and Achieve Favourable Condition in Welsh Upland SSSIs*, http://www.ccgc.gov.uk/PDF/UPland%20Framework%201.pdf

30  Clive Hambler and Martin Speight, 1995, 'Biodiversity conservation in Britain: science replacing tradition', *British Wildlife*, vol. 6, no. 3, pp. 137–48.

31  N. Noe-Nygaard, T. D. Price and S. U. Hede, 2005, 'Diet of aurochs and early cattle in southern Scandinavia: evidence from 15N and 13C stable isotopes', *Journal of Archaeological Science*, vol. 32, pp. 855–71, doi: 10.1016/ j.jas.2005.01.004.

32  The Mammal Society, 2011, http://www.mammal.org.uk/index.php?option=com_content&view=article&id=250&Itemid=283.

33  Derek Yalden, 1999, The History of British Mammals, T and AD Poyser, London.

34  R. Coard and A. T. Chamberlain, 1999, 'The nature and timing of faunal change in the British Isles across the Pleistocene/Holocene transition', *The Holocence*, vol. 9, no. 3, pp. 372–6, doi: 10.1191/095968399672435429.

35  The Mammal Society, 2011.

36  Robert S. Sommer et al. 2011, 'Holocene survival of the wild horse in Europe: a matter of open landscape?', *Journal of Quaternary Science*, vol. 26, no. 8, pp. 805–12, doi: 10.1002/jps.1509.

37　The Mammal Society, 2011.

38　Hambler and Canney, *Conservation*.

39　John Lawton, 2010, *Making Space for Nature: A Review of England's Wildlife Sites and Ecological Network*, DEFRA, http://archive.defra.gov.uk/environment/biodiversity/documents/201009space-for-nature.pdf

40　Clive Hambler, Peter A. Henderson and Martin R. Speight, 2011, 'Extinction rates, extinction-prone habitats, and indicator groups in Britain and at larger scales', *Biological Conservation*, vol. 144, pp. 713-21, doi: 10.1016/j.biocon.2010.09.004.

41　Jones, *A Framework to Set Conservation Objectives*.

42　Gareth Browning and Rachel Oakley, 2009, 'Wild Ennerdale', *British Wildlife*, vol. 20, no. 5 (special supplement), pp. 56-8.

43　The Wildlife Trusts, 2009, 'A living landscape: a call to restore the UK's battered ecosystems, for wildlife and people', updated, http://www.wildlifetrusts.org/sites/wt-main.live.drupal.precedenthost.co.uk/files/A%20Living%20Landscape%20report%202009%20update.pdf

44　See, for example, PAN Parks Foundation, 2009, *As Nature Intended: Best Practice Examples of Wilderness Management in the Natura 2000 Network*, http://wwf.panda.org/about_our_earth/?uNewsID=192724

## 13　　바다의 활생

1　Sam Davis, 2008, *Spider Crabs-the Wildebeest of our Waters*, http://helford-marineconservation.co.uk/publications/newsletters/spider-crabs-the-wildebeest-of-our-waters/

2　Callum Roberts, 2007, *The Unnatural History of the Sea*, Gaia, London.

3　Oliver Goldsmith, 1776, *An History of the Earth and Animated Nature*, vol. VI, James Williams, Dublin. Cited by Roberts, Unnatural History of the Sea.

4　Mike Thrussell, 2010, 'History of the British tuna fishery', http://www.worldseafishing.com/features/britishtuna.html

5　Yorkshire Film Archive, no date given, 'Tunny in Action', http://www.yfaonline.com/film/tunny-action

6   Andrew Burnaby, quoted by Roberts, *Unnatural History of the Sea*.

7   Potomac Conservancy, 2012, 'Find out about Potomac water quality', http://www.potomac.org/site/water-quality/

8   Christopher Mitchelmore, 2010, 'Newfoundland & Labrador cod fishery', http://liveruralnl.com/2010/07/17/newfoundland-labrador-cod-fishery/

9   Roberts, *Unnatural History of the Sea*.

10  J. Roman and S. R. Palumbi, 2003, 'Whales before whaling in the North Atlantic', *Science*, vol. 301, no. 5632, pp. 508–10.

11  Roberts, *Unnatural History of the Sea*.

12  Fred Pearce, 9 June 2001, 'Who's the real killer?', *New Scientist*, http://www.newscientist.com/article/mg17022942.600-whos-the-real-killer.html; Sidney Holt, 2003, 'The tortuous history of "scientific" Japanese whaling', *BioScience*. Cited by Joe Roman and James J. McCarthy, 2010, 'The whale pump: marine mammals enhance primary productivity in a coastal basin', *PLoS ONE*, vol. 5, no. 10, pp. 1–8, doi: 10.1371/journal.pone.0013255.

13  Stephen Nicol, 12 July 2011, 'Vital giants: why living seas need whales', *New Scientist*, http://www.newscientist.com/article/mg21128201.700-vital-giants-why-living-seas-need-whales.html

14  Stephen Nicol et al, 2010, 'Southern Ocean iron fertilization by baleen whales and Antarctic krill', *Fish and Fisheries*, vol. 11, pp. 203–9.

15  Kakani Katija and John O. Dabiri, 2009, 'A viscosity-enhanced mechanism for biogenic ocean mixing', *Nature*, vol. 460, pp. 624–7, doi: 10.1038/nature08207.

16  Nicol et al, 'Southern Ocean iron fertilization by baleen whales and Antarctic krill'.

17  Roman and McCarthy, 'The whale pump: marine mammals enhance primary productivity in a coastal basin'.

18  Daniel G. Boyce, Marlon R. Lewis and Boris Worm, 2010, 'Global phytoplankton decline over the past century', *Nature*, vol. 466, pp. 591–6, doi: 10.1038/nature09268.

19  Nichol, 'Vital giants: why living seas need whales'.

20  Trish J. Lavery et al, 2010, 'Iron defecation by sperm whales stimulates carbon export in the Southern Ocean', *Proceedings of the Royal Society: B*, vol. 277, pp.

3527–31, doi: 10.1098/rspb.2010.0863.

21  A. J. Pershing et al, 2010, 'The impact of whaling on the ocean carbon cycle: why bigger was better', *PLoS One*, vol. 5, e12444. Cited by James A. Estes et al, 2011, 'Trophic downgrading of planet Earth', *Science*, vol. 333, pp. 301–6, doi: 10.1126/science.1205106.

22  Ransom A. Myers et al, 2007, 'Cascading effects of the loss of apex predatory sharks from a coastal ocean', *Science*, vol. 315, pp. 1846–50, doi: 10.1126/science.1138657.

23  Ibid.

24  Julia K. Baum and Boris Worm, 2009, 'Cascading top–down effects of changing oceanic predator abundances', *Journal of Animal Ecology*, vol. 78, pp. 699–714, doi: 10.1111/j.1365–2656.2009.01531.x.

25  Ibid.

26  Friedrich W. Köster and Christian Möllmann, 2000, 'Trophodynamic control by clupeid predators on recruitment success in Baltic cod?', *ICES Journal of Marine Science*, vol. 57, pp. 310–23, doi: 10.1006/jmsc.1999.0528.

27  The Royal Commission on Environmental Pollution, 2004, *Turning the Tide: Addressing the Impact of Fisheries on the Marine Environment, 25th Report*.

28  Jeremy B. C. Jackson et al, 2001, 'Historical overfishing and the recent collapse of coastal ecosystems', *Science*, vol. 293, pp. 629–38.

29  James A. Estes and David O. Duggins, 1955, 'Sea otters and kelp forests in Alaska: generality and variation in a community ecological paradigm', *Ecological Monographs*, vol. 65, no. 1, pp. 75–100.

30  Shauna E. Reisewitz, James A. Estes and Charles A. Simenstad, 2006, 'Indirect food web interactions: sea otters and kelp forest fishes in the Aleutian archipelago', *Oecologia*, vol. 146, pp. 623–31, doi: 10.1007/s00442–005–0230–1; Jackson et al, 'Historical overfishing and the recent collapse of coastal ecosystems'.

31  Ole Theodor Oslen, 1883, *The Piscatorial Atlas of the North Sea, English Channel, and St. George's Channels, Grimsby*.

32  Jackson et al, 'Historical overfishing and the recent collapse of coastal ecosystems'.

33  Ibid.

34  Ibid.

35  Georgi M. Daskalov, 2002, 'Overfishing drives a trophic cascade in the Black Sea', *Marine Ecology Progress Series*, vol. 225, pp. 53–63.

36  C. P. Lynam et al, 2011, 'Have jellyfish in the Irish Sea benefited from climate change and overfishing?', *Global Change Biology*, vol. 17, no. 2, pp. 767–82, doi: 10.1111/j.1365–2486.2010.0235.

37  J. Molloy, 1975, *The Summer Herring Fishery in the Irish Sea in 1974*, Department of Agriculture and Fisheries, Ireland, http://oar.marine.ie/bistream/10793/493/1/Irish%20Fisheries%20Leaflet%20No%2070.pdf

38  Anthony J. Richardson et al, 2009, 'The jellyfish joyride: causes, consequences and management responses to a more gelatinous future', *Trends in Ecology & Evolution*, vol. 24, no. 6, pp. 312–22.

39  Ibid.

40  Ruth H. Thurstan, Simon Brockington and Callum M. Roberts, 2010, 'The effects of 118 years of industrial fishing on UK bottom trawl fisheries', *Nature Communications*, vol. 1, no. 15, pp. 1–6, doi: 10.1038/ncomms1013.

41  Some of these are listed in ibid.

42  *UK National Ecosystem Assessment: Synthesis of the Key Findings*, 2011, http://uknea.unep-wcmc.org/Resources/tabid/82/Default.aspx

43  *New Scientist*, 17 May 2003, 'Old men of the sea have all but gone', http://www.newscientist.com/article/mg17823950.200-old-men-of-the-sea-have-all-but-gone.html; see also Ransom Myers and Boris Worm, 2003, 'Rapid worldwide depletion of predatory fish communities', *Nature*, vol. 423, pp. 280–83.

44  Quoted in Roberts, *Unnatural History of the Sea*.

45  Royal Commission on Environmental Pollution, *Turning the Tide*.

46  Dan Jones, 19 November 2009, 'Scuba diving to the depths of human history', *New Scientist*, http://www.newscientist.com/article.mg20427351.000-scuba-diving-to-the-depths-of-human-history.html; Hampshire and Wight Trust for Maritime Archaeology, 2011, http://www.hwtma.org.uk/bouldnor-cliff

47  John Vidal, 27 February 2012, 'Overfishing by European trawlers could continue if EU exemption agreed', *Guardian*, http://www.guardian.co.uk/environmental/2012/feb/27/overfishing-european-trawlers-eu-exemption

48  Ibid.

49 Severin Carrell, 24 February 2012, 'Fishing skippers and factory fined nearly £1m for illegal catches', *Guardian*, http://www.guardian.co.uk/environment/2012/feb/24/fishing-skippers-fined-illegal-catches

50 Justin McCurry, 26 March 2010, 'How Japanese sushi offensive sank move to protect sharks and bluefin tuna', *Guardian*, http://www.guardian.co.uk/environment/2010/mar/26/endangered-bluefin-tuna-sharks-oceans

51 Justin McCurry, 5 January 2012, 'Bluefin tuna fish sells for record £473,000 at Tokyo auction', *Guardian*, http://www.guardian.co.uk/world/2012/jan/05/japanese-half-million-pound-tuna

52 Royal Commission on Environmental Pollution, *Turning the Tide*.

53 Oceana, 2012, 'More on bottom trawling gear', http://oceana.org/en/our-work/promote-responsible-fishing/bottom-trawling/learn-act/more-on-bottom-trawling-gear

54 WWF, 2012, 'Fishing problem: destructive fishing practices', http://wwf.panda.org/about_our_earth/blue_planet/problems/problems_fishing/destructive_fishing/destructive_fishing/

55 Hanneke Van Lavieren, 2012, 'Can no-take fishery reserves help protect our oceans?', http://ourworld.unu.edu/en/can-no-take-fisheries-help-protect-our-oceans/

56 IUCN, 2003, 'World Parks Congress Recommendations', http://cmsdata.iucn.org/downloads/recommendationen.pdf

57 Nicola Jones, 16 May 2011, 'Marine protection goes large', http://www.nature.com/news/2011/110516/full/news.2011.292.html

58 Royal Commission on Environmental Pollution, *Turning the Tide*.

59 Thomas Bell, 2012, '127 marine conservation zones', http://www.marinereservescoalition.org/2012/12/03/127-marine-conservation-zones/

60 Sarah E. Lester, 2009, 'Biological effects within no-take marine reserves: a global synthesis', *Marine Ecology Progress Series*, vol. 384, pp. 33-46, doi: 10.3354/meps08029.

61 Royal Commission on Environmental Pollution, *Turning the Tide*.

62 English Nature, 22 July 2005, 'Lundy lobsters bounce back in UK's first no-take zone', press release.

63 M. G. Hoskin et al, 2011, 'Variable population responses by large decapod

crustaceans to the establishment of a temperate marine no-take zone', *Canadian Journal of Fishers and Aquatic Sciences*, vol. 68, pp. 185–200, doi: 10.1139/F10–143.

64 Richard Black, 16 July 2008, 'Fishing ban brings seas to life', http://news.bbc.co.uk/1/hi/7508216.stm

65 Roberts, *Unnatural History of the Sea*.

66 Ibid.

67 Van Lavieren, 'Can no-take fishery reserves help protect our oceans?'

68 Royal Commission on Environmental Pollution, *Turning the Tide*.

69 Ibid.

70 Rupert Crilly and Aniol Esteban, 2012, 'Jobs lost at sea: overfishing and the jobs that never were', New Economics Foundation, http://neweconomics.org/sites/neweconomics.org/files/Jobs_Lost_at_Sea.pdf

71 R. Watson and D. Pauly, 2001, 'Systematic distortions in world fisheries catch catch trends', *Nature*, vol. 414, pp. 534–6. Cited Roberts, in *Unnatural History of the Sea*.

72 Mark Fisher, 2006, 'No take zones–a maritime rewilding', http://www.self-willed-land.org.uk/articles/no_take.htm

73 Richard Benyon, 15 November 2011, Written Ministerial Statement on Marine Conservation Zones, http://www.defra.gov.uk/news/2011/11/15/wms-marine-conservation-zones/

74 Jean-Luc Solandt, Marine Conservation Society, 12 March 2012, by email.

75 Joint Nature Conservation Committee, 2010, *Establishing Fisheries Management Measures to Protect Marine Conservation Zones*, http://jnce.defra.gov.uk/PDF/MCZ_FisheriesManagementFactsheet.pdf

76 Welsh Assembly Government, 2011, 'Marine Conservation Zone Project, Wales'. *Newsletter*, 3. http://www.werh.org/documents/110927marinem-czncwsletter3en.pdf

77 Marine Conservation Society, 2010, 'Welsh Assembly Government's sea protection plans a "disgraceful let down", says marine charity', http://www.mcsuk.org/press/view/327

78 Joint Nature Conservation Committee, 2012, 'Special Areas of Conservation', http://jncc.defra.gov.uk/page-23

79  Cardigan Bay Special Area of Conservation (SAC), various dates, http://www.cardiganbaysac.org.uk/

80  Cardigan Bay Special Area of Conservation (SAC) Management Scheme, Section 6.17, http://www.cardiganbaysac.org.uk/pdf%20files/Cardigan_Bay_SAC_Management_Scheme_2008.pdf

81  Letter from John Taylor, director of policy, CCW, to Graham Rees, Department for Rural Affairs, Welsh Assembly Government, 22 January 2010, Scallop Dredging.

82  CEFAS, 2011, 'Fisheries Management', http://www.cefas.defra.gov.uk/our-services/fisheries-management.aspx

83  CEFAS, 2011, 'Fisheries Science Partnership', http://www.cefas.defra.gov.uk/our-services/fisheries-management/fisheries-science-partnership.aspx

84  Sally Williams, 25 January 2011, 'Whale-watchers thrilled by the mighty fin', *Western Mail*, http://www.Walesonline.co.uk/news/local-news/cardigan/2011/01/25/whale-watchers-thrilled-by-the-mighty-fin-91466-28047175/

85  Wildlife Extra, June 2011, '21 fin whales spotted in Irish Sea', http://www.wildlifeextra.com/go/news/FIN-WHALE-uk.html

86  No author given, 26 January 2010, 'Rare sighting of humpback whale breaching in Irish sea caught on camera', *Daily Mail*, http://www.dailymail.co.uk/news/article-1246137/Rare-sighting-humpback-whale-breaching-Irish-sea-caught-camera.html

87  Thrussell, 'History of the British tuna fishery'.

**14**    바다의 선물

1  British Trust for Ornithology, 2007, 'Bird Atlas species index-Corncrake', http://blxl.bto.org/atlases/CE-atlas.html

2  Bird Care, 2012, 'Corncrake', www.birdcare.com/bin/showsonb?corncrake

3  *Macbeth*, Act 2, Scene 4.

본 서적은 옮긴이 김산하가 '2019년도 한국연구재단 일반공동연구지원사업 융복합연구(No.2019S1A5A2A03047987)'의 지원을 받아 번역한 연구 성과물입니다.

**활생**

초판 1쇄  2020년 10월 10일

지은이  조지 몽비오
옮긴이  김산하
펴낸이  이재현, 조소정
펴낸곳  위고

교정교열  조형희
제작  세걸음

주소  10881 경기도 파주시 회동길 290 206-제5호
전화  031-946-9276
팩스  031-946-9277
출판등록  2012년 10월 29일 제406-2012-000115호

hugo@hugobooks.co.kr
hugobooks.co.kr

ISBN 979-11-86602-56-0  03400